EM
Eine Chance für unsere Erde

Ein praktisches Anwenderbuch
für alle

Mix
Produktgruppe aus vorbildlicher Wirtschaft
und anderer kontrollierter Herkunft
www.fsc.org Zert.-Nr. IMO-COC-028712
© 1996 Forest Stewardship Council

Unseren
grossartigen Helfern,
den Kleinstlebewesen,
gewidmet

Anne Lorch

EM

EINE CHANCE FÜR UNSERE ERDE

Effektive Mikroorganismen

Wirkungsweise und Praxis

Erweiterte Ausgabe

Kapitel EM-Forschung
Prof. Dr. Manfred Hoffmann

Beratende Mitarbeit
Susanne Schütz
Adolf Daenecke

Bibliographische Information der Deutschen Bibliothek:
Die Deutsche Bibliothek verzeichnet diese Publikation in der Deutschen Nationalbibliographie; detaillierte bibliographische Daten sind im Internet über **http://dnb.ddb.de** abrufbar.

Alle Angaben in diesem Buch sind sorgfältig geprüft und geben den neusten Wissensstand des Bearbeiters bei der Veröffentlichung wieder. Eine Haftung des Bearbeiters bzw. des Verlages und seiner Beauftragten für Personen-, Sach- und Vermögensschäden ist ausgeschlossen.

Erweiterte und aktualisierte Ausgabe 2010

Lektorat Barbara Talmon, Erich Obrist
Layout Lars Ruf, Anne Lorch, Heidi Schuler-Alder
Umschlaggestaltung Annukka Lindberg, Lars Ruf
Cartoons: Pfuschi-Cartoon, Heinz Pfister

Druckvorstufe, Druck Rub Graf-Lehmann AG, CH-3001 Bern
Einband Schlatter AG, CH-3097 Bern
Printed in Switzerland

Vertrieb: Buchhandel

Deutschland

Organischer Landbau Verlag
Kurt Walter Lau, Im Kuckucksfeld 1, D-47624 Kevelaer
Telefon +49 (0)2832 972 78 20, Fax +49 (0) 2832 972 78 69
E-Mail: info@olv-verlag.de
www.olv-verlag.de

Christoph Fischer GmbH, Hochgernstrasse 4
D-83139 Söchtenau/Haid, Telefon +49 (0)8055 91 28
Fax +49 (0) 8055 91 27
E-Mail: info@em-chiemgau.de – www.em-chiemgau.de

Österreich

Multikraft Produktions- und Handelsgmbh
Sulzbach 17, A-4632 Pichl die Welt
Telefon +43 (0) 7247 502 50 100, Fax +43 (0) 7247 50 250 900
E-Mail: office@multikraft.at – www.multikraft.com

Schweiz

Anne Lorch, Untere Haltenstrasse 39
CH-3625 Heiligenschwendi
Fax +41 (0)33 243 02 53
E-Mail: a-s-lorch@solnet.ch – www.EM-Buch-Lorch.com

EM Schweiz AG, Titlisstrasse 11, CH-6020 Emmenbrücke
Telefon +41 (0)41 260 44 74, Fax +41 (41) 260 44 92
E-Mail: info@em-schweiz.ch – www.em-schweiz.ch

ISBN 978-3-033-02354-3

Inhaltsübersicht

Teil 2: EM in der Praxis

Wirkungsweise der Effektiven Mikroorganismen

EM-Keramik

Sinnvolle Zusätze

Fermentationsgetränke

EMa-Herstellung

Bokashi

Bildnachweise

24 Cartoons:	Pfuschi-Cartoon, Heinz Pfister
22 Illustrationen:	Anne Lorch
3 Grafiken Mikroben S. 14	Multikraft
24 Tabellen	Nachweise in den Kapiteln enthalten
5 Bildkompositionen :	Annukka Lindberg, Lars Ruf

690 Bilder insgesamt; davon Anne Lorch 520 Fotos

Weitere Fotos:

	Seite
Assmann, Johanna	308, 382
André, Peter	283
Baerens & Fuss, Verlag	152, 168
Belser, Florian	262
Blum, Peter	190, 288
Bogner, Michaela	312, 352
BOKU Wien	164 (4)
Braun, Ernst	148 (2), 330
Danner, Alexander	307 (2), 308, 309 (4)
Dreier, Anna	173
Eye of Science	122
Fischer, Christoph	33, 87 (2), 192 (3),
Frischknecht, Ernst	171 (2)
Haase, Tanja	315 (2), 316, 349, 351
Hageneder, Maria	172 (2)
Heckel, Marko	384
Herx, Werner	333, 349, 384
Heissel, Kaspar	66, 230-237,
Heissel, Andreas	230
Höfler, Gaby	358
Iten, Paola	175 (3)
Kamber, Jürg	176, 347

	Seite
Kirchler, Luise	348
Landis, Werner	174
Lau, Kurt Walter	136, 383
Lauterwasser, Alexander	92
Maurolin, Werkfoto	334,
Mündle, Familie	280
Muhs, Stefan	339
Multikraft	14, 173 (3), 174 (4), 176, 200, 219, 303,256, 361, 363, 364, 365
Mutzke, Birgit	353 (2)
Neukomm, Heinz	144, 361
Pedretti, Regula	272, 274, 353 (3)
Plangger, Herbert	175 (2), 334 (2), 360
Prantner, Siegfried	366
Rothenbühler, Ueli	202, 275 (3), 295
Sativa	83, 89 (4)
Schibler, Elsbeth	356
Schwitter, Alina	382
Wäfler, Werner	106, 226 (6), 283 (3), 275, 354
Wepf, Elsi, Schweizergarten	93

Umwelteinflüsse auf das Wachstum der Mikroorganismen

Querschnitt einer Bakterie (Einzeller)

Querschnitt einer Mikrobe (Mehrzeller)

Wechselwirkungen zwischen Mikroorganismen und Umwelt

Vorwort

Heute will jeder fortschrittlich sein. Was heisst aber Fortschritt? Fortschritt heisst, das Bestehende ständig zu hinterfragen. Dabei gilt es, einerseits das Gute, Bewährte mit Zähnen und Klauen zu verteidigen, zu bewahren und sich andererseits neuen Erkenntnissen und Entwicklungen zu öffnen. Das bedeutet allerdings nicht, ständig modischen «Eintagsfliegen» nachzulaufen.

«Wenn wirkliches Neuland betreten wird, kann es vorkommen, dass nicht nur neue Inhalte aufzustellen sind, sondern dass auch die Struktur des Denkens sich ändern muss, wenn man das Neue verstehen will.»[1]

Das vor Ihnen liegende Buch wäre gerade so eine Gelegenheit, sich neuen, spannenden Ufern zu nähern, bereichernde Entdeckungen zu machen, die Neugierde zu füttern und die Angst vor Unbekanntem zu überwinden. Begeben Sie sich auf Spurensuche und hinterlassen Sie auch die eigenen Spuren. Das Buch wird Ihnen viele Anregungen und Hinweise dazu geben.

Haben Sie aber keine Angst vor Neuem. Wer als Suchender aufmerksam die Bibel liest, kann nützliche Empfehlungen für den Umgang mit Neuem entnehmen. So fordert Paulus bereits «Prüfet alles, das Gute behaltet» und Jesus Christus gibt den Hinweis: «An ihren Früchten werdet ihr sie erkennen!». Das besagt, dass man in Gelassenheit erst die Reife abwarten kann, bevor man Entscheidungen trifft.

Eine Beschäftigung mit der Welt der Mikroorganismen und deren hilfreichen Auswirkungen auf Ihren Alltag schafft neue Aha-Erlebnisse und erleichtert Ihnen viele Arbeiten. Geniessen Sie die Erkenntnis, dass das derzeit wissenschaftlich Erklärbare nur ein kleiner Ausschnitt unserer erlebbaren Welt ist. Grösser ist schon die individuelle Wahrnehmung, in einem riesigen Meer des unerforscht Existierenden leben zu dürfen. Und so wünsche ich, dass Sie durch das Buch eine Reihe neuer individueller Wahrnehmungen machen können, die genau so real sind, als ob sie schon bis ins Detail erforscht und nachgewiesen worden wären.

Wer mit einer freien und unvoreingenommenen aber auch kritischen Haltung sich neue Horizonte erschliesst, kann nur hinzugewinnen.

Ich wünsche Ihnen aber auch den Mut zum eigenen Experiment und die Fähigkeit, wieder zu staunen, wie doch alles Grosse manchmal so einfach sein kann! Möge das Buch Ihnen aber auch viel Freude schenken im Umgang mit Ihrem Boden, Ihren Tieren, Ihrer Gesundheit und Ihren Mitmenschen. Erleben Sie, wie Sie plötzlich Mitarbeiter und Nutzniesser eines gigantischen mikrobiologischen Ordnungs- und Funktions-Systems werden, das in der Lage ist, weltweites Chaos wieder in Schöpfungsordnung zurückzuführen.

Diessen im Frühjahr 2010 — Prof. Dr. Manfred Hoffmann

1 Zitat des Physikers Prof. Dr. W. Heisenberg

3. Auflage: Das Buch wurde umfassend überarbeitet und um 74 Seiten erweitert.

Neue Kapitel:
- «Die Effektivität der Effektiven Mikroorganismen» (Forschungsstudien über EM) von Prof. Dr. Manfred Hoffmann
- «Ergänzungen zu EM», welche die Wirkung der Effektiven Mikroorganismen unterstützen
- «Pflanzenschutz mit EM»
- «EM-Salz»
- «EM-Fermentationsgetränke»
- «Gesundheitspflege mit EM».

Bisherige Kapitel, neu verfasst:
- «Unsere Lebensgrundlage»
- «Genmanipulation»
- «Ernährung».

Ergänzt und aktualisiert:
- Alle anderen Kapitel wurden mit neuen Erfahrungen und kreativen Ideen von EM-Anwendern um mehrere Seiten erweitert
- Die «Erfahrungsberichte» sind von 10 auf über 20 Seiten angewachsen.

Produktepalette:
Auf den letzten 4 Seiten des Buches aufgeführt:
- EM-Produzenten mit Adressen
- eine Produkte-Auswahl
- Adressen der EM-Vereine.

Das Vorwort zu dieser erweiterten Ausgabe schrieb Prof. Dr. Manfred Hoffmann.

Zum Bild: Die EM-Technologie ist eine echte Hilfe, uns aus den «Verstrickungen» von Umweltbelastungen zu lösen. Foto: Hornveilchen (Viola cornuta)

Einführung

Hinter der Bezeichnung «Effektive Mikroorganismen» steht eine authentische* Technologie, die ein grundlegendes, natürliches System darstellt: Mit EM wird der Stoff- und Lebenskreislauf in unserer Umwelt und somit auch bei uns selbst aus dem Abbau wieder in die aufbauende Richtung gelenkt.

Der von EM-Technologie ausgehende positive Einfluss verbessert die Nahrungsqualitäten und trägt zur Gesundung alles Lebendigen bei. Die Bewahrung der Umwelt ist Ansporn für Befriedigung und Bestätigung unseres Selbstbewusstseins, wobei die Kraft der kleinen Lebewesen in diesem Prozess praktische und ideelle Hilfe ist und durch deren Einsatz sich sehr schnell ansprechende Ergebnisse zeigen.

EM ist ein wunderbares Mittel, Umweltschutz aktiv und wirksam zu tätigen.

EM-Anbaumethoden unterscheiden sich so grundlegend von den konventionellen, dass sich ein «Neuling» – ohne das Wissen und die Erfahrungen aus bisherigen Anbauweisen – oft besser zurechtfindet als die «alten Hasen», denn EM-Technologie erfordert unübliche Vorgehensweisen, die häufig so simpel sind, dass es anfangs kaum zu glauben ist:

- Mit EM-Einsatz reduziert sich in der Landwirtschaft die Vielzahl von künstlichen Düngerkompositionen, Pestiziden und synthetisch hergestellten Ergänzungsmitteln oder entfallen ganz. Dadurch werden die hohen Betriebsmittelkosten erheblich gesenkt. Die Erträge aus Anbau mit EM legen an Menge ordentlich zu. Viele Arbeiten werden einfacher und überschaubarer. Gleiches gilt auch für den Hausgarten. Die Effektiven Mikroorganismen binden Gerüche und vertreiben in Haus und Hof die kleinen Plagegeister wie Fliegen oder Hausstaubmilben.
- Lebensmittel aus EM-Anbau weisen im Vergleich zu anderen Nahrungsmitteln die grössten Mengen an Vitalstoffen aus und bringen mit antioxidativen Qualitäten Gesundheit in den Speiseplan. Heilmittelkosten für Tiere und Menschen gehen erheblich zurück.
- Mit EM bleibt der Reinigungsmittel-Vorrat im Haushalt übersichtlich, es ist kaum noch Anderes nötig.
- Was auf kleinem Areal wie im Haushalt gilt, hat auch im grossen Bereich von Industrien Gültigkeit: Effektive Mikroorganismen erleichtern viele Arbeiten, ohne die Umwelt zu belasten.

* siehe Glossar Seite 370.

Alte Gewohnheiten abzulegen und sich mit der noch ungewohnten EM-Technologie mit lebendigen Mikroben auseinanderzusetzen, erfordert im eingespielten bisherigen Denkschema ein Umdenken.

Wie mit dem Buch umgehen?
Das Buch muss nicht von vorn bis hinten durchgeackert werden. Es ist so strukturiert, dass LeserInnen sich das herauspicken, was sie interessiert. Jedes Kapitel ist in sich abgeschlossen. Die «Schnell-LeserInnen» finden im Teil 1 immer am Schluss der Kapitel eine Kurzfassung des jeweiligen Themas.

Teil 1: Grundlagen zu Wirksamkeiten von EM
Dieser Buchabschnitt spannt einen Bogen von der Umweltsituation über die Zusammenhänge im Boden zur Mikrobiologie und zur Ernährung bis zu den Effektiven Mikroorganismen. Das hat seinen Grund:
Ich möchte interessierte Menschen nicht nur auf desolate Zustände aufmerksam machen, sondern auch zu Umwelt gesundenden Aktivitäten ermuntern.

Die Bodenbiologie liegt mir besonders am Herzen. Ich habe versucht, das komplexe Thema verständlich aufzubereiten, die Funktion der Düngemittel zu erläutern und die Rolle der Gesteinsmehle zu schildern.

Unsere Lebensgrundlage verdient mehr Aufmerksamkeit und darf nicht weiterhin wie eine Ware gehandelt werden.

Das Wasser ist ein wichtiges Milieu für die Effektiven Mikroorganismen. Die Sonderstellung und Einmaligkeit des Wassers in der Reihe aller anderen Elemente wird beschrieben.

Die Agrar-Gentechnik ist ein Thema, das auch EM-Anwender betrifft.

Um EM und seine Wirkung besser und umfassender zu verstehen, werden LeserInnen zu einem kurzen Ausflug in die Strahlung, Schwingung und Energie eingeladen.

Was die Begriffe Oxidation, Freie Radikale und Antioxidation bedeuten, wird kurz aufgeführt, ehe die Zusammenhänge zwischen Herkunft und Verarbeitung unserer Ernährung im nächsten Kapitel «Nahrung vermittelt Leben» aufgezeigt werden.

Im Kapitel «Die grossartigen kleinen Helfer» habe ich versucht, die allgemein negativ besetzten Mikroben ins rechte Bild zu rücken, damit ein respektvoller Umgang mit ihnen möglich wird. Es ist erwiesen, dass die Kleinstlebewesen ihre Aufgaben eifriger wahrnehmen, wenn sie liebevoll bedacht werden.

Oft wird gesagt, dass Mikroorganismen funktionieren, egal wie damit umgegangen wird. Mir kam dabei das Bild vom Sklaven in den Sinn, der dienen muss, ob er will, oder nicht.

Das Hauptthema «Effektive Mikroorganismen» kommt erst ab Seite 132 dran. So werden LeserInnen mit viel Wissen vorweg in die EM-Technologie eingeführt, damit sie aufgrund der vorangegangenen Kapitel das Wirken dieser nützlichen Mikroben besser erfassen können.

Mit den Effektiven Mikroorganismen hat Professor Dr. Manfred Hoffmann eine Reihe wissenschaftlicher Untersuchungen an Forschungsanstalten und Universitäten zusammengestellt und trefflich kommentiert.

Der Einsatz in allen Kontinenten zeigt auf, dass die umweltgerechte Technologie weltweit eingesetzt wird und die Hoffnung auf einen gesundenden Globus nicht in den Sternen hängt, sondern um uns herum wirkt und buchstäblich auch zu unseren Füssen im Boden liegt.

Teil 2: EM-Praxis

Dieser Buchabschnitt ist der EM-Praxis gewidmet. Auch dieser Teil ist so aufgebaut, dass LeserInnen sich das Thema herausnehmen können, welches gerade für sie aktuell ist. So kann sich jeder als «Quereinsteiger» im Buch zurechtfinden und später – nach und nach – auch in die Kapitel eintauchen, die am Anfang noch nicht zur Debatte standen, aber doch lohnenswert sind.

Viele Tipps und Varianten zu Gebrauchsanweisungen fordern heraus, eigene Ideen zu kreieren.

Die Themen «EMa- und Bokashi-Herstellung» sind ausführlich abgehandelt, mit vielen erklärenden Fotos oder Skizzen, bevor es zum Garten und zum Wasser geht. Das weite Thema Landwirtschaft wird in allen wichtigen Belangen abgehandelt. Da die einzelnen Betriebe in ihren Voraussetzungen sehr unterschiedlich gelagert sind, erfordern sie in einzelnen Fällen eine individuelle Beratung. Für Haushalt, Tier und Mensch gibt es viele Möglichkeiten für die EM-Anwendung. Der kreative Einsatz mit den Effektiven Mikroorganismen in Gewerbe, in Industrie und in kommunalen Anlagen erschliesst ein grosses Feld. Die angeführten Beispiele sollen als Anregung dienen.

Erfahrungen, die mir bei den vielen Kontakten und Reisen zum Thema EM berichtet wurden, möchte ich dem Leser nicht vorenthalten. Das Glück in den Augen dieser Anwender strahlte mir so intensiv entgegen, dass ich es nie vergessen werde.

Im Glossar sind alle Begriffe erklärt, die im Text mit einem * gekennzeichnet sind (Seite 370). Wer sich intensiver und ausführlicher in eine Materie vertiefen will, dem ist das Literaturverzeichnis sicher eine gute Hilfe. Ein Stichwortregister führt unkompliziert zum gesuchten Themen-Abschnitt.

Auf der hinteren Umschlagsklappe sind die Begriffs-Abkürzungen mit Mengenangaben aufgeschlüsselt.

Eine Philosophie, wie sie mit EM gelebt werden kann und wie sie Professor Teruo Higa in seinen Schriften ausspricht, ist sein Postulat für die 4 EM-Aktivitäten:

Der Geist von EM vereint und das Wesen von EM ist

1. der Geist der Wohltätigkeit. Die Grundlage der Bewegung sind spontane Freiwillige. EM muss sich «graswurzelhaft» ausbreiten
2. stete Aufrichtigkeit und Ehrlichkeit in den eigenen Handlungen und der Informationsweitergabe. Ein Geist also, der gute Dinge nicht selbst vereinnahmt, sondern hinausträgt
3. der kritische Geist gegenüber den eigenen Handlungen und dem aktuellen Zustand
4. stets frei und offen zu bleiben und spontan Selbstverantwortung zu übernehmen.[1]

Diesem Postulat schliesse ich mich an.

März 2010 Anne Lorch

1 Higa 1998, S. 118

Teil 1

Grundlagenkenntnisse zu Wirksamkeiten von EM

EM macht Mut zur Zukunft: Trotz der Nähe von Autobahn, Starkstromleitungen, Müllverbrennungsanlage und Atomkraftwerk (weisse Kühlwasserwolke) ist es möglich, dass EM-gepflegte Kühe bei bester Gesundheit und ohne Belastungen auf der EM-Weide eines zertifizierten Biolandbetriebes grasen können.

Ein Blick auf unsere Lebensgrundlage

Wir leben in einem gefährlichen Zeitalter. Der Mensch beherrscht die Natur, bevor er gelernt hat, sich selbst zu beherrschen.

(A. Schweitzer)

Die Urmutter Erde ist ein Organismus, den kein Wissenschafter realisieren kann. Alles, was auf ihr kreucht und fleucht, ist von ihr abhängig. Und rettungslos muss alles zugrunde gehen, wenn jene Erde stirbt, die uns nährt.
Viktor Schauberger

Alle alten Kulturen, bis hinein in die christliche, haben einst grossen Wert darauf gelegt, die Erde und ihre gesamte Schöpfung voller Respekt zu behandeln, sie zu pflegen und zu bewahren. Sie wussten: Die Natur ist in allen Teilen ihres Daseins konsequent, und wir sind ein Teil von ihr. Über dieses Gesetz haben wir uns mit Gewinn maximierender Wirtschaftsweise und bequemem Chemieeinsatz leichtfertig hinweg gesetzt. Mit den Folgen heftig konfrontiert, beginnen immer mehr Menschen, aus der Lethargie achselzuckender Resignation aufzuwachen und nach Lösungen Ausschau zu halten.

Was einmal war

Vor Milliarden von Jahren begannen Mikroorganismen mit Hilfe des Lichtes damit, die Ammonium-Salpeter-Stickstoffatmosphäre unseres jungen Planeten mit einer sauerstoffhaltigen Schutzhülle einzukleiden. Verwitterung durch Säuren und die Lithobionten* haben unsere dünne Erdkruste für mannigfaltiges Leben vorbereitet. Mit ihren Stoffwechsel-Ausscheidungen ermöglichten sie weiteres Leben.

Sie liefern insgesamt zwei Drittel aller organischen Substanzen, nur ein Drittel entsteht durch Pflanzen, Tiere und Menschen. Aus den Einzellern entwickelten sich die Mehrzeller, aus Pionierorganismen wie Flechten und Moose entstanden Pflanzen mit Blüten und Früchten. Es gab eine Zeit üppigster Vegetation mit gigantischen Urweltbäumen und Riesenfarnen. Dinosaurier bevölkerten nicht nur tropisch warme Kontinente, sondern auch Europa. Vulkane schleuderten spurenstoffreiche, fruchtbare Asche über grosse Regionen hinweg. Weiter bis zu

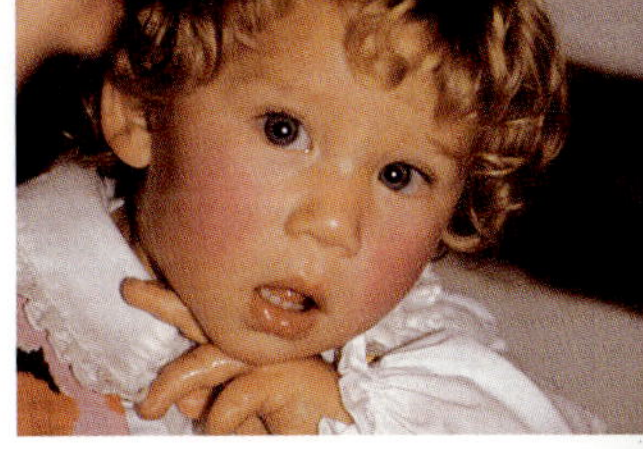

Was die industrielle Ökonomie als Wachstum bezeichnet, ist in Wahrheit eine Art Diebstahl in der Natur oder an den Menschen. Sie gibt die Schaffung von Knappheit als Wachstum aus.[1]

Hier läuft was falsch: Der Anbau von Getreide für die Biogasindustrie ist lukrativer als für die Ernährung der Bevölkerung. Dadurch wurde das Korn in Mexiko knapp und das Brot für viele Menschen unbezahlbar.

«Wir zertreten immer noch alles mit unseren Füssen, zermalmen mit schweren Maschinen die Mikrowelt, peinigen sie mit Kunstdünger und Chemikalien durch eine Übermacht an Energie bis fast zur Ausrottung.»[2]

den sehr differenzierten, vielfältigen Lebewesen – wie wir sie heute kennen – war es ein langer Weg. Es entstand das Ökosystem, in dem die uns umgebende Biosphäre* im fliessenden, d.h. ständigen Gleichgewicht lebt, denn die Natur produziert nichts Schädliches, sondern

- reine Atemluft
- unbelastetes Wasser
- milde, Leben spendende Strahlung,

die das wundersame Pflanzen- und Tierleben im Einklang mit dem Menschen fördert und weiterentwickelt. «Frühere» Kulturen nutzten das Naturgeschenk Edaphon*, das mit Hilfe von Sonne und Wasser aus

- der Steinsubstanz der Gletschermilch
- Vulkan- und Erosionsstaub
- und Algen

reiche Ernten hervorbrachte. Der Flussschlamm in den Tälern des Yangtze, des Ganges, des Nils, des Euphrat und Tigris, die schwimmenden Gärten der Azteken oder die Terrassenfelder Asiens waren die Quellen der Nahrung, die gepflegt wurden.

Diese im Verhältnis zum Erddurchmesser sehr dünne und sehr sensible Schicht der Erdkruste, in der ein unglaublich reges Leben herrscht, ist ein perfekter Mikrokosmos im Makrokosmos – unabhängig vom Menschen. Auf dieser Grundlage konnten sich mächtige Dynastien entwickeln, lebten vitale, intelligente und kreative Völker, waren Wissenschaften, Technologien und Künste möglich, vor denen wir uns auch heute noch verbeugen dürfen.

Das Erbe der «Neuzeit»

Vor 500 Jahren hat ein Hektar Ackerland fünf Menschen ernährt. Im konventionellen Anbau in den USA wird pro Hektar nur einer davon satt, trotz aller technologischen Einsatzmittel. Es wird 50% mehr Aufwand betrieben als letztendlich für Nahrung dabei herauskommt. Der einst an Spurenstoffen reiche Boden verlor durch die moderne Feldbearbeitung wertvolle, bodenbürtige Mineralien, weil sie vom Kunstdünger festgelegt wurden und in dieser gebundenen Form von Mikroben nur in geringen Mengen oder gar nicht für Pflanzen aufgeschlossen werden können. Riesige, einst fruchtbare Ackerflächen verkamen zur Wüste.

Agrar-Gentechnik: Als eine der ganz brisanten Technologien hat sich die Manipulation mit Genen herausgestellt. Dieses Thema wird auf Seite 81 in einem separaten Kapitel beleuchtet.

Vandana Shiva schreibt zum Thema Genmanipulation: *«Nie zuvor hat der Mensch einen solch heimtückisch gefährlichen, weit reichenden und potenziell ‹perfekten› Plan ausgeheckt, um die Existenzgrundlage, die Nahrungsmittelversorgung, ja das Überleben aller Menschen unseres Planeten zu kontrollieren.»*[3]

In Zeiten weltweiter Täuschung ist es ein revolutionärer Akt, die Wahrheit zu sagen.
George Orwell

Chemtrails: Multinationale Konzerne haben mit Unterstützung von Regierungen die Kontrolle über

- Energieressourcen (Öl, Kernkraft)
- Nahrungsmittel (Gentechnik, Saatgut)
- Informationstechnologie (Internet, Telefonüberwachung)
- Wasser (Quellrechte)

übernommen. Nun ist das Wetter im Visier. Immer öfter sind ungewöhnliche Wolkenmuster – dicke rautenförmigen Streifen oder auch als kreisförmige Schlaufen – zu beobachten. Sie lösen sich langsam in breite, lockige Dunstschleier auf. Es fällt auf, dass der Himmel bei schönstem Wetter grau überschleiert ist, die Sonne nur milchigweiss oder von Regenbogenfarben umkränzt durchleuchtet.

Die breit zerfliessenden, chemischen «Kondensstreifen» lösen sich langsam zu weisslichen Schlieren auf. Durch Aluminiumpartikel wird das Sonnenlicht regenbogenfarbig zerlegt.

Flugzeuge (Militär?) setzen schöne grafische Wolkenbilder in den Zenit, bevorzugt in frühen Morgenstunden oder in der Abenddämmerung, oft bei schönem Wetter oder kurz davor. Während der systematisch angelegten Flüge wird eine Mischung aus Bariumsalzen und Aluminiumpulver in grosser Höhe versprüht. Diese Schwaden aus Feinmetallpartikeln sollen die Erdatmosphäre abkühlen. Ein Teil CO_2 wird so neutralisiert. Durch elektrostatische Aufladung wird Ozon erzeugt, das Ozonlöcher flicken soll. Zusammen mit einem Polymer-Gemisch als Trägerstoff reflektiert dieser Cocktail die Infrarotstrahlen (Wärme) des Sonnenlichtes wieder zurück ins All. Für diese kostspieligen Aktionen kursieren auch

1 Shiva, 2004, S. 9
2 Pommeresche, 2004, S. 108
3 Shiva, 2004, S. 111

Missglückte Klimamanipulation in Peking: eine anhaltende, warme Schönwetterpriode sollte wegen der Trockenheit mit Chemtrails beendet werden. Es kam zum unvorhergesehenen Kälteeinbruch und überraschte die Einwohner völlig unvorbereitet mit Schnee.

Gerüchte über militärisch relevante Gründe und perfide Absichten der die Welt regierenden Wirtschaftsmächte. Wie fatal sich solche Einsätze auswirken können, zeigt ein Bericht in der Tageszeitung (Bild links).

Wenn die Technik noch nicht ausgereift ist, kann so was ja schon mal passieren. Was mehr als prekär ist, sind die unabsehbaren Schäden für Gesundheit und Umwelt durch diese hochgiftigen Schwermetalloxide, die sich zwar sehr lange in der Luft halten, aber doch mal wieder herunterkommen und auf uns herabregnen. Mit diesen Manipulationen werden vor allem nervlich bedingte Leiden in Zusammenhang gebracht.

CO_2: Der Anteil CO_2 in der Atmosphäre liegt bei 0,0385 Prozent. Laut UNO-Klimabericht trägt der Mensch einen Anteil von 0.0019 Prozent dazu bei. Dieser von Menschen gemachte Prozentsatz erscheint sehr gering. Es fragt sich nur, wie stark der sensible Luftmantel der Erde auch auf kleine Veränderungen reagiert. Einflüsse durch Sonne oder durch Vulkane und die Emissionen aus Verkehr, konventioneller Landwirtschaft und Industrie setzen Kohlendioxid (CO_2) in grossen Mengen frei. Die Minderung der Treibhausgase wird von Regierungen in zig Jahren angepeilt. Bis dahin zahlt der Bürger weiterhin lukrative Geldsummen über Treibstoffsteuern an den Staat. Die Auto- und Energieindustrie denkt noch nicht im Ernst über eine umweltfreundliche Technik nach, obwohl findige Köpfe bereits entsprechende Lösungen entwickelt haben. In der Landwirtschaft ist CO_2 durch die Massentierhaltung ein Problem, das z.B. mit dem Einsatz von Effektiven Mikroorganismen gelöst werden könnte. Auch in den östlichen Ländern steigt der CO_2-Ausstoss durch die boomende Industrialisierung in utopische Höhen. Brandrodungen in tropischen Regenwäldern tragen ebenso einen erheblichen Anteil dazu bei.

Wenn man die Erde verwundet, verwundet man sich selbst. Und wenn andere die Erde verwunden, verwunden sie dich.[4]

E-Smog durch Antennenwälder und durch die totale Elektrifizierung auf allen Ebenen hat sichtbare Schäden in der Umwelt und gesundheitliche Probleme bei Pflanzen, Tieren und Menschen verursacht. Nachdem z.B. der technische Sender HAARP in Alaska 2006 seine Sendeleistung um das Vierfache erhöht hatte (auf 3.6 Mio. Watt), fanden die Bienenvölker aus diesen Senderegionen nicht mehr nach Hause. Gleiche Phänomene tauchten in anderen Regionen auf, als z.B. der Mobilfunkstandard GSM auf das 33-mal schnellere Mikrowellennetz UMTS umgestellt wurde.

Wir kochen uns mit hausgemachtem Dauerbombardement aus Mikrowellen buchstäblich zu Tode.[5]

Hochspannungsleitungen belasten das Umfeld enorm. Häuser unter diesen Stromleitungen sind Herde für ernste Erkrankungen. Die Kabel in die Erde zu verlegen, sollte eine annehmbare Alternative sein, weil Erde gut ableiten kann. Nun hat es sich aber herausgestellt, dass Wasserleitungen, die nahe an der unterirdischen Stromverkabelung liegen, den hochgradigen E-Smog aufnehmen und das mit E-Smog befrachtete Wasser in alle Haushalte ungebremst verteilt. Die Folgen sind für den Wasserverbraucher noch gar nicht abzusehen.

Der Richtstrahl der rechenförmigen Antenne trifft hier auf eine Baumgruppe und hat eine sichtbare Bresche hineingebrannt (abgestorbene Fichten).

Impfungen: In regelmässigen Abständen wird in den Medien eine neue Pandemie angekündigt. Ob SARS, die Vogelgrippe, Masern oder Schweinegrippe, immer wird Panik verbreitet, um die Menschheit für Impfungen gefügig zu machen. Es gibt bis heute keinen konkreten Nachweis darüber, ob Arzneien gegen Schweine- oder Vogelgrippe überhaupt wirksam sind. Dagegen ist bekannt, dass Impfungen gefährliche Nebenwirkungen haben können, die erst nach Jahren richtig zum Vorschein kommen. Die seit Jahren durchgeführten Mehrfachimpfungen von Säugligen werden immer häufiger von gut informierten, verantwortungsbewussten Eltern abgelehnt, und zwar aus gutem Grund: Die Impfstoffe selber sind nicht lange haltbar und werden mit hochgiftigen Substanzen wie Quecksilber oder Squalen konserviert. Darauf können gerade Kleinkinder und gesundheitlich angeschlagene Menschen sehr heftig reagieren. Das Zitat von Nelson Mandela «Wenn wir uns von unserer eigenen Angst befreien, befreit unsere Gegenwart automatisch andere» greift, denn viele Informationen und Ungereimtheiten zu diesem Thema haben bewirkt, dass trotz dringendster Ermahnung der Behörden zwei Drittel der Menschen in den Pflegeberufen sich nicht gegen die Schweinegrippe impfen liessen. Ebenso viele Ärzte haben die Impfung für sich selber abgelehnt. Zwingender lief die gesetzliche Verordnung zur Impfung in der Viehwirtschaft wegen der drohenden Blauzungenkrankheit ab. Jeder Landwirt, der sich diesem Zwang widersetzte, wurde zu hohen Zahlungen verurteilt. Aber die beharrlichen Widerstände der Bauern und die belegbar schweren Schäden beim Vieh weichen die Fronten in der Regierung langsam auf. In Zukunft werden wieder «Ausnahmebewilligungen» erteilt.

Industriell verarbeitete Nahrungsprodukte sind dem Gesetz für Keimfreiheit untergeordnet und mit keimtötenden Konservierungsmitteln ausgestattet. Durch die Verarbeitung gehen viele wertvolle Pflanzenstoffe verloren. Mit dieser entleerten und mit giftigen Sub-

4 Weisheit der Anungu-Aborigines am Uluru, Australien

5 Zeitenschrift Nr. 64, 2009, S. 19

Was hinterlassen wir unseren Kindern?

stanzen versetzten Nahrung hat unser Verdauungstrakt Mühe. Auf dieser Basis entstehen viele allergische Unpässlichkeiten. Im Kapitel «Ernährung» Seite 108 wird darauf ausführlicher eingegangen.

Landverschleiss: Städtebau, Verkehrswege und Bodenerosion durch industrielle Anbauweisen haben in kurzer Zeit fruchtbare Landschaften in Betonwüsten oder in unwirtliche Landstriche verwandelt.

Klimaerwärmung: Dieses Thema birgt wohl die meisten widersprüchlichen Thesen in Sachen Umweltbelastungen. Als Hauptursache werden der überhöhte CO_2-Ausstoss, die Ozonproblematik, Chemtrails, E-Smog, Russpartikel aus der Industrie und Brandrodungen genannt. Dagegen gibt es wissenschaftliche Studien, die statt Erwärmung eine Abkühlung des Klimas erklären: Wenn z. B. das ewige Eis an den Polkappen von Arktis und Antarktis in den letzten Jahren zunahm und weltweit die Durchschnittstemperaturen seit

Der Golfstrom versorgt West- und Nordeuropa mit milden Temperaturen. Durch die globale Erwärmung der Meere könnte die Strömung abbrechen und dadurch das Klima in Europa dramatisch verändern.

Einst glitzernd weisse Gletscher werden mit Russpartikeln aus Industrie und Haushalten schmutzig «überzuckert». Die warme Sonneneinstrahlung wird nicht mehr reflektiert, sondern in der schwarzen Auflage festgehalten: das Eis schmilzt rasant.

10 Jahren stabil geblieben sind oder sogar leicht gesunken sind, so ist das ein krasser Widerspruch zur allgemein gefühlten Klimaerwärmung. Es könnten u.a. natürliche Bedingungen wie wechselnde Sonnenaktivität und der veränderte Abstand der Erde zur Sonne in den letzten Jahren dafür verantwortlich sein. Die eigentliche, von Menschen gemachte Klimaerwärmung durch Treibhausgase wurde dadurch kurzfristig «überdeckt».

Auch ein Grund: Es gibt Anzeichen, dass die warme Golfströmung im einst kühlen Meer abreisst und Europa nicht mehr mit ausgeglichenen Temperaturen versorgt. Daraus ergeben sich kalte Winter – heisse Sommer.

Künstlich zusammengeführte Stoffe können untereinander oder auch mit natürlich vorkommenden Substanzen neue chemische Verbindungen bilden und damit ihre Giftigkeit immens erhöhen. An die 70 000 bis 100 000 synthetische* Substanzen hat die Industrie bereits in Umlauf gebracht. Sie ergeben – einst als einzelne Stoffe eingesetzt – rechnerisch 2,5 Milliarden mögliche neue Verbindungen. Im fortwährenden Kreislauf «Boden-Pflanze-Tier-Mensch-Boden» sammeln sie sich zu ungeahnten Mengen an und verbreiten sich über Wasserwege auf der ganzen Welt. Selbst in der Arktis sowie in der Muttermilch von Mensch und Tier wurden die stärksten Gifte wie Dioxine nachgewiesen.

Trotz Verbot werden immer noch radioaktive Abfälle ins Meer eingeleitet.

Ozon: Ozonlöcher entstehen durch Treibgase wie Ethylen und Acetylen. Der Hauptanteil ist aber Methan, das mit 70% aus der industrialisierten Viehwirtschaft stammt.

Wissenschaft, Wirtschaft und wir

Laut Weltagrarbericht haben über 500 Wissenschaftler und Experten vier Jahre lang den globalen Stand des Wissens über Landwirtschaft und Ernährung zusammengefasst. Es scheint, dass die um neue Errungenschaften bemühten Forscher auf der Schmalspur der Spezialisierung ungewollt in eine Sackgasse geraten sind:

Werden Sie zum Querdenker – lassen Sie sich in keine Schublade stecken.[6]

- Schon 1996 versprachen die Regierungschefs am Welternährungsgipfel in Rom, mit Hilfe der Wissenschaft an neuen, ertragreichen Gen-Feldfrüchten zu arbeiten, um den Hunger der Welt zu stillen. Stattdessen ist jetzt, nach 14 Jahren, die Zahl der vom Hungertod bedrohten Menschen auf über 1 Milliarde angewachsen. Es ist absurd, denn es gibt andererseits ebenso viele übergewichtige, überernährte Menschen.
- Im Jahr 2009 wird geraten, die landwirtschaftliche Produktion drastisch zu erhöhen, natürlich über den Weg der industrialisierten Agrarwirtschaft durch Grossbetriebe. Mit Hilfe der Wissenschaft wird an weiteren Technologien für Grosskonzerne gebastelt. Das geht auf Kosten einer klein strukturierten Landwirtschaft, die vor allem den indigenen* Bevölkerungsschichten ein Auskommen und genug Nahrung ermöglicht.

Der Weltagrarbericht 2008 zeigt auf, dass die Menge der Agrarproduktion zwar jetzt schon schneller ansteigt als die Bevölkerungsanzahl. Doch nur 47% der Weltgetreideproduktion (Reis, Weizen, Mais, u.a.) dienen als Lebensmittel der Ernährung. Der Rest wird verfüttert, verheizt, zu Treibstoff und zu anderen Industrieprodukten verarbeitet. Bei Ölsaaten (Soja, Raps, Sonnenblumen, Ölpalme usw.) ist der Lebensmittelanteil noch geringer. 50 bis 90% der Ernährungsenergie gehen zudem bei der Umwandlung von Getreide in Fleisch verloren.

Ein Prozent der Menschheit kann die restlichen 99 nur in den Abgrund reissen, wenn diese nichts tun.[7]

Der Raubbau an überlebenswichtigen Ressourcen hält weiterhin an als gäbe es keine Gefahren für den herrlichen blauen Planeten, wie er sich aus der Mondfähre auf dem Weg zum Erdtrabanten zeigte. Wachstum und globale Liberalisierung des Welthandels stehen weiterhin an erster Stelle. Dann kommt die Wissenschaft der Biotechnologie, im Auftrag der Grossindustrien. Dabei wäre das grösste Problem «Hunger» neben der Umweltverschmutzung allein dadurch aus der Welt geschafft, wenn die Nahrungsmittel effizient verteilt und eingesetzt würden. Dann könnten selbst die in 40 Jahren zu erwartenden 9 Milliarden Erdenbürger immer noch satt werden.

Folgt die Mehrheit der Konsumenten noch einer Wissenschaft, die uns technisch und chemisch eine verbesserte Zukunft verspricht? Das Bewusstsein für neue, nachhaltige Anbauweisen wächst. Unser Glaube an die Machbarkeit aller Dinge ist gründlich ins Wanken geraten. Es mehren sich die Stimmen, die eine Umkehr fordern. Wir erkennen in immer schnelleren Zeitabschnitten die Dinge, die schief

6 www.co2-handel.de > Klimawandel
7 Zeitenschrift Nr. 64, 2009, S. 57
8 Higa, 1994, S. 93

liegen. Es bilden sich immer mehr Gremien, die mit guten Ideen Wege aus der Misere aufzeigen. Die Kraft der «Umdenker» nimmt gewaltig zu.

Werden unsere Kinder mit dem Erbe der Neuzeit konfrontiert oder packen wir die Aufgabe an, ihnen einen genesenden Planeten zu hinterlassen?

Hoffnung oder Utopie oder Lösungsansätze?

Die viel diskutierte «Ertragsmaximierung» mit entleerter Nahrung weicht einem Bewusstsein für biologisch herangewachsene Lebensmittel, für das Wissen und das Gefühl für die Mutter Erde, für den Humus und für das gerade wieder entdeckte Bodenleben. Immer mehr forschende Menschen gehen den hoffnungsvollen Weg mit ganzheitlichem Denkansatz. Sie wissen, dass die Zukunft nur mit biologisch (lebensgesetzlich) ausgerichteten Arbeitsweisen und nicht aus einseitigen Gesichtspunkten heraus zu gewinnen ist. Wenn Professor Teruo Higa als einer von vielen «Rufern in der Wüste» seit Jahren fordert: *«Wir müssen den Mut und die Ehrlichkeit oder die Fähigkeit haben, Lösungen auf einer Ebene zu suchen, die über das normale Selbstinteresse oder den Wunsch des Egos hinausgeht. Es ist nicht die Frage des Wissens oder der Erfahrungen, sondern wie kreativ eine Sache angegangen wird»,* so sind wir heute soweit, diese Forderungen anzugehen und umzusetzen, weil es anders gar nicht mehr geht.

Visionen werden Realität. Alles, was sich ändert, hat seinen Keim in der kleinsten Zelle. In der Gesellschaft sind es die einzelnen Personen oder Familien. Hier beginnt der Umdenkprozess, der dann zur breit gestreuten Meinung wird. Wir müssen uns dieser Kraft wieder bewusst werden, um die uns schon in der Bibel genannte Verantwortung für unser Dasein zu übernehmen, anstatt auf Regierungsentscheide zu warten. Auch hat es der «für das Leben» praktizierende Pionier heute etwas leichter als unsere rebellischen Ahnen, die sich ganz anderen (oder ähnlichen?) Umständen widersetzten. Dazu ein möglicher Ausblick, der den augenblicklichen Standard in eine hoffnungsvolle Zukunft versetzt: Es erscheint nunmehr logisch,

- sich an die Naturgesetze zu halten
- sich an alten, erprobten Methoden zu orientieren
- durch Beobachtung selber Erfahrungen zu sammeln
- die Hilfe moderner Techniken sinnvoll einzusetzen.

In Zukunft werden wir den Zustand eines Landes nicht nach heutigen Standards von Wirtschaft und Technologie messen, sondern an der Produktivität der Landwirtschaft, seiner Effizienz beim Umweltschutz und daran, wie gesund die Menschen tatsächlich sind.[8]

Mit den Grundprinzipien der Natur zusammenzuarbeiten, hat in den letzten Jahren z.B. in der Landwirtschaft zu einem Bewusstsein für biologische Prozesse geführt, in dem die Kraft der uns helfenden und zur Seite stehenden kleinen Bodenlebewesen in unsere Arbeit mit einbezogen wird.

Netzwerke verstärken und stützen das Engagement des Einzelnen.

Viele Menschen engagieren sich für die Heilung unseres Planeten. Es entstehen Netzwerke untereinander, die das Engagement einzelner Gruppierungen stärken. Sie erreichen in kleinen, aber recht wirkungsvollen Schritten ein Umdenken des bisher gewinn- und ertragsorientierten Wirtschafsmarktes. Auch für alle modernen Machthaber der Erde ist es eine grosse Chance, sich mit nachhaltigen, umweltgerechten Massnahmen und Verordnungen neu zu positionieren.

Das Erfolgsmodell der Zukunft ist, die erforschten Einzelfelder der Naturwissenschaften mit den Erfahrungen der biologischen Ganzheitserkenntnisse zu verknüpfen und untereinander in Beziehung zu setzen. Die Ergebnisse beider Ansichten nutzbringend anzuwenden, ist fruchtbares Wirken miteinander statt gegeneinander, ist Motor für rasche Gesundung unserer gebeutelten Umwelt. Es gibt viele Mut machende Projekte in aller Welt, auf allen Ebenen.

Aus der Fülle der vielen «grünen Baustellen» bilden sich auf der Weltkarte kleine grüne Inselchen. Wenn diese «Puzzleteile» immer mehr werden, verschmelzen sie zu grösseren, den Globus umspannenden Flächen. Dass es keine Utopie ist, zeigen die Vorbild gebenden Beispiele einzelner Persönlichkeiten, Gruppierungen, Institutionen und Staatsmächte.

Mit dem Blick zurück auf gute Erfahrungen und den Möglichkeiten von heute eine Zukunft neu einzurichten, mit Weitsicht, Umsicht und Rücksicht auf unsere Umwelt wird ein langer, eingreifender Prozess für unsere und die kommenden Generationen sein.

Die Geschichte einer einzelnen, engagierten Persönlichkeit: Der Neembaum ist wegen seiner entkeimenden Inhaltsstoffe in Indien seit mehr als 2000 Jahren das wichtigste Heilmittel für Menschen, Tiere und Pflanzen (es gibt 280 verschiedene Möglichkeiten, ihn zu nutzen). Während man z.B. bei chemischen Spritzmitteln sehr schnell Resistenzen bei den Insekten beobachtet, sind bei Neemlösungen wegen ihrer Komplexität keine Resistenzen zu erwarten. Der Baum wird aus diesem Grunde in allen tropischen Ländern sehr geschätzt. Das amerikanische Landwirtschaftsministerium hatte auf Antrag eines Agrarkonzernes allen Ernstes geplant, den vielseitigen Neembaum zu patentieren. Diese Patentierung hätte zur Folge gehabt, dass gerade in indigenen* Bevölkerungsschichten das am meisten verwendete Naturheilmittel unbezahlbar geworden wäre. Die Patentierung bedeutete auch, dass alle Neembäume, ob wild wachsend oder im privaten Areal, nicht mehr genutzt werden dürften und durch diese Verordnung bisherige Bestände gerodet werden müssten. Die indische Physikerin und Umweltaktivistin Dr. Vandana Shiva konnte das mit ihrem persönlichen Einsatz verhindern. Es ist nur eine von vielen erfolgreichen Aktionen dieser grossartigen Frau.

9 Shiva, 2005

Einige Beispiele von Mut machenden Einsätzen könnten Anregung für eigenes Engagement sein:

- **Die Alternativ-Nobelpreisträger Percy Schmeisser (Kanada) und Dr. Vandana Shiva (Indien),** Prof. Dr. Antonio Andreoli (Brasilien), Umweltaktivisten wie Urs Hans (CH), Christoph Fischer (D) und Manfred Grössler (A) setzen sich gegen die Verbreitung der Agrargentechnik ein. Sie sind stellvertretend für ganz viele Menschen aus allen Hierarchien genannt, die den gesetzlich verordneten Anbau von genmanipuliertem Saatgut verhindern wollen, damit der natürliche, biologische Anbau erhalten bleibt.
- **Greenpeace und WWF** sind Institutionen, die mit mutigem Einsatz auf die Missstände rund um die Erde aufmerksam machen und schon viele Umdenkungsprozesse eingeleitet haben.
- **Alternative Landbauweisen:** Man erinnert sich an Anbaumethoden alter, vergessener Völker und «ackert» wieder mehr mit geistiger Zuwendung zur Pflanze und zum Boden. Die Nachfrage nach Lebensmitteln aus biologischem Anbau ist so gross geworden, dass es zu Engpässen kommt. Es gibt eine wachsende Anzahl junger Menschen, die sich auch der Methode des biologisch-dynamischen Anbaus mit hohem persönlichem Einsatz zuwenden. Die Permakultur ist zum Begriff eines unkonventionellen Modells für die Selbstversorgung geworden.
- **Weltagrarbericht:** Ein Blick ins Internet zeigt unter «weltagrarbericht» Projekte, die sich um Nachhaltigkeit bemühen. Die Liste der engagierten Gruppierungen ist erfreulich lang.
- **Landesregierungen:** Alternative Energietechnologien wie Solartechnik und Windkraft werden in einigen Ländern Europas grosszügig subventioniert. In europäischen Wassereinzugsgebieten erkennen viele Wasserversorgungsunternehmen den biologischen Landbau als aktiven Umwelt- und Wasserschutzbeitrag an, weil keine Chemie angewendet wird. Es werden mehrere hundert Euro pro Hektar Land dafür bezahlt.

Neue Weltordnung: In allen ganzheitlich wirkenden Kreisen sind Modelle für eine neue Weltordnung, für die «Neue Demokratie»[9], für Erneuerung auf allen Ebenen entwickelt worden, wo

- freie Marktwirtschaft, globale Freihandelsabkommen und die Monopolisierung einzelner Konzerne mit ihren allumfassenden Machtansprüchen keinen Boden mehr vorfinden
- wir die Schöpfung mit allem, was ist, wieder achten
- unser Planet auf sozialer, politischer, wirtschaftlicher und spiritueller Ebene lebenswert für alle Menschen sein kann.

Ein starkes Trio in Sache Genmanipulation: v.l. Christoph Fischer (D), Vandana Shiva (IND) und Percy Schmeisser (CDN).

Du sollst den Glauben an die Menschheit nicht verlieren. Die Menschheit ist ein Ozean; auch wenn ein paar Tropfen des Ozeans schmutzig sind, so wird davon nicht der ganze Ozean schmutzig. (Mahatma Ghandi)

Wind und Sonne sind Energien, die Mutter Natur gratis liefert. Die ökologischen Werte dieser Anlagen müssen noch verbessert werden.

Das Zitat von Walter Fisch «Tue Gutes und rede darüber» wurde zum geflügelten Wort. Dieser biologisch-dynamische EM-Betrieb tut es.

Es ist an der Zeit, mit «allem was ist» sorgsam umzugehen, dabei alle gemachten Erfahrungen zu integrieren und in die heutige Welt zu transferieren, ist nun gefordert. Viele Menschen fühlen sich aufgerufen, die Natur wieder als gleichberechtigte Partnerin zu achten, wie es einst in alten Kulturen gepflegt wurde. Selber aktiv an der Bewahrung unserer Umwelt mitzuwirken, wäre auch Ansporn für Befriedigung und Bestätigung des Selbstbewusstseins.

Kleine Aktionen haben oft grosse Wirkung, bringen «den Stein ins Rollen», lösen manchmal gar Lawinen aus.

Die Mikrobenwelt in der Humusphäre

Das Wirken von Mikroorganismen ist eine der grossartigen Einrichtungen der Schöpfung. Es ist an uns, auf ihre Bedingungen einzugehen, um im achtsamen Umgang mit dem Edaphon* des Bodens, des

EM-gepflegte Mischkultur hat eine leuchtende, kraftvolle Ausstrahlung.

Wassers und der Luft zu walten, ohne dabei ins Steinzeitalter zurückzufallen. Dazu braucht es auch nicht mehr den handgestrickten Strumpf «alternativer» Muster, um unsere Nahrung und uns gesunden zu lassen. Die enge Verbindung zwischen Erde und Pflanze wird wieder begriffen. Die 100 kg lebenden Mikroorganismen pro 100 Quadratmeter Boden werden mit optimalen Lebensbedingungen versorgt. Die chemisch befreite, rein mikrobiologische Bewirtschaftung kann mit einem Minimum an finanziellem Aufwand gute, gesunde und wohlschmeckende Ernte einfahren, die auch im Ertrag weit über dem üblichen Durchschnitt liegt. Die Offenheit und Unvoreingenommenheit und ein mit Liebe bedachtes Verständnis bringen Heilung im Zusammenspiel mit der belebten Natur. Weil die Natur immer versucht, alles perfekt nahe ans Gleichgewicht zu bringen, gibt es dort keine ausufernde Selbstzerstörung mehr, wo sich der Mensch in dieses empfindliche Netzwerk wieder bewusst einfügt.

Effektive Mikroorganismen
Die EM-Technologie ist ein wunderbares Mittel, Umweltschutz aktiv und wirksam zu tätigen und ist vor allem von jedem von uns machbar. Der von den Effektiven Mikroorganismen ausgehende positive Einfluss verbessert die Nahrungsqualitäten und trägt zur Gesundung alles Lebendigen bei. Die Kraft der kleinen Lebewesen ist praktische und ideelle Hilfe, die sehr schnell ermunternde Ergebnisse zeigt. Die Effektiven Mikroorganismen können uns zu Menschen werden lassen, die sich wieder mit freudiger Begeisterung für eine gesunde Natur einsetzen. Jeder EM-Anwender begibt sich auf den Weg, der Erde in positiver Art und Weise zu dienen. Jeder Einsatz von EM, und sei er noch so klein, ist ein Beitrag zur globalen Gesundung unserer Lebensgrundlage. Denn viele Wenige machen ein Viel, machen Mut für eine hoffnungsvolle Zukunft.

Zusammenfassung

Die Natur ist in allen Teilen konsequent, und wir sind ein Teil von ihr.

Was einmal war: Die Mikroben waren vor uns da und haben das Leben auf der Erde vorbereitet. Durch sie konnten sich Einzeller über die Mehrzeller zu vielfältigem Leben entwickeln. Die Natur produziert nichts Schädliches, sondern reine Atemluft, Wasser und Leben spendende Strahlung. Alte Kulturen pflegten diese Kräfte der Natur und erzielten reiche Ernten.

Das Erbe der Neuzeit hat Stoffe hervorgebracht, die durch künstliche Zusammensetzungen so giftig sind, dass die Natur sie nur sehr langsam abbauen kann. Landverschleiss, CO_2-Emissionen, Ozonlöcher, E-Smog und Chemtrails tragen dazu bei, dass unser Planet in grosse Not geraten ist. Die Agrar-Gentechnik ist mit ihren Manipulationen eine heimtückische, gefährliche Technologie, verarbeitete Nahrungsprodukte verursachen viele Allergien. Impfungen gegen allerlei Pandemien führen durch toxische Konservierungsstoffe u.a. zu nervenbedingten Krankheiten, die erst Jahre nach der Impfung auftreten können.

Die Wissenschaft scheint in eine Sackgasse geraten zu sein. Regierungen wollen den Hunger der Welt mit erhöhter landwirtschaftlicher Produktivität stillen, was die industriellen Anbauweisen fördert, aber die klein strukturierte Landwirtschaft dezimiert. Der Weltagrarbericht von 2008 zeigt auf, dass nur 47% der Weltgetreideproduktion der Ernährung dienen, alles andere wird verfüttert (für die Fleischproduktion), verheizt, zu Treibstoff und Industrieprodukten verarbeitet. Wachstum und die Liberalisierung des Welthandels stehen bei den Weltmächten an erster Stelle. Die Wissenschaft der Biotechnologie folgt an zweiter Stelle. Wenn die Nahrungsmittel effizient verteilt werden würden, könnten selbst bei 9 Milliarden Menschen alle Erdenbürger auch in 40 Jahren satt werden – ohne Welthungersnot.

Hoffnung oder Utopie oder Lösungsansätze: Die viel diskutierte «Ertragsmaximierung» von Nahrungsmitteln weicht einem Bewusstsein für biologisch herangezogene Lebensmittel. Viele Menschen fühlen sich aufgerufen, die Natur wieder als gleichberechtigte Partnerin zu achten. So werden Visionen zur Realität, weil sich der Mensch an das Naturgesetz hält, sich an alten, erprobten Methoden orientiert und diese mit moderner Technik in die heutige Zeit transferiert. Das Erfolgsmodell der Zukunft ist, die erforschten Einzelfelder der Naturwissenschaften mit den Erfahrungen der biologischen Ganzheitserkenntnisse zu verknüpfen und untereinander in Beziehung zu setzen. Es bleibt keine Utopie, wenn aus der Fülle vieler «grüner Baustellen» sich weltumspannende Flächen entwickeln könnten. Viele engagierte Persönlichkeiten, Gruppierungen und Institutionen bis zu Landesregierungen arbeiten an einer Umwelt, in der es sich auch in Zukunft leben lässt.

Die Mikrobenwelt in der Humusphäre ist eine grossartige Einrichtung der Schöpfung. Eine chemisch befreite, rein mikrobiologische Bewirtschaftung kann reiche Ernten einfahren. Es gibt bei dieser Anbauweise keine ausufernde Selbstzerstörung der Umwelt mehr.

Effektive Mikroorganismen helfen uns, einen positiven Beitrag zur globalen Gesundung unserer Lebensgrundlage zu leisten.

Der liebevoll angelegte Kartoffelacker ist Mutterschoss für neues Wachstum und Hoffnung auf gehaltvolle Ernte.

Mutter Erde

Lasst vergehen, was vergeht.
Es vergeht, um wiederzukehren.
Es altert, um sich zu verjüngen.
Es trennt sich, um sich inniger zu vereinen.
Es stirbt, um lebendig zu werden. *Friedrich Hölderlin*

Wie gern sind wir im Wald, zu allen Jahreszeiten. Immer ist ein Waldspaziergang Erholung für geistige wie körperliche Erschöpfung und für die Sinne eine Wohltat. Im Frühling duftet der Waldboden erdig, verströmt Wärme und neues Leben. Im Sommer herrscht ein kühlender, erfrischender Duft vor, saugen unsere Lungen die reine Luft genussvoll ein. Im Herbst riechen wir den würzigen Waldboden durch das raschelnde Laub. Wir empfinden den leichten Modergeruch angenehm, tanken aus dieser «Um-Wesung» Kraft, obwohl der goldene Herbst im nebelverhangenen November stirbt. Im Winter erleben wir im stillen Wald Ruhe und Frieden und spüren gleichzeitig mit jedem Schritt die Energie für neues Erwachen im Frühling. Von der viel praktizierten Kompostpflege im Garten kennen wir die Umsetzung von pflanzlichem Abfall, die wegen der üblen Gerüche manchmal von Nachbarn beanstandet werden. Der Duft der Laubwaldrotte dagegen wird als angenehm empfunden.

Nur der Wald produziert mehr Humus, als er braucht. Jede Kulturpflanzung (ver)braucht Humus. Mineraldünger können den Verlust nicht ersetzen.[1]

Neues Leben erwacht… (Märzenbecher Leucojum vernum)

Humus – ein lebendiges Wesen

Bodenbiologen versuchen seit jeher, das Wesen «Humus» zu erfassen. Dazu einige Erklärungen, die eine tiefe Ehrfurcht vor dem lebendigen Wesen widerspiegeln:

- Albrecht D. Thaer (1757–1828) hat Humus als Teil der Erdrinde und die Lehre aus dieser Erkenntnis als etwas Ganzheitliches gesehen. Er erkannte auch, dass Fruchtbarkeit nicht unerschöpflich ist[2]
- Dokutschajew (1846–1903) betrachtete den Boden als einen lebendigen Körper, als ein unabhängiges Wesen der Natur[3]
- Raoul Francé (1874–1943) erkannte: «Humus wird aus dem Leben vom Leben für das Leben geschaffen. Über allem waltet das Gesetz der Harmonie, das stets ein Gesetz des Ausgleichs ist»[4]
- Hans Peter Rusch schreibt in den 60er Jahren: «Humus ist kein Stoff, sondern lebendes Gewebe, von dem die Pflanze lebt.»[5]
- Erhard Hennig sagt: «Humus ist ein Vorgang, eine Formation aus einer Summe unzähliger Faktoren, die einem stetigen

1 Hennig 1983, S. 6
2 Hennig 1983, S. 15
3 Hennig 1983, S. 10
4 Hennig 1983, S. 8
5 Hennig 1983, S. 13

Wandel unterliegen.[6] Humus = Erdreich gilt als das kostbarste Kapital unseres Planeten, das pfleglich zu behandeln und zu schützen unsere vornehmste Aufgabe sein sollte»[7]

Wie wird, anders als in diesen Ansätzen, der Humus naturwissenschaftlich betrachtet? Man stellt fest, dass der Humus eines idealen Bodens 65 Prozent organische Substanz, 20 Prozent Kleinlebewesen und 15 Prozent Mineralien (Ton, Sand) enthält, den Globus mit einer dünnen Schicht von 5 bis 50 Zentimeter Dicke bedeckt. Aber das erfasst das Wesen Humus nicht in seiner ganzen Komplexität.

Humus ist eine fast mystische Symbiose zwischen Erde und Pflanzenwurzel, ist die «alte Kraft» des Bodens, mit all ihren Funktionen, Aktionen, Regulationen und auf der ganzen Erde in dieser oder ähnlicher Form nicht noch einmal zu finden. Der junge Justus von Liebig reduzierte das Ganze auf die Grundelemente wie Kohlen- und Stickstoff, Kali, Phosphor, Magnesium u.a. und erhob seine Erkenntnisse daraus zur Mineraltheorie*, die das Anorganische aus dem Organischen herausfiltert. Die Lebendigkeit ist damit nicht zu fassen.

Die Natur ist ganz und vollständig. Nur der Mensch zerpflückt sie mit unterscheidendem Wissen, teilt auf in gut und schlecht, nützlich und schädlich[8].

Humus ist weder fest noch flüssig. Er bindet Wasser bis zu 75 Prozent seines Volumens. Das sind 7,5 Liter Wasser auf 10 Liter Humus. Er wird aus Pflanzen gebildet und Pflanzen leben wiederum von ihm – eine wunderbare, sich ergänzende Lebensgemeinschaft im Kreislauf sich stets wiederholender Abläufe.

Die Lehre von der Erdrinde

Die Erde ist 12 000 Kilometer dick. Ihre Rindenschicht, ihre Haut, unsere Muttererde, ist im Verhältnis dazu nur hauchdünn und ein Wunderwerk der Schöpfung, ein selbständiger Organismus. In einem Gramm dieses fruchtbaren Verwitterungsproduktes befinden sich mehr Lebewesen als Menschen auf der ganzen Welt. Es gibt vermutlich auch keine zwei gleichartigen Böden, wie es keine zwei gleichartigen Menschen gibt. So hat jeder Boden sein eigenes, individuelles Dasein. Wir wissen, dass der Boden nicht das Produkt von Materialien ist, sondern ein Prozess. Bis heute hat diese oberste Haut der Erdrinde nur einen Teil ihrer Geheimnisse preisgegeben.

Einteilung der Bodenarten: Die Bodenbestandteile wie Minerale, organische Substanz, Wasser und Luft bilden zusammen den Bodenkörper. Er ist Wurzelraum und Wasserspeicher zugleich und birgt das Bodenleben und den Nährstoffvorrat für Wachstum in sich. Er ist Ankerplatz für Pflanzen.

Bodenarten zu bestimmen ist fast eine Wissenschaft für sich, weil Mischformen die Festlegung auf Fachbegriffe erschweren. So wurde

6 Hennig 1983, S. 13
7 Hennig 1983, S. 21
8 Hennig 1983, S. 15

die von Wurzeln durchdrungene Schicht in Sand, Lehm und Ton eingeteilt. Je nachdem, wie gross der Anteil z.B. von Lehm im Sand ist, gibt es Unterklassen.

1. Sand	S	= reiner Quarz	leicht
2. anlehmiger Sand	alS	= Sand mit geringem Lehmanteil	
3. lehmiger Sand	lS	= Sand mit mittlerem Lehmanteil	
4. stark lehmiger Sand	slS	= etwas mehr Sand als Lehm	
5. sandiger Lehm	sL	= mehr Lehm als Sand	
6. Lehm	L	= Lehm ohne Beimischung, rein	
7. toniger Lehm	tL	= Lehm mit Tonanteilen	
8. Ton	T	= reiner Ton	
9. Moorboden: Er spielt mit hohem Humusanteil eine Sonderrolle.			schwer

Das «Bodenkreuz» gibt einen guten Überblick über die Aufteilung der Bodenarten und in welche Richtungen sie tendieren:

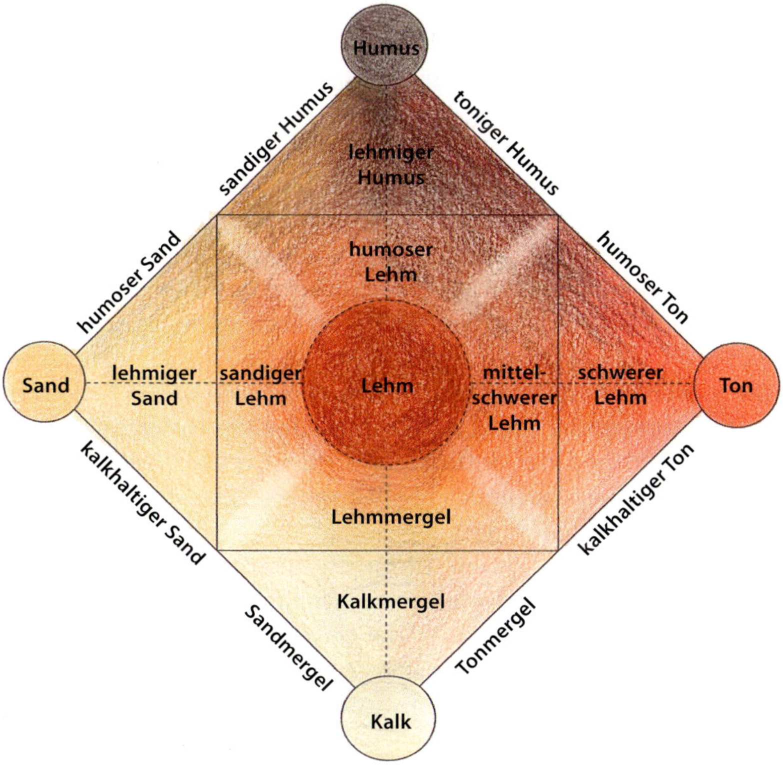

Die Bodenqualität wird von verschiedenen Fähigkeiten abgeleitet:

- je sandiger ein Boden ist, desto rascher versickert Wasser in den Untergrund, und Nährstoffe werden mitgespült

- je lehmiger die Erde ist, desto mehr Wasser und Nährstoff kann gespeichert werden, desto dichter wird die Struktur. Sie verschlämmt an der Oberfläche und bildet betonharte Verkrustungen.
- alle reinen Bodenarten sind unfruchtbar und wenig belebt. Während im reinen Sand alles ungebremst hindurchrauscht, dringen Flüssigkeiten in Ton nur schwerlich ein. Er ist sogar wasserdicht. Reiner Moorboden enthält viel Huminsäure*, speichert enorme Wassermengen, lässt aber kaum Bodenleben und Pflanzenwuchs zu, wie auch reiner Kalk auf alle Lebensformen lebensfeindlich wirkt. Erst Mischböden ergeben auf vielfältigste Art unsere Lebensgrundlage

Lebensräume

Im belebten Boden erneuert sich die gesamte Mikrobenwelt zwei- bis dreimal pro Monat. So wird aus den abgestorbenen Mikrobenleibern neuer Humus fabriziert. Das geschieht im mannigfachen Zusammenspiel von anorganischer Umwandlung und organischen Zersetzungen. Humus enthält z.B. viel Kohlenstoff, Huminsäure, Aminosäuren, Vitamine und natürliche Hormone als Stoffwechselprodukte von Kleintieren, Bakterien, Schimmel- und Strahlenpilzen. Diese Mikroorganismen verbessern allein schon durch ihre Ausscheidungen das Wachstum und die innere wie die äussere Qualität der Pflanzen. Das bedeutet auf unsere Nahrung bezogen «Vollwertigkeit». Mikroben stellen auch antibiotische Stoffe her oder merzen Krankheitskeime aus. So fungiert Humus auch als biologischer Filter im Boden.

Die Biosphäre* ist das Milieu, wo Leben möglich ist. Ein Teil davon ist die Atmosphäre (der Luftraum), ein Teil die Hydrosphäre (der Wasserraum) und der dritte Teil die Humussphäre (belebtes Erdreich). Der scheinbar unbelebte Teil unseres Planeten nennt sich Lithosphäre (Gesteinsraum).

Die Bodengare ist mit ihren Stütz- und Füllsubstanzen die Lunge des Bodens, regelt den Gasaustausch und den Wasserhaushalt, ist Ausdruck natürlicher Fruchtbarkeit.[9]

9 Rusch 2004, S. 108

In der Humussphäre bauen sich Organismen auf, organisieren und vermehren sich und verwesen im ewigen Kreislauf zu neuen Zusammenschlüssen. Gattung und Art der einzelnen Wesenheiten bleiben aber erhalten und vererben sich fort. Ihre biologische Potenz nennen wir Fruchtbarkeit. Obwohl wir von diesem Teil der Biosphäre leben, kennen wir den verborgenen und wundersamen Arbeitsplatz im Boden kaum. Aus diesem Blickwinkel betrachtet, beschämt unser tatsächlicher Umgang mit dem Wesen «Mutter Erde». Oft behandeln wir diesen von Lebensfülle strotzenden Organismus gedankenlos und gleichgültig, als ob es tote Ware wäre.

Humus-Produktion auf mehreren Etagen

Die Bodenfruchtbarkeit ist das Ergebnis des lebendigen Ablaufes «Bodennahrung – Garebildung – Wurzelraum-Aktivitäten – Pflanze – Bodennahrung». Dabei werden organische und anorganische Stoffe zu makromolekularer* Nahrung umgewandelt und der Pflanze zur Verfügung gestellt. Die warme Jahreszeit ist die aktive Phase für die Garebildung (im Winter ruht sie): Innerhalb weniger Tage vermehren sich vielerlei Kleinlebewesen kometenhaft schnell in Millionenzahlen und bereiten die Humussphäre mit ihren drei Schichten für den Pflanzenbewuchs vor.

Im Boden unterscheiden wir einzelne Schichten, die je nach Beschaffenheit unterschiedlich dick sein können:

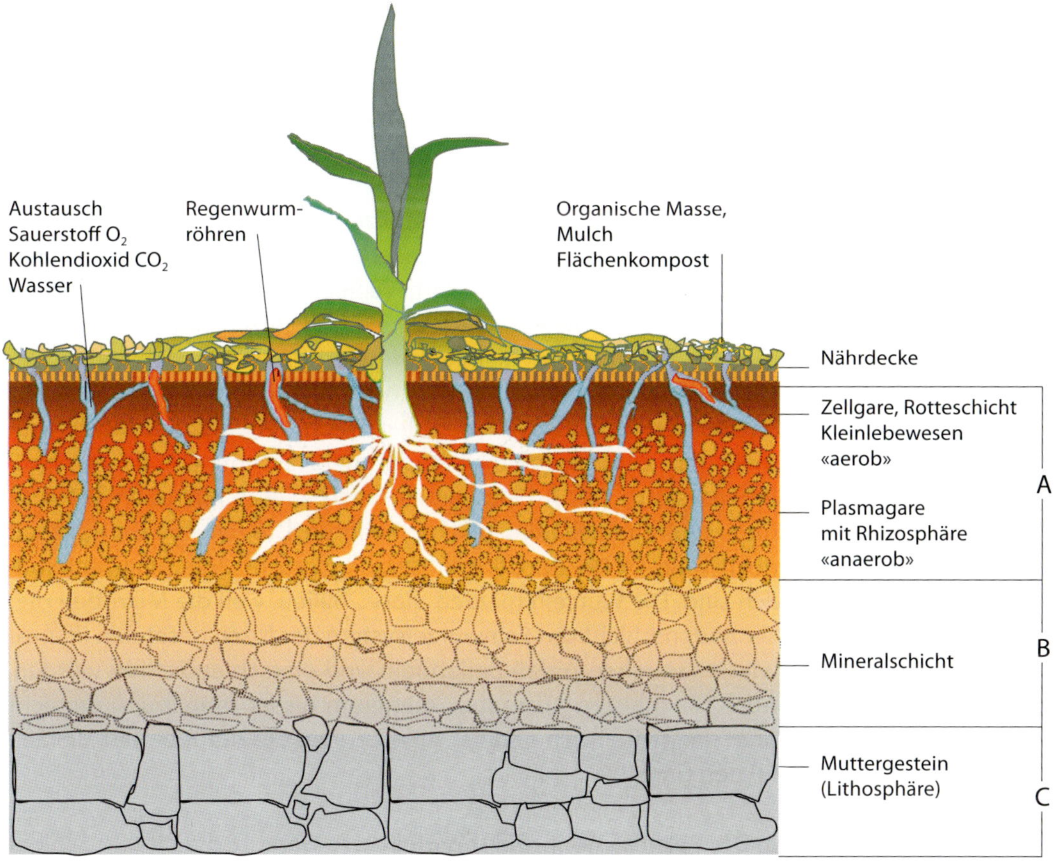

Bodenhorizonte:
A = Humussphäre, Wachstumsschicht, stark belebt
B = Mineralschicht, humusarm, schwach belebt
C = Muttergestein, unbelebt

1. **Die Nährdecke** (oberste Schicht, 1 bis 3 Zentimeter) ist von Natur aus immer mit einer Decke aus Begrünung oder mit ihren verbrauchten, abgestossenen Teilen wie Laub u.a. eingekleidet und schützt die Mikroben vor Licht, Austrocknung und Temperaturschwankungen. Sie bietet Brutwärme für die Bodenkleintiere. Hier sind organische Teile noch grob zu erkennen und ist Platz für die Entfaltung von mannigfaltigem Leben. Asseln, Springschwänze, Würmer und andere Kleinlebewesen sorgen durch ihre Wühlerei für Spalten und Luftblasen für den Gasaustausch. Auch Sprosspilze wie Myceten, Hefen und Schimmelpilze werken hier. Ohne diese Vorarbeiten hätten alle anderen Mikroben keinen Lebensraum und wären durch ihre eigenen Ausscheidungen gehemmt. Diese «Umbau-Arbeiter» fressen alles Organische auf. Sie bleiben rege, wenn ständig pflanzliches Material in dünnen Auflagen von 1 bis 2 Zentimetern nachgeliefert wird. Es liegt an uns, ob wir diese fleissigen Gesellen laufend und gut versorgen oder ob wir sie womöglich mit chemischen Düngemitteln verätzen und töten.

Humuspflege sollte zum Eckpfeiler der Landwirtschaft werden.[10]

2. **Die zellulare Gare:** In der 3 bis 8 Zentimeter dicken Schicht unter der Nährdecke verarbeiten Spaltpilze, Regenwürmer und Mikroben das feinere Material, das mit Wasser aus der Nährdecke in die mineralische Oberschicht versickert, zu lockerer grobkrümeliger Erde um. Es entsteht die «zellulare Gare». Hier setzen zahlreiche gegensätzlich fungierende Kleinlebewesen einträchtig nebeneinander Organisches weiter um. Die Leiber der Mikroben und die Rückstände der Bodentiere kleben den Staub der Verwitterung zu Krümeln mit Zwischenräumen zusammen: Es entsteht das gröbere Porensystem. Die Arbeitsgemeinschaft dieser Mikroben leuchtet unter dem Dunkelfeldmikroskop hellgrün. Die zellulare Gare enthält noch viele Stoffe aus dem Umsetzungsprozess, die pflanzenfeindlich sind. Die Wurzeln meiden dieses Milieu, weil die Mikroben dieser Bodenschicht das Feinwurzelsystem der frisch gesetzten Pflanze wie organischen Abfall behandeln und einfach aufzehren würden. Auch die meisten Aussaaten keimen in dieser Umgebung schlecht oder gar nicht. Nach getaner Arbeit ruhen die «Mitarbeiter» der zellularen Gare.

3. **Die Plasma- oder makromolekulare Gare** ist die dickste Schicht (von wenigen Zentimetern bis zu mehr als 50 Zentimeter). Der Durchschnitt liegt bei 30 Zentimeter. Hier sind nur noch wenige Bakterien und Kleinlebewesen der Zellgare zu finden, denn deren Arbeit ist ja bereits getan. Die Zellen dieser Schicht treten in die

makromolekulare Phase* ein. Die Erde ist feinkrümelig, die zellularen Strukturen sind aufgelöst. Die feinen Partikel leuchten unter dem Dunkelfeldmikroskop rot bis orange-gelb. Das C/N-Verhältnis* ist eng (10 zu 1) und zeigt eine hohe Fruchtbarkeit an. Die Grenze zwischen Zellgare und Plasmagare verläuft fliessend.

Die makromolekulare Gare kann unglaubliche Mengen Wasser halten. Sie konserviert Nahrungsvorräte in der Vegetationsruhe über den Winter hinweg. Es entsteht das Gewebe, das wir Humus nennen und laut Aristoteles «der Magen der Pflanze» ist. Während Tier und Mensch mit eigenen Werkzeugen (Kauapparat, Magen, Darm) Speisen verarbeiten, übernimmt die Plasmagare des Bodens die Zerkleinerung der Zellstrukturen für die Pflanze zu verdaulichen Makromolekülen*. Pflanzenwurzeln fühlen sich hier wohl, breiten sofort ihr ausgedehntes Nähr- und Haarwurzelsystem aus. Es erwartet sie ein reich gedeckter Tisch mit bestens vorbereiteter Nahrung. In dieser Zone lebt die empfindliche und anspruchsvolle Rhizosphärenflora in inniger Symbiose* mit den Pflanzenwurzeln zusammen.

Im optimalen Zustand nimmt der gare Boden über 60 Prozent seines Gesamtvolumens an Wasser auf. Ein Quadratmeter Fläche hält mehr als 200 Liter Wasser ohne stauende Nässe. Bei 50 Prozent Feuchtigkeitsgehalt erscheint der gare Mutterboden gerade noch feucht, bei 20 Prozent fühlt er sich total trocken an. Gegenwärtig bindet die schwache Gare eines konventionell gepflegten Garten- oder Ackerbodens nur noch 10 bis 25 Prozent Wasser.

Die Rhizosphäre ist die Wurzelzone innerhalb der Plasmagare, wo Wurzeln das Aufnahmeorgan der Pflanze sind, vergleichbar mit den Darmzotten* des tierischen und menschlichen Verdauungsapparates. Ausserdem umklammern die Haarwürzelchen Bodenkrümel und halten sie fest (Lebendverbauung). Wenn die ersten Keimblätter eines Samenkornes am Licht ergrünen (d.h. Chlorophyll bilden) oder Setzlinge einwurzeln, entwickelt sich in der an sich zellarmen Plasmagare blitzschnell eine rege Bakterienflora. Diese Bakterien, Myceten und Pilze bilden die Milchsäureflora, die auch bei Tier und Mensch das Verdauungsorgan bewohnt. Herwig Pommeresche drückt das so aus: «Sie sind die Nahrungsvermittler der Darm- bzw. der Wurzelschleimhäute.»[11] Je mehr dieser Symbionten im Boden vorhanden sind, desto fruchtbarer ist er. Ähnlich wie im menschlichen Blutkreislauf werden die Mineralteilchen – durch Milchsäurebakterien gelöst – als Nährstoff mit Wasser über das Haarwurzelsys-

Die Oberfläche der Wurzelhaare würde ausgebreitet beachtliche 80 bis 100 Quadratmeter pro Quadratmeter Boden betragen (bei 30 Zentimetern Tiefe).[12]

10 Hennig 1983, S. 3
11 Pommeresche 2004, S. 191
12 Hennig 1983, S. 71

tem in die Pflanze transportiert. Die Milchsäureflora bekommt für ihre Nährdienste an der Pflanze im Austausch dafür Assimilate (Zuckerarten) als Futter zurück, die aus der lichtvollen Chlorophyllproduktion der grünen Pflanzenteile stammen.

Huminstoffe sind unverdauliche Nebenprodukte wie Zellulose oder Fasern. Sie haben für die Pflanze an sich keinen Nährwert, bilden aber wie die Tonkristalle das Stützkorsett und den Füllstoff für eine stabile Bodengare und dienen den Mikroben als Nahrung. Das huminstoffreiche Moor und der Torf sind faserige Reste einer einstmals aktiven, fruchtbaren Erde.

Sein oder Schein der Bodengare

Der biologisch gepflegte Boden mit Mulch oder Flächenkompostierung fördert die für Pflanzen so kostbare Krümelstruktur, verhindert Erosion und wird durch die «Lebendverbauung» der Mikroben zur fruchtbaren Schatzkammer. Echte Bodengare schluckt Regengüsse, ohne die Krümelstruktur zu verlieren. Die Schleimabsonderungen der Kleinlebewesen bauen zudem Klebebrücken zwischen den feinen Bodenteilchen, die sich zu stabilen Krümeln zusammensetzen. Feinste Bodenteilchen (kolloide Tonminerale*) werden mit Nährstoffen zum «Ton-Humus-Komplex» gebunden. Ausserdem regulieren die mit Kleister ausgekleideten Regenwurmgänge den Sauerstoff-Kohlendioxid-Austausch und leiten Oberflächenwasser in die Tiefe.

Die Gülle steht auf dem Acker (1) und kann kaum in den Boden einsickern, weil die Pflugsohle zu stark verdichtet ist (2).

Die Oberflächenaktivität des fruchtbaren Bodens ist um 24 Millionen mal grösser als eine nichtkristalline und kolloidal* unwirksame Masse. Ein Tonmineral ist die kleinstmögliche Kristallstruktur. So bilden die Tonplättchen (wären sie aneinander gereiht) auf einem Quadratmeter Boden mit durchschnittlichem Tonkristallgehalt eine Oberfläche von mindestens 24 Quadratkilometern. Kolloide Tonminerale enthalten u.a. Kieselsäure. Ausreichender Kieselsäuregehalt ergibt das biologische Optimum und Dauerfruchtbarkeit.

Weil ein mit Kunstdünger versalzener Boden kaum Mikrobenleben zulässt, ist die echte Bodengare nicht mehr möglich. Deshalb wird grobscholliger, lehmiger Boden mancherorts noch immer im Herbst gepflügt, damit der Frost den Boden bis zum Frühling fein aufbricht und zerkrümelt. Der Landwirt spricht von «Frostgare». Das aber ist eine Scheingare, denn der Wechsel zwischen Regen und Trockenheit verschlämmt und verkrustet die Bodenkrumen alsbald wieder. Schon beim nächsten grösseren Regenguss wird diese Scheingare

13 Gruno, 2009, S. 368

zementiert, ja, undurchlässig verdichtet, und die Poren für die Bodenatmung werden versiegelt.

Der rege Wurm

Schon Charles Darwin äusserte sich über den «Bergmann unter Tage»: *«Es ist zweifelhaft, ob es viele andere Tiere gibt, die in der Geschichte der Geschöpfe eine ebenso wichtige Rolle gespielt haben wie der Regenwurm»*. Im Mittelalter wurde er in Klöstern kultiviert und vermehrt. Und noch viel früher in unserer Weltgeschichte erklärte Kleopatra einst den Regenwurm zum heiligen Tier, das nicht gestört werden durfte.

In der Tat reagiert der Wurm sehr empfindlich auf Erschütterungen und verschwindet blitzartig in tiefere Gänge, wenn der Pflug oder der Spaten in seine Nähe kommt. Er lebt mit zahlreichen Kleinlebewesen im Boden in einträchtiger Lebensgemeinschaft zusammen und bevorzugt biologisch herangewachsene Pflanzenreste gegenüber den kunstgedüngten. Ist die Erde reich mit Würmern besetzt, wird das als gutes Zeichen für zukünftige Bodenfruchtbarkeit gewertet.

Das pausenlos fressende Geschöpf kann nicht beissen, sondern nur schlucken und zermahlt verrottende Pflanzenteile, Pilze, Algen, Mikroorganismen und Tonmineralien. Der Regenwurm gräbt, wühlt, mischt und stellt im Jahr 20 Kilogramm wunderbaren, fruchtbarsten Dünger pro Quadratmeter her. Seine Ausscheidungen sind die beste Humusform, die es gibt. Der an sich saure Humus wird so auf natürliche Weise in neutrale Werte eingependelt. Es entsteht ein gesättigter Humus, in dem mehr Pflanzennährstoffe zur Verfügung stehen, als vorher da waren.

Hut ab vor diesen Leistungen

Der Regenwurm benötigt in 24 Stunden so viel Nahrung, wie er selber wiegt. Er ist ein Schwergewichtheber und bewegt auf seinem Weg durch die Erde das 50- bis 60-fache seines Eigengewichtes. Auf die Grössenordnung Mensch übertragen, wären es gut 5 Tonnen. Der Regenwurm produziert pro Jahr im reich besetzten Boden bis zu 4,5 Kilogramm Kot pro Quadratmeter und verdaut innerhalb 10 Jahren die gesamte Humusschicht (bei einer Höhe von 15 Zentimetern). Stirbt er, wird eine grosse Menge von Stickstoffverbindungen freigesetzt (jährlich 90 bis 100 Kilogramm pro Hektar). Ein gut besetzter Boden weist in 20 Zentimetern Tiefe etwa 600 Wurmröhren pro Quadratmeter und mindestens 150 Gramm Tiere auf.

Der verdichtete Boden

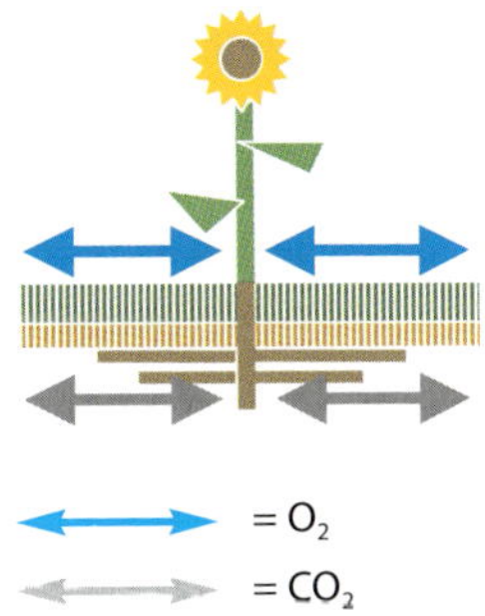

Ein verdichteter Boden kann keinen Sauerstoff (O_2) einatmen und Kohlendioxid (CO_2) kann nicht entweichen. Das Bodenleben erstickt.

Der gare Boden

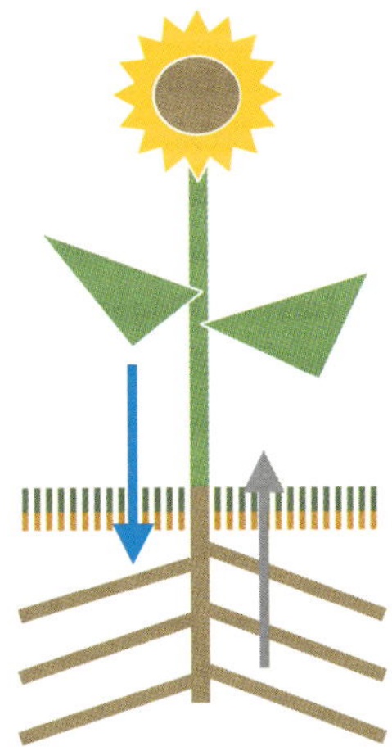

Der gare Boden dagegen hat viele Poren, O_2 und CO_2 kann ungehindert ein- und ausströmen

Der Regenwurmkot enthält ausser vielen mineralischen Stoffen 7x mehr Stickstoff, 3x mehr Kalium, 6x mehr Magnesium und 2x mehr Calcium als normale Erde.[13]

In einem Gramm Boden leben 11 Millionen Bakterien. In einem Gramm Regenwurmkot steigt deren Anzahl dann auf 52 Millionen an.[14]

Regenwürmer sondern einen Schleim ab, der ihre Erdröhren auskleistert und die Bodenstruktur festigt. Diese Gänge sind Drainage für überschüssiges Wasser, das auf diese Weise gut im Boden versickern kann. Pflanzenwurzeln nutzen die Regenwurmtunnel als «Schnellstrasse», um durch die von ihnen gemiedenen Zellgare rasch in die tiefere, zuträgliche Plasmagare zu gelangen.

Auf einem Boden, der reich mit Regenwürmern besetzt ist, kann sein Besitzer stolz sein.

Der kleine Erdwurm, der unsichtbar unter der Oberfläche arbeitet, fungiert recht betrachtet als Traktor, Düngemittelfabrik und Staudammingenieur zugleich.[15]

Die heiligen Hallen des Regenwurms respektieren

Frisch gejauchter oder mit Mist gedüngter Boden wird von Regenwürmern fluchtartig verlassen. Am Tageslicht angelangt, gehen sie oft elend zugrunde. Pestizide und Stickstoffdünger rotten sie innerhalb kurzer Zeit aus. Die Ballaststoffe der Kunstdünger wie Schwefelsäure und Chlor setzen obendrein der Bodenstruktur zu. Der Boden wird in der Folge betonhart und luftundurchlässig. Es gibt bereits Kulturböden, in denen kein Wurm mehr existiert.

Der Regenwurm erspart uns Energie und teure Technik, weil er den Einsatz schwerer Maschinen zur Lockerung des Bodens erübrigt, denn wo Regenwürmer den Boden drainieren und belüften, ist die Struktur bestens aufbereitet.

Flächenkompostierung bietet reichlich Nahrung, die sich der Wurm nachts in den Boden hineinzieht. Urgesteinsmehle helfen ihm, die Nahrung zu zermahlen. Wasserlösliche Düngesalze und die Fäulnisprodukte, wie sie in üblicherweise hergestelltem Stallmist und Gülle vorkommen, vergraulen ihn.

Wer den Regenwurm pflegt, achtet auf seinen Lebensrhythmus: Morgens wirft er seinen erdigen Kot als Haufen aus dem Boden nach draussen. Da ist er ganz dicht unter der Erdoberfläche. Gegen Abend verzieht er sich in die Tiefe. Eine oberflächliche Bodenbearbeitung oder Bepflanzung ab dem Spätnachmittag stört den Wurm dann am wenigsten.

pH-Wert

Die Anzahl und Aktivität der Wasserstoffionen und Hydroxidionen pro Liter Lösung wird mit dem pH-Wert ausgedrückt (pH = pondus Hydrogenii). Die Skala des pH-Wertes reicht von 0 bis 14. Der Null-Wert kennzeichnet die Säure mit der höchsten Anzahl von Wasserstoffionen (3,5-prozentige Salzsäure). Der 14-Wert steht für die höchste Anzahl der Hydroxidionen (3-prozentige Natronlauge) Bis zum pH-Wert 7 nimmt die saure Reaktion einer Lösung ab und verhält sich mit 7 neutral, d.h., Wasserstoff- und Hydroxidionen sind in gleicher Anzahl vorhanden und heben sich in ihrer Wirkung gegenseitig auf. Werte über 7 gehen in den basischen oder alkalischen Bereich bis zur Lauge.

pH-Werte des Bodens

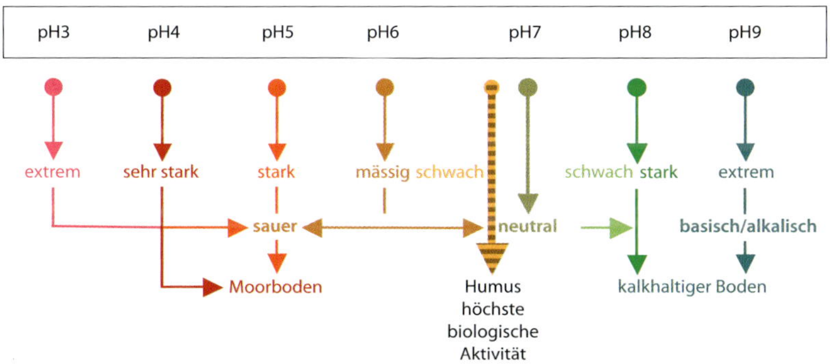

Böden, die einen pH-Wert unter 6,5 aufzeigen, sind sauer (Moor oder Sumpf, stauende Nässe, schwarze Erde, Urgesteine vulkanischen Ursprungs). Der pH-Wert über 7 reagiert alkalisch (kalkhaltige Böden, Mergel, Kalkgesteine). Im neutralen Bereich um 7 finden wir den idealen Zustand eines Bodens, wo reicher Humus die Bodenfruchtbarkeit garantiert.

Unsere Lebensgrundlage gleitet unter den Füssen weg

Humus wird als das Blut der Erde bezeichnet. Ein Zusammenhang zum menschlichen Blut besteht tatsächlich. Beide Arten haben einen pH-Wert im neutralen Bereich, wenn es sich um gesundes Blut (7,36 bis 7,42) oder um gesundes Erdreich (6,8 bis 7,4) handelt. Viele Menschen und Böden sind versauert. Bei beiden verschlackt das Gewebe und fehlt der Sauerstoff für den Aufschluss von Nahrung.

Das Humuskapital unserer Böden wird seit Jahrzehnten zunehmend verwirtschaftet: Wenn beim tiefen Umgraben oder Pflügen die Gareschichten umgekehrt werden, geraten die noch wurzel-

14 Gruno, 2009, S. 368
15 Shiva, 2004, S. 83

Das Schicksal, das wir unserem Boden bereiten, ist auch unser Schicksal.[16]

feindlichen Stoffwechselprodukte der ersten Grobumsetzung (Nährdecke, Zellgare) und die sauerstoffliebenden Mikroorganismen in die Wurzelzone (Plasmagare), wo es an Sauerstoff für die weitere Aufbereitung dieser Rotteschicht fehlt und das Wurzelsystem nachfolgender Anpflanzungen schädigt. Auf der anderen Seite sind die sauerstoffmeidenden Mikroorganismen des Dauerhumus (Plasmagare) zuoberst gelandet und sterben in Luft und Licht ab. Die Bodengare (Struktur), das Porenvolumen, der Wasserhaushalt und das Bodenleben werden nachhaltig gestört.

Durch 10 000 Jahre andauernde Agrikultur ist der Humusgehalt unseres Bodens von 65 Prozent auf 6 bis 10 Prozent gesunken. Kleinlebewesen verminderten sich von 20 Prozent auf alarmierende 0,1 bis 0 Prozent. Die nicht lösliche Mineralsubstanz nahm von 15 Prozent auf 94 bis 100 Prozent zu. Das Volumen der Luftporen ist gegen Null Prozent am Ende. Solche Böden sind kraftlos, absterbend oder bereits tot.

Monokulturen sind ein weiterer Grund für den weltweiten Humusschwund. Der Wald stirbt, weil ihm z.B. durch rationalisierte Forstwirtschaft mit Fichten-Monokulturen zu viel lebensnotwendige Nähr- und Vitalstoffe entzogen werden. In den USA waren Anfang der Neunziger Jahre bereits 70 Prozent der bearbeiteten landwirtschaftlichen Flächen Monokulturen. Diese Böden erodieren, so dass sie den Zustand der Wüste ansteuert. Wie sieht es jetzt, 20 Jahre später damit aus? Nach einer Schätzung verlor die Welt allein im Jahr 1984 durch Erosion 22,7 Milliarden Tonnen Humusboden. Ein Jahr später stieg der jährliche Verlust auf 25,4 Milliarden Tonnen an.

Die Auswirkungen von Monokultur und Übernutzung durch Viehherden sind fatal für den Globus und seine Bewohner.

Im kargen Norden Chinas und in der Mongolei wurden die empfindliche Grasnarbe und das aufkommende Buschland durch intensive Viehherdenhaltung so zerstört, dass weite Areale zur Wüste avancierten. So häuften sich bereits in den Achziger Jahren peitschende Sandstürme, die in Chinas Hauptstadt keine 50 Meter Sichtweite mehr zuliessen. Inzwischen ist der Sand allgegenwärtig, denn Wüstenstürme gehören zum dortigen Alltag. Zur anstehenden Olympiade will sich Peking ein umweltfreundliches Kleid zulegen und arbeitet hart daran. Man baut sich eine «grüne Mauer» mit Waldaufforstungen um die Stadt, weil sie im einfallenden Wüstenstaub aus dem Norden und der Mongolei zu ersticken droht.

16 Hennig 1983, S. 26

Alle Böden der Tropen und Subtropen sind «hungrige» Böden wegen der instabilen Humusschicht; denn durch das freundliche Klima verlaufen Pflanzenwachstum und Umwandlung des organischen Materials sehr stürmisch und hitzig ab. Es bleibt keine Zeit für die Bildung einer stabilen, dauerhaften Plasmagare. Umgepflügt und nackt der Sonne ausgesetzt, erschöpft sich die empfindliche Gare mit ihren lichtscheuen Bewohnern umgehend. Kunstdünger treibt das Fieber von Bodenleben und Pflanzenwachstum zusätzlich an. Es gibt kein Gleichgewicht zwischen Ab- und Aufbau mehr, der Boden ist dem Tode geweiht.

Humusmangel löst gefährliche Kettenreaktionen aus. Strukturlose Böden werden ausgeschwemmt. Dünge- und andere Salze gelangen in tiefere Schichten, ins Grundwasser oder über die Oberfläche in Seen und Flüsse. Das führt zu hohen Nitrat- und Phosphatbelastungen bis zur Eutrophierung*. Das Wasser kippt, und fast alles Leben darin stirbt ab. Die Bodenoberfläche wird als Staub verweht. Die Pflugsohle verdichtet die Bodenschichten und lässt kein Leben in die Tiefe zu. Wolkenbrüche werden nicht mehr geschluckt, sondern bilden Überschwemmungen, die das an sich schon magere

Das bedeutet den Tod für das Bodenleben: Der Acker wurde durch die «Pflugsohle» so zementiert, dass Regenwasser nicht mehr abfliessen kann. Der Boden verschlämmt zur betonharten Decke, die abgetrocknet in grosse Spalten aufreisst.

Bodenleben durch die Überflutung ersticken. Krankheiten und Schädlingsbefall nehmen zu. Allgemein verlieren Saatgut und Nahrungsmittel aus solchen Bodenverhältnissen an Qualität. Nur die Umkehr zur kompromisslosen Humuspflege mit einem effizienten

Indem wir neues Leben in unsere ausgelaugten Böden bringen, können wir hoffen, das zurückzugewinnen, was die Zivilisation verspielt hat: den Lebensreichtum auf unserem Planeten, dessen Geheimnis in unseren Böden liegt.[21]

Aufbau des Bodenlebens kann die rasende Fahrt in die «Ver-Wüstung» noch bremsen.

Argumente fürs Umdenken

Die Umstellung von Kunstdünger- auf Humuswirtschaft bedeutet ein tiefgehendes Umdenken auf allen Bewusstseinsebenen. Wer das Wesen Humus begreifen will, muss den ganzen Kreislauf des biologischen Anbaus ohne Lücken einbeziehen. Wir können nicht erwarten, Humusaufbau gelinge schon, wenn wir nur Teile der Bewirtschaftung «mit der Natur» betreiben.

In den USA weist das abgewirtschaftete Ackerland kaum noch Bodenleben auf. Ein brauchbarer Boden aber beherbergt auf 1 Hektar = 10 000 Quadratmeter mindestens 1000 Kilogramm Bakterien und Actinomyceten, 1000 Kilogramm Pilze und Algen und 400 bis 1000 Kilogramm Regenwürmer. Hinzu kommen viele andere Bodentiere wie Springschwänze, Milben, Asseln, Fadenwürmer, Spinnentiere usw. Im strapazierten Acker fehlt die Durchlüftung, im garen Boden dagegen besteht 50 Prozent des Gesamtvolumens aus Luft.[18]

Gott schläft in den Steinen, atmet in den Pflanzen, träumt in den Tieren und erwacht im Menschen. (Hindu-Sprichwort[17])

Oberflächliche Lockerung ohne Wenden schont den lebendigen Organismus Humus, denn die Folgen, Erdreich mehr als 15 Zentimeter tief umzugraben, sind fatal:

1. die Wurzeln sind gezwungen, im falschen Milieu Nahrung aufzunehmen, weil die Abbauflora der Zellgare ja in den Wurzelbereich verfrachtet wurde
2. das geheime Leben aus dem Bodendunkel der Plasmagare erleidet am Licht einen tödlichen Schock

Jede lebendige Substanz muss im Laufe ihres Zyklus einmal durch den Boden. Kommt auch nur ein Teil davon aus konventionellem Anbau, z.B. Gemüseabfall aus Kunstdüngeranbau für den Kompost oder als Mulch, wird die Humussphäre durch die Substanzen aus chemischen Einsätzen beeinträchtigt.

Düngen heisst, nicht Pflanzen versorgen, sondern Bodenleben füttern.

Edaphon* ist das Bodenleben, das auf den Stoffwechsel der Pflanze eingestellt ist. Ein durchschnittlich fruchtbarer Boden beherbergt bis zu 10000 Kilogramm dieser lebenden Biomasse pro Hektar. Das entspricht dem Gewicht von 100 Schlachtschweinen oder 20 Kühen Biomasse vom Tier (in Mist und Gülle) entspricht der natürlichen Humusbildung nur, wenn schon einen ersten Umwandlungsprozess (Fermentierung) hinter sich gebracht hat.

17 Tompkins/Bird 1989, S. 182
18 Pommeresche 2004, S. 74
19 Pommeresche 2004, S. 105
20 Hennig 1983, S. 90
21 Tompkins/Bird 1989

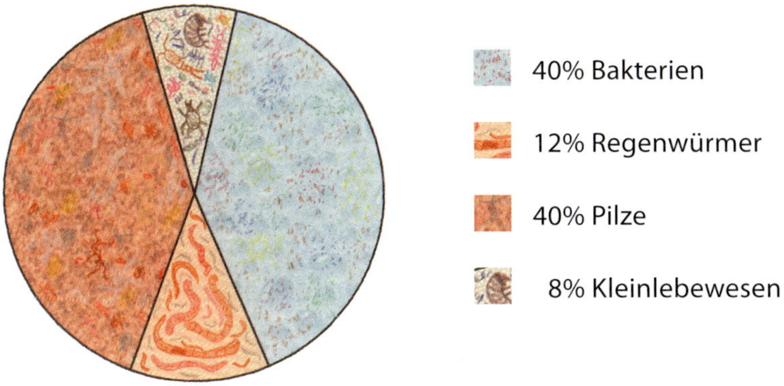

Bodenleben: Je mehr Edaphon den Boden belebt, desto fruchtbarer ist er.

«Was stinkt, das düngt.» Diese landläufige Meinung hat in der Humuswirtschaft keinen Platz, «denn frischer Mist ist wirklich Mist»,[19] sagt Herwig Pommeresche. Mist ist heutzutage in der Regel ein Fäulnisprodukt, das giftige Phenole und Leichengifte enthält. In den Boden eingebracht, wird die Botschaft «hier ist etwas faul» über lange Zeit an die Aufräummannschaft gesendet und ruft Schadinsekten und -pilze herbei, die Polizisten zur Ermittlung unrichtig ernährter Früchte, die landwirtschaftlichen Professoren der Natur. Sie kommen, wenn sie gebraucht werden. Sie verschwinden wieder, wenn sie ihre Aufgabe erfüllt haben.[20] Dieser Selbstheilungsprozess der Erde wird mit Giftspritzen leider wieder zunichte gemacht. Unbehandelte Gülle über Wiesen ausgebracht, stinkt entsetzlich und verbrennt Gras und das Bodenleben der Nährdecke. Warum wird das Vieh gezwungen, die aus diesem Milieu hervorgegangene neue Grünmasse zu fressen, wenn es mit natürlichem Instinkt alle dunkelgrünen Wiesenflecken, die aus vorjährigen Kuhfladen herausgewachsen sind, meidet? Flüssigmist und Biogas stinken nicht nur, sie sind giftig, brennen und können explodieren. Sie beherbergen viele Krankheitskeime, auch für den Menschen. Ist es sinnvoll, in einem solchen Gestank Nahrungsmittel zu produzieren?

Gras, das aus vorjährigen Kuhfladen wächst, wird von den Kühen gemieden.

Es mutet perfide an, wenn Pestizide übers Land und die Pflanzen gespritzt werden, der Anwender sich bei dieser Arbeit mit Gasmaske und Schutzbrille vor den Giften schützt und wir nachher gedankenlos diese chemiegeimpften «Naturprodukte» vom Teller löffeln. Laut Gesetz werden nur Gifte zugelassen, die nach einer gewissen Zeit wieder verschwunden sein sollen – aber wohin? Kann ein fast toter Boden sie überhaupt noch abbauen, selbst wenn die vorgegebenen Abbauzeiten (Karenzen) immer eingehalten werden?

Der einst viel gepriesene Klärschlamm mit hohem Kadmiumgehalt* (Schwermetall) ist mitverantwortlich für Gesundheitsprobleme der Nieren. Es fördert Bluthochdruck und Arteriosklerose bis zum Schlaganfall und darf neuerdings nicht mehr verwendet werden.
Er landet in teuren Verbrennungsanlagen. Und wo geraten deren Rückstände hin?

Nahrung aus biologisch gesundem, humusreichem Boden bringt eine ausgewogene Bakterienflora mit sich, die sich in einer gesunden Darmflora in Mensch und Tier widerspiegelt. Die Humussphäre pflegen heisst:

- den Boden so wenig wie möglich bewegen, also kein tiefes Umgraben, kein Pflügen
- keine Treibdüngung (NPK-Dünger) mehr ausbringen, weil sie den Boden versalzt
- den Organismus Boden mit organischem Material (z.B. Flächenkompost) ernähren, der mit EM-Technologie antioxidativ fermentiert wird. Somit kann die abgebaute Grundgesundheit allen Lebens, inklusive des Menschen, wiederhergestellt werden

In letzter Konsequenz müsste die Humuswirtschaft ein Sektor der Weltwirtschaft sein.[22]

Vergleichsanbauten haben gezeigt, dass mit biologischer Bodenbearbeitung plus EM-Einsatz gleiche Erträge pro Hektar wie im Kunstdüngeranbau erwirtschaftet werden können, ohne die Humussphäre zu vergiften.

Ein lahm gelegter Bodenorganismus muss als erste Massnahme wieder mit organischer Substanz angereichert werden, allerdings nur in kleinen, behutsamen Schritten, denn der ausgeraubte Boden reagiert auf starke Nahrung wie ein Magenkranker, der Speisen nur in vielen kleinen Mahlzeiten verarbeiten kann, während deren Mengen erst nach und nach erhöht werden dürfen. Ein leichter Boden lässt sich durch seinen raschen Grundumsatz auch schneller auf die biologische Bewirtschaftung umstellen. Ein schwerer Boden braucht 3 bis 4 Jahre Diät. Seine Gare wird dafür in der Leistung stabiler sein als beim leichten Boden. Mit EM-Technologie kann der Umlenkungsprozess verkürzt werden.

Wie sieht das praktisch aus?

Dass Humuswirtschaft hohe Ernteerträge und folglich höhere Rendite bringt, erwähnt Hans Peter Rusch[23] schon in den 60er Jahren. Tatsächlich schenkt die Natur ungeahnte Fülle, wenn ihren Gesetzen

22 Hennig 1983, S. 25
23 Rusch 2004, S. 223
24 Tompkins/Bird 1989, S. 57

gefolgt wird. So umfassend menschliche Eingriffe an der Lebensgrundlage Boden in der Vergangenheit Schaden verursacht haben, so umfassend können wir mit einer naturverbundenen Arbeitsweise die kranke Erde wieder zur Gesundheit lenken.

Flächenkompost: Eine konsequente Humusbewirtschaftung erfordert mit der Zeit viel weniger Arbeitsaufwand als konventioneller Anbau. Die Methoden sind einfach, weil die Natur das meiste selber bewerkstelligt. Bodenleben kann aus der Umwelt wie Luft und Wasser die nötigen Grundstoffe selber herauslösen, wenn es intakt ist. Zur Belebung und auch weiterhin bekommt die Nährstoffdecke ihr Futter laufend aus den organischen Ernterückständen. Das reicht im Herbst aus. Im Frühjahr und Sommer spielt die Herkunft und Zusammensetzung des organischen Materials eine wichtige Rolle. Es sollte nicht aus Kunstdüngeranbau oder aus anderem belasteten Ursprung sein. Die aufwändige Kompostierung über die Miete entfällt.

Eine komplexe Zivilisation kann sich erst entwickeln, wenn fruchtbare landwirtschaftliche Voraussetzungen vorhanden sind.[24]

Eine geschlossene Pflanzendecke pflegt das Edaphon ohne viel Arbeitseinsatz zu bereiten.

Der ständige Schutz durch eine pflanzliche Bodendeckung oder durch einen organischen Mulch erspart viele Massnahmen, die der konventionelle Anbau fordert, wie Hacken, Giessen, und

Lockern. Das spart Arbeitszeit und somit Geld. Der Boden wird gar nicht oder im Frühjahr bis in die Zellgareschicht (bis zu 15 Zentimeter tief) oberflächlich gelockert (nicht gewendet) und in der sommerlich warmen, mikrobiell aktiven Jahreszeit in Ruhe gelassen.

Wird das strapazierte Mikrobenleben in der Erdkrume mit Effektiven Mikroorganismen unterstützt, kann der Boden zusammen mit biologischen Anbauweisen recht schnell gesunden.

Zusammenfassung

Der natürliche Humus eines Waldbodens duftet zu allen Zeiten fein erdig. Er ist ein lebendes Gewebe und besteht zu 65% aus organischer Substanz, zu 20% aus Kleinlebewesen und nur zu 15% aus Mineralien (Ton, Sand).

Die Biosphäre setzt sich zusammen aus Atmosphäre (Luftraum), Hydrosphäre (Wasserraum) und Humussphäre (belebter Erdraum). Die Lithosphäre ist der Gesteinsraum.

Die Bodengare ist mit ihren Stütz- und Füllsubstanzen der Atmungsraum des Bodens und wird während der aktiven Vegetationsperiode durch Kleinlebewesen belebt. In der obersten Schicht eines Bodens (Nährdecke) zerkleinern vielerlei Kleinlebewesen grobe Pflanzenteile und bereiten sie für die zweite Bodenschicht vor. In dieser zellularen Gareschicht verkleben sich Verwitterungsstaub und Mikrobenleiber zu Bodenkrümeln zusammen. Wurzelfeindliche Stoffe hindern das Pflanzenwachstum. Wurzeln senken sich deshalb schnell in die dritte Bodenschicht (Plasmagare). In dieser makromolekularen Gare sind zellulare Strukturen aufgelöst, kann Wasser gespeichert werden, ist «der Magen der Pflanze» mit seinem vorverdauten Nahrungsangebot. Dort breitet sich das fein verzweigte Haarwurzelsystem der Pflanze aus.

In der Rhizosphäre halten die Haarwürzelchen Bodenkrümel fest (Lebendverbauung), Mykorrhizen (Bodenpilze) leben hier mit der Pflanzenwurzel in Symbiose. Die Bakterien lösen die Mineralteilchen der Nährstoffe auf. Diese werden mit der Wasseraufnahme durch die Wurzeln in die Pflanze transportiert. Die Pflanzen liefern dafür Assimilate (Zuckerarten).

Eine Scheingare ist künstlich durch herbstlichen Bodenumbruch (Umgraben oder Pflügen) und die folgende Frosteinwirkung hergestellt und hält sich nicht lange, sondern verschlämmt das Porensystem des Bodens und führt zu Unfruchtbarkeit.

Der Regenwurm bevorzugt biologisch herangewachsene Pflanzenteile. Pro Jahr produziert er pro Quadratmeter 20 Kilogramm fruchtbarsten Dünger. Er kleistert seine Grabröhren aus, in denen die Pflanze ihre Wurzeln durch die zellulare Gare in die Plasmagare schickt. Der Regenwurm frisst in 24 Stunden so viel, wie er selber wiegt. Düngesalze und Gülle vergraulen ihn. Wo kein Regenwurm mehr existiert, wird der Boden betonhart.

Humuspflege heisst, dass der Boden ständig mit einer Schicht bedeckt ist, die verschiedenen Bodenschichten durch Graben oder Pflügen nicht umplatziert werden, damit Porenvolumen, Wasserhaushalt und Mikroben der drei Schichten nicht zerstört werden.

Konventionelle Bodenbearbeitungen führten in allen Erdteilen zu enormem Humusabbau und zu Erosionen bis hin zur Wüste. Ein brauchbarer Boden dagegen beherbergt auf 1000 Quadratmeter bis zu 1000 Kilogramm lebende Biomasse (Kleinlebewesen). Frischer Mist und frische Gülle enthalten oft lebensfeindliche Gifte und sollten vor der Verwendung fermentiert sein. Schadinsekten und Pilzkrankheiten sind die «Aufräummannschaften» solcher Fäulnisprozesse.

Die Praxis für eine bodenfreundliche Humuswirtschaft erfordert ein Umdenken auf allen Bewusstseinsebenen. Die Methoden dazu sind einfach und erfordern geringere Arbeitszeiten. Die herkömmliche Kompostierung fällt weg. Ein mikrobiell reicher, gut garer Boden bringt reiche Ernte an gesunden Pflanzen und Früchten hervor, die die Gesundheit von Mensch und Tier fördern.

Soll Mais zur stattlichen Pflanze heranwachsen, braucht er kraftvolle Nährstoffgaben.

Dünger, natürlich oder künstlich

Die Natur arbeitet ungemein langsam. Aus diesem Grunde ist es auch unmöglich, die sich in ihr abspielenden Vorgänge im Wege des [kurzen] Laboratoriumsversuches zu erfassen, weil auch die richtigen Voraussetzungen fehlen.[1]

Die Wissenschaft und in der Folge viele Zweige der industriellen Produktion halten sich noch immer an der Mineraltheorie* fest, die der junge Justus von Liebig einst entwickelte. Sie besagt, dass sich Pflanzen aus den 93 Grundstoffen (im periodischen System) ihre Nahrung selber aufbauen. Sie leben laut Theorie nur von anorganischen Substanzen und von wasserlöslichen Salzionen, die durch Photosynthese in Protein (Eiweiss) umgebaut werden. Dabei warnt der reife Liebig in späten, nicht mehr veröffentlichten Schriften davor, der Pflanze Stickstoff in künstlicher Form anzubieten. Er weist darauf hin, dass die Natur der Pflanze hundert-, ja, tausendmal mehr Stickstoff zur Verfügung stellen kann. Historische Wahrheit ist, dass Liebig kein Befürworter der künstlichen Düngung war, obwohl er heute oft als solcher zitiert wird, sondern ein entschiedener Gegner. Unglücklich über die aufblühende industrielle Herstellung, distanzierte er sich schliesslich von ihr.

[Synthetische] Düngemittelverwendung ist die Kunst, Salze so In den Boden zu bringen, dass die Pflanzenwurzeln es irgendwie schaffen, daran vorbeizukommen.[2]

Kunstdüngereinsatz mit schwerwiegenden Folgen

Eine unnatürliche, erzwungene Ernährung von Pflanzen zerstört die Humussphäre mit ihrem mannigfaltigen Bodenleben einschliesslich der Mikroorganismen. Sie bringt geschwächte Pflanzen hervor, aus denen nur mangelhafte Nahrungsmittel produziert werden können. Zwar lässt sich durch Kunstdünger der Ertrag eine Zeit lang steigern. Die Gesundheit von Boden und Pflanze geht dabei verloren und damit auch die der Tiere und Menschen, wenn sie diese Ernten verzehren. Wie eine Stadt ohne Menschen zur Ruine verkommt, so wird die Erde ohne Mikroorganismen ruiniert. Die intensiv mit chemischen Mitteln behandelten Böden können nicht mehr biologisch aktiv sein, beginnen abzusterben und mit ihnen der Bewuchs.

Die Tragik der konventionellen Landwirtschaft ist das Postulat, NPK* sei Pflanzennahrung.[3]

Anorganischer Dünger wird aus totstofflichen Grundelementen synthetisch hergestellt und erfüllt nicht die ganzheitlichen Ansprüche einer ausgewogenen Pflanzennahrung. Damit Mineraldünger überhaupt von der Pflanze verwertet wird, ist er in Ballaststoffe wie Reste von Schwefelsäure und Chlor eingebunden. In drei Kilogramm Düngemittel sind zwei Kilogramm Ballast und nur ein Kilogramm

1 Schauberger 1936
2 Tompkins/Bird 1989, S. 19
3 Pommeresche 2004, S. 84

des eigentlichen Nährmittels enthalten. Diese Ballaststoffe aber stören das biologische Gleichgewicht des Bodens, versalzen und verändern vor allem die Kolloide* (feinste Bodenteilchen) und damit die gute Gare. «In den USA wurde die abwechslungsreiche, ausgewogene Landwirtschaft mit Gemüsebau, Weiden und Gründüngungen in den 60er Jahren zugunsten einseitiger, grossflächiger Monokulturen aufgegeben»[4], sagte einst Ehrenfried Pfeiffer. Jetzt ist die Mehrzahl dieser von Kunstdünger versalzenen Flächen völlig unbrauchbar geworden, möglicherweise sogar für immer verloren. Peter Tompkins und Christopher Bird beschreiben diesen alarmierenden Zustand treffend: «Der konventionelle Landwirt in den USA ist so in seinem chemischen System befangen, dass er nur darüber nachdenken kann, welches Produkt als nächstes Erfolg bringen könnte, nachdem die üblichen NPK-Dünger die Ernten ständig verschlechterten. Sie geben eher ihren angestammten Beruf resigniert auf, als über Alternativen nachzudenken.»[5]

In manchen Intensivkulturen wird Stickstoff sogar mit Pressluft in den Boden gepumpt. Die Pflanze versucht, diese hohe Konzentration mit Wasseraufnahme zu verdünnen. Die aufgequollene, schnell «ins Kraut geschossene» Grünmasse der Gemüse wird uns als reiche Ernte verkauft, in welchem das übermässige Gewebswasser nichts anderes ist, als das Ödem (Wasseranstauungen) eines fehlernährten Menschen. Ausser dem allseitigen Humusschwund werden im Boden auch noch wichtige Spurenelemente durch die Düngesalze in unlöslichen Verbindungen festgesetzt. In der Folge geht erst die Qualität der Ernte, schliesslich auch deren Menge zurück.

Immer noch beherrscht das «NPK-Modell» die technologische Agrikultur, obwohl langsam jedem Gemüseanbauer und Landwirt bewusst wird, dass die Kombination Stickstoff-Phosphor-Kali in synthetischer Form Gift für den Boden und den Kreislauf der Substanzen ist. Hinzu kommen Chemikalien aus dem Pflanzenschutz, die der Pflanze über das Giessen oder über Begasung aufgezwungen werden.

Ernährungsfehler werden von Organismen und ihren lebenden Substanzen, solange es geht, grosszügig ausgeglichen. Stolze «Erfolge» der Zivilisten sind nur der Langmut der Natur zu verdanken.[6]

Kunstdünger gehört nicht zum normalen Nahrungskreislauf und wird daher vom Boden wie ein Fremdstoff behandelt und abgeschoben. Das führt neben der Zwangsaufnahme durch die Pflanze insbesondere bei Trockenheit zu ungenützten, gefährlich überdosierten Salzablagerungen, die den Unterboden verdichten. Das wasserlösliche Nitrat* und Phosphate* werden leicht ausgewaschen und dringen ins Grundwasser. Weil der willkürlich festgesetzte Grenzwert für Nitrate im Trinkwasser oft 50 Milligramm pro Liter übersteigt, wurde neuerdings erwogen, diesen Toleranzwert einfach anzuheben.

Ein Anstoss zum Umdenken? **(Tabelle nach Götlinger[7])**

Auswirkungen der chemisch-technischen Landwirtschaft

Ursache		Folge
Kunstdüngung	→	minderwertige Nahrung
Zwangsernährung der Pflanzen	→	Resistenzverlust, mehr Pestizide
Nitratauswaschung	→	Trinkwasserbelastung
gestörtes Bodenleben	→	Erosion, Windverfrachtung
Monokultur	→	Verlust der Artenvielfalt
steigende Kosten	→	Mittelstandsbetriebe sterben
zunehmende Produktion chemischer Mittel	→	steigende Umweltverschmutzung
steigender Energieverbrauch	→	Abbau von Ressourcen
Interessen der Industrielobby	→	abhängige Landwirtschaft

Weil der biologische Substanzkreislauf nicht nachgeahmt werden kann, ist die richtige Dosierung eines Mineraldüngers oder der Zusatz von Spurenelementen nicht oder nur annähernd möglich. Düngeempfehlungen der Hersteller können die Einwirkungen der Naturkräfte wie Regen, Wind, Tau und Licht nicht berücksichtigen. Der im Boden angereicherte Kunstdünger hemmt den Wuchs, verbrennt junges Grün und verringert die Ernte. Schon eine einzige Fehldosierung kann den gesamten Mineralstoffwechsel der Pflanze durcheinander bringen. Der Landwirt muss sich mit kompliziertesten Tabellen und Rezepturen auseinandersetzen und kommt oft ohne den fachlichen Berater der Düngemittelhersteller nicht mehr zurecht.

Was früher als «heilige Mutter Erde» galt, geriet durch unser Denken und Handeln zum belanglosen Standort für Wasser, Mineral- und Stickstoffsalze. Eine natürliche, unbearbeitete Erde aber kennt keine isolierten Salzionen, wie sie im Kunstdünger vorhanden sind und an Pflanzen verfüttert werden. Der Bodenorganismus hat keine Verwendung dafür und muss sie unterbringen, ob er will oder nicht. Es kommt zu Gleichgewichtsstörungen und zum Nährstoffchaos.

Pflanzen «speisen» ähnlich wie Tier und Mensch

Ein unverfälschter Boden gibt grosse molekulare Verbindungen als lebendige Nahrung weiter. Die haben mit all ihren verschiedensten lebendstofflichen Gehalten schon einen biologischen Umsetzungsprozess durch das Bodenleben hinter sich. Rudolf Steiner (1924) und

4 Tompkins/Bird 1989 S. 48
5 Tompkins/Bird 1989 S. 89
6 Rusch 2004, S. 105
7 Voitl, Guggenberger, Willy, 1980. S. 264

Hans Peter Rusch (Forschungsepoche 1950 bis 1974) haben bewiesen, dass alle lebenden Zellorganisationen, zu denen Pflanzen, Tier und Mensch gehören, sich prinzipiell gleich ernähren. Allerdings sind Pflanzen darauf angewiesen, Substanzen aufzunehmen, die vorab schon vom Bodenleben bereits zu neuen Zellorganisationen um- und aufgebaut worden sind und alle lebensnotwendigen Informationen in sich tragen (in der Zell- und Plasmagare). Nach diesem Umwandlungsprozess sind Pflanzen sehr wohl in der Lage, sich wie Tier und Mensch organische Verbindungen grosser Makromoleküle* einzuverleiben.

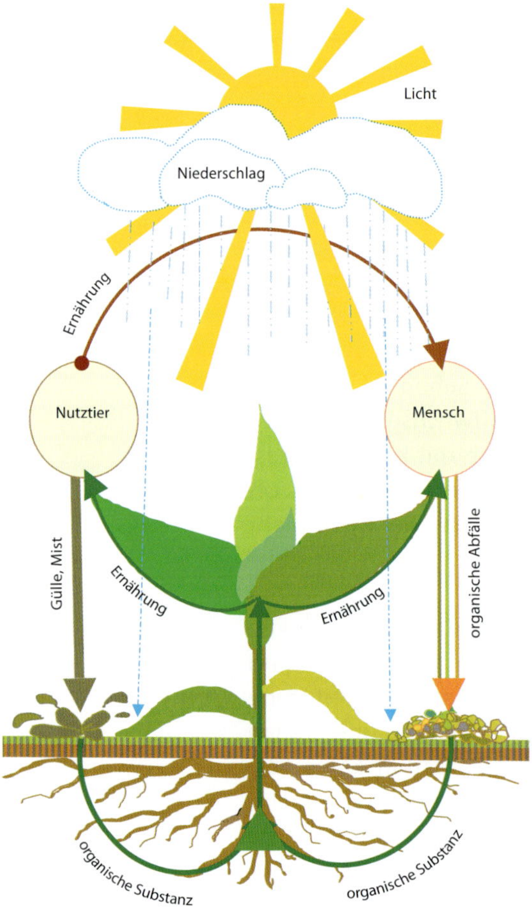

Im biologischen Nahrungskreislauf gehen Ressourcen nicht verloren, sondern werden wieder in den Kreislauf zurückgeführt. Die Immunkräfte von Pflanze, Tier und Mensch werden auf natürliche Weise gestärkt..

Keine Pflanze nimmt anorganische Nahrung auf, wenn sie nicht muss. Das ist ein weiteres wichtiges Indiz. Immer bevorzugt sie Nährstoffe aus dem organischen Kreislauf. Ehrenfried Pfeiffer (einst Mitarbeiter von Rudolf Steiner) stellte schon vor 50 Jahren fest, dass biologisch-dynamisch gewachsenes Getreide 12 bis 18 Prozent Proteine enthält, konventionelles dagegen nur 10 bis 11 Prozent. Natürlich gewachsenes Gemüse (ohne Kunstdünger) weist mehr Eiweiss, Vitamine, Kalium, Eisen und andere Nährstoffe auf, dafür weniger Natrium. Für gesundes Gedeihen sind oft geringste Mengen eines Spurenelements wichtiger als einige Kilogramm synthetischer Volldünger, um den Nahrungskreislauf in Gang zu setzen oder Abwehrkräfte zu mobilisieren.

Die Sonderrolle des Stickstoffes

Als es dem französischen Chemiker Antoine L. Lavoisier[8] Ende des 18. Jahrhunderts gelang, reinen Sauerstoff aus der Luft zu gewinnen, kannte er die restlichen 78 Prozent der Luftgase noch nicht und nannte sie kurzerhand Azot* = lebloses Gas (griech.). Weil dieses Gas kein Leben zulässt und alles erstickt, wurde der Ausdruck «Stickstoff» geprägt. Natürlich vorkommend ist es im Überfluss vorhanden: Die Luftsäule über einem Quadratmeter Boden enthält Tonnen von Stickstoff (N = Nitrogenium). Trotzdem hungern viele Pflanzen, weil sie nicht fähig sind, das reaktionsträge Gas aus der Luft herauszulösen. Erhard Hennig schreibt: «Als Hauptbestandteil des Eiweisses, der Vitamine und Enzyme nimmt Stickstoff eine Sonderrolle im Nährstoffhaushalt der Pflanze ein»[10]. Die lebende Zelle baut ihn als Protoplasma (Träger aller Lebenserscheinungen) ein. Das grüne Blut der Pflanzen, das Chlorophyll wird aus Eiweiss gebildet. Stirbt die Pflanze, zerfällt das Eiweiss in seine Anfangsform, aus dem der Stickstoff zum neuen Kreislauf antritt.

Wer heute noch von einer totalen Aufspaltung aller Nahrungsmittel bis zum Mineralsalz redet, hat die ereignisreiche Zwischenzeit in der Forschung verschlafen oder verfolgt gewisse marktorientierte Zwecke, die mit echter Wissenschaft nichts mehr zu tun haben.[9]

Die Natur gewinnt das träge Gas aus der Luft auf nur zwei Arten:

1. durch elektrische Entladung (z.B. Gewitter)
2. durch Mikroorganismen wie Azotobakter, Knöllchenbakterien (aus der Symbiose mit Leguminosen*), Einzeller (Grün- und Blaualgen) und einige Hefepilze

Ökobilanz des künstlichen Stickstoffes: Während die Nutzung aus der Natur kostenlos ist, bedarf es extrem viel Energie, auf chemischem Wege über hohen Druck und Temperaturen mit teuren Apparaten Stickstoffgas aus der Luft an Mineralien zu binden. Im Zweiten Weltkrieg wurde zur Herstellung von Sprengstoff massenhaft Nitrat gebraucht. Bei Kriegsende hatte die Maschinerie dafür ausgedient. Weil das Volk Hunger litt, erschien es eine wunderbare Lösung, die Nitratproduktion wieder in Gang zu setzen und den Stickstoff für grössere Ernten in der Landwirtschaft einzubringen. Heute erschreckt uns die ökologische Energiebilanz, wenn wir hören, dass die Herstellung von einer Tonne Kalkstickstoff 1,1 Tonnen Schweröl und 1100 Kilowatt Strom erfordert. Pro Jahr werden 80 Millionen Tonnen produziert und verbraucht. Die Produktion steigert sich jährlich. Das hat dazu geführt, «[...] dass mit dem stetig steigenden Bedarf dieses energieintensiven Düngers Argumente ins Feld geführt werden, Kernkraftwerke seien nötig.»[11]

Natürliche Stickstoffdüngung ist möglich

Mikroben wie die Azotobakter sind Stickstoffbildner in der Plasmagare. Sie verwerten leicht zersetzbare Stoffe, Zucker und organische Säuren, sind laut Erhard Hennig die «Feinschmecker» unter den Bakterien. Sie verschmähen tief vergrabenen Mist, der in die Rotteschicht gehört. Sie sterben ab, wenn der Boden mit Unkrautvernichtungsmitteln oder anderen Chemikalien behandelt wird.

8 Hennig 1983, S. 32
9 Pommeresche 2004, S. 83
10 Hennig 1983, S. 133
11 Pommeresche, 2004

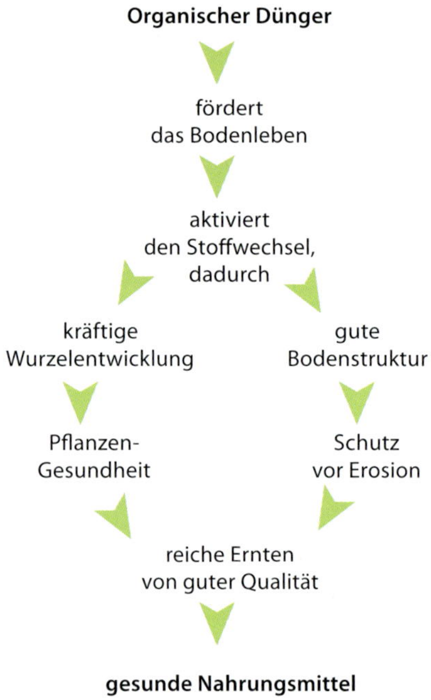

Organische Düngung fördert die Pflanzengesundheit und somit auch eine gesunde Nahrung für alle Kreaturen dieser Erde.

Dadurch entfällt die natürliche Nitratgewinnung. Die Landwirtschaftliche Untersuchungs- und Forschungsanstalt LUFA (D)[12] bestätigt aber, dass die biologische Stickstoffproduktion eine realistische Alternative ist, bei der kein synthetisches Nitrogen mehr zugekauft werden müsste.

Azotobakter binden in einem an Humus reichen Boden aus der Luft jährlich pro Quadratmeter etwa 0,5 Kilogramm pflanzenverfügbare Aminosäure. Ein ausgelaugter, humusarmer Boden erhält in der Zellgareschicht Stickstoff in natürlich gebundener Form durch

- Gründüngung
- Flächenkompost
- Förderung von Regenwürmern und Mikroorganismen
- EM angereicherten Kompost und fermentierten Mist (Aufbereitung ohne Fäulnis)
- Gaben von Gesteinsmehlen
- stickstoffhaltige Pflanzenjauchen wie Brennnessel und Beinwell

Das sind Mengen, von denen ein konventioneller Landwirt nur träumen kann: Die organisch gespeiste Stickstoffquelle fliesst unaufhörlich und kann 4,5 Kilogramm pro Quadratmeter erreichen. Das entspricht der unvorstellbaren Masse von 225 Kilogramm anorganischen Mineraldüngers auf gleicher Fläche.

Die Pflanze findet in organischen Abfällen alles, was sie braucht, denn das Material stammt aus Lebensprozessen. Es ist umso wertvoller, je lebendiger, frischer und unmittelbarer ein Lebensvorgang in den anderen übergeht.[13]

Ein gut entwickeltes Wurzelsystem fördert das Bodenleben und ist die beste Voraussetzung für die natürliche Stickstoffbildung: Milchsäurebakterien, die mit den Wurzelhaaren in Symbiose leben, bilden mit Spuren von Kobalt das Vitamin B_{12}. Wo dieses Enzym vorhanden ist, stellen sich die Knöllchenbakterien und Azotobakter ein. Weil sich alle paar Tage neue Wurzelhärchen an der Wurzelspitze bilden und die alten absterben, liefern sie enorme Massen an organischer Substanz als Nahrung für die Mikroben. Diese bilden Vorratsmengen, wie es mit künstlicher Düngung in vergleichbarer Grössenordnung nicht möglich und auch nicht pflanzenverträglich wäre.

Das Verhältnis von Kohlenstoff zu Stickstoff muss stimmen

Obwohl keine Pflanze ohne Kohlenstoff existieren kann, wurde dieses Element bisher wenig beachtet. In der Pflanzenernährung steht es – häufig in Form von CO_2 an erster Stelle, gefolgt von Stickstoff. Auch hier ist ein Gleichgewicht zwischen den einzelnen Komponenten wie überall wichtig.

Organisches Material mit einem C/N-Verhältnis in der Nähe von 20 zu 1 ergibt einen fruchtbaren Boden, z. B. Grasschnitt oder Gemüseabfall mit ihren 10 bis 20 Anteilen an Kohlenstoff auf 1 Teil Stickstoff. Die Zersetzung läuft schnell ab, die Mikroben verbrauchen kaum Nitrat für sich. Ist dagegen der Anteil Kohlenstoff einer organischen Substanz sehr hoch, z.B. C/N-Verhältnis 250 bis 500 zu 1 (z.B. Gehäckseltes aus Holz, Gehölzschnitt oder Rindenschnitzeln), brauchen Mikroorganismen zur Umsetzung länger und benötigen für diesen Einsatz folglich auch mehr Stickstoff für den Eigenbedarf, der dann den Pflanzen fehlt. Deshalb sollte man zur Flächenkompostierung leicht zersetzbare, organische Masse (Gemüseabfälle oder Pflanzenjauche) mit zellulosereichem und schwer abbaubarem, holzigem Strauchschnitt mischen, damit dem Boden genügend Stickstoff erhalten bleibt. (Ausführliche C/N-Tabelle im Kapitel «Einführung in die EM-Praxis» auf Seite 181).

Mikroorganismen und Wurzeln atmen Kohlendioxid aus (CO_2, ein Stoffwechselrückstand des Kohlenstoffes), das sich dann konzentriert an der Erdoberfläche in Bodennähe aufhält. Die Pflanze atmet es über die Spaltöffnungen auf der Blattunterseite wiederum ein und verbaut es als Kohlehydrat zu Zellulose für das Pflanzengerüst. Aus diesem Grunde ist ein geschlossenes Blätterdach über dem Boden wichtig. Es fördert stabiles Pflanzengewebe. Im verdichteten, versauerten Boden kann CO_2 schlecht entweichen, wodurch das Wurzelwachstum gehemmt wird (Illustration in Kapitel «Boden», Seite 47).

Gesteinsmehle können zaubern

Urgestein gehört wie Wasser, Luft und Sonne zur Grundsubstanz allen Lebens. Es ist uns bekannt als Basalt, Granit, Porphyr und Gneis. Diabas ist ein Basalt des Erdaltertums, also noch älter als Basalt. Granit und Basalt sind Ursprung für die besten Tone, die z.B. zu Lösslehm

12 Hennig 1983, S. 49
13 Rusch 2004

und sogar bis hin zu kolloidalem Ton aufgeschlossen werden. An diesem Prozess sind immer auch Mikroorganismen beteiligt. Gesteine gibt es in Unmengen, sind fast überall vorhanden, der «Goldschatz» muss nur gehoben und fein zerrieben genutzt werden.

Fruchtbarkeit für unsere Lebensgrundlage: Der feine Abrieb vom Urgestein wird von der Gletschermilch bis in die Täler getragen.

Der Nilschlamm, ein verwittertes Urgestein, wurde schon zu biblischen Zeiten als fruchtbarste Erde genutzt. Die Heiligen Wasser des Wallis und die Wasser der Hunza im Himalaya tragen als Gletschermilch feinsten Urgesteinsstaub auf die Felder der Bergterrassen und Täler. Vulkan- und Erosionsstaub werden mit dem Wind über grosse Distanzen (Tausende von Kilometern) verfrachtet, wie einst der fruchtbare Löss aus der Sahara. Er wurde durch starke Südwinde bis nach Norddeutschland geweht und in mächtigen, nährstoffreichen Schichten abgelagert. Auch Justus von Liebig erkannte, dass Steinmehle den Boden ohne Erschöpfungssymptome fruchtbar halten.

Die Spurenstoffe müssen in einem ganz bestimmten Verhältnis zueinander stehen. Urgesteinsmehl deckt das Mineralbedürfnis der Pflanze auf ideale Weise. Es passieren keine Fehldosierungen wie bei künstlichen Düngern, denn Gesteinsmehle halten alle lebenswichtigen Spurenelemente in natürlicher Form bereit und geben sie im richtigen Verhältnis frei:

- im sauren Gestein findet sich Quarz, im basischen Calcium, Magnesium und Eisen
- Gneise liefern z.B. Kobalt für die Bildung von Vitamin B_{12} (Granit ist allerdings kobaltarm)
- Urgesteinsmehl ist nicht nur Spurenstofflieferant. Es erhöht den Tonkristallgehalt, vor allem in moorigen Böden

Wundersame Gabe der Schöpfung: Einem Mikrokosmos gleich beeinflussen die Atome, Atomgruppen und Strahlungsenergien der winzigen Mineralelement-Spuren unser Leben durch ihre Harmonie und Gleichgerichtetheit.[14]

Jedes lebende Wesen sendet Strahlen aus und besteht aus Materie und Energiekörper. Ohne diese Strahlenenergie wäre Leben nicht möglich. Auch Urgestein sendet Strahlen aus. Die festen Mineralstoffe sind Träger dieser Energie, ohne die sich keine lebendige Substanz bilden kann. Somit ist Urgesteinsmehl ein geeigneter Lebensträger.

Urgestein – ein lebendes Wesen?

Die Wirkung der Urgesteinsmehle grenzt fast an Zauberei:

- sie begünstigen die Bodengare
- sie stabilisieren den Nährstoff- und Wasserhaushalt
- sie hemmen Fäulnis und Schaderreger
- sie stärken Pflanzen und ihre Abwehrkräfte
- sie fördern die Verrottung organischer Massen
- sie regen mit Tonmineralien und Spurenelementen das Bodenleben an
- sie bringen wohlschmeckende, haltbare Ernten auf den Tisch
- sie dämmen Gerüche von Pflanzenjauchen und Gülle

Ohne Mikroorganismen nutzt das beste Gesteinsmehl nichts. Ein ausgelaugter Boden muss erst belebt werden, bevor Mineralien in Form von Urgesteinsmehl wirksam eingesetzt werden können.

14 E. Hennig, 1983, S. 81

Lithobionten (die auf dem Stein lebenden Mikroben) schliessen die Mineralien auf, verdauen sie zu einer Form, dass sie von Pflanzen aufgenommen werden können. Das geschieht mit Hilfe von Chelaten*, die mineralische Substanz über Ferment- oder Enzymsysteme* mit der organischen verbinden.

Landwirte, die sich als «Hüter des Lebens» mit biologischer Anbauweise auseinander setzen, können auf die vielfältigen, positiven Eigenschaften der Urgesteinmehle nicht verzichten. Bentonit (Kalkbindung) und Korallenalgenmehl (Kalkzuführung) ergänzen die Bodenkur je nach Anforderung und Bodenart. Eine vorgängige Bodenbelebung ist Bedingung, wenn das «staubige Gold» seine unvergleichliche Wirkung wie in den alten Hochkulturen der fruchtbaren Flusstäler entfalten soll.

Die Anwendung von Effektiven Mikroorganismen stellt ein sehr effizientes Mittel dar, um das reduzierte Mikrobenleben im Boden zu aktivieren und zu ergänzen.

Zusammenfassung

Die von Justus von Liebig vor über 150 Jahren in die Welt gesetzte Mineraltheorie wird bis heute wider besseren Wissens in der Kunstdüngerindustrie vertreten und gepredigt, obwohl Liebig als älterer Mensch davor warnte, der Pflanze Stickstoff in künstlicher Form anzubieten.

Kunstdünger zerstört die Humussphäre und ihr grossartiges Bodenleben und bringt mangelhafte Lebensmittel hervor. Der rein chemisch hergestellte Dünger kann die ganzheitlichen Ansprüche der Pflanzen nicht erfüllen. Die notwendigen Ballaststoffe in Düngemitteln belasten den Boden. Synthetischer Stickstoff verbraucht mehr Produktionsenergie, als er zur Nutzung abgibt. Die Pflanzen werden zwangsernährt, neue Züchtungen sind auf künstliche Nahrung ausgerichtet. Pflanzen werden dadurch mit hohem Wassergehalt aufgebläht. Schon eine einzige Fehldosierung kann den gesamten Stoffwechsel der Pflanze durcheinander bringen. In Trockenperioden entstehen hohe Salzkonzentrationen im Boden. Die Versalzung verdichtet den Unterboden, Regen wäscht das wasserlösliche Nitrat und Phosphat ins Grundwasser und in Flüsse und Seen. Die können durch die Eutrophierung* umkippen. Es dauert lange, bis in diesen Zonen wieder gesundes Leben möglich ist.

Pflanzen speisen ähnlich wie Tier und Mensch. Sie sind in der Lage, auch grosse Makromoleküle aufzunehmen. Pflanzen bevorzugen immer die organische Nahrung, die ganz auf den natürlichen Kreislauf abgestimmt ist. Organisch gedüngtes Gemüse enthält mehr Vitalstoffe als künstlich ernährtes.

Stickstoff aus der Luft lässt sich technisch schwer zum Mineral umwandeln, es ist eine enorme Menge Energie und hoher Druck nötig. Dagegen können Mikroben aus der Luft jährlich bis zu 500 Gramm Stickstoff pro Quadratmeter binden. Aus organischen Verbindungen werden bis zu 4,5 Kilogramm pro Quadratmeter und Jahr auf natürliche Weise aufbereitet und so dem Pflanzenstoffwechsel zur Verfügung gestellt.

Das C/N-Verhältnis muss stimmen. Ein Boden, der zwischen 10 bis 20 Teilen Kohlenstoff auf einem Teil Stickstoff enthält, ist ideal. Bei höheren Anteilen von Kohlenstoff verbrauchen die bodenbürtigen Mikroben zu viel Stickstoff für ihren eigenen Bedarf, der Boden wird «hungrig», Pflanzen kümmern statt zu wachsen.

Gesteinsmehl aus Urgesteinen enthält viele lebensnotwendige Spurenelemente in natürlicher und pflanzentauglicher Form. Es ist Träger von Strahlenenergie, durch die sich lebendige Substanz bilden kann und fördert Leben. Es hemmt Fäulnis und Schaderreger, aktiviert das Bodenleben und hilft, wohlschmeckende, haltbare Ernten auf den Tisch zu bringen. Auf totem Boden nutzt Gesteinsmehl nichts, wenn nicht vorweg mit Mikroorganismen das gestörte Milieu belebt wird.

Faszination der drei Wasseragregate: gasförmig aufgestiegen zur Wolke, im Niederschlag fest zu Eis erstarrt, geschmolzen wieder flüssig im kraftvollem Strom, von wo es aufsteigt zur Wolke...

Wasser – Urquell des Lebens

Wasser tritt ein in die Schwere und verlässt sie wieder.
Es bindet sich und löst sich.
Es sammelt sich und verschwindet.
Es ist Kraft und Stoff.
Es ist überall und nirgends.
Wasser ist frei.[1]

Quellwasser, vom Durchlauf der verschiedensten Erdschichten geläutert, ist eine Köstlichkeit, die wir immer mehr zu schätzen wissen, weil unser Leitungswasser nicht mehr die Reinheit eines Quellwassers hat, sondern meistens mit Chemikalien aufbereitet werden muss, um die gesetzlichen Vorgaben für Trinkwasser einzuhalten. «Regenwasser macht schön», hiess es früher, weil es sich auf der Haut so fein und seidig anfühlte. Heute ist das Regenwasser häufig so belastet, dass es ätzt und Schadstoffe in unglaublichen Mengen mit sich führen kann, wenn es verschmutzte Luft reinigend durchströmt. Meereswasser ist reich an Energie und Mineralien und heilend für Leib und Seele, wenn es nicht von Schiffsdiesel, Schwerölen und Industrieabwasser verseucht ist.

Die Einmaligkeit des Wassers
«Bist du des Lebens nicht mehr froh, stürze dich in H_2O» war Mitte des 20. Jahrhunderts ein oft zitierter Spruch. Wasser ist in der Tat lebenerweckend und erfrischend und löst viele Dinge auf, sogar Missmut oder schlechte Laune.

Wissenschaftler kommen dem Wasserwesen nur nach und nach auf die Spur, denn das feuchte Element weist Besonderheiten auf, die sonst nirgends mehr auf der Erde anzutreffen sind. Der Physiker und Wasserforscher Wilfried Hacheney äusserte sich dazu: «Wasser ist eine naturwissenschaftliche Unmöglichkeit.»[2]. Es passt in kein Schema und ist so einmalig, weil es sich als einziges Element so völlig anders als alle anderen verhält. Es hat drei verschiedene Ausdrucksformen:

- es kann flüssig sein
- es kann dampfen und sich als Nebel wie Gas in der Luft halten
- es kann feste Form annehmen, wenn es zu Eis erstarrt

Wasser erreicht z.B. bei +4 Grad Celsius seine grösste Dichte und dehnt sich aus, wenn die Temperaturen unter 0 Grad Celsius sinkt, es sich zur festen Form wandelt und zu Eis gefriert. Alle anderen

1 Zerluth/Gienger 2004, S. 241
2 Zerluth/Gienger 2004, S. 36

Grundelemente reagieren umgekehrt: Sie ziehen sich bei Kälte zusammen und dehnen sich in der Wärme.

H_2O, Modell eines Wassermoleküls

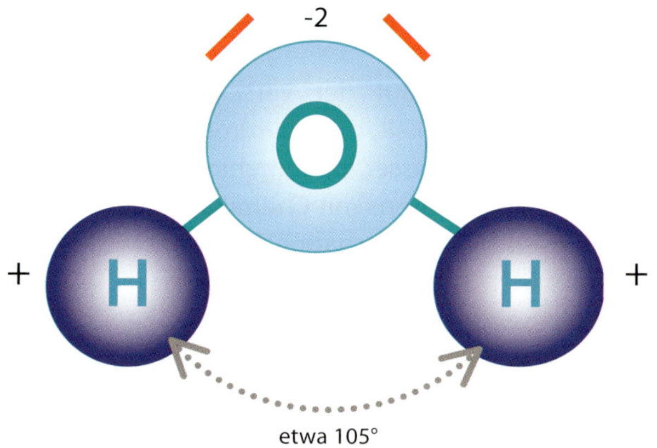

Nach heutigem Verständnis und wissenschaftlichen Beobachtungen könnte ein Wassermolekül so aussehen: Je ein negativ geladenes und ein positiv geladenes Wasserstoffatom sind in einem Winkel von ca. 105 Grad am Sauerstoffatom angeordnet.

Laut dem Atommodell von Max Planck (um 1900)* besteht H_2O aus zwei Wasserstoffatomen (Hydrogenium) und einem Sauerstoffatom (Oxygenium). Diese Erklärung ist immer noch eine Annahme, die auf Beobachtungen oder Vermutungen beruht, denn das Wassermolekül ist so winzig, dass es selbst mit heutiger Technik und stärkstem Elektronenmikroskop noch nicht gesehen werden kann oder zu erkennen ist. Es wird immer noch geforscht, und die Beobachtungen und Vermutungen zum Phänomen Wasser leuchten ein: So wird angenommen, dass die Wasserstoffatome in einem abgeknickten Winkel am Sauerstoffatom angeordnet sind. Dabei ist das Sauerstoffatom negativ geladen, die Wasserstoffatome positiv. Die abgewinkelte Stellung der Atome zueinander ist der Grund für die dipolare Kraft des Wassermoleküls. Durch die magnetische Anziehungskraft zwischen einem Wasserstoffatom eines Moleküls zum Sauerstoffatom eines anderen Wassermoleküls entstehen Verbindungen, die anschaulich «Wasserstoffbrücken» genannt werden. Diese Bindungen bilden kurzzeitige Molekülhaufen, die «Cluster»*.

Bisher bezog sich die Problemforschung auf den Inhalt des Wassers. Künftig wird es auch um seine mikromolekulare Struktur und um die übertragenen und gespeicherten Informationen gehen.[3]

Lebendiges oder totes Wasser?

«Wo Wasser ist, ist Bewegung, ist Entwicklung und Wandlung möglich. Fliessendes Wasser hat die Kraft, sich selbst zu reinigen.[4] Die Fähigkeit, sich in vielen feinen Wirbeln zu drehen, ist ein Zeichen für die Lebendigkeit des Wassers.»[5] Es ist Lebens-Mittler: Wo Wasser in die Erde dringt, erwacht Leben. Schon ein einziger Regenguss lässt die Wüste erblühen.

In Flaschen, Leitungen oder Kanälen festgehalten, wird es krank und stirbt schliesslich. Getrunken schmeckt solches Wasser fade bis abscheulich. Die Wasserstruktur ist grob geworden. Solches Wasser kann keine Informationen mehr aufnehmen. Es ist wie lahm gelegt, hat keine Dynamik und keine Energie mehr.

Quellwasser dagegen weist eine sehr feine Struktur auf. Die Wassermoleküle bewegen sich frei und verändern fortlaufend ihre Clusterform, sodass sich keine grossen Molekülhaufen bilden können. Je kleiner die Molekülgruppen sind, desto grösser ist ihre Oberfläche. Feine Wasserstrukturen bieten deshalb viel Platz für Informationen und können mehr gelöste Stoffe aufnehmen als grosse Molekülhaufen. Dieses Wasser schmeckt köstlich, schenkt uns Vitalität und Lebenskraft. Es gleitet flüssiger, durchdringt die Zellen eines menschlichen oder tierischen Körpers müheloser und kann grosse Mengen Schlackenstoffe wegtransportieren. Es wird von Pflanzen viel besser vertragen und löst alles Stoffliche leichter auf als grob strukturiertes Wasser.

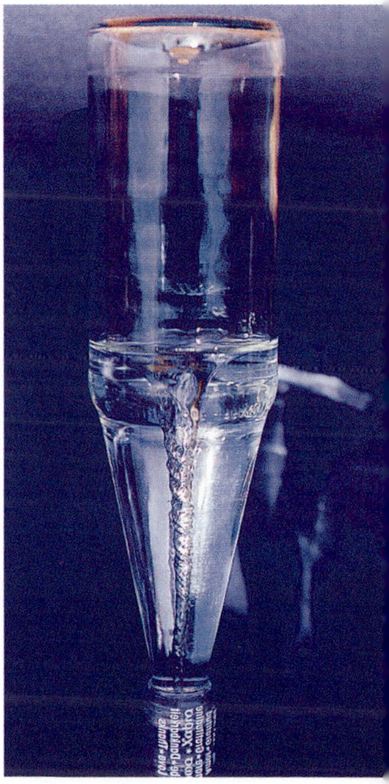

Totes Leitungswasser kann mit einem einfachen Wasserwirbler energetisiert und wieder «lebendig» werden. Es bekommt eine feine Struktur und schmeckt erfrischend wie Quellwasser. Die Information «Dankbarkeit» und «Liebe» auf dem Wirbler wird vom Wasser aufgenommen. Das tut der Seele gut.

Belastetes Wasser
Moleküle klumpen zu grossen Haufen zusammen und reduzieren somit die innere Oberfläche des Wassers. Der Platz für weitere Informationen ist bereits besetzt.

grosse Cluster

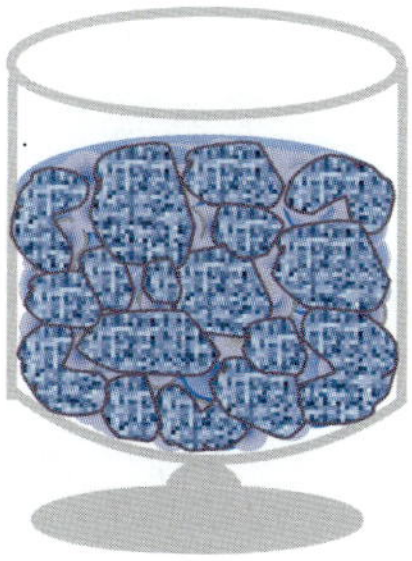

Reines Wasser
Es hat feine Strukturen, weil die Cluster klein sind. Dafür bieten sie mehrfache innere Oberfläche im Verhältnis zum belasteten Wasser. Es ist viel Platz für Informationen vorhanden.

kleine Cluster

3 Higa 1994, S. 82
4 Zerluth/Gienger 2004, S. 15
5 Zerluth/Gienger 2004, S. 24

Um ein ursprüngliches Wasser ohne Fremdschwingung zu erhalten, müssen Cluster aufgelöst werden. Das Gedächtnis des Wassers kann dadurch gelöscht werden.[7]

Um grosse Cluster wieder in kleinere Molekülgruppen aufzulösen, muss Energie zugeführt werden. In begradigten Flussläufen werden bei Renaturierungen Kiesbänke oder grosse Steinblöcke eingebaut, um das Wasser in Mäandern zu bewegen und dadurch zu beleben. Es bilden sich kleine Strudel, die grosse Cluster in viele kleine auftrennen. Durch Wasserwirbler, die in Wasserleitungen eingebaut werden, oder durch fleissiges Rühren oder durch die magnetischen Resonanzwellen der EM-X Keramikpipes werden neue Energien zugeführt und grobe Molekülhaufen in kleine zerlegt. Eine Untersuchung hat ergeben, dass ein Cluster von EM-Wasser nur halb so gross ist wie die Cluster von Leitungswasser. Es ist sogar so fein strukturiert wie deionisiertes Wasser, das für die Reinigung von Halbleitern eingesetzt wird.[6]

Wasseraufgaben

Wissenschaftler der Biophysik erkannten, dass Wasser neben der Aufnahmefähigkeit von Substanzen auch Informationen überträgt, denn Wasser reagiert sehr sensibel auf Einflüsse von aussen und hat ein «Gedächtnis». Es speichert über Resonanzschwingung alles, womit es konfrontiert wird, wie auf einen Computerchip. Diese Erkenntnis ist erschütternd, wenn wir bedenken, wie wir mit Wasser umgehen, es als billige Ware behandeln, gedankenlos verunreinigen und in Abwasserkanäle spülen.

Das Wasser merkt sich alles, mit dem es jemals in Berührung gekommen ist, über Resonanz (gleichartige Schwingung).[8]

Urweisheiten erzählen, dass Wasser Leben vermittelt und Basis aller Lebensvorgänge ist. In der Schöpfungsgeschichte heisst es: «Nichts ist, es sei denn, durch Wasser.» Rudolf Steiner sagt, dass die Weltenkräfte durch das Wasser gehen. All dieses Wissen ermahnt uns, dem Medium Wasser verantwortungsvoll und mit Liebe zu begegnen.

6 Zitat aus einer Veröffentlichung der EMRO Japan
7 Zerluth/Gienger 2004, S. 170
8 Zerluth/Gienger 2004, S. 161

Die Oberfläche der Erde ist zu 66 Prozent mit Wasser überflutet. Der menschliche Körper besteht zu 75 Prozent aus Wasser. Es ist an allen Lebensvorgängen auf irgendeine Art und Weise beteiligt:
Es löst Substanzen aus ihren Verbindungen. Denken wir nur an den Nährstoffkreislauf oder an mineralstoffreiche Heilwasser.
Wasser reguliert den Wärmehaushalt: Ohne den grossen Wasserkreislauf in der Natur würden wir verbrennen oder erfrieren. Durch die raffinierte Einrichtung der Natur, dass Wasser bei +4 Grad Celsius am schwersten ist, sinkt es ab. So bildet sich auf Gewässern nur Oberflächeneis. Fische und alles andere Wassergetier überleben unter der Eisdecke ab 80 Zentimeter Tiefe bei +4 Grad Celsius.
Wasser vermittelt: Es überträgt, verteilt oder speichert Informationen, ist Träger von Substanzen in Flüssigkeiten wie Milch oder Urin, wie Gülle oder Heilwasser.
Wasser transportiert: Grosse Schiffe schwimmen über das Meer, Mikroorganismen werden an ihre Arbeitsorte geschwemmt. Wasser führt dem Körper Energie zu und leitet Körperschlacken aus.
Wasser nährt: Im Boden setzt Leben ein, wenn Wasser hinzukommt. Mit Wasser ist Nahrungsaufnahme möglich. Ohne Wasser überleben wir nur ein paar Tage.
Wasser heilt: Pfarrer Kneipp erzielte bei körperlichen Gebrechen grösste Erfolge mit Wasseranwendungen. Heilquellen wirken auf energetischer Ebene und haben starke antioxidative Kräfte.
Wasser organisiert: Es vernetzt alles, was lebt, miteinander.

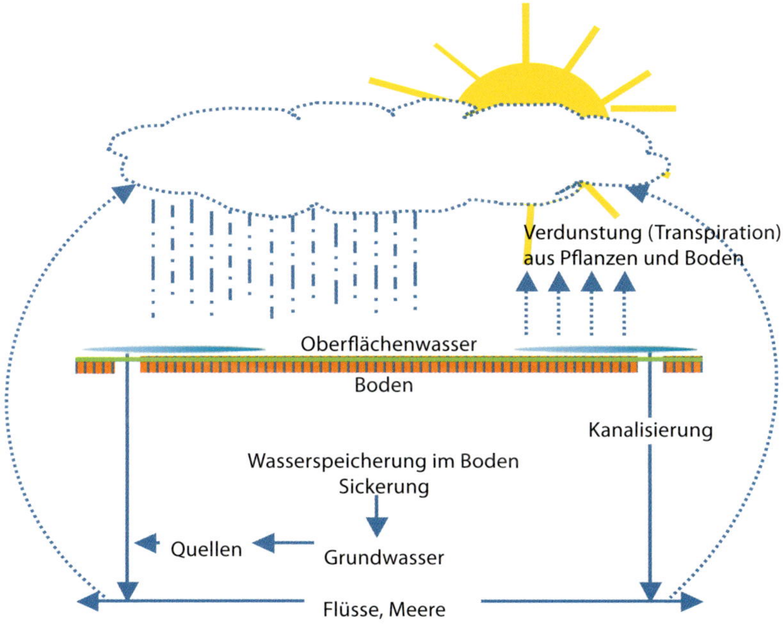

Der Wasserkreislauf.

Wasser durch Regen, von Oberflächen, im Grund, aus Quellen

Der grosse Wasserkreislauf bewegt sich durch alle Zonen der Biosphäre:

Regen: Aufsteigendes Wasser heftet sich an winzige Partikel in der Luft. Das können Staub, Pollen, Mikroorganismen oder Gase sein. An diesem «Kondensationskern» sammeln sich weitere Nebeltröpfchen und wachsen zum Regentropfen. Immer schwerer geworden, regnet dieser Tropfen wieder zur Erde ab und nimmt grössere Partikel der Luftverunreinigung mit. So werden u.a. auch bis zu 5 Kilogramm Stickstoff pro Hektar und Jahr aus der Atmosphäre heruntergeregnet. Regentropfen behalten alle Informationen, die sie auf ihrer Reise erfahren haben, und tragen sie bis ins Grundwasser hinein. Erst wenn das Wasser wieder verdampft und als Nebel aufsteigt, werden diese Informationen von UV-Strahlen, Sonne und Ozon gelöscht.

Oberflächenwasser: Schmelzwasser von Gletschern und Schnee, ebenso von Regen sammeln sich in kleinen Rinnsalen, versickern im Boden, fliessen in Bäche oder in die Kanalisation. Dieses Nass führt viele Informationen und Stoffe auf seinem Weg mit sich, die bis zum Grundwasser durchgeschleust werden. Kunstdünger von Feldern werden in Flüsse und Seen und bis ins Grundwasser gespült.

Grundwasser: Als grosser Wasserspeicher mit unterirdischen Seen steht es der Erde als segensreicher Lebensspender zur Verfügung. Einst rein und durch die verschiedenen Erdschichten gefiltert und energetisiert, wird es heutzutage mit Schadstoff-Anteilen bestückt heraufgepumpt.

Quellwasser: Eine echte Quelle ist der artesische Brunnen*. Dieses Wasser steigt aus grossen Tiefen aus eigenem Druck an die Erdoberfläche, wird auf seinem Weg durch die vielen Gesteinsschichten vitalisiert und mineralisiert, kann als Therme oder Mineralwasser hervorquellen und gilt als das reinste Wasser natürlichen Ursprungs. Oberflächenquellen treten als Hangsickerwasser zutage und sind keine echten Quellen. Sie tragen grosse Mengen Fremd- und Schadstoffe mit sich und haben keine Trinkwasserqualität.

Wasser, das aus der Tiefe hochgepumpt und oft als Mineralwasser verkauft wird, hat einen langen Weg durch gerade Röhren hinter sich und kommt erlahmt an die Oberfläche. Es besitzt nicht mehr die Kraft eines artesischen Brunnens. Zur Konservierung mit Kohlensäure angereichert, vermittelt es nur scheinbare, prickelnde Frische.

Gute Wasserqualität bedeutet gute Lebensqualität

Wird uns bewusst, dass Wasser Lebensträger ist, erfüllt uns Ehrfurcht. Im Alltag allerdings lassen wir es laufen und viele von uns verwenden es, ohne viele Gedanken daran zu verschwenden. Mit grösster Selbstverständlichkeit wird damit gewaschen, gereinigt, gegossen, und es wird von uns getrunken. Im Durchschnitt fliessen pro Bürger bis zu 140 Liter pro Tag durch den Haushalt der westlichen Zivilisation. Die Industrie verbraucht Wasser in riesigen Mengen. Mit allerlei Verunreinigungen wird es zur Klärung weitergeleitet. Voll gepumpt mit chemischen «Saubermitteln» und mechanisch gefiltert, kommt das mit Informationen aller Art bepackte Wasser – verdünnt mit reinem Quell- oder Grundwasser – zurück in die Haushalte und Betriebe «einwandfrei keimfrei».

Wie sehr Wasser unsere Lebensqualität beeinflusst, wird uns klar, wenn wir erfahren, welche Wege manche Menschen zurücklegen müssen, um einen Eimer voll Wasser fürs tägliche Leben zu ergattern, das sie aus dreckigen Pfützen oder verunreinigten Brunnen schöpfen. Oder wenn wir sehen, wie in Asien bei der Algen- oder Krabbenernte Menschen bis zum Hals in Chemie- und Antibiotika getränkten Brühen nach ihren wichtigsten Nahrungsmitteln fischen und in Folge bei ihnen massive Haut- und Gesundheitsprobleme auftreten.

Nahrung aus belastetem Wasser (Algen-Ernte).

Um gutes Wasser wurden Kriege geführt. In allen frühen Kulturen war Wasser ein Heiligtum und wurde als Lebensträger verehrt. Im Gegensatz zur industrialisierten Zivilisation wären diese Völker nie auf den Gedanken gekommen, Wasser sei «bis zum geht nicht mehr» strapazierbar und unerschöpflich verfügbar.

Allmählich rückt Wasser als Ausdruck für Lebensqualität auch bei uns wieder ins Blickfeld, werden chemiefreie Schwimmteiche gebaut. Die Reinheit des Meerwassers in der Südsee wird gepriesen und Wasserschutz ernst genommen, denn es tauchen immer wieder Berichte auf, dass Wasser auch bei uns knapp und ungeniessbar werden könnte. «Totes» Leitungswasser wird für allerlei Krankheitsbilder verantwortlich gemacht. «Wasserverbesserer» allerlei Art und verschiedenster Anbieter boomen.

Ist Wasser veränderbar, ist alles veränderbar, denn Wasser ist überall.[9]

9 Zerluth/Gienger 1989, S. 168

Der Einsatz von Effektiven Mikroorganismen setzt in der Wasserbelebung neue Massstäbe: Selbst sehr stark belastetes Wasser baut sich rasch zu Quellwasserqualität auf, sobald es mit der EM-X Keramik in Berührung kommt, denn die magnetische Resonanzschwingung von EM-X Keramikpipes zerlegt grosse Cluster in kleine und löscht damit alle vorangegangenen Informationen. Für Verschmutzungen wie z. B. durch Giftstoffe, Schweröl, Nitrate und Phosphate haben die Effektiven Mikroorganismen eine besondere Vorliebe. Sie tilgen alles, was nicht ins Wasser reingehört.

Zusammenfassung

Quellwasser ist eine Köstlichkeit, Leitungswasser dagegen mit Chemikalien aufbereitet und Regenwasser mit Luftverschmutzungen angereichert. Meerwasser wäre ohne Belastungen ein Heilwasser.

Die Einmaligkeit des Wassers
Mit seinen Anomalien tanzt das Wasser aus der Reihe der Elemente. Es erreicht seine grösste Dichte bei +4 Grad Celsius und dehnt sich aus, wenn es gefriert.
H_2O besteht aus zwei Wasserstoffatomen und einem Sauerstoffatom. Die Moleküle sind dipolig, also mit Plus- und Minuspol ausgestattet. Mit ihrer magnetischen Anziehungskraft gehen sie gern über Wasserstoffbrücken Verbindungen mit anderen Molekülen ein und bilden sich ständig verändernde Cluster.

Wasseraufgaben
Wasser nimmt Substanzen auf und überträgt Informationen.
Urweisheiten erzählen, dass Wasser Leben vermittelt und Basis aller Lebensvorgänge ist.

Die Aufgaben des Wassers sind sehr vielseitig:

- es löst Substanzen aus ihren Verbindungen
- es reguliert den Wärmehaushalt
- es vermittelt, verteilt oder speichert Informationen und ist Träger von Substanzen in Flüssigkeiten
- es transportiert
- es nährt, denn wo Wasser in den Boden eindringt, wächst Grünes hervor
- es heilt
- es organisiert und vernetzt alles miteinander

Regen-, Oberflächen-, Grund- und Quellwasser

Regenwasser entsteht, wenn Nebeltröpfchen ein Partikel ummanteln, und zum dicken Regentropfen angeschwollen wieder zurück zur Erde kehrt. Regen transportiert bis zu 5 Kilogramm Stickstoff pro Hektar und Jahr von der Atmosphäre zur Humussphäre.

Oberflächenwasser ist Schmelzwasser von Gletschern und Schnee, ebenso von Regen. Es nimmt viele Informationen und auch Schadstoffe mit und transportiert es bis in das Grundwasser.

Grundwasser ist segensreicher Lebensspender, nur heutzutage oft mit Schadstoff-Anteilen versetzt.

Es gibt verschiedene Arten von Quellen. Die artesische Quelle ist die echte und tritt aus eigener Kraft aus grossen Tiefen an die Erdoberfläche. Mineralwasser, das maschinell heraufgepumpt wird, besitzt kaum noch Energie. Hangsickerwasser trägt viele Fremdstoffe – vor allem aus der kunstgedüngten Landwirtschaft – mit sich und hat keine Trinkwasserqualität.

Wasserqualität = gute Lebensqualität

Im Alltag lassen wir das Wasser laufen, bis zu 140 Liter pro Haushalt und Tag. Industriebetriebe verbrauchen viel Wasser, während arme Völker das Leben spendende Nass aus dreckigen Pfützen oder verunreinigten Brunnen schöpfen müssen, um überhaupt überleben zu können.

Doch häufen sich Berichte, dass Wasser auch in der industrialisierten Zivilisation knapp werden könnte.

Der Einsatz von EM kann viele Wasserprobleme lösen und belastetes Wasser sehr schnell über magnetische Resonanzschwingungen von den schlimmen Informationen befreien. Effektive Mikroorganismen vernichten mit Vorliebe Schweröle und Giftstoffe und alles, was nicht ins Wasser reingehört.

Die Gentechnik führt mit bedrohlichen Nebenwirkungen für den gesamten Lebenskreislauf in die Sackgasse. Viele initiative Gruppierungen informieren über die Folgen dieser lebensfeindlichen Technologie und lassen hoffen. Immer öfter wird das Potenzial nachhaltiger Systeme erkannt.

Fragwürdige Genmanipulation

Nichts im Universum ist ohne Auswirkung auf alles andere.[1]

Die Welt der Gentechnologie ist eine Kunstwelt, in der versprochen wird, dass sich mit veränderten Mikroorganismen oder manipulierten Zellkulturen viele Dinge billiger herstellen lassen. Es werden höhere Ernteerträge prophezeit, damit die Ernährung der Erdbevölkerung sicher gestellt wird. Feldfrüchte sollen keine Gesundheit schädigende Pflanzenschutzmassnahmen mehr nötig haben. Mit Gentechnik können Pestizide in Pflanzen eingebaut werden oder Aromen und Verdauung fördernde Enzyme in Futter- und Lebensmittelzusatzstoffen. Raps oder Soja erhalten neue Fettsäuremuster. Es gibt bereits Reis mit erhöhtem Vitamin- oder Mineralstoffgehalt, bei Soja wird der Anteil der sekundären Pflanzenstoffe zur Cholesterinsenkung durch eingepflanztes Phytosterol erhöht. Schwere Krankheiten bei Menschen, Tieren und Pflanzen sollen durch Gentechnik ihre Schrecken verlieren. Das sind starke Aussagen, die sehr gut klingen. Doch wer diese Versprechungen näher betrachtet, wird recht ernüchtert.

Urs Hans: «Gedanken sind frei, also auch das Wissen. Wer das Wissen in Universitäten einsperren, in Konzernen besitzen und durch Staaten patentieren lassen will, macht Wissen kaputt, schafft Unfreiheit, Unrecht und Ungerechtigkeit, sät Eifersucht, Hass, Machtanspruch, Gewalt und Diktatur».[2]

Die Technik der Genmanipulation

Sie geht über die traditionelle Kreuzungsarbeit hinaus noch einen Schritt weiter: Hier werden bestimmte DNA-Stücke eines Chromosoms von einer Gattung oder Art auf eine andere verpflanzt, selbst dann, wenn sie gar nicht untereinander verwandt sind. Das führt zu völlig neuen Gebilden, die es von Natur aus nicht gibt und auch nicht von ihr vorgesehen sind:

- Es werden mittels Gentechnik Gift produzierende Bakterien, Viren und Gene von Tieren in Pflanzen eingefügt, um diese toxischen Substanzen in den Pflanzengeweben von innen heraus auf Schädlinge einwirken zu lassen und sich damit belastende Pestizid-Spritzungen von aussen aufs Blatt erübrigen sollten. Bei Soja ist es ein Bakterium, ein Blumenkohlvirus und ein Gen aus einer Petunienart. Das macht die Bohne gegen Unkrautvernichtungsmittel wie Roundup unempfindlich. D.h., dass dieses hochgiftige Glyphosat alle Pflanzen vernichtet ausser der Sojapflanze. Nur sie überlebt im radikal gesäuberten Feld.
- Tomaten wird ein Fisch-Gen eingepflanzt, damit sie die Kühlung bei langen Transportwegen besser überstehen.
- Lachs bekommt ein menschliches Wachstums-Gen, damit er schneller schlachtreif wird.

1 Sharamon/Baginski 2004, S. 286
2 Grössler, 2004, S. 97

Vegetarier konsumieren unwissentlich Pflanzen mit Tier- oder menschlichen Genen. Wenn wir genmanipulierte Nahrungsmittel zu uns nehmen, essen wir keine Mischkost, sondern «Mischwesen».[3]

Diese Aufzählung könnte unendlich fortgesetzt werden. Die Liste der nachteiligen Wirkungen dieser Gentechnik aber ist länger.

Wer hätte sich vor 20 Jahren vorstellen können, dass

- Maispflanzen Raupen vergiften
- Nutzpflanzen so programmiert sind, dass ihre Samen «Selbstmord» begehen (als Terminatorsorten* bekannt geworden)
- Pflanzen Pestiziden widerstehen, sich bei den Schädlingen Resistenzen entwickeln und dadurch noch mehr Bekämpfungsmittel erforderlich werden
- Bauern zu horrenden Schadenersatzbussen verurteilt werden, weil auf ihren Feldern ungewollt genmanipulierte Pflanzensorten wachsen, durch die Bestäubung vom Pollenflug aus nachbarlichem Gensorten-Anbau
- Allergien und andere Gesundheitsrisiken durch Nahrung aus genmanipulierten Pflanzen entstehen.[4]

Patente auf Leben sind verboten

Trotz dieses Gesetzes haben es Saatgutkonzerne geschafft, Samen allgemein genutzter Pflanzen für Erfolg versprechende Neuerungen patentieren zu lassen. Das Patent auf herbizidresistente Pflanzen wurde bereits erworben bevor die Entwicklungsforschungen überhaupt damit begannen, z.B. für Mais, Weizen, Reis, Soja, Baumwolle, Zuckerrüben, Ölsaaten, Rapsarten, Flachs, Sonnenblumen, Kartoffeln, Tabak, Alfalfa, Pappeln, Kiefern, Apfelbäume und Grapefruit. Diese Patente enthalten auch die firmeneigenen Vorschriften für die Unkrautvernichtung, d.h. dass Glyphosat (Roundup) und Agent Orange eingesetzt werden muss. Wobei wir – bei all den lobenswerten (Schein)bestrebungen der Saatgutkonzerne, für das Wohl der Menschheit zu sorgen, – auf ihre eigentlichen Ziele stossen, nämlich ihren Umsatz lukrativ zu steigern, ohne einen Mehrertrag an Ernten für den Farmer zu garantieren. Zudem lehnen sie jegliche Verantwortung für gesundheitliche Schäden an Umwelt und Menschen ab.

Dutzende neue GVO*-Nutzpflanzen stehen in der Entwicklung kurz vor der Freigabe für den Verkauf. Jede genetische Einfügung kann Nahrung giftig machen. Sie kommen ohne Tests auf den Markt. Das ist totale Verantwortungslosigkeit der FDA*, die die Sicherheit und Wirksamkeit von Human- und Tierarzneimitteln kontrolliert.[5]

3 Grössler, 2004, S. 115
4 Shiva, 2004, S. 51
5 Grössler, 2004. S. 42
6 Shiva, 2004. S. 111
7 Shiva, 2004. S. 95

Risiken der Gentechnik:

Die in der Gentechnik verwendeten Zellen sind künstlich hergestellte DNS-Stückchen, die in Bakterien hergestellt werden und eine aktivierte Nukleinsäure in Plasmidform (kreisrund) bilden, die von Natur aus weder in Pflanzen, noch in Tieren oder Menschen vorkommt. Diese Plasmide zerstören bei Kontakt mit den Zellen deren Kern. D.h., dass diese naturfremden Plasmide, in Chromosomen von Lebewesen eingefügt, die chemische Zusammensetzung der Chromosomen verändern und zu gravierenden Funktionsausfällen auf allen Ebenen des Stoffwechsels führen können.[8]
Die mit Gentechnik künstlich erzeugten Plasmide sollen auch Impfstoffe in ihrer Wirkung verstärken. Durch die Zellkernzerstörung wird eine chronische Entzündung im Organismus in Gang gebracht, wobei sich Globuline als Antikörper zum Schutz gegenüber fiktiven Erregern entwickeln. Die erhöhte Anzahl Globuline ist ein Indikator entweder für den Auf- oder Umbau im Körper oder für Vergiftung.
Folge: Der explodierende Krankenstand sowie die dramatisch sinkende Zahl an Nachkommen werden durch die sich selbst vermehrende Vergiftung mittels fremder DNS in Form aktivierter Nukleinsäure in Plasmiden beschleunigt.[9]

Gentechnik erfüllt den Tatbestand der Brunnenvergiftung.[7]

Gentechnisch verändertes Saatgut ist teuer

Weil hohe Lizenzgebühren abgeführt werden müssen, ist der Anbau genmanipulierter Samensorten teurer als solcher aus konventioneller Herkunft. Der Nachanbau ist streng verboten und wird strikt kontrolliert. Das hebelt bisherige Traditionen der Saatgutgewinnung radikal aus. D.h., dass jeder, der Gen-Sorten anbaut, sich keine Samen aus der Ernte für die nächste Ansaat reservieren darf, wie das bisher seit Jahrhunderten üblich war, um die Ernte für nächstes Jahr sicherzustellen. Ein unerlaubter Nachbau von genmanipuliertem Saatgut wird mit «Terminatorsorten» verhindert, deren Fruchtstände die eigenen Nachkommen kurz vor Samenreife abtötet (Suizid begehen). Jede Saison muss das Saatgut aufs Neue eingekauft werden. Das verschuldete z.B. in Indien tausende Baumwollanbauer. Ihr einziger Ausweg war, sich das Leben zu nehmen, um ihre Familien von den erdrückenden Kreditlasten zu befreien. Die versprochenen reichen Ernten aus genmanipulierter Baumwolle blieben aus. In Argentinien wurden einst fruchtbare Ackerflächen zu Gensoja-Monokulturen. Es wurde beobachtet, dass Gensoja 7 bis 12% weniger Ertrag bringt als konventionelle Sorten. Ausserdem ist Gensoja in den letzten 2 Jahren gegenüber konventioneller Sorten um 40% teurer geworden. Es gibt dort nur noch Gensoja, womit die ange-

Vor dem Kloster Rheinau (CH) wachsen neue, samenfeste Maissorten biologisch und ohne Genmanipulation heran.

Die Terminatortechnologie ist brillante Wissenschaft und ohne Zweifel ein gutes Geschäft, doch die Grenze zwischen Genie und Wahnsinn ist damit überschritten.[6]

strebte Monopolstellung dieser Saatgutkonzerne erreicht wurde. Die kleinteilige Landwirtschaft ging verloren, das einst reiche Land verkam zum Armutsstaat: 50% der Bevölkerung sind mittellos geworden und würden ohne Armutsspeisung verhungern.

Der Absatz von Ernten aus Gen-Saatgut hinkt: Viele Farmer, vor allem in den USA, in Argentinien und Spanien bleiben auf ihren genmanipulierten Feldfrüchten sitzen, weil die keiner haben will. Selbst von Hungersnöten betroffene Staaten in Afrika wie Sambia lehnten Hilfslieferungen aus diesem Anbau ab, denn es hat sich herumgesprochen, dass die Gefahren für die Gesundheit von Menschen, Tieren und Pflanzen zu gross sind.

Offizielle Nachweise für Nebenwirkungen

Ist Umweltverschmutzung durch künstliche Stoffverbindungen wie bei Dioxinen schon schwierig abzubauen, bleibt der Schaden doch regional begrenzt. Stellt sich die *Rote Gentechnik* bei der Forschung mit menschlichen Stammzellen als falsch und zu gefährlich heraus, kann sie wieder eingestellt werden. In Labors der *Weissen Gentechnik* (Medikamente) müssten nur die Reagenzien sorgfältig entsorgt werden. Die biologischen Verschmutzungen durch die *Grüne Gentechnik* dagegen richten ein unvorhersehbares Chaos an. Einmal im Kreislauf des Lebens eingeschleust, sind diese manipulierten Gene nicht mehr aufzuhalten, weil sie im horizontalen Gentransfer zwischen Pflanzen, Tieren und Menschen hin und her wandern, Veränderungen hervorrufen und zu irreparablen Schäden führen. Das macht die Agrar-Gentechnik so gefährlich: Die Zahl der durch Lebensmittel hervorgerufenen Erkrankungen hat in den USA seit dem Beginn des grossflächigen GVO-Anbaus in knapp 10 Jahren um 40% zugenommen. (Umweltinstitut München). Weitere Resultate:

Die Ablehnung der Gentechnik steigt aus dem Gefühl heraus, dass der Eingriff in die Erbsubstanz, das Hinweggehen über Artgrenzen nichts Gutes sein kann.[10]

- An der Universität Caen (F) stellte im Jahr 2009 eine französische Forschergruppe unter Professor G.-E. Seralini in Tierversuchen (hauptsächlich mit Ratten) fest, dass es zu massiven Gesundheit schädigenden Nebenwirkungen bei Nieren und der Leber kam, wenn die Tiere mit genmanipuliertem Mais gefüttert wurden. Es betrifft die Sorten MON810 oder MON863 (in Europa angebaut) und NK603 (aus USA importiert) Alle drei Sorten sind in Zusatzstoffen für Lebensmittel und Futtermittel zugelassen.[11]
- Gen-Zuchtlachse haben z.T. schwere Deformationen am Kopf. Sie fressen intensiver als Wildlachse. Wenn sie aus ihren Area-

8 Leben mit Zukunft Nr. 4/2008
9 Leben mit Zukunft Nr. 4/2008
10 Grössler, 2004. S. 12
11 Le Monde, 19.12.2009
12 Shiva, 2004, S. 131
13 Grössler, 2005, S. 29, 31, 33

len ins Meer entwischen – das kommt öfters vor als man annimmt – haben andere Fische keine Chancen mehr, sich ausreichend zu ernähren. Kommt es zu Kreuzungen mit Wildlachsen, sind sie vom Aussterben bedroht.

Genmanipulierte Sorten erfordern höheren Chemieeinsatz, es entwickeln sich Superunkräuter, Superschädlinge und Superviren.[12]

- Antibiotikaresistenz: Um zu wissen, ob die Verpflanzung von Genen auch geklappt hat, werden Antibiotika-Markersysteme eingefügt, die eine Bakterien-Überflutung nicht zulassen. Diese Marker-Gene verursachen bei Menschen und Tieren Resistenzen, auch wenn offiziell keine Antibiotika eingenommen wurden.
- Das Schneeglöckchenlektin in Kartoffeln (gegen Kartoffelkäfer) hat bei Ratten die Entwicklung der Organe, den Stoffwechsel und die Immunkräfte erheblich beeinträchtigt, wenn sie mit dieser manipulierten Sorte gefüttert wurden.
- Kohlmotte, Dörrobstmotte, Larven des Eulenfalters, Kartoffelkäfer und zwei Moskitoarten sind bereits auf das toxisch wirkende Kristalltoxin des Bacillus thuringiensis (Bt) resistent und überleben die Giftattacke. Aber Bienen, Schmetterlinge, die nützlichen Marienkäfer und andere Insekten sterben. Das Bt-Toxin im Mais findet sich nach Fütterung der Tiere im Kot, im Blutkreislauf und in den Lymphknoten. Die Ausscheidungen der Tiere kommen auf die Weiden, von dort ins Silofutter – der Giftkreislauf hat sich geschlossen. Am aggressivsten wirkt sich das bei Trockenheit und über 20 Grad Celsius aus und macht die Tiere krank.[13]

Immer öfter wird das scheinbar Unmögliche möglich: Das Schweizer Volk hat sich 2005 für gentechnikfreie Nahrungsmittel entschieden. Das Moratorium wurde bis 2013 verlängert.

Das sind Ergebnisse, auf die Landwirte wie Gottfried Glöckner (D) lange warten mussten. Dieser für Innovationen offene Inhaber eines erfolgreichen Milchviehbetriebes hatte seinen Kühen die Gen-Maissorte Bt-176* verfüttert, worauf seine ganze Rinderherde erkrankte und verendete. Jahrelang hat er um eine Bestätigung für den vermuteten Grund (Bt-Toxin) gerungen, hat unglaubliche Strapazen vor Gericht und bei der Recherche durchgestanden und dabei Haus und Hof verloren. Ein ähnliches Schicksal war dem Farmer und Rapszüchter Percy Schmeiser (CDN*) beschieden. Sein seit Generationen traditionell gezüchteter Raps wurde von Pollen eines benachbarten Gen-Rapsfeldes über Windverfrachtungen verseucht. Daraufhin sollte er Lizenzen für unrechtmässigen Anbau geschützter Gensorten in Höhe von einer Million CDN-Dollar an den Saatgutkonzern zahlen, obwohl Percy Schmeiser nie fremden Rapssamen einkaufte, sondern eigene Sorten verwendete. Er gewann nach Jahren den Prozess, verlor aber Hab und Gut, weil die Gerichtskosten Unsummen verschlangen. Seine Felder taugen zur traditionellen Saatgutgewinnung nicht mehr. Nun erzählt er weltweit seine unglaubliche Geschichte und hat für seinen aufklärenden Einsatz über die perfiden Hintergründe der grünen Gentechnik den alternativen Nobelpreis erhalten. Beide genannten Betriebsinhaber teilen ihr Schicksal mit vielen anderen Landwirten, denen es ebenso erging.

Genpollentransfer findet statt: Er zeigt, dass wir uns diesen Manipulationen kaum mehr entziehen können. Mit Vogelnetzen, Schneckenzäunen und pollendichten Zelten kann eine kleine Fläche abgeschottet werden, wie es anfangs an der ETH in Zürich bei Versuchen mit genmanipuliertem Weizen praktiziert wurde. Wie aber schützt ein Biobetriebslandwirt seine Felder vor dem Gentransfer, wenn sie an einen Acker mit gentechnisch verändertem Mais angrenzen? Denn Bienen tragen den gesammelten Pollen einige Kilometer in die Umgebung und in den Honig im Bienenstock. Pollen fliegen mit dem Wind viele Kilometer weit. Der erforderliche Abstand zwischen einem Bio-Anbaufeld und einer genmanipulierten Anbauparzelle kann nirgends eingehalten werden. Es zigeunern bereits Auskreuzungen mit Wildpflanzen durchs Land.

Die Gentechnik darf keine Zukunft haben, wenn wir leben möchten.[15]

Horizontaler Gentransfer ist bewiesen: Am deutschen Institut für Pflanzenvirologie, Mikrobiologie und Ökologie in Braunschweig wurde eine transgene Zuckerrüben-DNA in der direkt aus den Bodenproben extrahierten Gesamt-DNA selbst zwei Jahre nach den Versuchen nachgewiesen. In einem Versuch mit Mäusen stellte sich heraus, „dass Darmbakterien Antibiotika resistente Markergene* aufnehmen und der horizontale Gentransfer auch beim Menschen nachgewiesen wurde.»[14]

Die Gen-Deklarierung ist unvollständig

Was heisst es, wenn Lebensmittel genveränderte Zutaten enthalten dürfen, weil der Grenzwert unter 0.9 Prozent liegt, und sie deshalb in der Zutatenliste nicht aufgeführt werden müssen? Wenn Genmais als Lebensmittelzusatzstoff zu Fructose oder Gensoja zu Lezithin verarbeitet wird, braucht das in der Zutatenliste nicht erwähnt zu werden. Ebenso muss nicht deklariert werden, wenn verarbeitete Nahrungsmittel wie Wurstwaren von Genmais gefütterten Tieren stammen. Es kommt zu versteckten Genverschmutzungen, die sich selbst in Nahrungsmitteln aus biologischem Anbau nachweisen lassen, wenn diese ursprünglich reinen Produkte mit Zutaten aus Gen-Anbau weiter verarbeitet wurden.

Die von «Zivilcourage» organisierte Demonstration in Rosenheim mit 1700 Fackelträgern und die mitreissende Rede von Dr. Shiva vor 3500 Zuhörern beeindruckten und machten wirkungsvoll auf die Risiken der Gentechnik bis zur Regierungsebene aufmerksam.

Die globale Bewegung für Demokratie in der Ernährung bemüht sich überall um breit angelegte Bündnisse zwischen engagierten Menschen aus Wissenschaft und dem einfachen Bürger, zwischen Erzeugern und Verbrauchern, zwischen Nord und Süd der Erdkugel. Das ist umso wichtiger, weil der Druck der Biotechindustrie auf allen Ebenen Demokratie in Frage stellt.[16]

14 Shiva, 2004, S. 138
15 Leben mit Zukunft, 2008, Nr. 4
16 Shiva, 2004, S. 164

Vor dem Reichstagsgebäude in Berlin wurde Ende Februar 2010 gegen die Zulassungen von einer Gen-Kartoffelsorte und zweier Gen-Maissorten demonstriert. Greenpeace hat auf 20 Meter langen, rotgedeckten Tischen ein «Nein» gebaut und darauf genfreie Kartoffelsuppe serviert.

Widerstand regt sich auf allen Ebenen

Verschiedenste Gruppierungen in aller Welt wehren sich gegen das Diktat der Gentechnikkonzerne. Immer mehr Menschen schliessen sich zu Initiativen zusammen, demonstrieren mit gewitzten Ideen und machen auf die Risiken der Genmanipulationen aufmerksam. Sie bringen mit unerschütterlichem Einsatz und unermüdlicher Aufklärungsarbeit politische Verordnungen ins Wanken:

- Nachdem die Ärztevereinigung AAEM in USA im Mai 2009 auf die ernste Gesundheitsgefährdung durch genmanipulierte Nahrungsmittel anhand vieler Studien aufmerksam machte und ein Moratorium mit sofortigem Stopp für genfreie Lebensmittel verlangte, erschien kaum eine Notiz in den Medien, aber der Aktienkurs des weltweit grössten Gen-Saatgutherstellers reagierte: Er fiel binnen einer Woche nach der Presseerklärung um fast 14%.
- Zur selben Zeit untersagte die deutsche Bundeslandwirtschaftsministerin den Anbau der Maissorte MON810. Doch ein bitterer Wehrmutstropfen vergällte wieder den hoffnungsvollen Ansatz der Regierung, als die Ministerin kurz danach den Versuchsanbau der gentechnisch veränderten Kartoffelsorte Amflora gestattete.
- Immer mehr verantwortungsbewusste Nahrungsmittelbetriebe verschreiben sich dem Label «Gentech-frei», lassen fragwürdige Herkünfte ihrer Rohstoffe im Labor untersuchen, bevor sie in die Produktion gelangen und nehmen den kostspieligen Nachweis für alle benötigten Zutaten auf sich.

Maiszüchtung: Bis vor wenigen Jahren galten bei Mais die Hybridsorten als Mass aller Dinge. Dass man auch ohne Hybridtechnik leistungsstarke Sorten entwickeln kann, beweist der biologisch arbeitende Saatzuchtbetrieb Sativa in der Schweiz. Hier gelang 2009 die Züchtung der weltweit ersten samenfesten Maissorte. Das Zuchtprogramm wird zu einem grossen Teil von der Firma Baer finanziert. Der bekannte Weichkäseproduzent möchte zeigen, dass es in der Landwirtschaft auch ohne Gentechnik geht. Aus dem von ihm gegründeten Fond für gentechnikfreie Landwirtschaft werden entsprechende Aktionen mitfinanziert.

Aufruf der Initiative «Zivilcourage» in Bayern: Etwa 80% der Bevölkerung lehnen Gentechnik auf ihren Tellern ab. Tun Sie das Ihrige, dass es auch in Zukunft so sein wird. Der Konsument bestimmt den Markt.

Alle benachbarten Landwirte haben sich zu genfreiem Anbau verpflichtet, weil sie den Ernst der Lage erkannt haben, wenn dieses Zuchtprogramm durch leichtsinnig verursachten Genpollenflug zunichte gemacht werden würde. Die Initiative **«Gen-Au Rheinau»** setzt sich für den Schutz von Zentren genetischer Vielfalt insbesondere in Rheinau ein.

Bemerkenswerte Neuzüchtungen von Sativa: Zuckermais, gentechnikfrei, biologisch und mit sehr gutem Ertrag.

Erfüllt dieser Kolben alle Kriterien?

Vergleichsanbau.

Auch ohne Gentechnik reiche Ernten.

Ziviler Ungehorsam in Europa und in den USA

- Mutige Filmemacher zeigen in Filmen wie «Leben ausser Kontrolle» schockierende Beispiele aus der ganzen Welt, aber auch die Energie des Widerstandes.
- Initianten der Antigentechnik-Plattform «Pro Leben» (A) reichen ein 32-seitiges Schreiben an die EU-Kommission ein, in dem dargelegt wird, dass Gentechnik den Richtlinien im EU-Recht widersprechen.

Die Grüne Gentechnologie reduziert die Artenvielfalt. Umso wichtiger werden die Aktivitäten von Saatzuchtbetrieben, die mit ihrer Arbeit die Biodiversität auf sicheren Boden stellt.

- Für die WTO* ist es schwieriger geworden, ihre wirtschaftlich ausgerichteten Interessen durchzusetzen. Schon 1999 protestierten in Seattle 50 000 Bürger vier Tage lang gegen die Verhandlungsrunden zu Globalisierungsprozessen. Die Versuche der WTO-Miglieder, die zahlreichen Gen-Initiativen gegeneinander auszuspielen, sind misslungen.
- Nahezu 800 Wissenschaftler haben sich bereits gegen die Grüne Gentechnik ausgesprochen.
- Immer mehr Regionen entscheiden sich für den gentechnikfreien Anbau und lehnen das Diktat des «Frankenstein-Foods*» ab.

«Wenn Arbeitnehmer und Umweltschützer, Bauern aus südlichen und nördlichen Ländern einander das Versprechen geben, Nein zu gentechnisch veränderten Nahrungsmitteln zu sagen, dann verteidigen sie die gemeinsamen Interessen und Rechte aller Menschen.»[17]

Was hat Genmanipulation im Buch über EM zu suchen?
Die Effektiven Mikroorganismen können mit ihrer Arbeit über die wiedererlangte Bodenfruchtbarkeit, die Steigerung der Abwehrkräfte von Pflanzen und über vitalstoffreiche, hohe Ernten zur natürlichen Gesundheit auf allen Ebenen beitragen und Genmanipulationen überflüssig machen. «Die Chance für eine gentechnikfreie und zukunftsfähige Landwirtschaft ist noch da.»[18]

Zusammenfassung

Gentechnologie verspricht, den Hunger der Welt zu stillen und Krankheitsprobleme bei Mensch, Tier und Pflanzen zu lösen. Bei Gensoja-Anbau wurden aber 7 bis 12% weniger Ertrag beobachtet.

Die Technik der Genmanipulation führt zu völlig neuen Gebilden, die es in der Natur nicht gibt: Giftproduzierende Bakterien, Viren und Gene von Tieren werden in die DNA von Pflanzen eingefügt.

Obwohl Patente auf Leben verboten sind, wurden viele Nutzpflanzen für Erfolg versprechende Neuerungen patentiert.

Gentechnisch verändertes Saatgut ist teuer, weil hohe Lizenzgebühren vom Landwirt an die Saatgutfirmen abgeführt werden müssen. Dadurch haben sich vor allem in Indien Tausende Baumwollanbauer zu hoch verschuldet.

Der Absatz von Ernten aus Gen-Saatgut hinkt, weil das keiner will und selbst von Hungersnot betroffene Länder wie in Afrika Gen-Feldfrüchte ablehnen.

Offizielle Nachweise für Nebenwirkungen: Die Agrargentechnik richtet ein unvorhersehbares Chaos an, was zu irreparablen Schäden führen kann. Aktivierte Nukleinsäure ist ein naturfremdes Plasmid, das Zellkerne zerstört. Es kommt zu Funktionsausfällen im Stoffwechsel. Französische Forscher haben Gesundheit schädigende Nebenwirkungen bei Ratten festgestellt, wenn sie mit Gen-Mais gefüttert wurden. Antibiotika-Markersysteme verursachen Resistenzen, obwohl keine Antibiotika eingenommen wurden.

Landwirte, deren Anbau mit Pollenflug aus Genfeldern verunreinigt wurde, müssen hohe Geldstrafen hinnehmen, die ihre Existenzgrundlage vernichten. Das Bt-Toxin in Genmaissorten findet sich im gesamten Kreislauf von Viehzuchtbetrieben, wenn Kühe damit gefüttert werden. Das Vieh eines Landwirtes verendete. Einige Landwirte verloren Hab und Gut. Sie erzählen nun weltweit ihre Geschichte, um andere Agronomen zu warnen.

Genmanipulation macht vor Impfstoffen nicht halt: Gentechnisch erzeugte Plasmide sollen die Wirkung der Impfstoffe verstärken, sind aber eine ganz grosse Gefahr für den Organismus.

Genpollen-Transfer findet statt: Pollen werden auf andere Feldfrüchte übertragen und kontaminieren alles, auch ausgekreuzte, verwilderte Pflanzen. Der biologische Anbau ist gefährdet.

Der horizontale Gentransfer wurde nachgewiesen: Markergene werden über den Boden zu den Pflanzen und in die Nahrungskette von Tieren und Menschen transferiert.

Die Gen-Deklarierung ist unvollständig: Zutaten aus genmanipuliertem Material von Pflanzen oder Tieren müssen nicht genannt werden, wenn sie mit weniger als 0.9 Prozent Anteil in Nahrungsmitteln verarbeitet werden.

Widerstand regt sich auf allen Ebenen. Eindrückliche Demonstrationen machen auf die Risiken der Gentechnik aufmerksam.

17 Shiva, 2005, S.
18 Grössler, 2004, S. 15

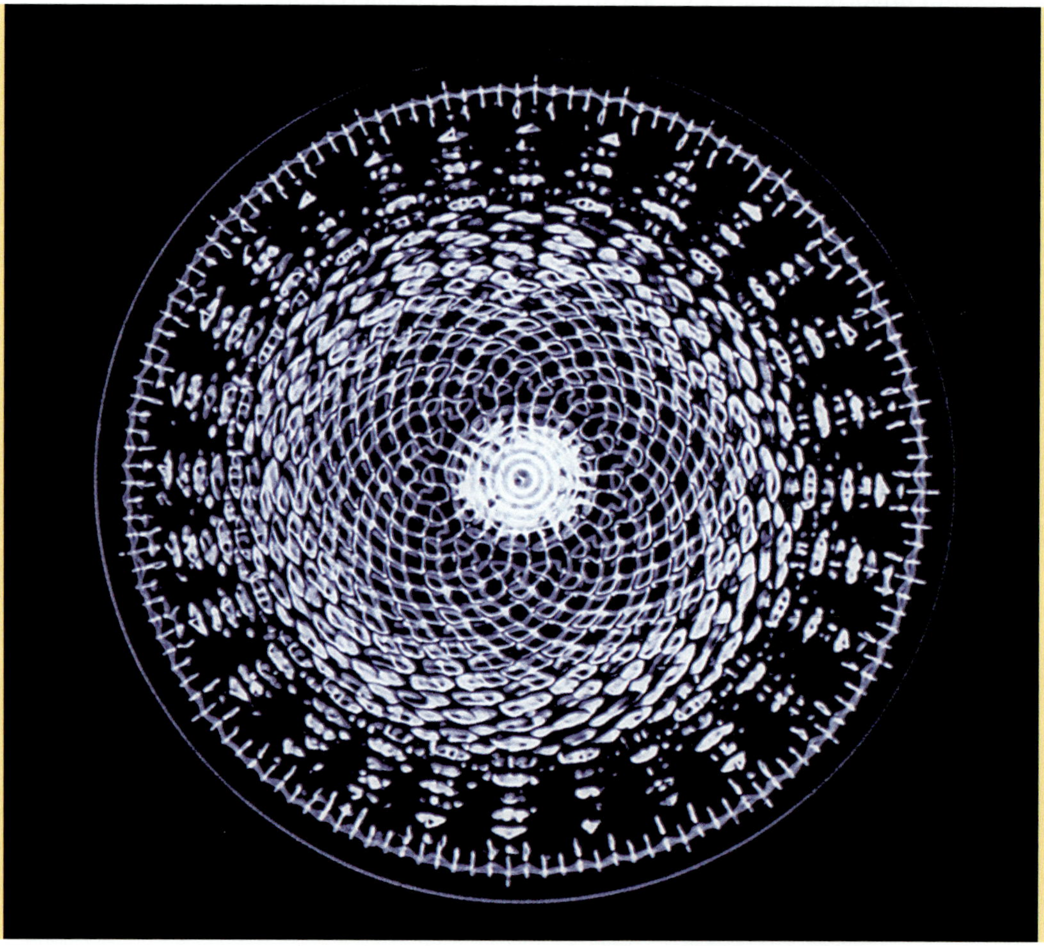

Die formschaffende Kraft von Klangschwingungen bilden sich im beschallten Wasser ab: ein Sinuston mit der Frequenz von 105,28 Hertz ordnet sich zur Doppelspirale. Dieses Ursymbol der Schöpfung findet sich – zur festen Form geworden – in vielen Naturerscheinungen, z. B. auch im Blütenboden der Sonnenblume wieder.

Strahlung – Schwingung – Energie

**Der Ton des Seins erklingt ohne Unterlass.
Die Frage ist, ob wir als Instrument so gestimmt sind,
dass er in uns widertönt und wir ihn hören.** *K. Graf Dürckheim*[1]

Viele Menschen denken beim Wort «Schwingung» an irgendeinen esoterischen Humbug, weil wir es gewöhnt sind, Phänomene erst dann ernst zu nehmen, wenn wir sie mit unseren fünf Sinnen wahrnehmen. Ob spürbar oder unsichtbar, zur «Schwingung» gehören auch Strahlungen, Energieformen und deren Informationsnetze. In allen Kulturen wurden schon seit prähistorischen Zeiten scheinbar unfassbare Phänomene dargestellt. Bis hin zur modernen Quantenphysik und darüber hinaus beschäftigte sich die Menschheit intensiv damit. Auch ohne den physikalischen Nachweis mit empfindlichen Messgeräten können wir Energie, Schwingung und Strahlung in unserem täglichen Umfeld erleben, wenn per Handy oder Fernsehen Meldungen rund um die Erde gesendet werden.

Strahlung – Ausstrahlung

Christliche Bauten wurden oft auf den alten Kultplätzen vorchristlicher Völker erstellt, weil an diesen Orten eine besonders hohe, natürliche Energie aus der Erde und dem Kosmos strahlt. Seit 2000 Jahren wird Christus mit grösster Selbstverständlichkeit in einem Strahlenkranz stehend dargestellt. Heilige tragen auf Bildern eine Lichtscheibe über dem Haupt. Bis zum Mittelalter war es völlig normal, dass Maler die Aura von diesen starken, von göttlicher Liebe

1 Emoto/Fliege 2004, S. 50

durchdrungenen Persönlichkeiten sahen und auf die Leinwand bannten. Doch das technische Zeitalter verdrängte diese Gaben. Mittels Gesetz, (mit höchstem Strafmass) wurde die Fähigkeit, Energie von Kraftorten aufzuspüren, unterbunden. Im jetzigen Jahrtausend kann sich jeder wieder in dieser Fähigkeit üben, ohne verfolgt zu werden.

«Wir leben in einem unsichtbaren, unhörbaren Universum elektromagnetischer Felder, und wir selbst sind leuchtende Beispiele für energetische Schwingungen. Jede unaufgelöste Emotion erzeugt ein disharmonisches Energiemuster, das wir ins Universum abstrahlen.»[2]

Wir spüren Schwingungen überall im Alltag. Wir gehen nach einem schönen Erlebnis «beschwingt» nach Hause. Begegnen wir einander, empfinden wir Sympathie oder Antipathie. Wir «ziehen uns an» oder «stossen uns ab». In diesen Interaktionen laufen Schwingungssignale als Information blitzschnell hin und her. Besonders stark wird das von Verliebten erlebt. Werden Freunde gefragt, was sie verbindet, kommt die spontane Antwort: «Wir haben die gleiche Wellenlänge.» Bei Persönlichkeiten mit Charisma sprechen wir von ihrer grossen Ausstrahlung. Auch ein gesunder Mensch strahlt lichtvolle Energie aus, ein kranker Organismus wirkt dagegen stumpf und erloschen.

HADO schafft Worte. Worte sind Schwingung. So erschaffen schöne Worte schöne Natur. Dies ist die Wurzel des Universums.[3]

Energie und Schwingung

Beides, Energie und Schwingung, geht von allen Lebewesen aus. Sie existieren bei Mensch, Tier und Pflanze bis zu den Kleinlebewesen. Sogar «tote Materie» wie Steine geben kraftvolle Energie ab bis hin zur radioaktiven Strahlung uranhaltigen Urgesteines. Auf der Suche nach dem Ursprung des Lebens ist die Physik mit hochsensiblen Instrumenten in der Lage, selbst in kleinsten Einheiten (Isotopen, Neutronen) Energie, Schwingung und Strahlung nachzuweisen.

Die machtvollen Urtöne des Alphornes dringen bis auf den Grund unserer Seele.

2 Emoto/Fliege 2004, S. 40 und 88
3 Emoto/Fliege 2004, S. 40
4 Sayama = Richard Hiebinger

Heilende Schwingungen werden in vielen Therapien angewandt. Musik- und Klangtherapie, Klangmassagen, Klangbäder, heilendes Singen oder Musizieren wirken auf unseren Organismus und auf unsere Umwelt wohltuend ein. Sie harmonisieren Körper, Geist und Seele. Sie öffnen das Herz und lösen Blockaden. Der Vogelsang im Frühling erhellt unser Gemüt, lässt verschüttete Saiten in uns aufklingen, weckt die Natur und lockt die Blumen aus der schützenden Erde. Es gibt viele Beispiele, wie die Energie von Klängen auf das ganze Universum einwirken:

- Heavy-Metal-Music zerhackt Harmonien und Schwingungen, verzerrt und zerstört, wie Wasserkristall-Untersuchungen gezeigt haben. Pflanzen hören bei Techno-Musik auf zu wachsen. Sie kümmern vor sich hin und gehen schliesslich ein.
- Mozart-Musik wird geliebt und scheint für Pflanzen sogar Nahrung zu sein. Es wurde beobachtet, dass sie sich bei diesen wohlklingenden Schwingungen eher zum Lautsprecher hin orientieren als zum Licht. Kühe geben mehr Milch, wenn sie mit klassischer Musik berieselt werden.
- Menschen wird «ein grüner Daumen» nachgesagt, weil sie ihre Pflanzenzöglinge mit liebevollen Worten oder leise vor sich hinsummend pflegen.

Harmonische Musik und kosmische Klänge bringen Körper, Geist und Seele in Einklang.[4]

Die Wissenschaft ist fasziniert und versucht zu entschlüsseln

Wenn der Wissenschaft nachgesagt wird, dass sie sich nicht um ganzheitliche Betrachtungen kümmert, sondern nur Teile davon erforscht, hat sie doch mit der Detailbetrachtung wichtige Naturgesetze aufgedeckt.

Sonnenenergie ist die Lebensquelle auf der Erde. Alle Energie, die wir aufnehmen, kommt ursprünglich von der Sonne. Der Biophotonenforscher Professor Fritz A. Popp stellt fest, dass alle Funktionen, die wir zum Leben brauchen, vom Licht angetrieben werden und unser Organismus mit Licht über Haut, Augen und Nahrung versorgt wird.

«Sonnenaufgang».

Photosynthesebakterien strahlen Lichtsignale aus. Diese «Biophotonen» eilen mit Lichtgeschwindigkeit durch alle Zellen. Sie sind auch

Nach Aussagen der modernen Physik sind Schwingungen fundamentaler als die Materie an sich.

in allen anderen organischen Verbindungen vorhanden und an der Zellerneuerung beteiligt. «Diese Lichtabstrahlung bildet auch das morphogenetische Feld, das alle Strukturen und Prozesse im Organismus anordnet und gestaltet»[5] und ist heute technisch messbar. Wie Versuche zeigten, schmecken Karotten aus Bioanbau mit hoher Biophotonenzahl (hohe Lichtintensität) den Ratten besser, als solche aus konventionellem Anbau, weil kunstgedüngte und pestizidbehandelte Gemüse eine geringere Lichtintensität aufweisen. Es hat sich herausgestellt, dass sich die Biophotonenmessung wunderbar eignet, die Frische und innere Qualität von Lebensmitteln zu bestimmen. So wird heute die Biophotonenforschung von vielen Regierungen und der Wirtschaft als wichtiges, zukunftsweisendes Thema eingestuft.

Wenn in Hongkong ein Schmetterling mit dem Flügel schlägt, kann das in New York einen Sturm auslösen…

Die Chaostheorie ist ein Forschungszweig, der sich damit beschäftigt, die verborgene Ordnung hinter dem chaotischen System zu finden, das unser Denken, unser Gefühl und den Herzschlag beeinflusst. Was nach Zufall aussieht, hat doch eine Regel, wonach bereits kleinste Veränderungen zu grossen Auswirkungen führen können. Der Meteorologe Edward Lorenz prägte den schönen bildhaften Satz für diese energetische Dynamik: «Wenn in Hongkong ein Schmetterling mit dem Flügel schlägt, kann das in New York einen Sturm auslösen.»[6] Er meint damit eine Welle, die sich immer mehr ausbreitet und immer grössere Dimensionen annimmt, ähnlich den Ringen auf der Wasseroberfläche, nachdem ein Stein in den See geworfen wurde. Dieses Beispiel zeigt die Vernetzung von «Allem-was-ist» untereinander.

Das morphogenetische Feld ist als «das Gedächtnis der Natur» bekannt. Es ist ein Begriff für Informationsübertragung auf Schwingungsebene. Der Biologe und Biochemiker Rupert Sheldrake[7] forscht seit Jahren auf diesem Gebiet. Seine Experimente und Erkenntnisse lösten Erstaunen aus. Auch die Ergebnisse einer japanischen Forschungsgruppe sind ein bekanntes und anschauliches Beispiel für das Resonanzgesetz in einem Gruppenbewusstsein: Erlerntes wurde innerhalb einer Gattung weitergegeben, obwohl deren einzelne Mitglieder räumlich über weite Distanzen voneinander getrennt waren oder keinerlei direkten Kontakt hatten. Diese Forschungsarbeit wurde als «die Geschichte vom hundertsten Affen» bekannt: «In Japan wird das sehr menschenähnliche Verhalten der Macacen (eine Affenart) seit vielen Jahren beobachtet. Ein pfiffiges junges Weibchen wusch eines Tages den unangenehmen Sand von der beliebten Süsskartoffel im nahen Bach ab. Einige von ihrer Sippe übernahmen die Idee. Eines Morgens wuschen alle Affen der Umgebung ihre Kartoffeln. Diese neu erworbene Taktik blieb aber nicht auf ihre Umgebung begrenzt. Dieses Lernfeld innerhalb einer Macacen-Siedlung muss auch auf andere, von Macacen bewohnte Inseln übertragen worden sein; denn über weite Meeresstrecken hinweg wuschen plötzlich alle Individuen dieser Affenart ihre sandige Lieblingsspeise»[8]. Diese und viele andere Beobachtungen verschiedenster Experimente führen zu der Annahme: Wenn die «kritische» Anzahl einer bestimmten Bewusstwerdung innerhalb einer Individuengruppe erreicht wird, kann dieses Erkennen auf geistiger Ebene von Ort zu Ort an die gleiche Art weitergegeben werden. Mit anderen Worten: Wenn dem Schwingungsfeld einer bestimmten Individuengruppe eine oft wiederholte Information eingegeben wird, intensiviert sich die Schwingung und kann ihre Informationen auf das nächste Schwingungsfeld gleicher Art übertragen. Augenblicklich geht dieser «Funke» ähnlich einem Telefonruf rund um die Welt und gibt das Erlernte an alle Individuen gleicher Art weiter.

An der Vernetzung aller Schwingungsfelder ist auch die riesige Anzahl der Mikroben beteiligt. Sie kommunizieren untereinander und machen uns vor, was Koexistenz* und Koprosperität* heissen. Mit den Effektiven Mikroorganismen haben wir ein gutes Medium, effizient, d.h. schnell und einfach, zur Genesung der Mutter Erde beizutragen.

Vom Makrokosmos bis zum kleinsten Teil des Mikrokosmos könnten wir von der Natur viel abschauen und auf diese Weise vergrabenes Wissen wieder in Erinnerung rufen. Dieses, mit neuen Erkennt-

5 Popp, www.biophotonen-online.de
6 Lorenz, www.wikipedia.org/wiki/chaostheorie
7 Sheldrake 1999
8 Keyes 1984

Wir sind Teil eines kollektiven Gedächtnisses, auf das wir alle zurückgreifen. Unbewusst sind wir mit allem und jedem verbunden. (C.G. Jung)

nissen zusammengeführt und mittels moderner Techniken in unseren Alltag integriert, böte neue Wege in eine hoffnungsvolle Zukunft:

- wir könnten unser Dasein danach einrichten, die göttlichen Gaben wie Schwingungen, Strahlungen und Energien bewusst in unser Tun mit einzubeziehen
- wir könnten das Werk der Mikroorganismen unterstützen, um dem ermüdeten, geschwächten Globus wieder «auf die Beine zu helfen»
- sorgen wir mit naturfreundlicher Arbeit für die aufbauende Dominanz, in der Antioxidanz vorherrscht, kann die Syntropie auf dem Weg über das morphogenetische Feld wirksam und rasch rund um die Erde gehen und der Oxidanz Einhalt gebieten

Die Umkehrung aus dem Abbau in den Aufbau könnte ohne Umwege und gezielt in die Gesundung unsere Lebensgrundlage geführt werden, wenn die «kritische» Zahl erreicht wird.

Die Auswahl von Mikroorganismen, wie sie in der EM-Mixtur vorhanden sind, hilft, den Weg aus dem Abbau in den Aufbau und über die magnetische Resonanzschwingung von EM ohne Umschweife und direkt anzugehen.

Zusammenfassung

Strahlung, Schwingung, Energie werden nicht mehr als esoterischer Humbug angesehen.

Strahlung – Ausstrahlung: Kirchen wurden oft auf stark strahlenden Kraftorten erbaut. Darstellungen von Christus und christlichen Heiligen tragen meist einen Strahlenkranz oder Heiligenschein über dem Kopf. Ihre Aura leuchtete besonders stark. Die Energie von Kraftquellen aufzuspüren, wird im neuen Jahrtausend wieder vermehrt geübt. In menschlichen Interaktionen spüren wir Schwingungen auf vielerlei Art.

Energie und Schwingung gehen von allen Lebewesen aus und existieren bei Menschen, Tieren, Pflanzen, Kleinlebewesen und Gestein. Sie werden mit hochsensiblen Messgeräten nachgewiesen.

Musik ist Schwingung und wird in vielen Therapien zur Heilung eingesetzt. Sie löst Blockaden, harmonisiert Körper, Geist und Seele.

Heavymetal-Music wirkt zerstörend, klassische Musik aufbauend und ausgleichend.

Die Wissenschaft versucht, die unsichtbaren Tatsachen von Schwingungen zu entschlüsseln und hat wichtige Naturgesetze entdeckt.

Das Sonnenlicht ist die ursprüngliche Energiequelle für alles Leben auf der Erde. Alle Funktionen, die wir zum Leben brauchen, werden vom Licht angetrieben. Auch Photosynthesebakterien strahlen Licht aus. Biophotonen tragen mit Lichtgeschwindigkeit Informationen von Zelle zu Zelle und sind an der Erneuerung von Gewebe beteiligt. Anhand der Biophotonen-Anzahl lässt sich Frische und innere Qualität von Lebensmitteln messen.

Die Chaostheorie beschäftigt sich mit der verborgenen Ordnung scheinbar chaotischer Systeme. In dieser Vernetzung können auch Mikroorganismen kommunizieren, in Koexistenz und Koprosperität leben. Für uns Menschen scheint es jedoch immens schwierig zu sein, dieses Gesetz im Alltag umzusetzen.

Das morphogenetische Feld gilt als das Gedächtnis der Natur. Ein japanisches Forschungsteam hat nachgewiesen, dass Neuerlerntes als Information wie über eine Telefonleitung rund um die Erde weitergeht, aber immer innerhalb einer bestimmten Gruppe, z. B. von einer Affenart.

An der Vernetzung aller Schwingungsfelder sind die Mikroben beteiligt. Durch ihre magnetische Resonanzschwingung tragen sie zur Genesung von Mutter Erde bei.

Vom Makrokosmos bis zum kleinsten Teil des Mikrokosmos könnten wir von der Natur viel abschauen. Wir könnten die Gaben wie Schwingungen, Strahlungen und Energien in unser tägliches Tun bewusster einbeziehen, das Werk der Mikroorganismen unterstützen, sodass die Botschaft der aufbauenden Mikrobenart weltweit vernommen und in die Tat umgesetzt wird.

Oxidanz: Luft- und Wasserverschmutzungen greifen Materialien an und lassen sie schneller altern. Eisen rostet, Fassaden bröckeln

Oxidanz – Freie Radikale – Antioxidanz

«Der Globus quietscht und eiert,
der Rost sitzt überall.
Bald ist er ausgeleiert,
der alte Erdenball.
Doch wir, wir woll'n ihn schmieren,
wer wäre nicht dafür, ...»

(Der Anfang eines alten Pfadfinderliedes)

Effektive Mikroorganismen haben eine starke, antioxidative Wirkung und verhindern Korrosion und Abbau.
Links: Im Wasser rostete der Nagel und zieht Fliegen an.
Rechts: Nagel in EM eingelegt, blieb blank und ist für Fliegen uninteressant.

In der naturgesetzlichen Ordnung hat alles seine Berechtigung: Auf- und Abbau, Leben und Tod. Das Naturgesetz sorgt dafür, dass jeder dieser Prozesse zum richtigen Zeitpunkt abläuft und der Mechanismus des natürlichen Lebenskreislaufes in Gang bleibt. Aus unzähligen Beispielen wissen wir aber, dass die Zivilisation einige Naturabläufe schwerwiegend durcheinander gebracht hat und uns vor neue Probleme stellt. Allein in der Heilmittelanzeige werden wir auf Begriffe wie «freie Radikale» aufmerksam, die noch vor kurzem kein Thema waren.

Oxidation bedeutet Abbau

Das Wort Oxidanz taucht vermehrt im Zusammenhang von Umweltbelastungen auf und bezeichnet eine organische Verbindung. Der Zusammenbruch oder Kollaps eines natürlichen Systems ist das Ergebnis einer Oxidation. Uns allen bekannte, oxidativ langsame Prozesse sind, wenn sich Rost am Eisen bildet oder Marmorstatuen und Sandsteinfassaden bröckeln. Es wird von «Ermüdungsbrüchen» bei allerlei technischen Materialien gesprochen. Brüchige Venen und Arthrosen sind Zeugen des körperlichen Abbaues.

Oxidation kann auch ganz schnell ablaufen, z. B. beim Verbrennen von Materialien. Seit Sauerstoff in unserem Erdensystem die Oberhand bekommen hat, befindet sich unser Planet laut Higa im Abbau-Prozess. Das empfinden wir nicht so krass, weil wir es gar nicht anders kennen und dieser Vorgang für uns ein «Normalzustand» ist.

Oxygenium ist ein Säure bildender Stoff, eben «Sauerstoff», dessen Atome je 6 Elektronen in ihren äusseren Elektronenschalen haben. Das Sauerstoffatom braucht aber für seine Stabilität 8 Elektronen. Die 2 fehlenden Elektronen holt es sich heran, wo es kann. Aus diesem Grund zählt Sauerstoff zu den besonders reaktionsfreudigen Elementen. Es reisst elektrisch geladene Teilchen von Atomen oder Molekülen eines anderen Stoffes an sich und geht mit ihnen eine Ionenverbindung ein. Er reduziert also andere Stoffe, baut sie ab, manchmal auch erzwungenermassen.

Durch eine immer schneller anwachsende Korrosion gerät unser Globus in einen alarmierend schlechten Zustand: Abfallmaterialien, Auspuff- und Rauchabgase und Abwasser bilden an der Luft mit Sauerstoff giftige Gase. Es hat sich überall zu viel Rost angesetzt, auch im übertragenen Sinne, wenn Nikotin, Alkohol oder einseitige Ernährung (arm an Vitalstoffen) in uns zu oxidativen Abläufen führen und «unser Knochengerüst knirscht» oder «das Herz bricht» (Infarkt). Körperlich sichtbar gewordene oxidative Prozesse sind zum Beispiel Gesichtsfalten und trockene, pergamentartige Haut des reifen Menschen.

Auspuffgas ist eines der Ursachen für die wachsende Anzahl freier Radikaler.

Freie Radikale im Vormarsch

Freie Radikale entstehen bei Oxidation jeder Art. Sie sind unentbehrlich für alles Lebendige und bilden sich in der Natur u.a. durch ultraviolettes Licht. Eine kleine Menge der Sauerstoff-Radikalen sind für unsere Gesundheit wichtig: Sie wehren Krankheitskeime in unseren Zellen ab und reduzieren Fremdstoffe, die den menschlichen Organismus belasten. Erst, wenn sie in Form von aktiviertem Sauerstoff in grossen Mengen entstehen, weil sie Elektronen aus anderen Verbindungen räubern, zerstören sie.

radikal = an die Wurzel gehend, gründlich und unerbittlich

Freie Radikale kommen von aussen (exogen) oder entstehen im Körper (endogen). Exogene Quellen sind zum Beispiel

- verschmutzte Luft durch Abgase aus Verkehr und Industrie sowie Zigarettenqualm. Von uns eingeatmet, gehen die Elektronenräuber sofort ans Werk
- Lebensmittelzusätze, Alkohol, Amalgam und Schwermetalle. Ausserdem verbrannte Fette und Gegrilltes, auf Holzkohle mit schwelender Glut gegart. Arzneien und ihre Abbauprodukte (Gifte) sowie Nitrate und Putzmittel sind Quellen für Freie Radikale
- Röntgenstrahlen, Radioaktivität sind weitere Formen künstlich erzeugter Freie Radikaler, die Organisches zugrunde richten
- Elektrosmog von Handys, Fernsehgeräten, Mikrowellenöfen, Hochspannungsleitungen und Transformatoren sind Urheber für schädliche Strahlungen, die freien Radikale Vorschub leisten
- schlecht isolierte elektrische Leitungen und Sendemasten überfluten uns und bilden in uns freie Radikale

Endogene Quellen für die ausufernde Vermehrung freier Radikaler sind zum Beispiel

- Infektionen, Fieber oder Erkrankungen
- Diäten und abbauende Enzyme
- Stress durch physische Belastungen im Sport und Berufsalltag oder psychischen Ursprungs wie seelischer Kummer

Oft können wir diesen Ursachen nicht ausweichen.

Freie Radikale vermehren sich in unserem selbst erstellten Zivilisationssystem rasend schnell und bilden Gegenstand zahlreicher Diskussionen zu gesundheitlichen Problemkreisen. Ihnen wird die Schuld an der Entstehung von Krebs und anderen neuen, noch unerklärlichen Krankheitsbildern angelastet. Sie greifen Zellen, Zellwände und die im Zellkern enthaltenen Gene an, verändern diese und beschleunigen Alterungsprozesse. Runzeln im Gesicht und Altersflecken auf der Haut sind Zeugen für den Einfluss freier Radikale, hervorgerufen durch zu viel ultraviolettes Sonnenlicht. Ein Beispiel, wie Hautkrebs entstehen kann: Durch die Ausdünnung der Ozonschicht wirkt das Tageslicht viel aggressiver auf uns ein als noch vor 50 Jahren. Die Haut verbrennt und ist gestresst. Die freien Radikale – eigentlich Helfer für die körpereigenen Abwehrmechanismen – vermehren sich unter diesen Umständen rasant. Als Sauerstoff-Elektronenräuber zerstören oder schädigen sie die Zellen in ihrer Umgebung und können die «Baupläne» der Zellerbanlagen

(DNA) verändern. Das führt zu «entarteten» Zellen, deren Erbgutanlagen nicht mehr in die ursprünglichen Baupläne passen. Diese Zellen mutieren zu artfremden Gewebewucherungen.

Kaskade der freien Radikale

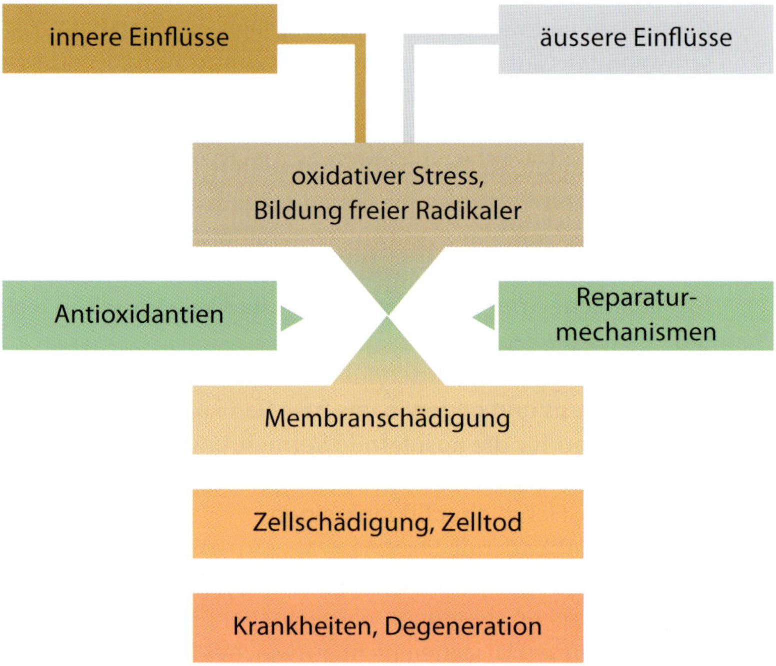

Kaskade der freien Radikale: Oft reichen Antioxidantien und zelleigene Reparaturmechanismen nicht aus, um die Flut der freien Radikale einzudämmen.

Zum Glück verfügt unser Körper über verschiedene Radikalefänger, die uns vor Angriffen unkontrolliert vermehrter freier Radikale schützen. Zu ihnen gehören die Antioxidanzen. Sie sind organische Verbindungen, die Oxidation und aggressive Radikale unterbinden.

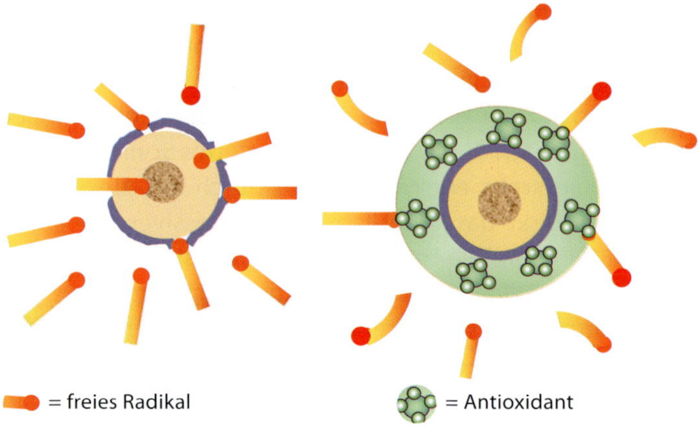

Linke Körperzelle: Freie Radikale greifen eine Zelle an, weil schützende Antioxidantien fehlen.

Rechte Körperzelle: Im Umfeld einer Zelle wehren Antioxidanzen angreifende freie Radikale ab.

Effektive Mikroorganismen können Radikale jagende Enzyme* wirkungsvoll unterstützen, indem sie unsere Nahrung aus EM-geimpften Böden reichlich mit Mineralien und Spurenelementen versorgen, denn die sind für die Enzymbildung im Verdauungstrakt unentbehrlich. Pflanzenkost aus EM-gepflegten Böden sind reich an Vitaminen, die antioxidative Wirkung haben. EM-Nahrungsergänzungsmittel beeinflussen oxidative Stresssituationen in unserem Körper positiv und reduzieren freie Radikale durch die EM-eigene magnetische Resonanz.

Antioxidation bremst den Abbau

Antioxidanzen helfen, Leben aufzubauen, und verhindern ein ungesundes Übermass freier Radikale, sowie die Zerstörung organischer und anorganischer Stoffe. Sie ergänzen das fehlende Elektron der freien Radikale, indem sie eines ihrer Elektronen abgeben. Dieses Antioxidanz-Elektron passt aber nicht wirklich zum Radikale-Elektron. Dadurch wird die Vermehrungskette der aggressiven Radikale gestoppt.

Antioxidation ist Träger aller Regenerationsphänomene.[1]

Antioxidation lässt keine Korrosion und Fäulnis zu und konserviert auf natürliche Art. Organismen altern dadurch nicht mehr so schnell.

Eine gesunde, ausgewogene Ernährung mit vielen Vitalstoffen aus Obst, Gemüse und Getreide hilft, den Abbau, Zerfall und wild gewordene freie Radikale in unserem Körper zu stoppen, wenn sie in einem intakten Boden herangewachsen sind. Um den «Elektronenhunger» der freien Radikale einzudämmen, wird der Bedarf an

1 Higa 1994, S. 171

Antioxidanzien wie Vitamin C, Beta-Karotin, fettlösliches Vitamin E und einer Reihe von sekundären Pflanzenstoffen* durch frische Pflanzenkost am ehesten gedeckt. Wichtig ist die natürliche Reife dieser Lebensmittel aus saisongerechtem Anbau:

- Beeren im Juni/Juli
- Tomaten nicht vor dem Sommer
- Gemüse und Salate vom heimischen Freiland

Alle enthalten dann die höchste Quote an innerer Qualität.

In diesem Werkgebäude wird Holz industriell mit Dampf verarbeitet. Die hohe Luftfeuchtigkeit und grosse Hitze setzt dem Gemäuer arg zu. Der Beton wurde deshalb beim Bau mit EM und EM-X Keramik angereichert, damit er besonders dicht und fest ist und nicht mehr wie bisher zu schnell korrodiert.

Der biologisch gepflegte und mit Effektiven Mikroorganismen belebte Boden garantiert für Nahrung mit hoher Antioxidanz, wie es sich bei neusten Untersuchungen mit dem Biophotonenmessgerät gezeigt hat.

Auch bei Materialien für Bau und Industrie ist der Schutz vor Korrosion und eine lange Haltbarkeit ein wichtiges Qualitätsmerkmal. Hier hilft der Einsatz von Effektiven Mikroorganismen mit ihrer besonders starken antioxidativen Einwirkung überall, wo Oxidation gestoppt werden soll.

Zusammenfassung

Das natürliche Gleichgewicht in der Natur ist durch die Zivilisation durcheinander gebracht. Neue Erkenntnisse und Begriffe wie Freie Radikale begegnen uns vermehrt im Alltag.

Oxidation entsteht, wenn Sauerstoff für seine eigene Stabilität fehlende Elektronen aus anderen Verbindungen herauslöst.
Oxidation wird im Zusammenhang von Umweltbelastungen genannt. Oxidative Vorgänge sind Korrosionen und Alterungsprozesse. Uns allen bekannt sind der Rost am Eisen, bröckelnde Fassaden oder körperlicher Abbau.

Freie Radikale sind unentbehrlich für alles Lebendige. Sie wehren Krankheitskeime ab. Erst, wenn sie in Form von aktiviertem Sauerstoff in grossen Mengen entstehen, greifen sie auch gesunde Zellen und Gene an. Luftverschmutzungen und Radioaktivität sind künstlich erzeugte freie Radikale, die Alterungsprozesse beschleunigen.

Antioxidation baut Leben auf, bremst Oxidation, sowie freie Radikale und verhindert Fäulnis. Auch gesunde, vitalstoffreiche Ernährung stoppt in unserem Körper Oxidation und freie Radikale. Früchte und Gemüse, saisongerecht und auf natürliche Art gereift, sind die beste Voraussetzung, den Bedarf an Vitaminen und sekundären Pflanzenstoffen für den körperlichen Aufbau zu decken. Ein antioxidativ wirkendes Mittel für aufbauende Prozesse sind Effektive Mikroorganismen.

Unsere fünf Sinne essen mit:
Ein sorgfältig gedeckter Tisch lädt zum Mahle ein.
Sprüht man ein wenig EM, z.B. ein Fermentationsgetränk,
über den Salat, wird das Essen noch bekömmlicher.

Nahrung vermittelt (Er-) Leben

Gesundheit, Vitalität und Langlebigkeit aller Organismen einschliesslich des Menschen hängen von der Gesundheit und Lebendigkeit des Bodens ab.

Unser Körpersystem mit perfekt vernetzten, ineinander greifenden Mechanismen ist ein Wunderwerk der Schöpfung und funktioniert ausgereifter als jede Technik. Es baut laufend neue Zellen auf und erschafft z.B. innerhalb von 10 Tagen eine komplett neue Haut, nach 100 Tagen neues Blut und nach 10 bis 12 Monaten neue Knochen, ohne dass wir es bewusst wahrnehmen. Die miteinander verzahnten Organe erzeugen Energie und Vitalität, sortieren Gifte aus, wehren «Feinde» ab. Wir müssen nichts anderes tun, als diesen Organismus mit Nahrung zu versorgen. Und die wächst uns aus dem Erdreich heraus zu.

Gesundheit ist nicht alles, doch ohne Gesundheit ist alles nichts.[2]

Wie es allerdings mit diesem Erdreich durch eine desolate Bewirtschaftung aussieht, wurde in den vorangegangenen Kapiteln eingehend beleuchtet. *Der englische Forscher Chris Williams befürchtet, dass der daraus resultierende und zunehmende, umweltbedingte Nährstoffmangel die Evolution des menschlichen Gehirns bedroht oder es sich sogar zurückentwickeln kann*[1]. Voraussetzung für eine sinnvolle, ausgewogene Ernährung wäre demnach ein «gesunder» Bodenorganismus, der die Grundlage des vollkommenen, bestaunenswerten Nahrungskreislaufes von Boden – Pflanze – Tier/Mensch – Boden ist. In diesem Kreislauf liegt unsere Lebensordnung, unsere Gesundheit. Der soziale Aspekt wäre, dass der Erzeuger solche «Lebensmittel» mit Respekt und Liebe aufzieht und verarbeitet – und dass es dem Produzenten selber dabei auch wirtschaftlich gut geht.

1 Sharamon/Baginski, Heilung aus der Urnatur, 2004, S. 35
2 A. Schopenhauer

Standardisierte Nährmittel erzeugen Gesundheitsprobleme

Seit der zweiten Hälfte des letzten Jahrhunderts hat sich eine Industrie entwickelt, die immer noch bessere «Gaumenkitzler» für den Feinschmecker-Genuss verspricht. Auch Müttern wird seither allen Ernstes suggeriert, dass es für ihre Babys etwas Besseres gibt als die Muttermilch, nämlich die perfekte Flaschenmilchnahrung mit allerlei Zusätzen. So wird der Mensch bereits in den ersten Lebensjahren mit vorgefertigtem Fastfood überrollt.

Fastfood: Die Biskuitrolle ist mit einer ganzen Kolonne von Konservierungsstoffen ausgestattet.

«Das Ergebnis sind Gerichte mit standardisiertem Eigengeschmack, die auch noch unnötig den Appetit anregen. Das sind teuer erkaufte, poten-

Modernes Essen ist Sex für den Magen: eine möglichst umgehende Bedürfnisbefriedigung, die mit einem Augenflirt beginnt und mit dem Löffel in der Fünf-Minuten-Terrine endet.[5]

zielle Dickmacher mit oft geringem ernährungsphysiologischem Wert, deren zugesetzte Substanzen nicht allesamt unbedenklich sind.»[3] Kritisch wird es dann, wenn es um die Gesundheit von Kindern geht. Ein ausgewachsener Organismus ist widerstandsfähiger; ein junger reagiert auf das «Bombardement» mit verschiedenen Substanzen sensibler. Geraten daraufhin die Verdauungsorgane in den Notstand, kippt das einst gesunde Darmmilieu in die abbauende Phase und kann seine Aufgaben nur teilweise erfüllen. Als Folge wird unsere Nahrung nicht mehr bis zur letzten Instanz entschlüsselt, um unseren Körper mit allen lebensnotwendigen Substanzen ausreichend zu versorgen. So kann es zur paradoxen Situation kommen, dass wichtige Lebensstoffe ungenutzt ausgeschieden werden, unser Organismus trotz reich gedecktem Tisch unterernährt bleibt, wir «vor vollem Teller verhungern».[4]

In unserem Verdauungssystem ist die Leber die grosse Dulderin. Dieses Organ ist Manager, Monteur, Lagerist und Müllmann in einem. Es erträgt Kummer, Wut, Ärger, Zucker, Medikamente, Kaffee, Alkohol, Fett, Frittiertes, E-Nummern-Stoffe – bis der Leber eines Tages die Galle überläuft. Die für ihre Arbeit so dringend benötigten Antioxidantien werden u.a. von Krankheiten wie Rheuma und von Schmerzmitteln verbraucht. Es kommt zu Stoffwechselschwächen, auch in der Galle und der Bauchspeicheldrüse. Das wiederum erzeugt unstillbaren «Hunger» und ungezügelten Appetit auf ganz bestimmte Leckereien wie z.B. Süssigkeiten, die uns u.a. viel Calcium aus den Knochen räubern.

3 Vollborn/Georgescu, 2006, S. 165
4 Berner, 1999
5 Vollborn/Georgescu, 2006, S. 15
6 G. W. Schneider, 2008, S. 147

Eine Darmflora, die sich durch diese Einflüsse zur vorherrschenden Darmfauna mit Saprophyten* entwickelt hat, bringt schmerzhafte Blähungen, Verstopfung, Durchfall und Schlimmeres hervor. Hinzu kommen andere, nicht zu unterschätzende Faktoren für die Ursachen einer gestörten Verdauung wie

- Nahrung aus Kunstdüngeranbau und Rückstände von synthetischen Spritzmitteln
- zu hoher Konsum von Genussmitteln wie Zucker, Kaffee, Nikotin, Alkohol und ein Zuviel an Medikamenten. Auch die Aufnahme von Verschmutzungen aus Luft (Smog) und Wasser belasten unseren Stoffwechsel enorm
- Distress auf körperlicher, emotionaler und geistiger Ebene und damit verknüpft das hastige Verschlingen der Speisen, weil die Gedanken nicht beim Essen sind
- zu wenig Bewegung, denn körperliche Tätigkeit regt die Verdauungsorgane auf gesunde Weise an, eine Menge von Stoffwechselbelastungen auszuscheiden, bevor sie sich im Fettgewebe einlagern.

Wir produzieren täglich pro Kopf 3900 Kalorien, brauchen aber nur 2400. Also schmeissen wir den Rest weg – oder werden fett. (Robert Lawrence)

Ab jetzt tabu:
Die «Schlingzeit» inklusiv schwerverdaulicher Lektüre.

Ausser den vielen Zusatz-, Ergänzungs- und Konservierungsstoffen ist die Manipulation unserer industriell aufbereiteten Nahrung ein fragwürdiger Faktor, der in seiner Tragweite nur teilweise begriffen und erfasst wird, wie z.B.

- die konservierende Bestrahlung von Nahrungsmitteln
- die grüne Genmanipulation in der Pflanzenzüchtung für mehr Ertrag oder zur Abwehr von Pflanzenschädlingen und -krankheiten
- die Nanotechnologie für die Haltbarkeit der cremigen Beschaffenheit von Fertigspeisen wie Eiscremes oder für glatte Oberflächen von Schokoladen, Dragees, Pillen usw.

Was bewirkt eine Nahrung, die in einem belasteten Boden heranwächst, der durch Umweltgifte wie Quecksilber, Dioxine oder Radioaktivität verseucht wurde? Skandale machen darauf aufmerksam.

Irgendwann ist der Körper nicht mehr in der Lage, diese immensen Belastungen in vollem Umfang zu verarbeiten. Es kommt zu Lebensmittel-Unverträglichkeiten, schweren Allergien oder auch psychischen Erkrankungen, zum Krieg mit sich selbst. Betroffen oder in grosse Not geraten, wenden sich zunehmend mehr Menschen wieder den natürlich belassenen Lebensmitteln zu. Auch das Angebot aus biologisch gepflegter Herkunft hat in den letzten Jahren einen «Boom» erfahren und es wächst weiter. Denn trotz allem Wider-

Der Körper materialisiert das, was wir in unserem Unterbewusstsein leben, denken, fühlen. Autoaggressionskrankheiten zeigen Anti-Haltung gegen den eigenen Körper.[6]

Der Mensch ist ein kompliziertes Netzwerk und keine lineare Aneinanderreihung von Planquadraten.[8]

spruch – der aus wissenschaftlichen Untersuchungen resultiert und der zum Teil gesteuerten Falschanalysen – ist der verantwortungsbewusste, nachdenklich gewordene Konsument ebenso wie der biologisch anbauende Produzent oder Hobbygärtner in der Lage, seine eigene Meinung zu bilden.

Vitaminreiches Gemüse statt...

...Vitaminpillen aus der Retorte.

Industriell hergestellte Vitaminpräparate sind genormt wie Spielfiguren. Der Verdauungsapparat kann damit nichts anfangen. Es fehlt der «Funke des Lebens».

Vitaminpräparate und Nahrungsergänzungen sind bedenklich, weil die Moleküle von künstlich hergestellten Präparaten genormt sind, aus einem Guss wie Spielfiguren. Der Verdauungstrakt mit seinen diensteifrigen Mitarbeitern kann damit nichts anfangen. Er ist auf Formenvielfalt geeicht, so wie es im Lebensgesetz der Natur vorgesehen ist: Jedes Individuum, sei es auch noch so gering und unscheinbar, trägt sein ganz persönliches «Kleid», und kein natürliches Vitaminmolekül gleicht dem anderen. Wie in der Chaostheorie beschrieben, ist das für den «Funken des Lebens» unabdingbar. Vitaminpräparate und Mineralien aus natürlichem Ursprung wären an sich gut, werden aber bei mangelhafter Darmflora nicht ausreichend verwertet. Ein Grossteil dieser teuren Gesundmittel wird deshalb ungenutzt über den Urin ins Abwasser geschwemmt. Ein weiterer Faktor ist zu bedenken: Auch die «guten» Nahrungsergänzungskonzentrate sind nicht unbedenklich. Für die Dauer einer Kur leisten sie sicher sinnvolle Dienste. Bei einer Dauereinnahme sind aber die Verdauungsorgane überfordert und bauen Blockaden auf, weil sie nicht mehr wissen, wohin mit diesen hochkonzentrierten Nahrungsstoffen. So kann es vorkommen, dass unser Körper durch diese Überfütterung streikt und medizinisch nicht mehr therapierbar ist.[7]

Der Verdauungskanal verfügt mit seinen nach innen liegenden Darmwandausstülpungen (Darmzotten) im Vergleich zu andern Organen über die grösste Oberfläche:

- Hautoberfläche = 2 Quadratmeter
- Lungenoberfläche = 80 Quadratmeter
- Darmoberfläche = 300 Quadratmeter

Seine Funktionsfähigkeit für unsere Gesundheit ist auch deshalb so wichtig, weil 80 Prozent des Immunsystems in unserem Darm sitzen.

Vorgegaukelte Illusion

Es entspricht unserem seit Jahrhunderten antrainierten Bewusstsein, dass ein makelloses Erscheinungsbild aus einem gesunden, kraftvollen Inneren entsteht. Zwangsernährte und chemisierte NPK*-Gemüse tragen zwar dieses erwünschte, appetitliche Make-up: Äpfel lachen uns mit roten Backen an, Kopfsalat lockt mit frischen, maigrünen Blättern, Blumenkohl zeigt sein tadelloses Gesicht, Tomaten glänzen rund und schön. Hinter der Fassade aber fehlt es an Widerstandskraft und gesunder Stärke. Diese Nahrungsmittel schlappen ohne Konservierungsbehandlungen schnell vor sich hin, füllen den Magen, sind aber kein «Leben spendendes Mittel» mehr. Selbst wenn wir die wissenschaftlich empfohlenen täglichen Raten an Frischkost zu uns nähmen, reichte diese Nahrung aus den vier Hauptgruppen Obst, Gemüse, Getreide und Eiweiss nicht aus, denn aus vitalstoffarmem Boden können keine lebensstoffreichen Nahrungsmittel heranwachsen.

Billigangebote haben es so weit gebracht, dass statt der einst 60 Prozent der Privatausgaben heute nur noch 14 Prozent aufgewendet werden. Doch der Schein trügt. Was im Handel wenig kostet, fordert an anderer Stelle seinen Tribut.[9]

Kommen diese Produkte erst nach einer gewissen Lagerung und nicht frisch ab Produzent auf den Tisch, verringert sich der noch vorhandene klägliche Anteil an Vitalstoffen gegen null. Muss unser Körper zusätzlich Stressfaktoren und Umweltbelastungen verarbeiten, sieht die Bilanz noch schlechter aus. Das Ende vom Lied: Die entleerte Nahrung verursacht auf Dauer ernsthafte Krankheiten und als Resultat daraus das Siechtum.

Umweltbewusste Züchter arbeiten in eine erfreulichere Richtung: Alte Sorten, die natürliche Nährstoffe gewöhnt sind und deren Immunkräfte noch nicht von künstlichen Bedingungen abhängen, werden gesucht, gesammelt, vermehrt und als Ausgangsmaterial z.B. für neue Gemüsesorten eingesetzt. Das Ziel ist, die innere Wertigkeit und die Gesundheit der Pflanzen zu erhalten oder sogar zu erhöhen, damit Pflanzenkulturen keine chemischen Mittel und

7 Prof. M. Hoffmann, Vortrag am 12.4.2008
8 V. Rusch, 1999, S. 70
9 Vollborn, Georgescu, 2006, S. 20

Hugo Hertwig schrieb 1954, dass es keinen besseren Körperschutz gibt als das lebendige, frische Blattgrün, das Chlorophyll, das uns die Sonnenstrahlen vermittelt. Denn aus Blatt wird Blut.[10]

Behandlungen benötigen und wir wieder zu Lebensmitteln kommen, die reich mit sekundären Pflanzenstoffen ausgestattet sind.

Ausreichende, aufbauende Mikrobenaktivität im Boden sorgt für vitale Pflanzen und somit für gesunde Lebensmittel.

Ein belebtes Erdreich nährt vollkommen

Ein Boden, der sich im biologisch austarierten Gleichgewicht bewegt, gibt über die Stoffwechselarbeit seiner üppigen Mikrobenflora alle wichtigen Enzyme und Spurenelemente grosszügig an die Pflanzen weiter. Es wird klar, dass zur Heilung unserer selbst verursachten Zivilisationskrankheiten ein belebtes Erdreich das erste und wichtigste Glied in der langen Kette aller Massnahmen ist.

Die Wertigkeit unserer Nahrung ist messbar.

Gemüse und Früchte, die reichliche Mengen sekundäre Pflanzenstoffe aufweisen, sind nicht nur gesund, sondern bleiben länger haltbar und sind folglich auch besser lagerfähig. Das sind für den Konsumenten wesentliche Faktoren, aber auch für den Grosshandel. **Die Redoxpotenzialmessung** ist eine von Professor Dr. Manfred Hoffmann entwickelte Methode, diese Faktoren zu ermitteln. Einige Grosshändler und Einkaufsgenossenschaften prüfen bereits damit die angelieferten Frischwaren.

10 Grössler, 2005, S. 125

Die Biophotonenmessung ist eine andere anerkannte Methode, die Professor Dr. Albrecht Popp entwickelt hat. Hier wird die durch die Sonne aufgenommene Menge Lichtenergie festgestellt. In biologisch angebauten Ernten ist diese Kraftquelle reichlich vorhanden. Nahrung aus konventionellem Anbau dagegen weist geringere Werte auf, weil Lichtenergie u.a. auch durch Pestizide und Kunstdünger zerstört wird.

Mikroorganismen erzeugen Vitamine. Die grössten Einflüsse auf die Strukturbildung des Bodens und auf die Minerallösung aus der Erdsubstanz üben die Kleinstlebewesen aus. Wenig bekannt ist, dass Mikroben über ihren Stoffwechsel auch Vitamine bilden wie z.B.

- Vitamin C zur Abwehr von Krankheitskeimen, für den erhöhten Bedarf in Stresssituationen. Es ist ein wichtiger Freie-Radikale-Fänger, weil dieses Vitamin ein freies Ion hat und den Radikalen zur Verfügung steht.
- Vitamin E ist ein Antioxidanz und ein wirksamer Freie-Radikale-Fänger, der die Zellmembranen schützt. Es ist für den Eiweiss-Stoffwechsel wichtig, unterstützt das Immunsystem und verhindert die Verklumpung von Blutplättchen.
- Vitamin K für die Knochenbildung und die Gerinnung des Blutes.
- Vitamin B_6 für Nervensystem und Blutbildung.
- Vitamin B_{12} kurbelt zusammen mit anderen Stoffen den Bau von Eiweiss an, das für die Zellerneuerung wichtig ist.
- Vitamin B_2 (Riboflavin) fördert das Wachstum.
- Vitamin B_3 (Nikotinsäure) hilft bei Fettstoffwechselstörungen.
- Vitamin B_5 (Panthothensäure) ist am Auf- und Abbau von Kohlehydraten, Fett und Aminosäuren beteiligt, hilft bei Müdigkeit, Depressionen, Immunschwächen.
- Vitamin B_9 (Folsäure) ist wichtig für die schnelle Zellteilung, wie sie bei der Knochenmarkbildung vorkommt oder wie sie bei Schwangeren für die eigene Blutbildung und für das Wachstum neuen Lebens so notwendig ist.

Pflanzen, die ausreichend mit diesen Lebensstoffen versorgt sind, versorgen auch uns auf ideale Weise.

Bringen wir unseren körpereigenen «Ackerboden» – den Darm – wieder in Ordnung: Jede Einnahme von Vitaminen, Vitalstoffen usw. wird erst dann fruchtend greifen, wenn unsere Darmbakterien gesund sind.

Ist der Darm gesund, kann jede Krankheit geheilt werden. (Chinesisches Sprichwort)

«Heilende» Lebensmittel

Nur wenige Menschen geniessen das Privileg, sich von der eigenen Scholle ernähren zu können. Zum Glück erweitert sich das Angebot biologisch herangewachsener Lebensmittel und muss nicht mehr wie die Nadel im Heuhaufen gesucht werden. Das ist zwar etwas teurer, sättigt aber besser, denn es versorgt uns mit einer Vielzahl von wertvollen, gesund erhaltenden Inhaltsstoffen. Wir brauchen nicht mehr so viel Masse, weil Klasse vorherrscht. Ein Beispiel ist Brot: Aus Weissmehl gebacken, können wir Unmengen davon verzehren, bis sich Sättigung einstellt. Dagegen ist unser Magen schon nach ein bis zwei Scheiben Vollkornbrot zufrieden.

Der liebe- und achtungsvolle Umgang mit Lebensmitteln nimmt auch Einfluss darauf, wie sie uns nähren.

Bewusst Nahrung zu sich nehmen

Prof. Dr. Zabels Antwort auf die Frage, ob Krebs vererblich sei: «Nein, aber der Kochtopf und die Rezepte sind vererbt.»

Im Grusswort «Mahlzeit» wird einem Zeit für das Mahlen der Speisen gewünscht. Stattdessen wurde uns viele Jahre lang das hastige Essen antrainiert nach dem Slogan: «Wer schnell isst, arbeitet auch schnell.» Solche Kost bleibt zu lange im Verdauungstrakt hängen, bereitet durch alkoholische Gärung aufgeblähte Bäuche. Auf diese Weise kommen selbst ausgewiesene Antialkoholiker zur Säuferleber, zu Cholesterinerhöhungen, zu astronomischen Blutfettwerten und bieten Pilzen den besten Fäulnisboden.

Die «Slow-Food-Bewegung» will das Bewusstsein des Konsumenten wieder daran erinnern, Nahrung mit Respekt und mit Liebe zu ihr zu geniessen, sich munden zu lassen, was aus gesundem Boden kommt. Nach einer Nahrungsumstellung auf biologisch herangewachsene Lebensmittel dauert es gar nicht lange, dass herausgespürt wird,

- wie Gemüse und Früchte ihr spezifisches, intensives Aroma verströmen und nicht nur faserreiche Ballaststoffe liefern

- dass Brot einen unvergleichlich herzhaften Geschmack hat
- wo Milch und Milchprodukte wieder die unverfälschte Nuance aus frischer und nicht ultrahoch erhitzter Verarbeitung tragen
- dass auch Eier herrlich rein nach Ei statt nach Fisch schmecken und biologisch herangezogenes Fleisch eine feste Konsistenz hat, die beim Braten oder Kochen nicht mehr in sich zusammenfällt.

Sich wieder als Teil der Natur zu fühlen und zu verstehen bedeutet auch: Wir werden genauer hören, riechen, besser schmecken, wahrer sprechen, tiefer fühlen und göttlicher denken.[11]

Den Gaumen kann man überlisten, die Nase nicht. Sie ist beim Einkauf in der Auswahl von Lebensmitteln ein untrügliches «Instrument», um herauszufinden,

- ob Gemüse und Früchte Chemie aufgetankt haben
- ob eine natürliche Reife ihr unvergleichliches Aroma ausströmt.

Deshalb beim Einkauf das Angebot beschnuppern. Die Nase empfindet biologisch herangezogene «Lebensmittel» als angenehm, anderes eher als unangenehm, bisweilen sogar als abscheulich.

mhm – wie der Apfel duftet!

Sind wir biologische Ernährung gewöhnt, schmeckt uns eine andere, auf irgendeine Art denaturierte nicht mehr, weil unsere Zunge die unvergleichlichen Köstlichkeiten der Naturaromen wieder wahrnimmt und synthetisch hergestellte Geschmacksstoffe oft zu intensiv und künstlich empfunden werden oder uns auch gar nicht guttun. Wer vollwertig herangewachsene Lebensmittel isst, will nichts anderes mehr, denn er hat erlebt, wie diese Nahrung aus kränklichem Dasein in die Gesundung führt, dass sie herrlich mundet, satt, fit und lebensfroh macht. Stimulanzen wie Süssigkeiten oder Bratwurstduft verlieren ihre Unwiderstehlichkeit. Die einst graue Gesichtshaut bekommt eine gesunde, frische Farbe. Schlaffes Bindegewebe strafft sich wie von allein. Unser Körper wird wieder «kerniger». Es bedeutet auch, dass eine Ernährung aus lebendigem, biologisch bebautem Boden unsere Verdauungsorgane wieder mit allem versorgt, was die Immunkräfte stabilisiert. Es sitzt nicht mehr laut vielzitiertem Sprichwort «der Tod» im Darm, sondern «das Leben».

Gibt es Besseres als frisch geerntete Früchte?

Die kleinen, unermüdlichen Helfer im Darm

Die Mikrobenschar ist ein wichtiger Baustein, der Lebensenergie in Gang hält. Eine ganze Heerschar von Millionen Bakterien steht in Wechselbeziehung zum Darm, spaltet Nahrung in ihre Bestandteile so auf, dass diese über die Lymphbahnen ins Blut bis zu den einzelnen Organen und ihren Zellen das Ziel erreicht. Dabei werden selbst Mineralatome in Ionen zerlegt, damit sie neue Verbindungen einge-

11 Grössler, 2005, S. 129

Wir ernähren uns nicht von dem, was wir essen, sondern von dem, was unser Darm und unsere Darmbakterien daraus machen.[12]

hen können. Die Zusammenarbeit dieser vielschichtigen Symbiontenflora* macht es möglich, die verschiedenen «Welten» im menschlichen Organismus auf körperlicher, seelischer und geistiger Ebene in uns zu vereinen.

Rechtsdrehende Milchsäurebakterien bilden Substanzen, die Schleimhäute anregen, Krankheitskeime aus Luft, Wasser und Nahrung in Schach zu halten. Im Verdauungstrakt werden die sekundären Pflanzenstoffe wie im Boden z. B. zu Leben aufbauenden Vitaminen verstoffwechselt.

Viele Pilze sind hilfreiche Mikroben, wie z. B. die Hefepilze. Es gibt über 5000 verschiedene Arten dieses Einzellers. Einige der Leben aufbauenden lassen den Brotteig aufgehen, einige sind unentbehrlich bei der Herstellung von Wein und Bier, andere bilden feine Weissschimmel-Rasen auf Weichkäse.

Köstlichkeiten dank der Mitarbeit der Mikroben: Brot, Wein, Bier, Joghurt, Sauerkraut und saure Gurken sind typische Produkte von Fermentationsvorgängen natürlich hergestellter Lebensmittel.

Ein Wort zu Candida albicans: Diese Hefepilze sind in unserem Verdauungskanal an sich wichtige Mikroben, denn sie stellen im Verbund mit anderen Bakterien die unentbehrlichen B-Vitamine her, entsorgen Gifte und Schwermetalle. Haben sich aber zu grosse Belastungen durch Quecksilber (Amalgam-Zahnfüllungen) oder aus Impfstoffen oder aus dem Aluminium (in industriell hergestelltem Kochsalz) eingestellt, vermehren und verwandeln sich die ursprünglich aufbauend wirkenden Pilze als Nothelfer zur abbauenden Candida albicans. In grosser Anzahl helfen sie zwar, Toxine abzuführen, wandern aber auch in die Blutbahn und werden dort zu gefährlichen Gegnern unserer Gesundheit.

Eine umfassende Darmsanierung ist hier dringende Vorgabe. Wenn wir vom Darm tägliche Höchstleistungen erwarten, muss mal eine Wartung drinliegen, um ihm mit Fasten etwas Ruhe und Erholung zu gönnen. In dieser Zeit können sich auch unsere Mitarbeiter im Darm zum neuen Team formieren, gründlichen Hausputz halten und sich ganz auf den Abtransport von giftigen Zersetzungssubstanzen konzentrieren. Oft kann eine mehrwöchige «Renovation» den Organismus von allerlei schmerzhaften Beschwerden befreien. Während dieser Intensivkur helfen nach den ersten strengen und abstinenten Tagen Fermentionsgetränke, den Prozess «effektiv» durchzuführen. Es ist sicher sinnvoll, auch noch nach den Aufräumungsarbeiten weiterhin Mikrobengetränke zu sich zu nehmen, damit die Darmbakterien-Mannschaft in ihrer Arbeit, Müll zu entsorgen, dauerhaft unterstützt wird.

Unsere Haut ist mit verschiedenen Typen von Milchsäurebakterien und Pilzen bedeckt, die sie geschmeidig halten und schützen. Andere Schleimhäute und Körperdrüsen wie z.B. im Lymphsystem sind mit Hilfe von verschiedenen Mikroorganismen an der Produktion von Antikörpern beteiligt, die fremde, bedrohliche Eindringlinge abwehren und das Immunsystem in Gang halten.

Ganzheitlich gesehen ist neben den Qualitäten heilender Lebensmittel auch die psychische Sanierung wichtig, wie z.B. körperliche und seelische Zusammenhänge zu erkennen und dadurch verursachte Blockaden aufzulösen.

EM ist ein Baustein zur Gesundung allerseits.

Was die Effektiven Mikroorganismen leisten, wenn sie ausgemergelten Boden wieder mit pulsierendem Leben ausstatten, haben viele Anwender erleben dürfen.

Die Partnerschaft Mensch und Mikrobe wäre im Grunde genommen auch aus Bakteriensicht in harmonischer Ordnung, wollten die Menschen diese Beziehung nicht stets in ihrem Sinn verändern oder in ihr dominieren.[13]

Was tun, wenn kein Garten vorhanden ist oder die Zeit für den eigenen Anbau fehlt? Lebensmittel aus EM-gepflegtem Anbau zu wählen, ist ein guter Ansatz, um sich vitalstoffreich zu ernähren. Der Konsument kann mit beharrlicher Nachfrage einiges erreichen, denn «die Nachfrage bestimmt den Markt». Neben einer gehaltvollen Ernährung aus lebendigem Boden hilft die zusätzliche Einnahme von aufbauenden Mikroorganismen, ein entgleistes Darm-Milieu neu in den Aufbau zu ordnen. Sie stellen über ihre magnetische Resonanzschwingung mit Plus- und Minuspolen die Spannung her, wie sie als Kraftfeld für den Motor des Lebens nötig ist. Viele dieser Vorgänge sind noch zu erforschen.

Für den menschlichen Genuss sind fermentierte EM-Tinkturen als Zusatz zu Getränken oder als Nahrungsergänzung gesetzlich zugelassen. Sie unterstützen prophylaktisch oder bei akuten Erkrankungen die gestörte Darmflora, sodass auch Antibiotika-Schäden wieder «repariert» werden und sich neue Vitalität einstellen kann. Geschwächte Immunkräfte werden wieder in eine ausgeglichene Ordnung geführt.

EM für Tiere: Was für die Verdauung für den Menschen gilt, ist auch für Tiere gut. Sie profitieren vom Einsatz mit EM, wenn sie die Wirkung der Effektiven Mikroorganismen über das Futter geniessen und eine stabile Gesundheit aufzeigen.

12 G.W. Schneider, 2008, S. 161

13 V. Rusch, 1999, S. 52

Zusammenfassung

Voraussetzung für unsere Gesundheit, Vitalität und Langlebigkeit wäre eine Ernährung, die von einem lebendigen, mikrobenreichen Boden stammt, und eine intakte Darmflora.

Standardisierte Nährmittel erzeugen Gesundheitsprobleme
Im Herstellungsprozess von vorgefertigten Speisen werden viele natürliche Lebensstoffe zerstört.
In unserem Verdauungssystem ist die Leber die Schaltstelle für die Entsorgung körperfremder Stoffe. Wird sie durch die Überflutung mit Nahrungsmittelzusätzen überfordert, kommt es zu Stoffwechselschwächen auch in der Galle und der Bauchspeicheldrüse.
Nahrungsergänzungen versprechen Energie. Doch ohne ausreichende Darmflora können unsere Verdauungsorgane diese Gesundheitsstoffe nicht verwerten. Konservierende Bestrahlungen von Nahrungsmitteln, die Einflüsse von genmanipulierten Nahrungspflanzen und die Beigabe von Nanopartikeln in Fertigspeisen sind weitere Faktoren neben den Umweltgiften wie Dioxin, Quecksilber und Radioaktivität, die den Körper immens belasten. Aus dieser Not heraus wenden sich immer mehr Menschen den natürlich belassenen Lebensmitteln zu.
Vitaminpräparate und Nahrungsergänzungen aus künstlich hergestellten Präparaten sind genormt und passen nicht zum Verdauungstrakt, der auf Formenvielfalt geeicht ist. Auch solche aus natürlichem Ursprung werden bei ungenügender Darmflora nicht ausreichend verwertet. Die Dauereinnahme dieser an sich guten Gesundmittel führt unter Umständen zu Blockaden im Körpersystem.

Vorgegaukelte Illusion
Auch wenn uns industriell produzierte Frischkost makellos anlacht, fehlt ihr die Widerstandskraft und gesunde Stärke. Ohne Konservierungsbehandlungen ist sie kaum lagerfähig und arm an Vitalstoffen.
Umweltbewusste Züchter arbeiten mit robusten und auch alten Sorten, die noch innere Wertigkeit und Gesundheit in sich tragen.
Ein belebtes Erdreich nährt vollkommen. Es ist das erste und wichtigste Glied in der Nahrungskette. Die Wertigkeit unserer Nahrung ist über Bioresonanz und Biophotonenmessungen messbar.
Mikroorganismen erzeugen Vitamine. Es ist wenig bekannt, dass sie durch ihren Stoffwechsel eine ganze Reihe von sekundären Pflanzenstoffen bilden.

Heilende Lebensmittel

Biologisch gewachsene Nahrung ist zwar teurer, sättigt aber besser. Wir brauchen nicht so viel Masse, weil «Klasse» vorherrscht.

Nahrung bewusst zu sich nehmen: Biologisch herangewachsene Lebensmittel schmecken besser. Unser Geruchssinn hilft, gesunde Kost aus dem Angebot herauszufiltern. Sind wir biologische Ernährung gewöhnt, schmeckt uns eine denaturierte Kost nicht mehr. Vollwertige Lebensmittel führen aus kränklichem Dasein in die Gesundung.

Die kleinen, unermüdlichen Helfer im Darm

Mikroben sind wichtige Bausteine, Lebensenergie in Gang zu halten. Millionen von Bakterien stehen in Wechselbeziehung zwischen Organismus und Darm. Sie bauen Spannung über ihre magnetische Resonanzschwingung als Kraftfeld für den Motor des Lebens auf.

Rechtsdrehende Milchsäurebakterien regen Schleimhäute an, die schädigende Substanzen abwehren. Sie bilden aus sekundären Pflanzenstoffen Leben aufbauende Substanzen.

Viele Pilze sind hilfreiche Mikroben, wie z. B. die Hefen für Fermentierungsprozesse. Verschiedene Hefepilze und Milchsäurebakterien schützen unsere Haut vor schädigenden Umwelteinflüssen. Mikroorganismen sind an der Produktion von Antikörpern beteiligt.

Ein Wort zu Candida albicans: Wenn zu viele Belastungen durch Gifte wie Quecksilber oder Dioxine den Körper belasten, vermehren sich die an sich nützlichen Hefepilze zu sehr, um als Nothelfer diese Gifte abzubauen, und dringen dabei auch in die Blutbahn, wo sie aber zu gefährlichen Gegnern unserer Gesundheit mutieren.

Unsere Haut wird von Milchsäurebakterien und von Pilzen geschützt. Verschiedene Mikroorganismen beteiligen sich in Schleimhäuten und Körperdrüsen an der Produktion von Antikörpern.

Ganzheitlich gesehen gehört auch die psychische Sanierung zur Gesundung des Menschen dazu, um Blockaden im Körper zu lösen.

EM ist ein Baustein zur Gesundung allerseits

Der Pflanzenanbau mit Effektiven Mikroorganismen bietet vitalstoffreiche Ernährung, die man auch kaufen kann.

EM für die gesundheitliche Vorsorge: Es sind Fermentationsgetränke entwickelt worden, die mit ihren antioxidativen Kräften positiv auf eine gestörte Darmflora und auf geschwächte Immunkräfte einwirken.

EM für Tiere: Auch diese Lebewesen strahlen Vitalität und Gesundheit aus, wenn sie mit EM gepflegt werden.

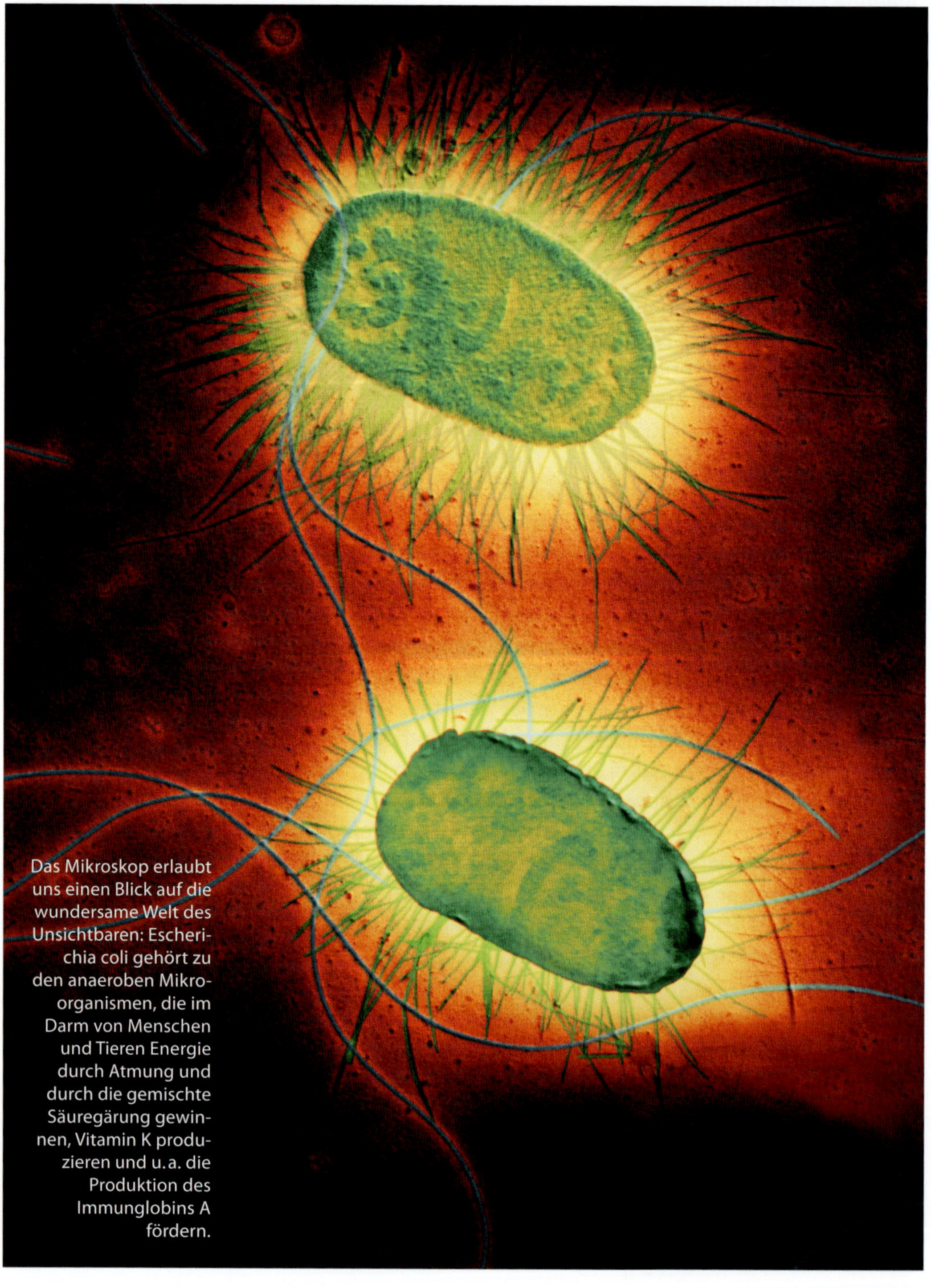

Das Mikroskop erlaubt uns einen Blick auf die wundersame Welt des Unsichtbaren: Escherichia coli gehört zu den anaeroben Mikroorganismen, die im Darm von Menschen und Tieren Energie durch Atmung und durch die gemischte Säuregärung gewinnen, Vitamin K produzieren und u.a. die Produktion des Immunglobins A fördern.

Die grossartigen kleinen Helfer

Nicht Adam und Eva, sondern die Bakterien waren der Anfang.[1]

Mit einem Blick durchs Mikroskop tut sich eine faszinierende Welt auf: der Kosmos der Mikroorganismen. Die hoch entwickelte Technik erlaubt, per Vergrösserung immer mehr vom geheimnisvollen Leben der Bakterien zu entdecken. Respekt und Ehrfurcht erfüllt uns, wenn die oft als «einfach» dargestellten Organismen uns ihre kompliziert funktionierenden Mechanismen, ihre Arbeitsweise und ihre Charaktere offenbaren. Der Wissenschaftler René Dubos drückte das so aus: «Mikroben ähneln den Menschen in ihren körperlichen Abläufen, in chemischen Zusammensetzungen und Vorgängen, in ihren Reaktionen auf verschiedene Reize, zeigen Verhaltensweisen untereinander und mit anderen Lebewesen, die ‹erhellende Übereinstimmungen mit menschlichen Gesellschaften nahe legen›»[2]. Aber müsste es nicht anders herum heissen, nämlich, dass Menschen den Mikroben ähneln? Denn Bakterien und Anverwandte waren lange vor uns auf dem Planeten. Sie haben alles für unsere Lebensfähigkeit vorbereitet und sind an der ganzen Evolution massgeblich beteiligt. Sie dienen dem ewigen Kreislauf, der Leben aus Erde schafft, von Erde lebt und wieder zur Erde zurückkehrt, um erneut zu beginnen …

Mikroorganismen sind ein Bindeglied zwischen All und Erde. Sie fangen das Sonnenlicht ein, um kosmische Bioenergie aus dem Gestein herauszulösen und zu lebenden Substanzen umzuformen. Diese Energie treffen wir vor allem im Silizium und in Steinmehlen an. Ohne Photosynthesebakterien und ohne Chlorophyll (z. B. das

1 Rusch 2004, S. 16
2 Konemann 2002, S. 44

Blattgrün) gäbe es kein Leben. Ohne Stickstoff sammelnde Mikroorganismen wäre jegliches Leben wieder zugrunde gegangen. Cyanobakterien (Blaualgen) gewannen aus Wasser freien Sauerstoff, lernten ihn einzuatmen und diese Fähigkeiten an die folgenden Entwicklungsglieder bis hin zur Menschheit weiter zugeben. Bakterien sind die einzigen Lebewesen, die aus anorganischem Material organisches Protoplasma (lebendige Substanz) herstellen können, welches die Zellen aller Mikroorganismen, Pflanzen, Tiere und Menschen füllt und aufbaut, und von dem alle leben.

Die Welt der Mikroben

Jede Art Organismus - ob Einzeller, Vielzeller, Pflanze, Tier oder Mensch - hat im morphogenetischen Feld seine ganz spezifische Kommunikationsfrequenz. Sie wird auch «kollektive Seele» genannt.

Mikroorganismen gleicher Art verständigen sich untereinander, auch über grosse Entfernungen hinweg. Sie senden elektromagnetische Signale aus, um sich zu finden, zu erkennen und sich aneinander zu binden. Diese «Resonanzkommunikation» geht über das morphogenetische Feld* sogar rund um die Erde. Durch dieses Phänomen werden auch Änderungen und Anpassungen an neue Lebensbedingungen mit Biophotonen-Signalen über den ganzen Globus weitergegeben.

Mikroben sind unendlich klein, fürs menschliche Auge ohne Mikroskop nicht zu erkennen und dennoch mit vielen erstaunlichen Dingen für differenzierte und komplizierte Vorgänge ausgestattet. Die Fortbewegungsmechanismen sind vergleichbar mit den Tentakeln der Quallen, den eleganten Schleierflossen der Fische, den Flügeln der Vögel. Sie sind mit insektenähnlichen Fühlern ausgestattet, die fremde Antikörper erkennen und umgehend in biologisch nützliche Substanzen umwandeln.

Bakterien sind gesellig, schliessen sich zu Paaren, Ketten oder Trauben zusammen, so, wie Menschen sich in Reihen oder Ketten zu Warteschlangen aufstellen oder im Sportstadium wie Weintrauben zusammenhocken.[3]

«Mikroben können wie Kamele mehr Wasser aufnehmen als sie gerade brauchen. Was zuviel ist, geben sie in Trockenzeiten an ihre Umgebung, an Boden und Pflanzen ab».[4] Ihre Körper sind ein chemisches Wunderwerk, das die Bestandteile der Erde in pflanzenverfügbare Nährstoffe verwandelt, zum Beispiel

- Stickstoff zu Nitrat
- Phosphor zu Phosphat
- Schwefel zu Sulfat
- Chlor zu Chlorid
- Bor zu Borat

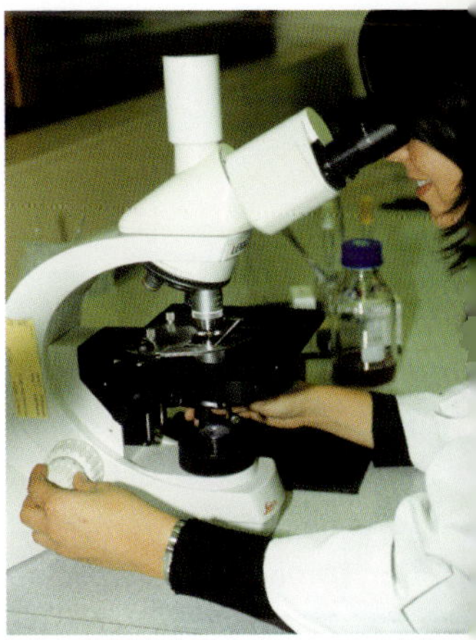

Die Chromosomen (Ort der Erbanlagen) der Bakterien enthalten einen riesigen Vorrat an Bauplänen, mit denen sie sich verändern können. Sie zeigen im Dunkelfeldmikroskop ihr faszinierendes «Outfit»: Durch das schräg einfallende Licht leuchten sie vor dem dunklen Hintergrund «wie Sternschnuppen am mondlosen Nachthimmel.»[5] Sie sorgen durch grosse Populationen für die Fruchtbarkeit des Bodens. Schätzungsweise sind erst 0,1 bis 1 Prozent aller Mikroorganismen bekannt. Mit anderen Worten: 99 Prozent der Mikroben entziehen sich noch unserer Kenntnis, stricken auf ihre geheimnisvolle Art am Muster der Natur. Es warten noch viele Wunder auf Entdeckung.

Sind die Voraussetzungen für Mikroben ideal, vermehren sie sich in kurzer Zeit in astronomische Anzahlen: Aus einem Individuum können innerhalb 24 Stunden bereits 300 Millionen Nachkommen entstehen.

Die Wissenschaft hat festgestellt, dass in einem Quadratmeter fruchtbaren Boden (30 cm tief) diese Riesenmengen Kleinlebewesen zu Hause sind:

60	Billionen Bakterien	=	60 000 000 000 000
10	Millionen Strahlenpilze	=	10 000 000
1	Milliarde andere Pilze	=	1 000 000 000
1	Million Algen	=	1 000 000
500	Millionen andere Einzeller	=	500 000 000
10	Millionen Fadenwürmer	=	10 000 000
150	Tausend Milben	=	150 000100
100	Tausend Springschwänze	=	100 000
200	Regenwürmer	=	200
200	Fliegenlarven	=	200
Total Kleinlebewesen		=	60 001 521 250 400

Diese Zahlen können wir uns einfach nicht mehr vorstellen. Raoul Francé hat uns das so veranschaulicht:

«In einer Hand voll guten Bodens sind mehr Lebewesen als Menschen auf dieser Erde.»[6]

3 Konemann 2002, S. 85
4 Tompkins/Bird 1989, S. 146
5 Konemann 2002, S. 108
6 Francé-Harrar 1957

Jede Pflanze, jedes Tier und jeder Mensch haben ihre ganz eigene Bakterienflora, werden von ihr von der Geburt bis zum Tod begleitet. Alle Organismen leben auf irgendeine Art mit Bakterien in Koexistenz (friedliches Mit- und Nebeneinander) zusammen.

Bakterien auszurotten, ist das Ziel vieler, nicht nur medizinischer Handlungen. Doch wird das nie gelingen. Diese Erkenntnis mussten die Naturwissenschaften hinnehmen, nachdem tot geglaubte Infektionskrankheiten wie Tuberkulose wieder auf dem «Vormarsch» sind und sich völlig neue Krankheitsbilder entwickeln, so, wie sich auch immer wieder neue Bakterienstämme bilden und Gegebenheiten überleben wie medikamentöse Antibiotika-Angriffe oder die angestrebte Ausrottung der Malaria-Moskitos durch DDT.

Mikroorganismen kennen keine Existenzangst. Sie bewegen sich im ständigen Geben und Nehmen, Verwerten und Ordnen nach den Gesetzen der Natur.

Mikroben können ihr Tätigkeitsfeld nicht verlassen, wenn ihre Arbeit abgeschlossen ist (ausser sie werden durch eine andere Begebenheit weitertransportiert, z.B. durch Wasser). Sie reduzieren ihren Stoffwechsel, verfallen in einen schlafähnlichen Zustand, ruhen als widerstandsfähige Sporen oder überleben geschützt in Proteinen oder anderen Substanzen (z.B. in Amöben vergraben). Sie bevölkern in ihrer Umgebung kleinste Ritzen und Nischen und entkommen so auch ausgefeilten Hygieneprozeduren des Menschen.

Knöllchenbakterien binden Stickstoff aus der Luft und stellen ihn den Pflanzen zur Verfügung. Sie leben in Symbiose mit den Haarwürzelchen von Leguminosen (Hülsenfrüchte).

Bakterien und Actinomyceten sind Einzeller und bilden Kolonien, in denen ihr individuelles Leben etwa 30 Minuten dauert. Dieser rasche Lebenskreislauf und die daraus entstandenen Ausscheidungen und abgelegten Körperhüllen verbessern fortlaufend die Bodenstruktur. Bei ihrer Arbeit brechen sie Mineralverbindungen zu pflanzenverträglichen Ionen auf. Actinomyceten produzieren antibiotische Stoffe, Streptomyceten bereiten zusammen mit Pilzen den typischen Erdgeruch zu. Azotobakter und Amylobacter leben gern in Symbiose mit Pflanzen und binden Luftstickstoff (Knöllchenbakterien).

Pilze sind Mehrzeller (Schleim- und Schimmelpilze bis hin zum Steinpilz). Sie geben der Bodenstruktur Halt, sind Energie- und Kohlenstoffquelle.

Algen leben an der Bodenoberschicht, können mit Licht assimilieren und Chlorophyll bilden und reichern den Boden mit Stickstoff an.

Wirkungsweise im Boden und Pflanzenleben

«Die Alchemie der Bakterien ist so vielfältig, dass sie aus Maislauge Penicillin herstellen, oder aus totem Tintenfisch Parfüm. Bier, Wein,

7 Tompkins/Birel 1989, S. 55

Brot und Käse gäbe es nicht ohne ihre Tätigkeit. Alkohol und Kohlendioxid sind nichts anderes als Abfälle lebender Bakterien.»[7] Alles lebt mit und durch Mikroben. Ohne die Mithilfe der kleinsten Lebewesen kann kein Organismus Zellulose verdauen. Weil der Wert unserer Ernährung vom Zustand des Bodens abhängt, besteht logischerweise eine Beziehung zwischen Bodenfruchtbarkeit und biologischer Qualität der Lebensmittel und unserer Grundgesundheit. Wir sind auf eine ausgewogene Bakterienflora angewiesen, im Boden wie im Darm. Unsere Darmflora ist ein direkter «Spiegel» für die Güte des Bodens, aus dem unsere Nahrung herangewachsen ist (siehe Kap. Ernährung).

Das System des Ab- und Aufbaus im Boden: Sind die Lebensbedingungen für die Mikroorganismen gut, läuft die Vermehrung im wahrsten Sinne des Wortes «hitzig» ab. Die Temperaturen können durch die angekurbelte Verdauung der Mikroben bis auf 70 Grad Celsius ansteigen (z.B. die heisse Phase des Kompostes). Die «Abbauarbeiter» greifen als erstes die organischen Materialien wie Zucker und Zellulose an, die sich leicht zersetzen. Ist diese Arbeit getan, gehen die abbauenden Mikroben ein und bilden mit ihren abgestorbenen Körpern die Hälfte des gesamten organischen Materials im Boden.

So ist es möglich, dass der Nährstoffgehalt dieser Erde allein durch die ausgedienten Mikrobenleiber verdoppelt wird. Holzbestandteile wie Lignin und Tannin (Huminstoffe) bleiben bestehen, erhalten die Bodenstruktur und binden Wasser. Nach diesem Prozess entstehen aufbauende Bakterien, die das zersetzte Material in lebende, organische Substanz für die Pflanzen umwesen*.

Lebende Makromoleküle* sind Träger aller Wachstums- und Aufbauprozesse, in jedem Lebewesen verankert und Teil der Unsterblichkeit. Sie bleiben nach dem Tod einer Pflanze erhalten, bauen neue Zellen, Gewebe und Organismen wieder auf, sind «lebende Zellsubstanz». Sie widerstehen extremsten Bedingungen. Hauptmerkmal ist ihr Schwingungscharakter. Sie können kosmische Strahlung aufnehmen, umwandeln und wieder abstrahlen. Makromoleküle dienen den Mikroorganismen als Energiequelle, werden von ihnen in ihre Bausteine zerkleinert (Aminosäure, Einfachzuckerarten). Es ent-

Jede Zelle ist wie eine komplizierte Fabrik. Sie muss informieren und Informationen empfangen, Nahrung und andere Stoffe aufnehmen, umbauen, transportieren, verwerten, ausscheiden[8].

stehen aus schwerfälligen Mineralien reaktionsfreudige und stoffwechselaktive Verbindungen, die von den Wurzeln einer Pflanze aufgenommen und mit Aminosäuren chelatiert werden. Diese Chelate* aus Pflanzen kann der menschliche Organismus in vollem Umfang aufnehmen. Er baut sie aufs Neue um und transportiert sie über Blutbahnen zur weiteren Verarbeitung in seine Organe. Diesen komplizierten Umwandlungsprozess, aus anorganischen Stoffen organische Nahrung für den Menschen herzustellen, kann nur die Pflanze bewerkstelligen. Versuche, diesen Vorgang auf künstliche Weise nachzuvollziehen, sind bisher trotz aller technischer Fortschritte und Kenntnisse nicht in aller Vollkommenheit gelungen, weder bei der Pflanze, noch beim Mensch. Die Lebendigkeit der Makromoleküle wird bei diesen Versuchen durch Erhitzen, Bestrahlen, Extrahieren oder Zentrifugieren zu sehr reduziert oder denaturiert.

Als «Endozytose»* bezeichnet man die Einverleibung von Stoffzusammensetzungen und ihr Transport von Zelle zu Zelle in Darmzotten*, wie sie z.B. bei Mensch und Tier geschieht: Teile der Membran (Zellwand) stülpen sich nach innen. Diese Buchtung füllt sich mit Protoplasma und schnürt sich zu einem winzigen Ballon ab. Er nabelt sich von der Zellwand ab und wandert zur nächsten Zelle, wo sich der Vorgang wiederholt. Auf diese Weise werden Nährstoffe wie Kohlehydrate, Proteine, Vitamine und Makromoleküle der Bakteriensymbionten im Organismus verteilt.

Makromolekulare oder lebendige Substanz aus gesunden Zellen wertet die biologische Wertigkeit erkrankter, geschwächter Zellen wieder auf.[9]

Nach der Mineraltheorie* wird bis heute behauptet, dass Pflanzen nicht fähig seien, organische Substanzen in grossen Makromolekülen aufzunehmen, sondern nur in Form kleinster Ionen wie z.B. NPK-Dünger. Aber die Stammzellenforschung (Molekularbiologie) und Genmanipulation-Technik beweisen, dass Pflanzen mit dem Wasser oder über erzwungene Begasung/Bestrahlung sich sehr wohl Substanzen aus ihrer Umwelt einverleiben: Über die Haarwurzeln sind sie in der Lage, kleinste Salzionen, Aminosäuremoleküle bis zu grössten Proteinbausteinen durch Endozytose in ihre Speicherorgane zu transportieren. Selbst Viren, Bakterien, Einzeller wie Amöben und Algen finden ihren Weg per Saftstrom ins pflanzliche Gewebe.

Es ist zu wenig bekannt, dass der Einsatz von Kunstdünger das Regelsystem des Pflanzengewebes stört und Zellinformationen (Wellengleichtakt, Photonenstrahlung) dann nicht weitergegeben werden. Daraus hergestellte Nahrungsmittel füllen nur noch den Magen, ohne Lebenskraft zu vermitteln.

8 Pommeresche 2004, S. 189
9 Hennig 1983, S. 111
10 Rusch 2004

Symbionten ergänzen und fördern sich in ihren Aufgaben gegenseitig, sind sich «sympathisch», leben in Symbiose (Lebensgemeinschaften). Sie dienen einander, können sich aber auch gegenseitig «in Schach» halten. Ein typischer Symbiont ist die Mykorrhiza, ein Pilzgeflecht, das wie eine Brücke zwischen Bodenleben und Pflanzensaft lebt und vermittelt: Jede Pflanze hat ihre eigene Mykorrhizenflora. So sind zum Beispiel Eichen oder Orchideen ohne ihre ganz spezifischen Pilzgeflechte im Wurzelbereich nicht lebensfähig. Diese Symbionten leben innerhalb der feinen Haarwürzelchen von Substanzen der Pflanzen (Zuckerarten aus der Photosynthese) und liefern dafür an die Haarwürzelchen aufbereitete Nährstoffe aus dem Boden. Symbiotische Gemeinschaften scheiden sich gegenseitig fördernde oder gewünscht hemmende Stoffe aus, um ihren Arbeitsbereich wie z.B. zwischen Zellgare und Plasmagare abzugrenzen. Sie bilden Antikörper (Schutzstoffe), die eine Infizierung durch schädliche Keime verhindern. Sie geben u.a. ganz geringe Mengen Toxine (Gifte) ab, um abbauende Bakterien davon abzuhalten, auch lebende Pflanzenwurzeln aufzuzehren. Die Natur hat es so eingerichtet, dass die Wirkung dieser «Gifte» erlischt, sobald die von der Mykorrhiza gebildeten Schutzstoffe ihre Aufgabe erfüllt haben. Ist eine Pflanze auf irgendeine Weise stark geschädigt, beginnen allerdings Pilze damit, die Pflanze aufzulösen, weil sie nicht mehr lebensfähig wäre oder kein gesundes Material in die Vererbung liefern würde. Sie wird «aussortiert» oder «kompostiert» und wie alles Organische in die ursprüngliche Ausgangsform der einzelnen Stoffe zurückgeführt. Auch hier können schon Spuren chemischer Gifte wie Pflanzenschutzmittel das fein abgestimmte Miteinander stören.

Mikroben und unsere Gesundheit

Die Anzahl von Mikroorganismen in einem Lebensraum, wie sie bei Laboruntersuchungen ermittelt werden kann, dient häufig zur Einschätzung und Bewertung von Bodentauglichkeit, Wasserqualität und Geniessbarkeit von Nahrungsmitteln. Dabei wird das Augenmerk häufig auf die pathogenen (Leid verursachenden) Keime gelegt, die der Zivilisation oder der von ihr abhängigen Tierhaltung oder in Pflanzenkulturen Sorgen bereiten. Doch nur wenige der unzähligen Bakterienarten sind für die Menschheit gefährlich und laut Hans Peter Rusch «kein Fehler der Natur, der ausgemerzt werden muss,»[10] obwohl sich in uns eine grosse Angst vor Mikroben festgesetzt hat. Die meisten dienen dem Leben auf geniale und uneigennützige Weise.

Erst die massiven Eingriffe des Menschen haben zusätzlich einige der an sich gutartigen Bakterien zu Pathogene gemacht. Dadurch wurden mit der Veränderung der Erbanlagen (Mutation) neue, noch nie da gewesene Charaktere herangebildet. Hinzu kommt, dass nach häufigem Einsatz von Pflanzenschutzmitteln viele Krankheitserreger mit diesen Giften leben können, also resistent geworden sind. Der Ruf nach noch stärkeren Mitteln hat die lebensfeindliche Giftbelastung so in die Höhe getrieben, dass sich inzwischen viele Anwender gegen diese Entwicklung wehren. Sie besinnen sich mit Erfolg auf natürliche Abwehrmethoden und sorgen für ein aufbauendes Bodenmilieu.

Milchsäurebakterien gibt es sowohl in der Rhizosphäre der Pflanze als auch in unserer Rachen- und Darmschleimhaut. Filtert der Humus Giftstoffe aus dem Boden, geschieht das gleiche bei uns in Leber und Niere. Sind Pflanzenschutzmittel Urheber für neue Bakterienstämme, so sind es in unserer Nahrung synthetische Abführmittel, Konservierungsstoffe, Farb- und Aromastoffe. Hier werden Symbionten zu Reaktionen gezwungen, die im Lebensplan nicht vorgesehen sind. Das Gleichgewicht ist gestört.

Im biologisch gepflegten Landbau ist diese Problematik kein Thema, weil sich der Anbauende um einen ausgewogenen Boden bemüht, in dem das Kleinlebewesen ohne Giftbeschuss wirken kann. Der Einsatz von Effektiven Mikroorganismen unterstützt diese Bemühungen, indem diese Mikroben den Platz besetzen, (wo sich pathogene Keime verankern könnten) und das aufbauende Edaphon des Bodens zusätzlich aktivieren.

Zusammenfassung

Mikroben sind keine primitiven Lebewesen. Sie zeigen alle Merkmale kompliziert funktionierender Mechanismen auf, die Parallelen im Charakter und in der Arbeitsweise zu Menschen aufzeigen. Bakterien sind die einzigen Lebewesen, die aus anorganischem Material lebendige Substanz herstellen können. Ohne sie gäbe es kein Leben. Mikroorganismen kommunizieren über elektromagnetische Signale untereinander. Sie erkennen feindliche Antikörper und setzen diese in biologisch nützliche Substanzen um. Sie können Wasser speichern und bei Trockenheit in ihre Umgebung wieder abgeben. Sie wandeln Mineralien in pflanzenverfügbare Formen um. Der vorhandene Nährstoff eines fruchtbaren, lebendigen Bodens verdoppelt sich durch den Stickstoffgehalt der ausgedienten Mikrobenleiber.

Erst knapp 1 Prozent aller Mikroben ist bekannt und erforscht. Innerhalb 24 Stunden können sich aus einer Bakterie 300 Millionen Nachkommen bilden. Ein Quadratmeter Boden beherbergt bis zu 60 Billionen Kleinlebewesen. Sie können sich an neue Lebensbedingungen sehr rasch anpassen und Resistenzen gegen Pflanzenschutzmittel entwickeln. Die Natur hat es so eingerichtet, dass Mikroben nie ganz ausgerottet werden. Wir sind auf sie angewiesen.

Lebende Makromoleküle sind Träger aller Wachstums- und Aufbauprozesse. Wildpflanzen aus intakten Böden weisen zehnmal mehr lebende Makromoleküle auf als chemisch gedüngte Pflanzen.

Endozytose ist die Einverleibung von Makromolekülen und ihr Transport von Zelle zu Zelle. Neue Erkenntnisse beweisen, dass die Endozytose nicht nur bei Tier und Mensch stattfindet, sondern auch in der Pflanze. Die Lehre der Mineraltheorie verneint bisher diese Erkenntnis.

Symbionten scheiden gegenseitig fördernde oder erwünscht hemmende Stoffe aus, leben in «Symbiose» (Lebensgemeinschaft), um einander zu dienen und sich zu ergänzen; z. B. ist allgemein bekannt, dass Eichen oder Orchideen ohne ihre ganz spezifischen Mykorrhizen (Pilzfäden) im Wurzelbereich nicht lebensfähig sind.

Mikroben und unsere Gesundheit: Nur wenige Bakterienarten sind für den Menschen gefährlich, die meisten dienen uns. Die Milchsäurebakterien in der Rhizosphäre der Pflanze sind die gleichen wie in unseren Rachen- und Darmschleimhäuten. Sie filtern Giftstoffe aus ihrer Umgebung aus. Erst die massiven Eingriffe durch den Menschen und den Einsatz von Pflanzenschutzmitteln haben manche an sich harmlose Bakterienstämme zu pathogenen* Keimen gemacht. Der Biologische Anbau kennt diese Problematik nicht, weil man hier um ein aufbauendes Mikrobenleben bemüht ist. Der Einsatz von Effektiven Mikroorganismen unterstützt das vorhandene Bodenleben und besetzt den Platz, den pathogene Keime einnehmen könnten.

Die Effektiven Mikroorganismen sind eine «Mischkultur», die ungemein vielseitig und auf verschiedensten Ebenen wirksam sind.

Die Effektiven Mikroorganismen

Die Natur wertet nicht, ihr sind Einteilungen in «gut» oder «schlecht» fremd. Sie baut ab, um aufzubauen. Sie strebt immer das Gleichgewicht an – in allem, was lebendig ist – sie kann nicht anders.

Ein Blick auf die Entwicklungsgeschichte der Erde und auf das Leben auf und in ihr verrät, dass die Natur stets um ein perfektes Gleichgewicht bemüht ist. Selbstzerstörerische, abnorme Abläufe sind ihr fremd, auch wenn das auf den ersten Blick nicht so aussieht. Unnatürliche, vom Menschen erzeugte Eingriffe und Änderungen toleriert sie, solange sie die Löcher im Netz der Lebenskreisläufe reparieren und das Gleichgewicht einigermassen wiederherstellen kann. Erst wenn alle ihr zur Verfügung stehenden Massnahmen nicht mehr greifen, setzen die Zerstörung und die Reduktion zum Ursprung allen Lebens ein: Wir erfahren Naturkatastrophen. Von einer höheren Warte aus betrachtet, könnte man meinen, dass Mutter Erde nichts anderes dabei versucht, als sich uns, «ihre Läuse», aus dem Pelz zu schütteln. Aus diesem Blickwinkel heraus wird einem bewusst, wie sehr wir die Gutmütigkeit unserer Lebensträgerin strapazieren. Auch wird klar, dass die Natur immer stärker als alle menschlichen Kunstgriffe sein wird.

Das Kontrollorgan der Natur

Die besten und allgegenwärtigen «Kontrolleure» der natürlichen Kräfte sind winzige Kleinlebewesen, die Mikroorganismen. Sie bauen einerseits unentwegt auf, vitalisieren und arbeiten lebenserhaltend. Andererseits sortieren sie aus und bauen ab, was in seiner jeweiligen aktuellen Form nicht mehr taugt, um durch «Um-Wesung» neues Leben zu bilden. Der Kraft der Regeneration steht die Kraft der Degeneration gegenüber. Mikroben arbeiten fraglos für beide. Es entwickeln sich je nach Lage der Situation die erforderlichen Arten. Diese wunderbare Einrichtung funktioniert, solange sie mit der Natur im Einklang ist. In Schieflage geratene Lebensformen werden in jedem Fall wieder ins Gleichgewicht gelotet. Es ist eine Frage der Zeit, und die nimmt sich die Natur: Irgendwann einmal haben die Mikroben alles wieder in Ordnung gebracht – auch ohne uns (falls es uns gar nicht mehr gibt und weil es uns auch nicht unbedingt braucht).

Mikroben sind die Indikatoren für lebendige Substanz, biologische Wertigkeit, Zelltauglichkeit, Nahrungswert, Gesundheit eines Organismus, Tauglichkeit eines jeden Nährsubstrates, jeder Garten- oder Ackererde.[1]

1 Pommeresche 2004, S. 193

Gleiche Gedanken rund um den Globus

Warum sollten wir uns nicht dieser Gaben der Natur annehmen und das Gleichgewicht pflegen, wie es in früheren Zeiten üblich war? Warum nicht helfen, aus den Fugen geratene Balancen auszutarieren, damit die Not der Natur, wenn nicht behoben, so doch wenigstens gelindert wird?

Diesen Überlegungen sind seit Jahren viele Wissenschaftler und praktizierende Menschen nachgegangen:

- Im letzten Jahrhundert haben Forscher wie Rudolf Steiner (Begründer der Anthroposophie) die Zusammenhänge zwischen Boden, Pflanze, Tier einerseits und dem Menschen andererseits unter ganzheitlichen Ansätzen neu erfasst und brachten so den «Stein ins Rollen».
- Steiners Schüler Ehrenfried Pfeiffer (der zuvor Elektronik und physikalische Chemie studiert hatte) widmete sein ganzes Leben der Humuserforschung. Er begann, bodenbürtige Bakterien zu sammeln, die im Ruhezustand als Kompoststarter angewendet wurden, um die Umsetzung organischen Materials auf eine gesunde und nicht faulende Art zu fördern.
- Albert Howard wurde für sein Verständnis für biologische Zusammenhänge, die daraus resultierende Forschung und seine unermüdlichen Veröffentlichungen über lebendige Vorgänge im Boden von der englischen Königin in den Adelsstand erhoben.
- In den USA, wo die Böden durch hemmungslosen Einsatz von Kunstdünger und Pflanzenschutzmitteln auf riesigen Flächen versalzen und zunehmend unbrauchbar wurden, hat Ron Johnson, ein pfiffiger Freizeitfarmer, 47 Bakterienstämme aus einer kalifornischen Bakterienzüchtung zu einem Präparat zusammengefügt. Er konnte damit Mineralien, die durch falsche Bodenbehandlung in giftige Salze gebunden waren, wieder in ausgewogene und pflanzenverfügbare Nährstoffe umwandeln.

Pflanzen, mit symbiotischen Mikroorganismen versorgt, wachsen – für Mineraltheoretiker – unerklärlich gut.[2]

2 Zitat nach Pommeresche 2004, S. 196

3 Higa 1994, S. 7

- Der amerikanische Mikrobiologe Albert Schatz sammelte in Böden, Sümpfen und im Meer Bakterien und beschrieb das Konzept der Chelation*. Hans Peter Müller lieferte anhand seiner Beobachtungen der Abläufe im Boden viele wertvolle Erkenntnisse. Hans Peter Rusch und Erhard Hennig setzten diese Arbeit kompetent fort. Herwig Pommeresche kommt auf seine eigenständige Art zu ebenbürtigen Aussagen.
- Im Land der aufgehenden Sonne, in Japan, beschäftigte sich in den 60er Jahren des vorigen Jahrhunderts der Agrarwissenschaftler Tatsuji Kobayashi mit Photosynthesebakterien für den Einsatz in der Landwirtschaft.
- Gleichzeitig begann Teruo Higa, Professor für tropischen Gartenbau an der Universität Okinawa, sich ebenfalls ausgiebig mit Mikroben zu beschäftigen. Ihm ist es nach Jahren der Hoffnung und der Fehlschläge gelungen, zahlreiche Mikrobenstämme zusammenzufügen, die laut naturwissenschaftlicher Meinung nicht miteinander in Gemeinschaft existieren können, weil sie gegensätzlich wirken und sich gegenseitig ausmerzen.

Wie mit dem morphogenetischem Feld* bewiesen, hat sich der mannigfache Gedanke, über Mikroorganismen den strapazierten, ja sogar ziemlich kranken Boden zu heilen, in vielen Arbeiten engagierter Forscher manifestiert. Unabhängig voneinander, an den verschiedensten Orten rund um den ganzen Erdball, begann die intensive Erforschung des Bodenlebens. Alle hier aufgeführten Persönlichkeiten seien stellvertretend für viele kluge Köpfe genannt, die sich ebenfalls mit diesem Thema zunehmend auseinandersetzen.

EM und seine Geschichte

«Ich beanspruche keinesfalls, dass EM das Allheilmittel für alle Probleme der Erde sei ...[dennoch]... mit EM-Technologie beginnt ein neuer, wichtiger Trend in der Geschichte der Menschheit.»[3] Das sind starke Worte, hinter denen Professor Teruo Higa steht. Er hat sich das ehrgeizige Ziel gesetzt, seine Effektiven Mikroorganismen zur Ge_sundung der Erde in aller Welt zu verbreiten, und er tut das auch tatkräftig und mit viel Enthusiasmus.

Vor über 30 Jahren kamen Higa bei der Entwicklung von neuen chemischen Düngemitteln mit Hormonen, Mikronährstoffen, organischem Material und Mikroorganismen immer mehr Bedenken, ob diese Art Forschungsarbeit in eine Art Sackgasse führen könnte. Durch viele Versuche mit Pestiziden stellten sich ausserdem bei ihm gravierende gesundheitliche Probleme ein. Dieser Umstand und zahlreiche Untersuchungsberichte zu Umweltzerstörungen haben ihn wachgerüttelt. Er begann, sich andere Wege auf biologisch-ökologischer Basis zu erschliessen. Mit dem Einsatz von Mikroorganismen, zusammen mit Photosynthesebakterien, kam er einen entscheidenden Schritt weiter: Im Versuchsanbau wuchsen Mandarinen mit ausserordentlichen Qualitäten heran.

Oben: Tempel auf der Sekei Kyusei -Farm in Sara Buri (Thailand).

Unten: Zur Eröffnung des Europäischen Beratungsinstitutes pflanzt Professor Teruo Higa eine Zierkirsche als Symbol für eine glückliche Zukunft.

Angeregt von diesem Erfolg, sammelte er weitere Bakterienstämme und setzte immer wieder neue Mischungen zusammen, bis sich ihm 1981 – nach mehr als 10 Jahren Versuchsarbeit – endlich die richtige Zusammensetzung zeigte. Zu diesem Zeitpunkt wusste er, dass da eine grossartige Sache zum Nutzen einer umweltfreundlichen Technologie in der Landwirtschaft entstanden war. Er ahnte aber noch nicht, wie universell der Einsatz dieser Mikrobenmischung sein würde.

Zunächst stiess Higa in seinen vor Begeisterung sprühenden Vorträgen auf taube Ohren. Das Sprichwort «Der Prophet im eigenen Lande gilt nichts» bewahrheitet sich auch hier. Die Wende kam mit dem Interesse eines seiner Studenten, der der buddhistischen Religionsgemeinschaft Sekei Kyusei Kyo angehört. Die Gemeinschaft pflegt eine natürliche Anbaumethode, die dem biologisch-dynamischen Anbau im Westen sehr ähnlich ist. Den Grundsätzen der Sekei-Kyusei-Farm konnte Professor Higa ohne Einschränkungen zustimmen. Sie passt zu seiner Philosophie. Die Wirkungsweise der Effektiven Mikroorganismen fügte sich wunderbar ein.

Weil EM so rasch die Welt eroberte, wurde von einstigen Studenten Higas in Japan ein Beratungs-Institut mit Niederlassungen auf allen Kontinenten gegründet. Die Sekei-Kyusei-Gemeinschaft organisierte alle zwei Jahre insgesamt 7 Kongresse für den weltweiten Erfahrungsaustausch. Diese Anlässe fanden grossen Anklang. Wissenschaftler untersuchten die Wirkung der Effektiven Mikroorganismen in verschiedensten Einsatzbereichen. Es entstehen immer mehr EM-Produktionsstätten. Regierungen unterstützen EM-Projekte. Die einleuchtende und Umwelt reinigende EM-Anwendung ist im neuen Jahrtausend kein unbekanntes Mauerblümchen mehr, sondern erstaunt ob ihrer vielfältigen und effizienten Möglichkeiten.

Professor Higas Philosophie

Higa war es wichtig, auf das Konkurrenzprinzip hinzuweisen, in dem das Wirtschaftswachstum gefördert wird. Er sagte dass «eine Gesellschaft, in der überflüssige und zerstörerische Produktionen belasten, nur glücklich werden kann, wenn sie sich der Koexistenz, die auf Wohlstand für alle basiert, statt dem Konkurrenzverhalten verschreibt».[5] Als Optimist und Idealist wollte er seine authentische Technologie* allen Menschen zugänglich machen und setzte alles in Bewegung, dieses hoch angesetzte Ziel auch zu erreichen.

Wir müssen bereit sein, uns über die unvorstellbare Kraft der kleinen Lebewesen zu informieren und uns zusammen mit ihnen in der Biosphäre einrichten.[4]

Professor Higa will EM ganzen Nationen zugute kommen lassen, nicht nur einzelnen privaten Interessenten. Eine Monopolstellung oder Patentierung der Produkte schloss er aus, weil die Effektiven Mikroorganismen keine neue Erfindung, sondern Bestandteil des biologisch funktionierenden Umfeldes der natürlichen Biospähre sind (oder besser gesagt: sein sollten, wären sie nicht durch das menschliche Fehlverhalten so dezimiert). Er sieht in EM eine Grundlage eines universalen Standards, eine perfekte Form der Koexistenz* und Koprosperität*. «Ich begrüsse jede weitere Forschung über EM aufs Wärmste»,[5] ist eine seiner wichtigen Botschaften.

Higa setzt voraus, dass ein Teil der mit EM erwirtschafteten Profite in einen Fonds kommt, aus dem die Förderung der alternativen Landwirtschaft, vor allem in finanziell geschwächten Ländern, und die dazugehörigen Ausbildungen bezahlt und Forschungsprojekte für die Umwelt unterstützt werden.

Neue Erkenntnisse in der Welt der Mikroorganismen

In der Viehwirtschaft wird Heu oder Mais durch Milchsäurebakterien über Fermentation zu Futtersilage. Milchsäurevergorenes Gemüse, wie es in Japan sehr beliebt ist, kennen wir auch als sehr gesunde Kost, z.B. das Sauerkraut. Milchsäurebakterien gehören zu den Kräften der Regeneration und erhalten Leben, bauen auf und fördern Antioxidantien. Andere Keime sind den Kräften der Degeneration zuzuordnen. Sie bauen ab, zerstören, machen krank und töten, geben alles dem Zerfall preis. Beide Kräfte sind sinnvoll und erfüllen – der Natur dienend – ihre Aufgaben.

Higa ist in seinen Überlegungen zur Ansicht gekommen, dass in einem ausgeglichenen Boden beide Arten der kleinen Lebewesen gleichzeitig und nebeneinander existieren können müssten, obwohl die Wissenschaft bisher davon ausgegangen ist, dass kon-

4 Pommeresche 2004, S. 209
5 Higa 2000, S. 106

Es ist nicht neu und originell, EM zu nutzen. Wir machen das schon seit je her, um über Fermentation Brot, Wein und Bier herzustellen[6].

kurrierende Mikroorganismen nie im gleichen Umfeld leben können und sich gegenseitig zerstören müssen. Higas Theorie konnte in vielen Beispielen beobachtet und bewiesen werden.

Higa selektierte aus 2000 Stämmen geeignete Mikrobenarten, die entweder mit oder ohne Sauerstoff leben und fand heraus, wie das Zusammenspiel funktioniert.

Der Aufbau von Stickstoff als Beispiel für den Ablauf der Zusammenarbeit von Mikroorganismen:

- Die Stickstoff bindenden aeroben Azotobakter leben in organischem Material und verbrauchen bei ihrer Umsetzungsarbeit Sauerstoff. Es entsteht Sauerstoffmangel.
- Daraufhin kommen die anaeroben Photosynthesebakterien (ohne Sauerstoff lebend) zum Zuge und wandeln organische Substanz zu pflanzenverfügbaren Nährstoffe um. Dabei fressen sie für den eigenen Energiebedarf die Ausscheidungen und Rückstände der vorausgegangenen Azotobakter.
- Das Spiel beginnt aufs Neue, denn die Ausscheidungen und ausgedienten Leiber der Photosynthesebakterien sind wiederum willkommene Nahrung und neue Lebensbasis der Azotobakter.

So ist im Neben-, Mit- und Nacheinander der Mikroben der aerobe wie der anaerobe Aufbau von Stickstoff möglich.

Noch nicht lange bekannt: Hatte man früher die aeroben Bakterien als «gut» und die anaeroben als «schlecht» bewertet, weiss man heute, dass anaerobe Lactobazillen (L. bifidus) des Darmes, Zymogene (Fermentbakterien, Enzymbildner), Schwefel- und Sulfat reduzierende Bakterien, viele Chlostridien (u.a. stäbchenförmige Fermentationsbakterien) und die braun-grünen Photosynthesebakterien wirksame, wichtige Keime sind. Sie verzehren mit Vorliebe Schmutzstoffe, Gifte, Krankheitserreger und alles, was uns die Nase rümpfen lässt, weil es fault oder verwest und stinkt. In EM leben anaerobe Photosynthesebakterien mit den Fermentationsbakterien zusammen, regen andere Mikroorganismen unter Sauerstoffausschluss an und aktivieren sie. So wird der Abbau-Prozess wieder in einen aufbauenden umdirigiert.

Aufgabe von EM ist, das vorherrschende Milieu des Abbaus wieder in den Aufbau zu bringen. Je höher die Anzahl der Antioxidanzen durch aufbauende Mikroben ist, umso besser ist die Wirkung auf

6 Higa 1994, S. 96
7 Higa 1994, S. 105

Mensch, Tier und Pflanzen. Die ausgepumpte Vegetation wird wieder mit Vitalstoffen aufgefüllt. Es wird Fäulnis verhindert und organische Substanzen werden in pflanzenverfügbare Formen umgewandelt. Die Ausscheidungen von Effektiven Mikroorganismen enthalten viele aufbauende Stoffe wie Aminosäure, organische Säuren, Polysaccharide* und Vitamine.

Das Dominanzprinzip

Dies ist ein Naturgesetz und funktioniert auf allen Ebenen. Es steht wegen der auf der Erde herrschenden Polarität an vorderster Stelle, obwohl die Natur immer das Gleichgewicht anstrebt.

Ein fiktives Zahlenmodell zu Erklärung des Domoninanzprinzipes
Für ein besseres Verständnis dieses Vorganges hier ein Beispiel: Angenommen,

- von 100 Prozent einer Menge gehören 5 Prozent dem aufbauenden, konstruktiven und meistens erwünschten Mechanismus an
- weitere 5 Prozent sind auf der Gegenseite. Sie bauen ab, wirken zerstörend und sind oft unerwünscht
- die restlichen 90 Prozent verhalten sich opportunistisch* und sind bestrebt, die Mechanismen der vorherrschenden Seite aufzunehmen. Sie setzen sich einfach auf die Waagschale, wo schon die grössere Menge einer Einheit ist

Für die Dominanz auf einer Seite der Waage braucht es gar nicht viel: Beträgt die aufbauende Menge nur etwas mehr, vielleicht 5,01 Prozent, die abbauende dafür nur 4,99 Prozent, so rennt die ganze neutrale Mannschaft (die Opportunisten) mit ihren 90 Prozent dem dominanten Aufbau hinterher, worauf die Waagschale mit den Aufbauenden 95,01 Prozent der gesamtem Masse enthält, die mit dem Abbau nur noch knappe 5 Prozent.

Die EM-Technologie hat einen positiven Einfluss auf das gesamte Umfeld. Mit ihr wird es möglich, die Qualität unserer Nahrung deutlich zu verbessern.[7]

Eine Waagschale neigt sich dahin, wo die grössere Masse ist:

Dieses Prinzip nutzt Higa und gibt den aufbauenden Mikroben die Oberhand, damit sie aus dem allseitigen Abbau herausführen können.

EM für aktiven und effizienten Umweltschutz

«Eine flächendeckende EM-Anwendung kann Umweltzerstörung verhindern und zur Gesundung umkehren», sagt Higa[8] in seinen Schriften. Er ist überzeugt, dass sich Umweltprobleme nur mit den Denkweisen der Syntropie-Technologien als ein geeignetes Medium aus der Entropie herausführen lassen.

Entropie* entsteht, wenn bei Verschmutzungen stetig anwachsende Rückstände verbleiben, weil sie nicht wieder in den Naturkreislauf zurückgeführt werden können. Ein Beispiel ist die globale Erwärmung. Entropie steht laut Higas Schriften für Abbau, Oxidation und Verschleiss von Ressourcen bis hin zur Verschmutzung und Zerstörung der Biosphäre von Luft, Wasser und Boden. Die meiste Technik bringt durch Energieverbrauch, synthetisch hergestellte chemische Stoffe und Massenproduktionen Entropie hervor.
Syntropie* ist eine Wortschöpfung von Higa (Syn aus dem Wort Synthesis = Zusammensetzung, Zusammenspiel und -tropie, dem Begriff «Entropie» entnommen). Der Ausdruck steht für Aufbau, Wiedergeburt, Antioxidation. Syntropie ist der Gegenbegriff von Entropie, sie ermöglicht die Reinigung von Verschmutzungen und die Umwandlung schädlicher Stoffe in «Bodenschätze» für Pflanzen. Dieser Vergleich ist stimmig, denn in der frühen, syntropischen und sauerstoffarmen Weltgeschichte entstanden in Jahrmillionen u.a. auch Bodenschätze wie Steinkohle und Erdöl. Die Funktion der Syntropie ist der Photosynthese bei Pflanzen ähnlich, deren wachsendes Grün die Umwelt reinigt.

Den Beweis der aufbauenden Kraft von EM hat Higa auf vielen Ebenen bereits erbracht. In den warmen Klimazonen des Erdballes können die Effektiven Mikroorganismen besonders schnell und eindrücklich wirken, denn eine angenehme «Brutwärme» verhilft zur raschen Vermehrung der Mikroben. Sie sind zwischen 20 und 38 Grad Celsius am aktivsten und wandeln innerhalb kürzester Zeit umweltbelastende Stoffe in umweltverträgliche um. Nicht unwesentlich sind dabei auch die finanziellen Einsparungen, weil viele teure Massnahmen durch kostengünstige EM-Anwendungen ersetzt werden können und nur noch ein Bruchteil der bisherigen «Kosten erforderlich ist, z.B. für Klärschlamm-Entsorgungen, teure Verbrennungsanlagen und Sondermüll-Endlager.

Ozonlöcher in der Erdhülle: Gasförmige Kohlenstoffe wie Methan, Ethylen oder Acetylen bilden Treibgase. Mülldeponien, Massentierhaltungen und Brandrodungen als Haupttäter machen die kostbare Ozonschicht kaputt, die uns vor schädigenden kosmischen Strahlungen schützt. Effektive Mikroorganismen, gezielt am «Tatort» eingesetzt, binden die zerstörerischen Gase und zerlegen sie in Sauerstoff, Zuckerarten und nützliche Aminosäure – ein hochwertiger Dünger für den Boden und für das Plankton im Meer.

CO_2-Belastung: Bei globalem EM-Einsatz wird der stetige Anstieg von Kohlendioxyd in der Atmosphäre gebremst. Ein Beispiel: Brennkammern von Heizungen und Kehrichtverbrennungsanlagen mit EM Keramik-Einlage mindern den CO_2-Ausstoss.

Schwermetallanreicherung im Boden und in Müllkippen sind ein gefundenes Fressen für Effektive Mikroorganismen. Sie befreien die belasteten Substrate auf natürliche Weise.

Müllhalde in Vietnam, wo mit EM-Technologie aus dem stinkenden Abfall wohlriechender Dünger entsteht.

Geruchsbelästigungen aus Kläranlagen und Müllplätzen sind stinkende Nachweise für giftige Fäulnisprozesse. Es beeindruckt, wie EM besonders in warmen Regionen und Jahreszeiten diese belasteten Orte «rehabilitiert», indem die Mitläufer-Bakterien (Opportunisten) von der Seite der Degeneration auf die Seite der Regeneration gebracht werden.

Wie EM auf Dioxin und andere synthetisch hergestellte Gifte einwirkt, beschreibt Higa aufschlussreich, denn es ist inzwischen unmöglich geworden, den Giften auszuweichen, sie sind überall. Zudem enthalten über 60 Prozent der Pflanzenschutzmittel Grundstoffe für unerwünschte, sich unkontrolliert bildende Umwelthormone, die nur schwer abbaubar sind.

Die natürliche Zersetzung von Dioxinen im Boden geht nur sehr langsam vor sich. Nach 10 bis 12 Jahren ist erst die Hälfte der Belastung abgebaut. Bei optimalem, grosszügig bemessenem Einsatz von aktiviertem EM (EMa) verkürzt sich dieser Prozess enorm. Laut Higa war der Wert auf einem belasteten Feld in 50 Tagen um 30 Prozent gesunken, nach drei Jahren konnte kein Dioxin mehr nachgewiesen werden. In Müllverbrennungsanlagen werden Dioxine freigesetzt, weil z.B. Rückstände von Frischhaltefolien (Venylchlorid) mit Kochsalz (aus dem Hausmüll) neue Verbindungen eingehen.

8 Higa 1994, S. 81

Wo EM grosszügig angewendet wird, lösen sich Rückstände von Giften und Verschmutzungsstoffen allmählich auf.[9]

Dioxin ist ein Sammelbegriff für 50 verschiedene chlororganische Substanzen, von denen 17 besonders gefährlich sind und z.B. bei der Herstellung von Unkrautvernichtungsmitteln entstehen können. Dioxine sind hochgiftige Verbindungen, die sich auch durch Verbrennung (Kehricht, Metallverarbeitung) bilden können. Sie sind stark Krebs erregend, senken die Immunkräfte, schädigen die Leber und führen zu Unfruchtbarkeit. Sie belasten den Boden und das Grundwasser über viele Jahre. Über den Luftweg (Emission) oder über die Asche aus Verbrennungsanlagen kommen sie zurück zur Erde:

- auf Viehweiden
- ins Wasser, wo sie von Fischen aufgenommen werden
- als Staub auf Gemüse und Getreide

und gelangen so auf verschiedenste Art in die Nahrungskette.

Die Dioxin-Belastungen stammen zu 90 Prozent aus Müllverbrennungsanlagen. Aktiviertes EM und EM Keramikpulver, die über den Müll vor der Verbrennung auf der Halde versprüht werden, reduzieren diese schlimmen Toxine bereits. Wird in den Brennkammern zusätzlich EM Keramikpulver eingeblasen, wird die Dioxinbildung herabgesetzt.

Wüsten, wie wir sie kennen, waren einst fruchtbare Regionen.

Erosion, die Vorstufe zur Wüstenbildung, breitet sich rasend schnell aus, wo Erde ihre Lebendigkeit verloren hat und keinen Bewuchs mehr zulässt. Mit einer EM-Behandlung kann der Boden sehr effizient wiederbelebt werden. Die zerstörte Bodenstruktur baut sich wieder auf, Verschlämmungen und verkrustete, harte Oberflächen werden krümelig und können das Wasser wieder «schlucken». Pilzfäden (Hyphen) durchweben den Boden und bereiten mit einem dichten Geflecht die neue Begrünung vor.

Belastete oder gar tote Gewässer werden mit EM neu belebt. Wird bereits das Abwasser aus Haushalt und Industrie mit EM geimpft, setzt sich die Heilung über die Kanäle, Flüsse und Seen fort bis zum Meer. In Japan kehrten die Fische nach der EM-Behandlung wieder in die vor kurzem noch «gekippten» (eutrophierten) Gewässer zurück.

In Kläranlagen mit EM-Bewirtschaftung tummeln sich Fische im letzten Becken. Es entstehen keine Faulschlämme. Die Sedimente* gehen bis zu 90 Prozent zurück, werden von den Effektiven Mikroorganismen einfach weggefressen. Die aufwändige Verbrennung

9 Higa 2000, S. 11

der Klärschlämme reduziert sich enorm und damit auch die hohen Kosten für deren Entsorgung.

Landwirtschaft und Viehzucht mit konventioneller Anbaumethode belasten das Land und alles, was darauf und von ihm lebt mit

- Bioziden*
- Antibiotika
- Kunstdünger
- unsachgemäss behandelter Gülle und Mist
- keimtötenden Mitteln für die Hygiene des Viehs

Mit EM sind beängstigende, giftige Massnahmen nicht mehr nötig. Viele Pflegearbeiten machen wieder Spass, weil keine Schutzanzüge und Gasmasken erforderlich sind:

- Böden werden wieder belebt und tragen reiche, gehaltvolle Früchte
- die Mengen der Pflanzenschutzmittel werden extrem reduziert oder erübrigen sich
- das Vieh steht gesund im Stall; Geruch und Fliegen werden reduziert
- der die Luft belastende Methan-Ausstoss durch Mist, Gülle und Veratmung vom Milchvieh sinkt auf ein Minimum
- Effektive Mikroorganismen besetzen als «Platzhalter» die Flächen, wo sich sonst pathogene Keime breit machen könnten

Gesundes Vieh ohne Fliegenplage und Ammoniak-Belastung.

Kalanchoe-Anbau im «geschlossenen Wasserkreislauf».

In der Pflanzen-Massenproduktion des Gartenbaus fallen die gleichen Belastungen mit Bioziden an wie in der konventionellen Landwirtschaft. In vielen Regionen ist deshalb der «geschlossene Kreislauf» eine staatliche Verordnung, die streng überprüft wird. Im geschlossenen Kreislauf werden alle Mittel, die durch das Giesswasser eingebracht werden, gefiltert und gereinigt den Pflanzen aufs Neue zugeführt. Dieses Wasser darf nach mehrmaligem Umlauf nur über teure Filteranlagen ins Abwasser abgeführt werden. Obwohl in dieser Kulturform ein EM-Einsatz sehr wirkungsvoll sein könnte, hat er sich bisher noch nicht im grossen Massstab durchgesetzt.

Ein EM-Betrieb in Süddeutschland mit 6000 Hühnern kann dem Besucher gesunde, friedvolle Tiere zeigen.

In Massentierhaltungen sind psychotische Störungen der Tiere, Seuchen und belastete Produkte grosse Probleme. Mit EM werden die Tiere ruhiger und toleranter, die lästige Fliegenplage entfällt, Seuchen treten kaum mehr auf. Milch, Eier, Fleisch, Fisch und Meeresfrüchte aus EM-gepflegten Tierhaltungen sind wegen der geschmacklichen und biologischen Qualität beliebt. Das sind alles «Vorteile, die auch der Umwelt gut tun.

Alles, was unter dem Begriff «Industrie» zusammengefasst wird, bezieht sich auf Technologien, die in den meisten Fällen naturfremd arbeiten, also ein künstliches Umfeld haben und künstliche Produkte anfertigen. Das ist sehr häufig umweltbelastend. Hier tut sich ein grosses Feld auf, wo mit den Effektiven Mikroorganismen umweltfreundliche Produktionsweisen ausprobiert werden könnten. Es braucht nur ein bisschen Mut zur Kreativität.

Hygiene im menschlichen Umfeld – privat im Haushalt oder gesetzlich verordnet im Gastgewerbe und in klinischen Bereichen – ist ein weiteres Einsatzgebiet: Hier ist EM in vielen Fällen eine grosse Hilfe, weil es eine ganze Reihe üblicher Entkeimungsmittel ersetzen kann.

Im Hausbau, in Industrieanlagen und bei öffentlichen Betonbauten wie Brücken, Hangbefestigungen und Mauern leistet EM wertvolle Dienste, wenn es in Baumaterialien eingemischt wird, denn es verhindert Korrosion und Alterungsprozesse. So rosten Armierungseisen im Beton nicht mehr, wenn dem Zement EM beigemischt wurde. Farben halten sich mit EM Keramikpulver besser und geben eine gute Atmosphäre ab. Beim «Sick-House-Syndrom» (giftige Ausscheidungen aus Baumaterialien) kommt EM erfolgreich zum Zug. Verpilzte Räume (Schimmel, Stockflecken) können mit EM umweltgerecht behandelt werden. Wasserschäden am Bau nach Flutkatastrophen sind vor allem mit starken Faulgerüchen begleitet, die durch EM-Einsatz reduziert und nasse Wände vor Schimmelpilzen bewahrt werden.

EM wurde schon bei einigen Flutkatastrophen mit Erfolg eingesetzt.

Im privaten Haushalt wirkt der EM-Einsatz besonders vielfältig. Als Universalputzmittel ersetzt es eine Vielzahl der im Handel üblichen «Spezialpräparate». EM im Raum versprüht, bindet Staub und Gerüche (Kochdunst, Zigaretten), hält lästige Fliegen fern und sorgt für «gute Luft».

Beweggründe für Genmanipulationen, nämlich den Hunger der Welt zu stillen, geraten ins Wanken, weil die Bodenfruchtbarkeit durch EM zu nicht mehr gekannten Ernten führt, wenn es gründlich und in ausreichenden Mengen eingesetzt wird.

Die Diskussion über höhere Erträge durch Gentechnik wird durch die EM-Technologie vom Tisch gefegt, weil sie auf natürlicher Basis arbeit und gesünder, wirkungsvoller und weitaus günstiger als die kostspieligen Anstrengungen der Gentechnologie-Wissenschaft ist.

Es gibt noch viele EM-Anwendungen, die im Einzelnen im praktischen Teil dieses Buches aufgeführt werden. Viele und bisher noch nicht bedachte Einsatzmöglichkeiten mit heilender Wirkung durch EM warten auf Entdeckung. So manche Anregungen und Ideen werden noch folgen.

EM sorgt für den Aufbau

Effektive Mikroorganismen stellen ein übergeordnetes Prinzip dar: Sie eröffnen unglaublich viele Anwendungsmöglichkeiten, die unseren Planeten wieder ins Lot rücken können. Ihr weltweiter Einsatz zeigt so viele positive Ergebnisse, dass die Hoffnung auf eine Gesundung des Globus kein Silberstreif am Horizont bleiben muss, sondern Stück für Stück Realität werden könnte. Zusammen mit anderen, die Natur schonenden Massnahmen kann EM den Schaden an der Biosphäre wieder in Ordnung bringen, kann Fäulnis- und Verwesungsbakterien abbauen und die Umwelt aus der Entropie in die lebenserhaltende Syntropie überführen. Die EM-Zusammensetzung aus probiotischen* Mikrobenstämmen mit Photosynthesebakterien, Pilzen, Hefen und Lactobazillen wirkt sich regenerativ und stärkend auf alles Leben aus. Die Photosynthesebakterien sind z.B. in dieser Mikrobenzusammensetzung die «Macher». Sie vertilgen die Abbauprodukte wie Schwefelwasserstoff, Kohlendioxid oder Ammoniak und bauen durch ihren Verdauungsprozess neue Stoffe daraus wieder auf. Sie scheiden nach diesem Umbauprozess grosse Mengen Nährstoffe aus wie Aminosäuren, organische Säuren, Mehrfachzucker und Vitamine, die alle für das Wachstum und die Entwicklung von Pflanze, Tier und Mensch wichtig sind. Somit sind Photosynthesebakterien fähig, aus verbrauchten, energiearmen Substanzen (z.B. Asche) wieder energiereiche Stoffe herzustellen.

Antioxidative Wirkungen: EM kann auf vielen Gebieten der Korrosion angewendet werden und Zerfallsprozesse stoppen, denn EM ist ein grosser Stein in dem Mosaik des aktiven Umweltschutzes. Es hat sich als sehr starkes Antioxidanz erwiesen. Mit grossflächiger Anwendung von Effektiven Mikroorganismen sinkt das Niveau der Umweltbelastungen und der fortschreitenden Oxidation. Die Umkehr aus der Entropie in die Syntropie wird durch EM möglich. Eine Vielzahl von Mitteln mit Radikalefängern erübrigt sich, denn «wenn die Wirkung von EM einsetzt, verschwindet die Energie der Radikal-Reaktion.»[10])

10 Higa 1994, S. 116

Resonanzwellen und Magnetismus sind Kräfte, die uns umgeben. Alle Dinge stehen mit allem, was ist, in Resonanz, ziehen sich an oder stossen sich ab. Ohne Magnetismus könnten wir nicht auf der Erde stehen, ohne Resonanzwellen gingen alle Lebewesen zugrunde. Obwohl die Wissenschaft die Vorgänge dieser Energien längst erforscht und erklärt hat, bleiben sie ein geheimnisvolles Phänomen, weil es nicht einfach «greifbar» ist und doch Motor des Lebens zu sein scheint. Photosynthesebakterien senden Wellen aus, vergleichbar mit einem elektronischen Kommunikationssystem wie Radio, Fernsehen oder Telefon. Wichtigster Bestandteil der Effektiven Mikroorganismen ist, dass sie mit sehr hoher Frequenz und extrem niedriger Energie die Eigenschaft magnetischer Resonanz aufweisen. Sie produzieren Antioxidantien und u.a. auch die Vitamine C und E.

Magnetische Resonanzwellen sind Energieträger, die verschiedene Wellenlängen zu einer gleich schwingenden Energie abstimmen, in «Resonanz» treten, wenn sie auf Magnetismus treffen. Gebäude, die mit EM Keramikzusatz gebaut wurden, sind bei Erdbeben stabiler, weil sie durch die Wirksamkeit der magnetischen Resonanz besser im Einklang mit den Erdbebenwellen mitschwingen als vergleichbare Bauten ohne EM-Zusatz. Radioaktive Strahlungen werden durch magnetische Resonanz abgebaut, indem ihre gefährlichen Wellen in harmlosere verändert werden. Mit EM Keramik konnten radioaktiv belastete Böden nach wenigen Jahren auf normale Werte heruntergebracht werden.

EM – ein Mix aus vielerlei Mikrobenstämmen

Die Effektiven Mikroorganismen, wie Higa die Mixtur aus den verschiedensten Mikroorganismen genannt hat, sind in flüssiger Form als Lösung und in Keramik eingebrannt im Handel.

EM versetzt Pflanze, Tier und Mensch mit seiner ausgewogenen, vielseitigen Mikrobenzusammensetzung in die komfortable Lage, sich immer das auszuwählen, was gerade nötig ist.[11]

Die EM-Grundmischung setzt sich aus Photosynthesebakterien, Hefen, Pilzen, Actinomyceten (aerob und anaerob) und Milchsäurebakterien zusammen, wobei letztere die Hauptmenge bilden. Sie durchlaufen mit einer Lösung aus Wasser und Zuckerrohrmelasse einen Fermentationsprozess (= ohne Sauerstoff). Die Mischungen reifen einen Mondzyklus lang (28 Tage) unter gleichmässiger Temperatur, bevor sie abgefüllt in den Handel gelangen. Die Tinktur riecht angenehm süss-sauer, ähnlich dem Sauerkraut, und ist gold- bis dunkelbraun wegen der Zuckerrohrmelasse. Die Mikroben sind darin in einem Ruhezustand. Sobald sie in ihren zugedachten

Lebensraum kommen, werden sie aktiv. Das Erdreich und alles, was darauf wächst, ist ihr hauptsächlicher Wirkungskreis. Mit Hilfe von EM, zusammen mit organischen Substanzen, kann der ausgelaugte Boden wieder vollwertige Nahrung hervorbringen, was die Voraussetzung für eine gesunde Lebensgrundlage ist.

Aktiviertes EM ist eine Vermehrung der Originalmischung. Aktiviertes EM wird EMa genannt. Es kann relativ einfach hergestellt werden, was sich lohnt, wenn grössere Mengen gebraucht werden. Es ist sehr effizient, weil die Mikroben aus dem Ruhestand in die aktive Phase geführt werden und ausgebracht sofort auf ihr Umfeld einwirken. Während des Fermentationsprozesses vermehren sie sich stark, wenn über den Zeitraum von 7 bis 9 Tagen die Temperatur konstant um 35 Grad Celsius gehalten wird. Die Mikroben brauchen in dieser Phase viel Energie und Nahrung, die ihnen die Wärme und die Zuckerrohrmelasse liefern.

Feuergeister in der EM-Keramik

Die meisten Mikroorganismen reagieren empfindlich auf hohe Temperaturen. Viele krankmachende, abbauende Bakterien sterben ab, wenn unser Körper mit gesunden Abwehrkräften Fieber erzeugt. Der Wissenschaftler Louis Pasteur fand heraus, dass viele pathogene Keime bei mehr als 70 Grad Celsius abgetötet werden (deshalb sagt man «pasteurisierte» Milch). Der Mikrobiologe Robert Koch leistete viel Aufklärungsarbeit über krankmachende Bazillen. Nach seiner Zeit sind viele weitere Mikroben entdeckt und entziffert worden. So halten manche Mikroorganismen bis zu 130 Grad Celsius aus.

Richtige «Feuergeister» sind die Photosynthesebakterien. Sie überstanden in Urzeiten die Lavaglut der vielen aktiven Vulkane und ertragen laut Higa die unvorstellbare Hitze von mehr als 1200 Grad Celsius. EM wird mit einem Spezial-Ton verknetet. Dieser Ton enthält organisches Material, das von Pflanzen stammt und im vor Jahrmillionen stattgefundenen Wandlungsprozess zusammen mit urzeitlichen Mikroben Enzyme gebildet hat. Mit den hinzugefügten Effektiven Mikroorganismen ist eine Kombination gelungen, die besonders wirkungsvoll ist.

Die in den Ton gebrannten Effektiven Mikroorganismen sind nicht mehr aktiv, sondern in einer Art Ruhezustand, wie 1993 nachgewiesen werden konnte. Als Keramik-Röhrchen (Pipes) oder fein gemahlen zu Pulver, unterstützt diese EM-Form alle Umsetzungsprozesse

11 Zschocke, www.emater.de

Wasserkristallbildung: Destilliertes Wasser oben ohne und unten mit EM Keramikpipes. Während reines destilliertes Wasser keine Kristalle bildet, zeigt ein Wassertropfen des destillierten Wassers, mit aufbauenden EM Keramikpipes informiert, einen wunderschönen Kristall.[12]

Verschiedenste Formen der EM Keramik. Im Glas das EM Fermentationsgetränk.

im Boden und im Wasser. Ganz erstaunliche Ergebnisse erzielt diese spezielle Keramik, fein gemahlen, zusammen mit Urgesteinsmehl. Es hilft den Mikroben, Mineralien und Spurenelemente in pflanzentaugliche, organische Formen umzuwandeln, die über Haarwurzeln von der Pflanze aufgenommen werden können.

Der Grund für die phänomenale Wirkung der Keramik trotz stillgelegter EM-Aktivität sind die magnetischen Resonanzwellen und elektronischen Signale, die weiterhin ausstrahlen und ihre ganz spezifischen Informationen an die Umgebung abgeben: Für die Natur wird das Signal für Antioxidanz übermittelt und Oxidation verhindert, weil die bereits vorhandenen, aufbauenden Mikroorganismen aktiviert werden. Die EM-Keramik behält diese Eigenschaft, auch wenn sie anderen Materialien beigegeben wird. Je reiner ein Stoff ist, umso besser funktioniert die Übertragung der Information. Unbelastetes Wasser ist ein sehr geeignetes Medium, also Transportmittel für die Übertragung.

Oxidierte Substanzen geben keine magnetische Resonanz mehr ab. So behindert verschmutztes Wasser z.B. die korrekte Weitergabe der magnetischen Resonanz aus der EM-Keramik, bis deren Schwingungen das Wasser von den Belastungen befreit haben, worauf es derart gereinigt eine feinere Struktur annimmt.

EM-Keramik in Form gebracht: das feingemahlene Keramikpulver, z.B. in Flüssigkeiten eingesetzt, ist nicht immer praktisch. Das Pulver setzt sich zwar auf den Grund der Flüssigkeit ab, es wird aber immer wieder aufgerührt, wenn es in Bewegung gerät. Hier bieten sich die verschiedenen festen Formen an. Universell und am meisten gebräuchlich sind die kleinen Hohlröhrchen (Pipes). Aber auch grössere Hohlzylinder, kleine Kugeln oder grössere Ringe sind je nach Bedarf im Einsatz.

Ein Wort zu EM als Nahrungsergänzung

Im Handel werden Produkte als aufmunternde, Energie spendende Nahrungsergänzungsmittel oder als Zusatz zu Erfrischungsgetränken angeboten, entweder in einer vom Gesundheitsgesetz erlaubten Form z.B. FGM oder als Filtrat aus EM z.B. FGF (siehe Seit196).

Diese Produkte tun dem menschlichen Organismus auf direktem Weg über Milchsäurebakterien oder indirekt über die Information via magnetischer Resonanz sehr gut. Obwohl sie keine offiziellen

Heilmittel sind, wurden und werden sehr viele positive Erfahrungen damit gemacht. Higa bezeichnet sie als Hilfsmittel zur Prophylaxe vieler Gesundheitsprobleme. Diese Fermetationsgetränke sind in den meisten Ländern als registriert und zugelassen oder liegen zum Zeitpunkt dieser EM-Buch-Herausgabe zur Genehmigung vor.

Der japanische Arzt Shigeru Tanaka schreibt in seinem EM Buch «Vertrauen in Dr. Higas EM-X» sehr ausführlich über die Wirkungsweise von EM und den EM-Filtraten in der Ernährung und von erstaunlichen Heilerfolgen in seinem Klinikum mit EM-X.

EM-Salz ist ein Meersalz. Es wird in Japan aus grossen Tiefen gewonnen und in einem aufwändigen Herstellungsprozess mit Effektiven Mikroorganismen und dem FGf aufbereitet. Es kann als besonders edles Speisesalz wie Kristallsalz verwendet werden. Es wird, wie im Buch «EM Salz» von Teruo Higa und Ryuichi Chinen beschrieben, nicht nur für das Wohlbefinden erfolgreich eingesetzt, sondern wie die bei uns allgemein bekannte Salzsole und auch als unterstützendes Mittel bei vielen Krankheiten.

Weitere EM-Produkte auf dem Markt

Auf Grundlage der EM-Technologie wurden eine ganze Reihe Spezialprodukte entwickelt, und es werden laufend mehr. Für die Haushaltsreinigung oder die Körperpflege sind verschiedenste Mittel auf EM-Basis auf dem Markt. Da gibt es feine Pflegeserien oder Reinigungsmittel, mit wohlriechenden Essenzen angereichert. Ein spezielles EM für stark verschmutzte Gewässer, das in Kläranlagen, in Industrien wie Gerbereien oder auch nach Flutkatastrophen eingesetzt wird, ist ganz neu auf dem Markt. Hier sind solche Mikrobenstämme erhöht oder zusätzlich dazugegeben, die mit Vorliebe Öle, Schwermetalle und Gifte wegfressen und in verträglichere Substanzen umbauen. Aufkleber mit EM- Keramik lassen Elektrosmog verschwinden.

Es werden sicher noch viele weitere pfiffige EM-Produkte kreiert. Wichtig bleibt bei aller Kreativität der Gedanke daran, dass die Effektiven Mikroorganismen keine synthetisch hergestellten Chemikalien sind, sondern als Lebewesen betrachtet und behandelt werden sollten und dass nicht jede Manipulation oder die Zusammensetzung verschiedener Materialien von den Effektiven Mikroorganismen auch vertragen wird oder den gewünschten Nutzen bringen kann. Der Spruch «ein bisschen weniger ist oftmals mehr» gilt auch hier.

12 Braun, www.Wasserkristalle.ch

Zusammenfassung

Die Natur versucht trotz massiver Eingriffe das Netz der Lebenskreisläufe und das Gleichgewicht zu halten.

Das Kontrollorgan der Natur sind die Mikroorganismen. Sie bauen ab und bauen auf, je nach Erfordernis.
Gleiche Gedanken rund um den Globus entwickelten sich, nachdem das anthroposophisch ausgerichtete landwirtschaftliche Wissen alte und neue Erkenntnisse zusammenführte und provokative Ideen neue Technologien in Gang brachten.
EM und seine Entdeckung durch Professor Higa wurde in jahrelangen Tests weiter entwickelt.
Higas Philosophie wendet sich gegen das Konkurrenzprinzip, indem nur das Wirtschaftswachstum gefördert wird. Er sieht in EM die Grundlage für eine weltweite Koexistenz und Koprosperität und setzt voraus, dass ein Teil des mit EM erwirtschafteten Geldes in Fonds für Projekte in finanzschwächeren Ländern abgeleitet wird.
Neue Erkenntnisse belegen, dass sonst konkurrierende Mikroorganismen im Bodenmilieu mit-, neben- und nacheinander existieren und das Bodenleben wieder aktivieren können. Der Abbau (Oxidation) kann mit den Effektiven Mikroorganismen wieder in den Aufbau (Antioxidation) umgewandelt werden.
Aktiver Umweltschutz ist mit EM auf einfache und wirksame Weise möglich, in den warmen Ländern sogar sehr effizient, weil dort die Temperaturen über das ganze Jahr eine angenehme Brutwärme liefern und nicht nur im Sommer wie bei uns. Der Einsatz von EM kann Vieles bewirken:

- die gefährlichen Treibgase wie Methan, die Löcher in die Ozonschicht der Atmosphäre fressen, werden in pflanzenverfügbare Aminosäure und andere Nährstoffe umgewandelt
- die CO_2-Belastung wird gebremst
- Schwermetalle sind ein gefundenes Fressen für EM
- der Geruch von Kläranlagen und Müllplätzen verschwindet
- Dioxinbelastungen können rascher abgebaut werden
- erodierte Böden werden wieder belebt
- belastete oder gar tote Gewässer gesunden wieder
- die Landwirtschaft ist weniger auf Chemikalien angewiesen
- Gärtnereien könnten EM wie in der Landwirtschaft einsetzen

- Massentierhaltungen kennen keine Epidemien mehr
- die Tiere verhalten sich harmonischer
- in der Hygiene ist EM wichtig geworden, weil Entkeimungen mit giftigen Mitteln nicht mehr nötig sind
- Bauten werden haltbarer; Korrosionen der Materialien, Verpilzungen (Schimmel, Stockflecken) und das Sick-House-Syndrom können mit EM eingedämmt werden
- im privaten Haushalt hat sich EM u.a. als Universalputzmittel und zur Raumerfrischung bewährt
- Gentechnik für grosse Ernte ist nicht nötig, weil ein EM-gepflegter Anbau reichen Ertrag bringt.

EM hat sehr starke, aufbauende Kräfte und wirkt dem allseits vorhandenen Abbau entgegen. Es kann Oxidation sogar wieder rückgängig machen und freie Radikale binden.
Magnetische Resonanzwellen in EM Keramik wandeln gefährliche Wellen in harmlosere um.

EM-Anwendungsformen:

Die Originalmischung EM ist eine Flüssigkeit, in der Effektive Mikroorganismen im Ruhezustand und ohne Sauerstoff in geschlossenen Behältern auf ihren Einsatz warten. Sie ist als Bodenhilfsstoff registriert.
Aktiviertes EM (EMa) ist die erste Vermehrung der Originalmischung unter dem nährstoffreichen Zusatz von Zuckerrohrmelasse.
In EM Keramik wurden Effektive Mikroorganismen mit Ton verknetet und bei über 1000 Grad Celsius gebrannt. Als Hohlröhrchen für Wasseranwendungen oder als fein gemahlenes Pulver für den Boden «kickt» EM Keramik über magnetische Resonanzwellen ein neues, aufbauendes Mikrobenleben an.
Als Zusatz zu Erfrischungsgetränken tut EM in modifizierter Form dem menschlichen Organismus via magnetischer Resonanz (FGF) oder über die Milchsäurebakterienmischung (FGM) gut.
EM-Salz ist als edles Speisesalz zum Wohlbefinden unseres Organismus oder als unterstützendes Medium für die Heilung bei vielen Krankheitsbildern im Einsatz.
Weitere EM-Produkte werden neu entwickelt und auf dem Markt angeboten. Ob Körperpflege-Serien oder Haushaltsreiniger oder das spezielle EM für stark belastete Gewässer, alle Produkte sind auf der Basis von der EM-Technologie aufgebaut und mit anderen Substanzen ergänzt.

Die Redoxpotentialmessung ermittelt mit einer Spezial-Elektrode die innere Wertigkeit von Lebensmitteln. Produkte mit EM-Pflege erzielen die besten Ergebnisse.

Effektivität von Effektiven Mikroorganismen

Prof. Dr. Manfred Hoffmann

Wissenschaft soll Wissen schaffen!

Schon immer wurde in der Bodenbiologie, der Lebensmitteltechnologie und bei der Silagebereitung der Mikrobiologie eine fundamentale Bedeutung für Ertrag und Produktqualität beigemessen. Wesentliches Kriterium ist immer die Nutzung spezifischer Kulturen, die für einen speziellen Zweck in der Anwendung gezüchtet bzw. vital erhalten werden. Professor Higas Verdienst ist die umgesetzte «Zufallserfahrung», dass ein Mikrobengemisch aus über 80 verschiedenen Mikrobenarten mit teils gegensätzlichen Lebensbedingungen (Aerobier und Anaerobier) symbiontisch auf ein angebotenes Lebensumfeld positiv einwirken kann. Bislang hielt man derartige Parallelexistenzen für nicht realistisch und sinnvoll. Geht man aber davon aus, dass aerobe Azotobacter Sauerstoff zum eigenen Überleben brauchen und Stickstoff produzieren und Photosynthesebakterien Stickstoff zum Überleben benötigen, aber selbst Sauerstoff erzeugen, ist eine Symbiose vorstellbar und sinnvoll. Somit entsteht eine Auseinandersetzung zwischen theoretischem Systemdenken und praktischer Erfahrung.

Die wichtigsten Forderungen der Wissenschaft lauten: «Erkenntnisse müssen naturgesetzlich, Ergebnisse wiederholbar und (sollten) erklärbar sein.» Deswegen scheuen sicherlich viele Wissenschaftler zum gegenwärtigen Zeitpunkt noch den «Einstieg» in die EM-Technologie.

Claude Bernard (1813–1878), Naturwissenschaftler, Arzt, Mitglied der «Französischen Akademie der Wissenschaften», Zeitgenosse und wissenschaftlicher Kontrahent von Louis Pasteur empfiehlt für kontroverse wissenschaftliche Diskussionen: «Wenn eine Tatsache, auf die man stösst, mit der herrschenden Theorie im Widerspruch steht, muss man die Tatsache akzeptieren und die Theorie verwerfen, auch wenn diese von namhaften Wissenschaftlern unterstützt, allgemein angenommen wird.» Nachdem heute – im geschichtlichen Abstand – beide Forscher von der Nachwelt für die jeweiligen Anwendungsfälle recht bekommen haben – Pasteur mit seiner Sterilisation und Bernard mit seiner Milieu-Theorie «die Mikrobe ist nichts – das Milieu alles», können wir mit Gelassenheit auch die Ansätze von Higa einer interessierten Praxis und prüfenden Wissenschaft überlassen. Im Sinne Bernards stellt sich nur die Frage, ob die EM-Präparate ein entsprechendes Milieu vorfinden oder selbst gestalten, um optimale Wirkungen entfalten zu können.

Zielsetzung

Ziel dieses Beitrags soll es lediglich sein, die verschiedenen Wirkungspotentiale von EM-Anwendungen strukturiert vorzustellen und – soweit schon möglich – mit europäischen Untersuchungsergebnissen zu dokumentieren. Bislang musste in der Beratung entweder immer wieder auf japanische Übersetzungen oder nicht exakt dokumentierte Praktikermitteilungen zurückgegriffen werden, so dass viele kritische Interessenten verständlicherweise zurückhaltend reagierten.

Wissenschaft darf nicht zum Diktat werden, sondern muss zur verantworteten Freiheit bei der persönlichen Entscheidung führen.

Aber auch die berechtigte Frage nach der Stellung der Wissenschaft zu diesen Fragenkomplexen muss angesprochen werden. Die Erwartungen sind sehr gross und die Enttäuschungen vielfach noch grösser, weil Wissenschaft vielfach als «Laborwissenschaft» in selbst gesetzten engen Grenzen stattfindet.
Wissenschaftler fürchten den hohen Anspruch seitens der Fachkollegen. Mit zunehmender «Anwenderdichte» und gut dokumentierten positiven Praxisberichten wird sich aber auch hier schliesslich die wissenschaftliche Neugier durchsetzen!

Trotz aller möglichen wissenschaftlichen Ergebnisse und Erkenntnisse, – seien sie positiv oder negativ – dürfen wir allerdings nicht vergessen, dass wir uns in der EM-Technologie in einem komplizierten Bereich verschiedenartigster biologischer Wechselwirkungen bewegen, die in naturwissenschaftlichen Experimenten nicht nachmodelliert werden können. Eine gewisse Parallele dazu ist in der Medizin zu erkennen, wenn der berühmte Chirurg F. Sauerbruch sagt: *«Die Medizin selbst kann und darf nicht Wissenschaft sein.»* Auch wenn das seine heutigen Kollegen nicht gerne hören werden, so hat er doch nicht ganz unrecht! Wissenschaftliche Forschung am Menschen ist zwingend notwendig und legitim. Erfolgreiche ärztliche Tätigkeit am konkreten Krankenbett muss aber zusätzlich Situationen und Individualitäten in das Handlungsschema einbeziehen. Damit ist ärztliche Tätigkeit eine Kunst, wenn Kunst Wissen und Können gleichberechtigt beinhaltet. Diese künstlerische Freiheit müssen wir aber auch jedem Praktiker für seine Entscheidungen zugestehen, ja direkt einfordern!

Im Gegensatz zu den exakten Wissenschaften des Chemikers, Physikers oder Mathematikers, der am sogenannten «geschlossenen System» forscht, trifft dies für die praxisorientierten Bio-Wissenschaftler nicht zu. Sie müssen in der Praxis mit «offenen Systemen» rechnen, wenn z. B. thermodynamische Prozesse diskutiert werden.

Mikrobiologische Wirkungen

Wir haben es mit einem komplizierten und vielfältigen «Wirkungs-Paket» zu tun, wenn es gilt, den EM-Einsatz in der Praxis dokumentiert zu strukturieren. Dass es sich hier nur um einen ganz bescheidenen ersten Ansatz handeln kann, gibt allein schon der heutige Forschungs-Stand vor.

Antioxidative Effekte

In seiner Bachelorarbeit an der Eidgenössischen Hochschule ETH Zürich hat Robin Harder die Korrosion schützende Wirkung von EM1, EMa und EM-Keramikpulver nachgewiesen. Je nach Konzentration der eingesetzten EM-Produkte konnten in Abhängigkeit vom pH-Wert Erkenntnisse gewonnen werden:

- das Korrosionspotential fällt im alkalischen Bereich mit EMa und EM-Keramikpulver
- das Redoxpotential verschiebt sich mit steigender Konzentration von EMa und EM-Keramikpulver in den reduzierenden Bereich

Harder resümiert: «Die verschiedenen Messwerte deuten darauf hin, dass Medien, welche mit EMa oder EM-Keramikpulver versetzt wurden, in ihrer Charakteristik eher reduzierend sind. Vor allem im alkalischen Bereich kann EM-Keramikpulver deshalb die Gefahr von Lochfrasskorrosion unter Umständen erheblich reduzieren.»[1]

Emissionseffekte

Die Universität für Bodenkultur Wien hat in Zusammenarbeit mit dem Federal Research Institute for Agriculture in Alpine Regions die Wirkung von EM auf ammoniak- und klimarelevante Emissionen aus einem Schrägbodenstall für Mastschweine untersucht.

Material und Methode:

- zwangsentlüftete Abteile mit 16 Buchten zu je 10–12 Schweinen
- Messen von CH_4, NH_3 und N_2O mit einem hochauflösenden FTIR-Spektrometer
- Luftwechselrate im zentralen Abluftkamin
- Emissionsmessungen mit und ohne tägliches Versprühen von EM.

1 R. Harder, Bachelorarbeit SS 2006

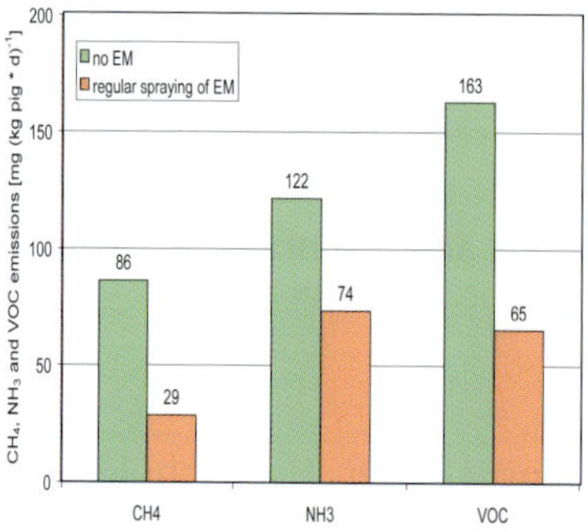

Abb 1: CH_4-, NH_3- und TOC-Emissionen und Einfluss von EM

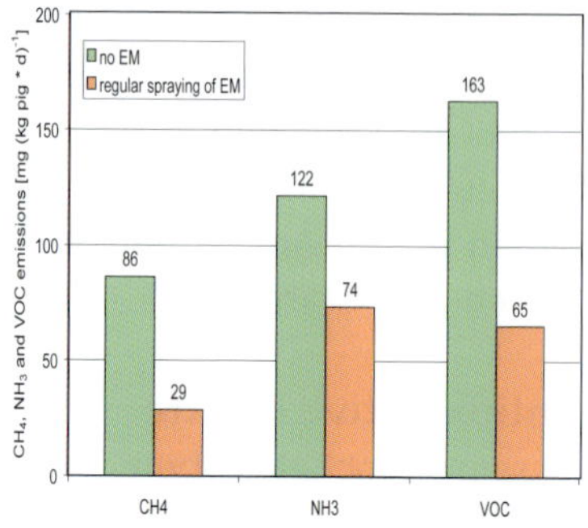

Abb 2: N_2O- und klimarelevante Emissionen und Einfluss von EM

Schlussfolgerung:

- Das Versprühen von EM führte zu einer Reduktion der CH_4-, NH_3-, N_2O- und klimarelevanten Emissionen *(Abb. 1 und 2)*
- TOC-Emissionen wurden quantifiziert, um einen Hinweis auf das Geruchsemissionspotential zu erhalten. Der EM-Einsatz führte zu einer deutlichen Reduktion der TOC-Emissionen

Versuch 1

NH_3- und klimarelevante Emissionen während der Lagerung von Rinder- und Schweineflüssigmist mit und ohne EM-Zusatz:

- EM-Zusatz am Beginn der Rinderflüssigmistlagerung: Reduktion von NH_3- und klimarelevante Emissionen.
- EM-Zusatz am Beginn der Schweineflüssigmistlagerung: Wirkung hängt vom TS-Gehalt im Flüssigmist ab.

Versuch 1	NH_3 (kg t-1)	Klimarelevante Emission (kg CO_2 eq. t-1)
Rind ohne EM	0,153	37,40
Rind mit EM	0,123	34,60
Schwein ohne EM (niedriger TS-Gehalt)	0,338	13,40
Schwein mit EM (niedriger TS-Gehalt)	0,354	15,20
Verfüttern von EM/FKE	0,267	12,90

Versuch 2

NH_3- und klimarelevante Emissionen während der Lagerung von Schweineflüssigmist und Schweinefestmist mit und ohne EM-Zusatz:

- EM-Zusatz am Beginn der Schweinefestmistlagerung: Reduktion von NH_3- und klimarelevanten Emissionen.

- Zusatz von EM/FKE zum Schweinefutter: Reduktion von NH_3- und klimarelevanten Emissionen.

Versuch 2	NH_3 (kg t-1)	Klimarelevante Emission (kg CO_2 eq. t-1)
Schwein ohne EM (niedriger TS-Gehalt)	0,322	144,00
Schwein mit EM (niedriger TS-Gehalt)	0,286	179,00
Schweinefestmist ohne EM	3,13	184,00
Schweinefestmist mit EM	1,78	172,00

Schlussfolgerung: Der Zusatz «Effektiver Mikroorganismen» zu Beginn der Lagerung von Milchviehflüssigmist (TS-Gehalt 9,39%) zeigte durchweg positive Wirkungen. Die Summe an klimarelevanten Emissionen war nach Zugabe von EM geringer als bei unbehandeltem Flüssigmist. Die Zugabe von EM zu Beginn der Lagerung von Milchviehflüssigmist kann empfohlen werden. Wurde EM bereits dem Schweinefutter zugesetzt, so zeigte sich bei allen gemessenen Gasen eine deutliche Emissionsreduktion. EM/FKE als Futterzusatz wirkt sich ausserordentlich positiv auf die Senkung umwelt- und klimarelevanter Emissionen während der Flüssigmistlagerung aus (auch wenn der Anteil an CO_2 gestiegen ist). Der frühe Zusatz von EM im Wirtschaftsdüngermanagement und/oder der regelmässige EM-Zusatz sind hilfreich, um die positiven Effekte entwickeln zu können.[2]

Der relativ hohe Anteil an Lactobazillen in der EMa-Variante ermöglicht eine optimale Milchsäurebildung und Gärführung in der Silagebereitung. EM-Silagen sind durch eine sehr rasche und sichere Milchsäuregärung mit intensiver pH-Wert-Absenkung charakterisiert.
Die übrigen anwesenden Bakterien verbessern offensichtlich mit ihren Stoffwechselprodukten die geschmacklichen Eigenschaften des Gärfutters, so dass die von Praktikern vielfach berichtete bessere Futteraufnahme und -verwertung nachvollziehbar wird.

In wissenschaftlichen Studien an verschiedenen deutschen Landwirtschaftskammern konnte nachgewiesen werden, dass die EM-Silagen ausserdem sehr strukturstabil waren und keine Nacherwärmungen aufgetreten sind, was für den praktischen Betrieb beachtliche Vorteile bringt.

Reduktion von Ammoniak-Emissionen aus Schweineställen[3]

Das Amt für Umwelt und Energie Schweiz hat zusammen mit dem Landwirtschaftlichen Zentrum in einem Versuch die Forschungser-

2 Boku Wien: Die Wirkung von EM auf Ammoniak-, Methan- und Lachgasemissionen und auf das Geruchsemissionspotential während der Lagerung von Rinder- und Schweineflüssigmist, 2004

3 Amt für Umwelt und Energie unter Gion Fravi, Landwirtschaftliches Zentrum: Andreas Schwarz

gebnisse der BOKU Wien bestätigen können. Die Untersuchungen von Juli 2008 bis März 2009 wurden im Gutsbetrieb Rheinhof-Salez durchgeführt und sollten darüber Aufschluss geben, ob der EM-Einsatz realisiert werden kann

- über das Futter
- über das Versprühen im Schweinestall

und Angaben zu Handling und Kosten liefern.

Schlussfolgerung (gekürzter Text): Es konnte gezeigt werden, dass ein Einsatz von EM im Schweinestall mittels Futterbeimischung oder Versprühen sowohl den Ammoniakgehalt der Stallluft als auch den Gesamt-Stickstoffgehalt der Gülle reduzieren kann. Ausserdem scheinen sich die EM günstig auf die Futterverwertung der Masttiere auszuwirken.
Nutzen im Schweinehaltungsbetrieb: Die EM können problemlos zum Futter beigemischt und der Boden und Schwemmkanal mit EM geimpft werden. Da sich nebst einer Reduktion der Luftbelastung mit Ammoniak offenbar auch ein günstiger Effekt auf den Zuwachs der Tiere ergibt, ist diese Variante für den Schweinehaltungsbetrieb interessant und kann grundsätzlich empfohlen werden. Die Variante des EM-Einsatzes mittels Sprühanlage erwies sich ebenfalls als wirksam zur Reduktion der Luftbelastung und ist sogar kostengünstiger. Wichtig ist hier der Einsatz geeigneter Düsensysteme. Die optimalen Dosierungen sowie die am besten geeignete Kombination mit der Stallimpfung müssten noch ermittelt werden.
EM-Einsatz als Element eines Ressourcenschutzprogrammes: Gestützt auf die Resultate der BOKU-Wien und der vorliegenden Untersuchungen kann der EM-Einsatz in Schweinehaltungsbetrieben als geeignete Methode zur Reduktion der Luftbelastung beurteilt werden. Es kann damit gerechnet werden, dass die Ammoniak- und Lachgasemissionen bereits im Stall um je 20–40% gesenkt werden können, was sich auch während Lagerung und Ausbringung auswirken dürfte. Im Vergleich zu der zu erwartenden Ammoniak-Reduktion um 17% durch die Schleppschlauchverteilung reduziert somit der EM-Einsatz die Luftbelastung deutlich wirksamer. Im Rahmen eines Ressourcenschutzprogrammes könnte der bereits geprüfte und für die Praxis empfehlungsfähige EM-Einsatz mit Futtermitteln unterstützt werden. In der Berechnung ist zu berücksichtigen, dass dem Schweinehalter pro Mastschwein nebst Kosten von ca. Fr. 18.00 ein Nutzen im Bereich von Fr. 2.00. bis 5.00 erwächst. Der Nettoaufwand zugunsten der Umwelt beträgt also Fr. 12.– bis Fr. 16.– pro Mastschwein oder Fr. 5.50 bis Fr. 7.30 pro 100 kg Futter (Stand 2009).

4 Quelle: E. Hammes, 2003

Luftbelastungen: Die in der Tendenz bestätigte Tatsache, dass die «begin-of-pipe»-Lösung eines EM-Einsatzes im Stall eine sehr wirksame Reduktion der Luftbelastung verspricht, erfordert weitere Abklärungen. Nebst der optimalen Anwendung und Mindestdosierung der EM-Präparate und deren Auswirkung auf die Tiere sollte insbesondere die Beeinflussung der Stickstoff-Verbindungen in Luft und Gülle umfassender und auch über eine längere Zeitspanne ermittelt werden. Die zuständigen Forschungsanstalten oder entsprechend eingerichtete Futtermittelhersteller sollten deshalb zu Versuchen mit den EM aufgefordert werden.

Konservierungseffekte

Durch die vielseitigere Zusammensetzung der Mikroorganismen in EMa ergibt sich zwangsläufig auch eine geringfügig veränderte Säuren-Struktur in der Silage.

Dokumentation der EM-Silagequalitäten[4]

Untersuchungen zur Stabilität von mit EM behandelten Grassilagen		
Untersuchungen nach DLG-Standard		
	Kontrolle	**mit EM**
Stabilität nach der Entnahme in Tagen	2,9	5,7
Verluste bis 7. Tag nach Entnahme	15,5%	0,5%
pH-Wert nach 3 Wochen	7,80	4,60
Untersuchung der Uni Wageningen		
	Kontrolle	**mit EM**
aerobe Stabilität nach Stunden	60	>525
pH-Wert nach 2 Monaten	5,88	4,29

Auswirkungen von EM auf die Qualität von Grassilagen					
Mittelwerte von 5 Probem der Landwirtschaftskammern Rheinland und Schleswig Holstein			***Mittelwerte aus 2 Proben der Universität Wageningen***		
	Kontrolle	**mit EM**		**Kontrolle**	**mit EM**
Trockenmasse in g/kg	25	24,9			
pH-Wert nach 3 Tagen	4,3	4,2		6,55	5,49
pH-Wert nach 90 Tagen	4,2	4,1		5,11	4,56
Milchsäure in %	1,83	2,66		4,19	8,52
Essigsäure in %	0,88	1,39		0,76	3,92
Buttersäure und ähnliche in %	0,04	0	Ethanol in g/kg TS	11,2	11,7
Propionsäure in %	0,02	0,13		0,3	0,3
NH_3-N in % vom Ges. N.	13	13	Ammoniak in g/kg TS	2,5	3,6
Trockenmasseverlust in %	9,1	10,1	Gewichtsverlust in g/kg TS	11,5	21,2

Schlussfolgerungen: Neben einem sehr hohen erwünschten Milchsäurepolster ist der unerwünschte Anteil an Essigsäure leider etwas erhöht. Dafür fehlt die Buttersäure mit ihrem ausgeprägten negativen Geruch vollständig. Die etwas erhöhten Trockenmasseverluste sind das Ergebnis der Stoffwechselaktivität – auch der übrigen vergesellschafteten Mikroorganismen. Diese dürften aber durch das bessere «Geschmackserlebnis» und die grössere Futteraufnahme wirtschaftlich voll ausgeglichen werden.

Gesundheitseffekte bei Tieren

In der Veterinärmedizinischen Fakultät der Universität Leipzig wurden im Verlaufe eines Jahres die Wirkungen der Effektiven Mikroorganismen auf den Gesundheitsstatus von Milchkühen unter besonderer Berücksichtigung einer chronischen Salmonellainfektion untersucht. Eine der Fragestellungen war, ob die direkte Zugabe von Effektiven Mikroorganismen zum Futter und/oder als Silierhilfsmittel bei infizierten Tieren zu einer Eliminierung der Infektion führt. Die Untersuchungen wurden in einem Bestand mit 1400 Kühen durchgeführt, bei denen eine chronische Salmonella Cerro-Infektion festgestellt worden war. Es sollte ermittelt werden, ob es durch Einsatz von Effektiven Mikroorganismen zu signifikanten Veränderungen in Parametern der Kotflora kommt.

Für alle Diagramme gilt: In den Untersuchungen kam EM nach Entnahme der Nullproben zum Zeitpunkt H1 bis Zeitpunkt H2 als Futterzusatz, danach (H3 und H4) als Silierhilfsmittel zum Einsatz.

Beginn der EM-Applikationen: H1
Als Futterzusatz: H2 = 6 Wochen nach Applikation
Als Silierhilfsmittel: H3 = 6 Monate, H4 = 12 Monate nach Applikation

1. Dynamik der aeroben Gesamtkeimzahl
(nach Applikation)

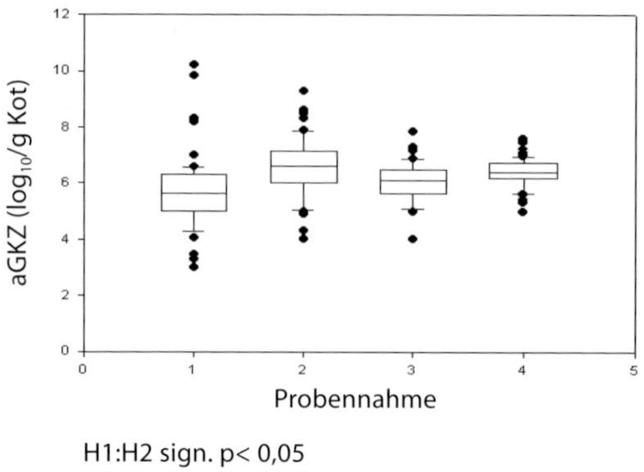

H1:H2 sign. p< 0,05
H1:H4 sign. p< 0,05
H2:H3 sign. p< 0,05

2. Dynamik der Gram-negativen Gesamtkeimzahl
(nach Applikation)

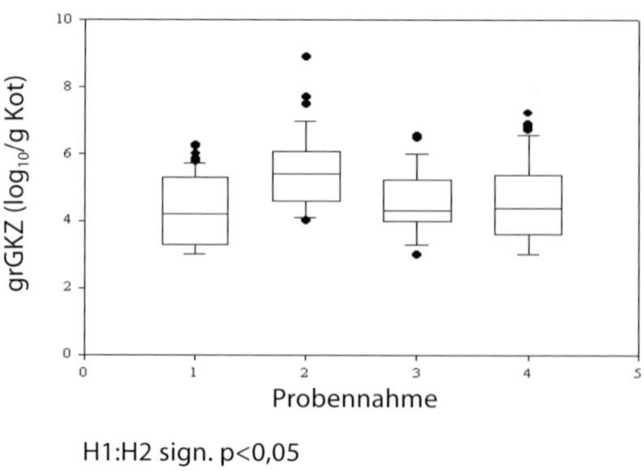

H1:H2 sign. p<0,05
H2:H3 sign. p< 0,05
H2:H4 sign. p< 0,05

3. Dynamik der anaeroben Gesamtkeimzahl
(nach Applikation)

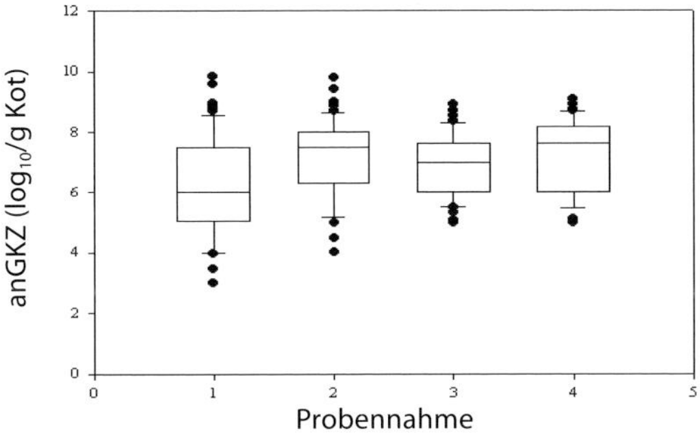

H1:H2 sign. $p < 0,05$ –
H1: H4 sign. $p < 0,05$

4. Dynamik der Lactobazillen
(nach Applikation)

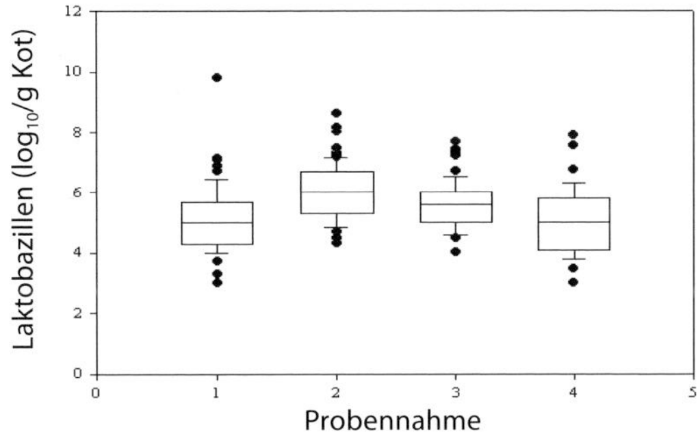

H1: H2 sign. $p<0,05$
H1:H3 sign. $p<0,05$
H2:H4 sign. $p<0,05$

5. Dynamik der Bifidobakterien
(nach Applikation)

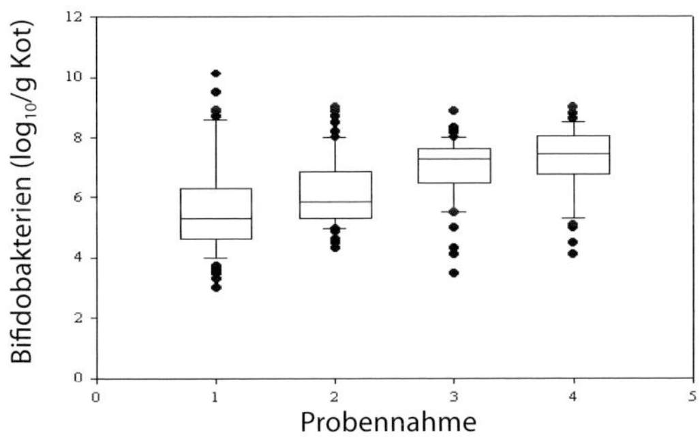

H1:H2 sign. $p<0,05$
H1:H3 sign. $p<0,001$
H1:H4 sign. $p>0,001$

6. Dynamik der Bacteroides-Keime
(nach Applikation)

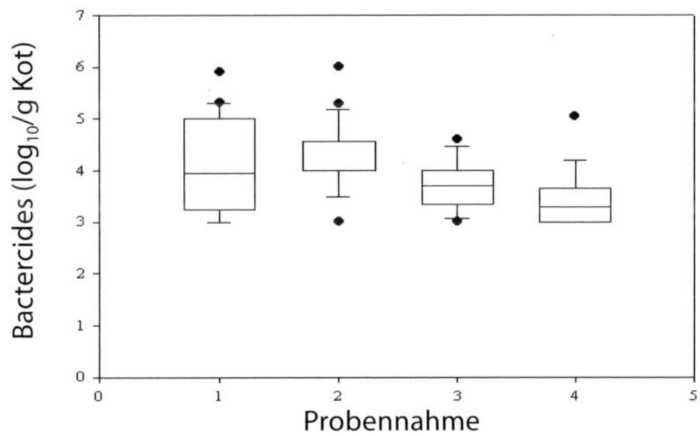

H2:H4 sign. $p<0,05$

Schlussfolgerung: Durch die Zufütterung von EM über 12 Monate konnte gezeigt werden, dass dadurch die wesentlichen gesundheitsfördernden bakteriellen Parameter erhöht werden konnten. Hervorheben muss man den stetigen Anstieg der Bifidobakterien, die für die Homöostase im Magendarmtrakt die wesentlichste Rolle spielen. Von Bedeutung ist auch, dass die Gram-negativen Bakterien, in der Hauptsache E. coli, im Verlauf der Untersuchungen reduziert wurden. Durch Einsatz von EM, kombiniert mit Anwendung von Lactulose und einem bestandsspezifischen Salmonella Cerro-Impfstoff, konnte das Salmonellenproblem im Bestand gelöst werden.

Einfluss von Bokashi auf Gesundheit und Leistung von Absetzferkeln[5]:

Im vorliegenden Versuch wurde der Einfluss von Bokashi auf Leistung und Gesundheit von Absetzferkeln unter schweizerischen Bedingungen untersucht: 90 Ferkel (Edelschwein) in 18 Versuchsgruppen à 5 Ferkeln, 5 Wochen alt, mit einem Durchschnittsgewicht von 11 kg.

Parameter	Kontrolle	Bokashi 1,5%	Bokashi 3%	SE
Gewicht bei Beginn, kg	10,9	11,08	11,2	
Futteraufnahme (d1–14), g	617^{b}	656^{ab}	682^{a}	15,2
Futteraufnahme (d15–21),g	985	1015	1051	25,3
Futteraufnahme (d1–21), g	739^{b}	775^{ab}	805^{a}	16,8
Tageszunahmen (d1–14,g	419^{A}	456^{AB}	467^{B}	15,9
Tageszunahmen (d15–21), g	625	652	644	21,6
Tageszunahmen (d1–21), g	488	521	526	15,1
Futterverwertung (d1–14), g	1,46	1,43	1,45	0,02
Futterverwertung (d15–21), g	1,57	1,56	1,62	0,04
Futterverwertung (d1–21), g	1,50	1,49	1,52	0,02
Durchfallscore[1]	13	7	10	2,9

[1]Anzahl Ferkeltage mit Durchfall (etwa 600 Ferkeltage pro Variante)
a,b,P <0,05 – A,B,P <0,15

Schlussfolgerung:

1. Bokashi (3%) führte zu einer signifikant höheren ($P < 0.05$) Futteraufnahme (d1–14 und d1–21) verglichen mit der Kontrolle.
2. Bokashi (3%) führte zu tendentiell ($P < 0.15$) höheren Tageszunahmen (d1–14) verglichen mit der Kontrolle.
3. Die Futterverwertung wurde durch die Fütterungsvarianten nicht beeinflusst.

Düngungs- und Nährstoffeffekte

Dass die Bodenbearbeitung mit EM und EM-Bokashi wunderbare Wirkungen bringen, können viele Praktiker bestätigen. Zumindest bei der Bokashi-Variante werden den Kulturen über die organischen Reste Nährstoffe in einer besonders pflanzenverträglichen fermentierten Form zugeführt. Ähnliches gilt auch für die Tierfütterung. Da Bokashi gleichzeitig aber auch einen sehr intensiv belebten Mikroorganismen-Rasen darstellt, sind mikrobielle und stoffliche Wirkungen in der Praxis kaum zu differenzieren.

1. Feldversuch mit Raps[6]

Dass dies tatsächlich der Fall ist, zeigt ein EM-Dauerversuch in Raps im Jahre 2006/07 nach der Vorfrucht Roggen *(Tab. 2)*. Der Versuchsaufbau sieht 3 Varianten vor:

1. Variante: Kontrolle ohne Behandlungen
2. Variante: 2 x 500 l/ha EMa
3. Variante: 2 x 500 l/ha EMa + 1 x 2500 kg Fertig-Bokashi/ha

Versuchsstandort Sülbeck, Landkreis Schaumburg				
Mittelwert	**KE dt/ha**	**Relativwerte xq = 100 rel.**	**Mittelwert**	**KE dt/ha**
F-Test	H1		F-Test	29,06
GD 5%	2,01		GD 5%	6,92
Variante 1	29,60	Variante 1	100,0	
Variante 2	30,32	Variante 2	104,34	
Variante 3	32,12	Variante 3	110,53	

Tab. 1: Ernteerträge von Raps bei EM-Behandlung
KE: = Kornertrag (dt/ha), F-Test = Signifikanztest, GD 5% = Grenzdifferenz, H1 = statistisch abgesichert, xq = Mittelwert

Schlussfolgerung: Der Versuchsansteller, eine deutsche Saatzuchtfirma, schreibt: «Die erhobenen Daten haben unsere Erwartungen übertroffen. Wie Sie sehen, gibt es in den Varianten, die mit EM behandelt wurden, gegenüber der Kontrolle ohne EM-Behandlung Ertragssteigerungen von 4% in der Variante 2, bzw. sogar 10% in der Variante 3 zu verzeichnen. Diese Unterschiede sind statistisch für das Versuchsjahr 2006/07 abgesichert.»

Auch wenn für den Versuch Aufwandmengen wie für Sonderkulturen und – versuchsbedingt – Fertig-Bokashi eingesetzt wurden, lässt sich die ergänzende Wirkung von Bokashi auf den Ertrag doch recht gut und signifikant nachvollziehen:

Kornertrag in der Kontrolle:	29,05 dt/ha
Kornertrag mit EMa:	30,32 dt/ha
Kornertrag+Bokashi:	32,12 dt/ha.

2. Gewächshausversuch mit Tomaten[7]: Zu noch detaillierteren Ergebnissen kommt eine Dissertation an der Universität für Bodenkultur (BOKU) Wien. Dabei wurden in den Jahren 2006 und 2007 Gewächshaus-Tomaten mit verschiedenen EM-Anwendungen untersucht. In beiden Jahren brachte die EM-Variante höhere Keimungsraten, früheren Pflanzenaufgang *(Abb. 2)* und höheren Gesamtertrag an marktfähigen Früchten.

5 Schweizerische Hochschule für Landwirtschaft, Zollikofen
6 Quelle: EM-Journal 22/07
7 Inst. für Garten-, Obst- und Weinbau, BOKU Wien

Pflanzenaufgang am 17. Mai 2006, 31 Tage nach Aussaat

Kontrolle EM

Abb. 2: Besserer Pflanzenaufgang bei EM-Anwendung

Blütenendfäule im Jahr 2007

Abb. 3: Blütenendfäule von EM- und Kontrollvarianten

Ergebnis: In beiden Jahren zeichneten sich die EM-Varianten durch einen höheren Chlorophyllgehalt und mehr mikrobielle Biomasse im Pflanzensubstrat aus. Für das Jahr 2007 hatten die EM-Pflanzen signifikant weniger Früchte mit Befall von Blütenendfäule.

3. Speiserübe Brassica rapa: An der Brigham Young University of Hawaii wurde 2007 anhand der Speiserübe untersucht, wie sich die Menge von Grün- und Trockenmasse der Pflanzen und der mikrobielle Besatz des Boden bei Anbau mit konventioneller Pflanzenernährung zum Anbau mit Bokashi-Zusatz verhält.

Schlussfolgerung: Die Pflanzen mit EM-Bokashi-Gaben erzielten das höchste Gewicht an Grünmasse und an Trockensubstanz. Der mikrobielle Besatz des Bodens gegenüber der Nullparzelle und der mit Kunstdünger beschickten Parzellen war bei Bokashi-Zugabe wesentlich höher (bis zu 65% mehr).

8 Forschungsanstalt der Agroscope Reckenholz-Tänikon 2007

4. Bodenbearbeitung mit EM: In Aranjuez/Madrid untersuchte eine Forschergruppe, wie sich der Boden mit der Zugabe von EM verhält. Der Versuch dauerte drei Monate. Es wurden 1. eine Fläche mit 50 t/ha Mist, 2. eine Fläche mit 50 t/ha Mist und 30 l EM, 3. eine Fläche mit 30 t/ha Grünmasse und 30 l/ha EM bearbeitet. In Bodenproben hat man den Gehalt von physikalischen, chemischen und mikrobiologischen Parametern ermittelt.

Schlussfolgerung: Der Boden enthielt mit der Zugabe von EM signifikant mehr Exopolysaccharide, alkalische Phosphatase und Esterasen. Die Grünmasse wurde unter EM-Zusatz rasch verstoffwechselt.

5. Ernteerträge mit EM-Einsatz[8]: In einem 4-Jahres-Versuch mit einer Fruchtfolge von Kartoffeln, Wintergerste, Luzerne und Winterweizen wurden die Erntemengen bei Einsatz von EM in verschiedenen Kombinationen ermittelt. Im Diagramm sind die Ergebnisse gut ablesbar und zeigen, dass EM nicht immer gleichbleibend auf Feldfrüchte einwirkt. Die sehr unterschiedlich verlaufenden Wettereinflüsse pro Jahr (mal extrem trocken, mal extrem nass) haben sich mit Sicherheit auch auf die Resultate niedergeschlagen.

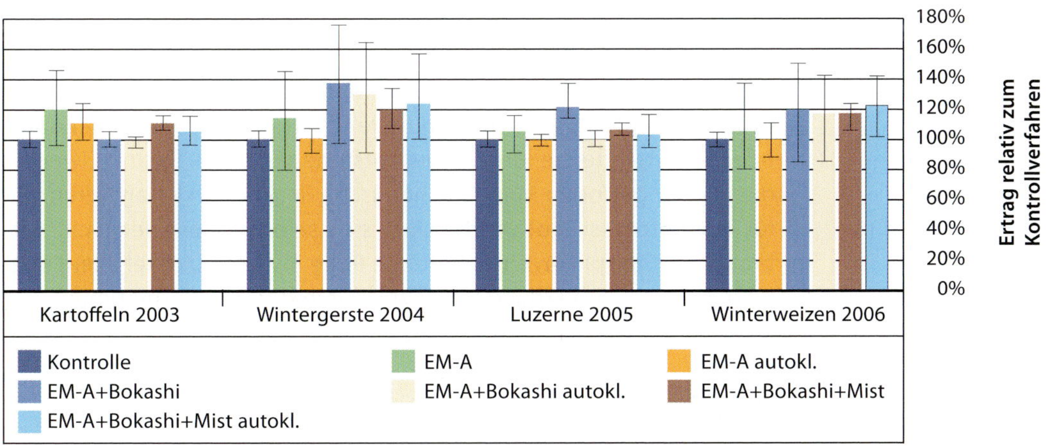

Schlussfolgerung: Bei Wintergerste erscheint (mit dem kombinierten Einsatz von EMa und Bokashi) der Mehrertrag von 38% bemerkenswert, bei Kartoffeln wirkt sich die Anwendung nur mit EMa mit 22% Mehrertrag am besten aus. Bei Winterweizen ist der kombinierte Einsatz von EMa, Bokashi und autoklaviertem Mist mit 22 % Mehrertrag ausgewiesen. Bei der stickstoffbindenden Leguminose wirkt sich EM am geringsten aus.

Weinbau: Am Institut für Obst- und Weinbau der Universität Piacenza (I) wurde in einer 3-jährigen Studie erforscht, wie sich der Einsatz von EM auf die Gesundheit und das Wachstum der Reben auswirkt. Versuchsanordnung:

1. eine Parzelle wie bisher konventionell mit Pflanzenschutzmitteln und Dünger bewirtschaftet
2. eine Parzelle mit EMa, EM-FKE und EM-Keramikpulver kultiviert
3. eine Parzelle wurde nicht behandelt (Null-Parzelle).

Untersucht wurden

a. der Befall von Falschen Mehltau
b. die Nährstoffversorgung der Weinstöcke
c. der Fruchtbesatz der Reben.

Im dritten Jahr wurde die Versuchsanordnung der EM-Parzelle mit geringen Kupfergaben erweitert.

Schlussfolgerung: Nach drei Jahren konnte festgestellt werden, dass auf der EM-Parzelle gegenüber den Kontrollgruppen

- der Mehltaubefall sich stark reduzierte
- der Eisengehalt der Reben sich verdoppelte
- sich mehr Früchte ohne Zuckerverlust entwickelten.

Der Erfolg mit EM ist so interessant, dass die Studien noch intensiviert und auf Obst- und Ackerbau erweitert werden.

Enzymatische Effekte Quelle: *EQC[9]*

Die Bokashi-Herstellung ist eine Fermentation, d. h. eine mikrobielle Umsetzung organischer Bestandteile – vergleichbar der Sauerkraut- oder Sauerteigherstellung. Dabei entstehen Enzyme. Es sind Eiweisse, die in ganz geringen Mengen chemische Reaktionen katalysieren, die für viele Prozesse notwendig sind, sich selbst dabei aber nicht verbrauchen. Sie spielen eine führende Rolle im Stoffwechsel aller Lebewesen – von der Verdauung bis zur Kopie der Erbinformationen, z.B. katalysieren die Oxidoreduktasen die Redoxreaktionen.

Für die Praxis ist es wichtig zu wissen, dass diese katalytischen Aktivitäten nur in ganz bestimmten pH-Bereichen optimal ablaufen. In vielen Fällen ist es der neutrale pH-7-Bereich. Die Kenntnis des pH-Wertes als Milieu-Faktor des jeweiligen Reaktionsraumes ist also eine wichtige Voraussetzung für eine optimale Nutzung der Enzymaktivitäten in EM-Produkten. Zur ganzheitlichen Charakterisierung eines bestimmten Reaktionsraumes eignen sich besonders gut die relativ einfach zu ermittelnden elektrochemischen Parameter pH-Wert, Redoxpotential und elektrische Leitfähigkeit. Diese Messungen zeigen am Beispiel von zwei Tomatensorten sehr deutliche Unterschiede in Abhängigkeit von der Genetik der Sorten (Abb. 4).

Tomatensorten	Abelus	Abelus	Barbados
EM-Einsatz	ohne EM	mit EM	mit EM
pH-Wert	3,52	4,01	4,11
Redoxpotential (mV)	290	265	255
Leitfähigkeit (mS/cm)	5,08	5,46	4,05

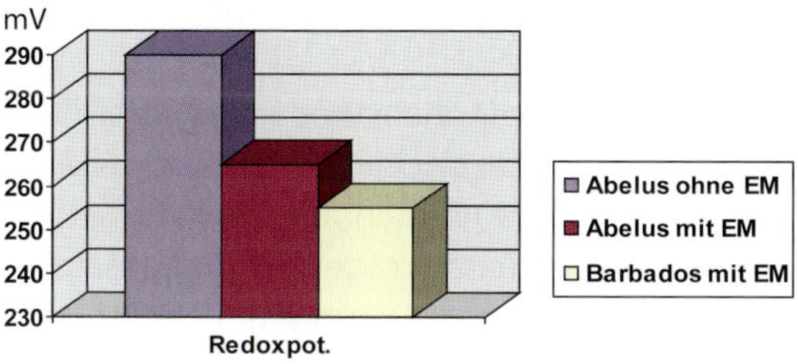

Abb. 4: Einfluss der Genetik und elektrochemischen Parameter auf die Wirksamkeit von EM-Anwendungen.

Die stressärmere Situation und die optimalere Gesundheit ergeben sich regelmässig bei den niedrigeren Redoxpotential-Werten. In diesem Falle trifft dies für eine EM-Anwendung bei der Sorte Barbados zu. Interessant ist nun, dass der Reaktionsraum für das EM-Präparat auch durch den höheren pH-Wert und die niedrigere Leitfähigkeit charakterisiert ist.

- Ähnliche Wechselwirkungen lassen sich auch bei anderen EM-Anwendungen, wie z.B. bei Eiern, nachweisen. Hierzu wurden in drei verschiedenen Betrieben je 3 Messungen durchgeführt.

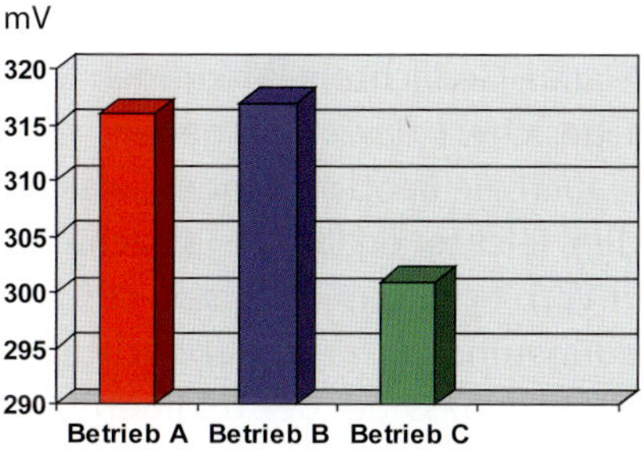

Abb. 5 Redoxpotentialmessung bei Eiern aus 3 verschiedenen Produktionen.

Der Mittelwert der drei Redoxpotentialmessungen ergab die Zahl bei

- Betrieb A (Bodenhaltung mit konventionellem Futter) = 316 mV
- Betrieb B(100% Biofutter) = 317 mV
- Betrieb C (100% Biofutter + 1% EM in der Futtermischung) = 309 mV)

9 Hoffmann, Wolf, Staller, Lebensmittelqualität und Gesundheit, 2007

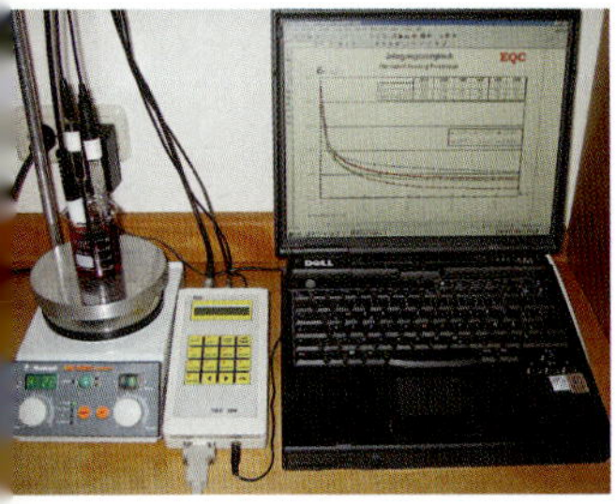

Abb. 6: Spezial-Elektroden-Kombination zur elektrochemischen Bestimmung des Reaktionsumfelds für optimierte EM-Anwendungen

Somit erzielte Betrieb C mit 1% EM-Einsatz das beste Messergebnis. Für den Praxisfall bedeutet dies, dass mit elektrochemischen Messungen des Reaktionsumfelds für eine EM-Anwendung auf der Basis einer betriebsinternen Datenbasis sehr zuverlässig die zu erwartende Wirkung einer EM-Präparation abzuschätzen ist. Die Milieu-Theorie von Bernard erlebt ihre praktische Bewährung!

Zur sicheren Messung der Redoxpotentiale bedarf es allerdings einer Spezial-Elektrode und einer spezifischen Elektrodenbehandlung, wie sie von der EQC entwickelt wurden. Grund dafür ist die Tatsache, dass Pflanzensäfte und Bodenauszüge – im Gegensatz zu Abwässern und anderen anorganischen Lösungen – meist sehr wenig «beschwert» sind. Ein sich einstellender metallischer Memoryeffekt macht sich ohne Spezial-Elektroden sehr rasch durch undifferenzierte Messergebnisse bemerkbar. Eine entsprechende Elektrodenkombination für die Redox-, pH- und Leitfähigkeitsmessung ist in *Abb. 6* vorgestellt.

Schlussfolgerung: Die spezielle enzymatische Wirksamkeit von EM-Anwendungen ist damit natürlich nicht belegbar. Dass aber Enzymreaktionen durch EM-Anwendungen verbessert werden können, lässt sich nachvollziehen.

Informatorische Effekte

Es ist zum gegenwärtigen Zeitpunkt sicherlich noch spekulativ und verfrüht, Abschliessendes zu möglichen informatorischen Effekten bei EM-Anwendungen zu sagen. Dies hängt mit der kontroversen Diskussion um die Informations- und Gedächtnis-Wirkungen von Wasser zusammen. Könnte man gesichert davon ausgehen, dass Wasser ein Gedächtnis hat, wären auch die Beobachtungen, welche mit EM-Keramiken gemacht werden, leichter erklärbar. Tatsache ist, dass EM-Keramiken immer nur in Verbindung mit Wasser – flüssig oder gasförmig z.B. als Hautausdünstungen – die beobachteten Phänomene zeigen. Vorstellbar ist also, dass bei der teigigen Herstellung der Rohkeramiken dem Material EM-Informationen mitgegeben werden, die im Brennprozess nicht verloren gehen und bei erneutem Wasserkontakt wieder „abgerufen» werden. Hier eröffnet sich allerdings in Weiterentwicklung der EM-Forschung noch ein grosses Betätigungsfeld.

In der Zwischenzeit bleibt vermutlich noch viel Zeit, viele positive EM-Wirkungen ohne wissenschaftlichen Erklärungshintergrund zu geniessen. Und so tröstet die Erkenntnis des bekannten Ernährungsforschers KOLLATH, wenn er sagt: «*Dinge können durchaus richtig sein, aber ihre Erklärung kann falsch sein. Widerlegt man die Erklärung, so verlieren die Dinge nichts an ihrer Richtigkeit. Ein in der Wissenschaft häufiger demagogischer Trick ist es, unangenehme Wahrheiten, die man selbst nicht zu widerlegen vermag, durch Widerlegung falscher Begründungen zu bekämpfen.*»

Zusammenfassung

Bakterien wie aerobe Azotobacter brauchen Sauerstoff zum Leben und um Stickstoff zu produzieren. Anaerobe Photosynthesebakterien brauchen Stickstoff zum Leben und um Sauerstoff zu produzieren. Auf dieser Basis funktioniert die Mikrobenmischung EM in einer Art Symbiose.

In der EM-Technologie bewegen sich in einem komplizierten Bereich verschiedenartige biologische Wechselwirkungen, die in naturwissenschaftlichen Experimenten nicht nachmodelliert werden können.

Antioxidative Effekte:
Eine Studie an der ETH Zürich weist die Korrosion schützende Wirkung von EM1, EMa und EM-Keramikpulver im Beton nach.

Emissionseffekte:
1. Das Versprühen von EM führt zu einer Reduktion der CH_4-, NH_3-, N_2O- und klimarelevanten Emissionen. Der EM-Einsatz führte zu einer deutlichen Reduktion der TOC-Emissionen.
2. Das Amt für Umwelt und Energie Schweiz hat in einer Untersuchung das Ergebnis der Reduktion von Ammoniak-Emissionen der Boku Wien bestätigt. Im Rahmen eines Ressourcenschutzprogrammes könnte der EM-Einsatz bei Futtermitteln unterstützt werden.

Konservierungseffekte:
In Studien wurde nachgewiesen, dass EM-Silagen sehr strukturstabil sind und keine Nacherwärmungen auftreten.

Gesundheitsseffekte bei Tieren:
1. Durch Futterzusatz- und Silierhilfsmittel. Ein Bestand von 1400

Kühen war mit Salmonella Cerro infiziert. Durch die Zufütterung von EM über einen Zeitraum von 12 Monaten konnte mit der kombinierten Anwendung von Lactulose und einer speziell abgestimmten Impfung der Bestand geheilt werden.
2. Einfluss von Bokashi auf Gesundheit und Leistung von Absetzferkeln. Bokashi als Futterzusatz führte zu höherer Futteraufnahme und damit zu höheren Tageszunahmen, der Durchfalllevel wurde herabgesetzt.

Düngungs- und Nährstoffeffekte:
1. Bei Raps konnte eine Ertragssteigerung bis zu 10% erzielt werden.
2. EM-Einsatz brachte bei Tomaten höhere Keimungsraten, früheren Pflanzenaufgang und höheren Gesamtertrag an marktfähigen Früchten. Die EM-Pflanzen wiesen signifikant weniger Früchte mit Befall von Blütenendfäule auf.
3. Grünmasse und Trockensubstanz von Speiserüben brachten mit Bokashi-Zusatz bis zu 65% mehr Gewicht auf die Waage als im Anbau mit Kunstdünger.
4. In Bodenbearbeitungsversuchen mit EM und Bokashi wurde der Gehalt von physikalischen, chemischen und mikrobiologischen Parametern ermittelt. Der Anteil von Exopolysacchariden, alkalischen Phosphatasen und Esterasen stieg signifikant, die Grünmasse wurde schnell verstoffwechselt.
5. Ernteerträge mit EM-Einsatz brachten in einer 4-Jahres-Fruchtfolge bei Wintergerste einen Mehrertrag von 38%, bei Kartoffeln und Winterweizen von 22%. Die Wetterlagen gestalteten sich jedes Jahr anders und hatten die Ergebnisse mit Sicherheit beeinflusst.

Enzymatische Effekte: (Redoxpotentialmessungen):
Der pH-Wert als Milieu-Faktor des jeweiligen Reaktionsraumes ist ein wichtiger Faktor für die Enzymaktivitäten in EM-Produkten. Niedrige Redoxpotential-Werte sind Ausdruck für eine stressarme Situation und eine optimale Gesundheit von Pflanzenprodukten. Enzymreaktionen werden durch EM-Anwendungen verbessert.

Informatorische Effekte:
EM-Keramiken geben in Verbindung mit Wasser – flüssig oder gasförmig – Informationen weiter, die auch durch den Brennprozess nicht verloren gegangen sind.

EM-Projekte in aller Welt

Wir leben in einer aufregenden Zeit. Wir haben die reale Möglichkeit, unsere Zukunft selbst zu gestalten. Wir haben die ökologische und die soziale Pflicht, sicherzustellen, dass die Lebensmittel, die uns nähren, nicht zur gestohlenen Ernte werden.[1]

Das Interesse an der EM-Technologie wächst und auch die Anzahl Menschen, die sich mit den Effektiven Mikroorganismen befassen. Wie kreativ mit EM gearbeitet wird, zeigt uns diese Auswahl von Projekten in anderen Ländern und in den unterschiedlichsten Klimazonen.

Im SEKEM ist der Kräuteranbau für medizinische Produkte und Tee einer der vielen Schwerpunkt. Oben: Die Kräuterproduktion (Trocknung, Verarbeitung)

AFRIKA: Der EM-Einsatz hat in Plantagen, bei der Müllentsorgung, zur Wassersanierung und in der Landwirtschaft sehr gute Erfolge zu verzeichnen.

Ägypten: Die mitten in der Wüste ganzheitlich geführte Entwicklungsinitiative SEKEM ist auf sozialer, politischer und wirtschaftlicher Ebene seit 33 Jahren Vorbild für ein Leben mit Zukunft. Ihr Gründer Dr. Ibrahim Abouleish (Alternativ-Nobelpreis) hat erreicht, dass die Landesregierung den Anbau der qualitativ hochstehenden Ägyptischen Baumwolle nur noch auf biologischer Basis gestattet und die bisher jährlich 35 000 t per Flugzeug versprühten Pestizide verbietet. In SEKEM wird EM in der Erdaufbereitung und im Stall angewendet, in Zukunft auch in anderen.

Eines der zahlreichen Kräuterfelder (Calendula), biologisch-dynamisch gepflegt.

Masasi: «PAmBiA» ist eine Initiative für 840 Cashewbauern, die bereits seit mehreren Jahren «auf dem biologischen Weg» sind. Sie bekommen ein EM-Starterpaket, um mit den Effektiven Mikroorganismen bessere Ergebnisse zu erzielen.

Sudan: Die Probleme schwindender Bodenfruchtbarkeit, gefolgt von Erosion, Nahrungsknappheit und gestörtem Wasserhaushalt

Im Sudan wurde toter, ausgebrannter Boden innerhalb von 3 Wochen mit EM-Pflege neu belebt, in Handarbeit oder auch mit grossen Maschinen.

1 Shiva, 2006, S. 14

Tansania: EMa-Herstellung «à la Afrika» ist auch in einfachsten Lebensverhältnissen machbar.

verdoppeln sich unter tropischen Bedingungen. Der sehr lehmhaltige und schwierig zu bearbeitende Black Cotton Soil steigert die Probleme ins Unerträgliche. Die Conservation Agriculture des schweizerischen No till Verfahren der Onesystem AG hat es sich zur Aufgabe gemacht, Farmern und heimischen Kleinlandwirten die biologischen Zusammenhänge im System Boden aufzuzeigen. An der Upper Nile University in Renk lernen die Studenten den Umgang mit EM. Sie verbreiten die EM-Technologie im ganzen Land (7x so gross wie Deutschland). Die Ausweitung der Wüste wird gestoppt und diese wieder fruchtbar gemacht. Mit dieser Hilfe zur Selbsthilfe wächst das Selbstbewusstsein der Landbevölkerung und schützt sie vor der Abwanderung in die Stadt oder nach Europa.

Tansania ist eines der ärmsten Länder der Welt. Durch die Klimaerwärmung mit grossen Dürreperioden gerät die Lebensmittelsicherheit in Not. «Bustani ya Tushikamane» ist ein ökologisches Landwirtschaftsprojekt, wo Ausbildungen, Farmer-Stammtische usw. durchgeführt werden. Mit EM konnten die Ernten bis zu 100% gesteigert werden.

Zanzibar: In Sandfurchen wird Bokashi zusammen mit Kuhdung eingegraben, etwas Sand drüber gestreut und darauf Gemüse gesät oder angepflanzt. Sogar Salat und Rettich wachsen hier, was in dieser Region bisher undenkbar war.

Zanzibar: Im Frauenprojekt «Imarisha» werden organische Abfälle aus umliegenden Hotels mit EM bokashiert. In der Hitze ist die Fermentation nach 4 bis 5 Tagen abgeschlossen und kann mit Kuhdung vermischt zum Anbau von Gemüse verwendet werden.

AUSTRALIEN: Vor dem Great Barrier Reef wird in einer grossen Fünf-Sterne-Hotelanlage seit 15 Jahren die Kläranlage für 400 Personen mit EM «optimiert». Es wurde bisher noch kein Schlamm abgepumpt, weil EM die Sedimente verarbeitet. Das geklärte Wasser wird für die WC-Spülung und zum Bewässern genutzt.

CHINA: Es gibt viele Produzenten, die Mikrobenpräparate auf der Basis von EM-Wissen herstellen und verbreiten. Sie alle dienen der ausgemergelten Mutter Erde.

China: Reisfelder mit EM-Pflege bringen reiche Ernte.

INDIEN: Eine biologisch geführte Kaffee- und Teefarm hat mit EM-Einsatz bessere Erträge, der Kaffee schmeckt mild und sehr aromatisch. Das Abwasser ist nach der Kaffeekirschenwäsche extrem sauer und muss entsorgt werden. Es wird mit EM regeneriert, sodass es wieder zur Bewässerung der Plantage verwendet werden kann.

Australien: Das mit EM geklärte Wasser wird zur WC-Spülung und Bewässerung eingesetzt.

Japan, Setomeer: Im grossen Seto-Binnenmeer kehrten nach EM-Einsatz Algen, Muscheln und Fische zurück.

Kerala: In Amritapuri, dem Hauptsitz des karitativen Hilfswerks der Inderin Mata Amritanandamayi (bekannt als «Amma»), wird EM seit Jahren eingesetzt.

Mitarbeiter von Mata Amrithanandamayi Math («AMMA») bewirtschaften die Gärten und den Gemüsebau im Hauptsitz des weltweit anerkannten und mit vielen Friedenspreisen ausgezeichneten Hilfwerkes seit Jahren mit EM.

JAPAN: Am riesigen Seto-Binnenmeer verloren Fischereibetriebe ihre Existenz, weil es keine Fische und Muscheln mehr gab. Auch die lebenswichtige Algenernte fiel aus. Das «gekippte» Wasser wurde mit EM saniert und wieder belebt. Die Fische sind zurückgekehrt. Algen und Muscheln können wieder wie in früheren Zeiten geerntet werden.

NEUSEELAND: Der städtische Kompost in Christchurch wird zur besseren Umsetzung und zu Geruchsbildung mit EMa übersprüht.

NORDAMERIKA: Viele Farmen sind mit ihren riesigen Ländereien in Monokulturen und Massentierhaltungen in extreme Schwierigkeiten geraten und haben die Chance wahrgenommen, mit EM-Technologie aus ihrer Misere wieder herauszufinden.

Saudi Arabien, Dattelplantage: Mit EM wird Wasser gespart, denn es erhöht die Wasserspeicherfähigkeit im Boden.

SAUDI ARABIEN: Das Königshaus hat sich zu einem umfassenden Management mit EM-Technologie entschieden. Dazu gehört der Aufbau eines begrünten Naherholungsgebietes in Riad, der Hauptstadt mitten in der Wüste. Angesäte Versuchsflächen werden mit EM bewässert und mit EM Düngebokashi versorgt, um den vorhandenen geringen Anteil an Organik weiter aufzubauen und das Wasserhaltevermögen zu erhöhen.

Abwasser: Durch regelmässige Behandlung mit EM-Kulturen wird in Riad die Wasserqualität konstant auf hohem Niveau und die Anzahl

Saudi-Arabien: Wenn es in der Wüste regnen würde, wäre alles sofort grün, wie hier auf einem mit EM beregneten Versuchsfeld.

Der Schlamm geht seit EM-Behandlung zurück. Die Wasserqualität und Sichttiefe ist um vieles besser geworden.

An diesem kleinen Fluss soll das Naherholungsgebiet von Riadh entstehen.

Kompost: Kuhmist und Silagereste (1:1) werden mit 1l EMa/m³ gemischt und wöchentlich mit Wasser übersprüht, damit das Material nicht zu sehr austrocknet. Die Vererdung ist bereits nach 4 Wochen abgeschlossen.

pathogener Keime klein gehalten, die sonst im abgelagerten Schlamm bei dem sehr heissen Klima ohne EM-Behandlung rasend schnell zunehmen würden. Dieses vorbehandelte Klärwasser wird in einen kleinen Fluss eingeleitet. Der hohe Anteil an Schwebstoffen sinkt nur langsam ab, der Fluss droht vor allem am kleinen Staudamm zu verlanden. Hier wird das Wasser 3x pro Woche mit einer Kombination aus verschiedenen, speziellen EM-Präparaten besprüht (mit erhöhtem Photosyntheseanteil).
Die staatliche Milchviehfarm ist mit 65 000 Kühen die grösste der Welt. Sie wird mit EM gepflegt.

SÜDAMERIKA: Costa Rica: An der privaten Earth University wird der Umgang mit der EM-Technologie gelehrt und durch die motivierten Studienabgänger in die Landwirtschaft aller südamerikanischen Länder verbreitet.

Brasilien: Dort wird EM seit 17 Jahren eingesetzt. In der Forschung wurden weitere EM-Präparate entwickelt: In der Mixtur «EM4» ist der Anteil Photosynthesebakterien gegen starke Verschmutzungen erhöht. Diese Art Mikrobe frisst Dreck, Fett und Umweltgifte aller Art weg und wird z.B. nach Flutkatastrophen oder Öltanker-Unfällen eingesetzt. Diese Art EM-Mischung wird inzwischen in vielen EM-Produktionsstätten anderer Länder in verschiedensten Variationen hergestellt.

Costa Rica: Prof. Panfilo Tabora von der Earth University im Gespräch mit einem Studenten.

Guatemala: Das Abwasser von Guatemala-Stadt fliesst in den grossen Amatitlan-See (ein Naherholungsgebiet). Das Wasser stank, Fische taugten nicht mehr zum Verzehr. Es wurde ein Klärsystem vor Einleitung in den See mit drei Auffangbecken (je 5 ha gross) gebaut. Pro Woche werden 2–3 tausend Liter EMa eingeführt. Dem an-

Haiti:
EM-Pflege ist hier gut zu erkennen. Im Vordergrund saftiges Grün, im Hintergrund noch unbehandelte, ausgedörrte Flächen.

Ein Naturheil-Veterinär behandelt «das Transportmittel von Haiti» mit EM und Aloe.

Ein Landwirtschaftstechniker mit reifendem Bokashi (in Säcken). Im Hintergrund ein Bewässerungskanal mit aufbereitetem EM-Keramikpipe-Wasser.

schliessenden Filtersystem (Pflanzenklärteich) werden noch weitere 5-ha-grosse Teiche angefügt. Das Wasser des Amatitlan-See dient auf seinem langen Weg bis zum Pazifik vielen Menschen.

Haiti: Die Stiftung GREMBA, (Groupe EM de Bassin) zusammen mit der Stiftung Hand-in-Hand leisten grossartige Unterstützung für die «arm gemachten» Menschen, die ihre harten Lebensumstände tatkräftig und in eigener Verantwortung zum erträglichen Alltag verändern. Die vollständig abgeholzte Region von Bassin-Magnan wurde neu strukturiert, die Pflanzungen mit Bokashi versorgt und die Bewässerung mit EM-Keramikpipes ausgestattet. Für EM-Veterinär-Apotheken werden Kredite vergeben, Schulkinder erhalten bei Jahresabschluss je 0.5 l EMa für den Haushalt daheim. Das Transportwesen – die Lastesel – werden bei aufgescheuerten Hautwunden mit EM-Lösung behandelt. So werden aus «viele Wenig» insgesamt ein «Viel» an EM-Anwendungen.

Paraguay:
Soja wächst – statt üblicherweise kniehoch – bis auf Taillenhöhe.

Paraguay: Hier werden genfreie Soja und Sonnenblumen biologisch und mit EM angebaut. Ein Hubschrauber besprüht die riesigen Flächen mit EMa. 20 000 ha erfordern auch grosse Mengen an organischem Dünger. So ist dort die grösste Bokashi-Anlage der Welt gebaut worden. Das Bokashi wird aus den Ernteabfällen+Kohlestaub (Terra Preta) hergestellt und an benachbarte Farmen abgegeben. Mitarbeiter verwenden EM auch bei sich zu Hause.

Die Anzahl der Bohnenkerne pro Hülse hat sich seit EM-Einsatz von 2 auf 4 Stück verdoppelt.

THAILAND: Die Regierung unterstützt Projekte mit EM-Einsatz.
Hygiene: Ein Spital hat sich ganz auf die Hygiene mit EM eingestellt und konnte die Kosten dafür von 100% auf unglaubliche 1 bis 2% senken.

Beispiel einer Selbstversorgung im Miniformat mit EM: Hühner liefern Eier und Fleisch, der Kot ist Nahrung für die Welse im Wasser darunter. Die kommen auch mal auf den Teller. Ein paar kleine Gemüsebeete drum herum liefern die Beilagen dazu.

Spital in Thailand: Das Klärwasser, mit vielen pathogenen Keimen besetzt, wird mit EM behandelt. Im letzten Becken tummeln sich bereits die Fische.

Militär: Während der Wehrpflicht werden die jungen Leute im Zentrum der Sekei Kyusei Nature Farm in der EM-Technologie unterrichtet. Das erworbene Wissen wird zu Hause in Selbstversorgung umgesetzt.

Krabben- und Fischzuchten mit EM-Praxis haben keine Antibiotika mehr nötig. Die Jungbruten erleiden kaum Ausfälle, und somit fällt auch die Ernte um einiges höher aus. Die Arbeitenden haben keine Hautschäden mehr.

Tsunami: Es wurde EM versprüht, um Verwesungsgeruch und Seuchen zu bannen. Trotz der Hitze traten keine Epidemien auf.

Vietnam: Aus Müll entsteht wertvoller EM-fermentierter Dünger…

…der – wie hier zu sehen – viel «Power» fürs Gemüse liefert.

Waldprojekt: Freiwillige Helfer und Schüler haben 2400 ha Wald pro Jahr 3x mit Bokashi und EMa behandelt. Der ausgedörrte Boden des Waldes begrünte wieder mit Unterwuchs. In den trockenen Herbst- und Wintermonaten entstanden keine Waldbrände mehr, weil der Boden nicht mehr so austrocknet. Die Artenvielfalt bei Pflanzen und Tieren hat enorm zugenommen. Der Waldbestand bleibt grün, während angrenzende, unbehandelte Wälder das Laub wegen der Dürre wie immer verlieren.

VIETNAM: Die Regierung hat mehrere Pilotprojekte in Auftrag gegeben. In Hanoi wird z.B. der gesamte Stadtmüll schon beim Einsammeln vorsortiert, mit EM auf grossen Halden fermentiert, im Düngewerk nochmals verlesen und bokashiert, bevor er als vollwertiger, organischer Dünger wieder an die «Abfallverursacher» abgegeben wird – kostenlos.

Teil 2

EM-Praxis

Vielfältiger Einsatz mit Effektiven Mikroorganismen

Einführung in die EM-Praxis

EM wirkt am besten und am nachhaltigsten über den Boden

Die einzelnen Mikrobenstämme der Effektiven Mikroorganismen sind eigentlich Erdbewohner. Dort ist ihre Heimat, dort fühlen sie sich wohl, dort «entrümpeln» sie alles, was dem Boden schadet. Sie räumen so lange auf, bis ihre Wohnstatt wieder vollkommen eingerichtet ist. Wenn wir ihren Lebensrhythmus nicht stören, sondern unseren Beitrag dazu leisten, die Mikroben zu unterstützen, indem wir

- ohne Kunstdünger wirtschaften
- keine giftigen Pflanzenschutzmittel verwenden
- nicht mehr tiefgründig umgraben
- genug organisches Futter zuführen

dann kann der Boden wieder gesunden und mit ihm eine kleine Parzelle der Umwelt.

Das Dominanzprinzip

Das Naturgesetz der Dominanz funktioniert auf der Ebene der Polarität und ist kein Widerspruch zum Naturgesetz des Gleichgewichtes, das alle Kräfte in den Ausgleich zu bringen sucht. Die Polarität und ihre dominanten Kräfte halten alles in Bewegung und scheinen Motor des Lebens zu sein. Solange eine Dominanz sehr übergewichtig ist, stockt das Leben und wird zerstört. Genauso bedeutet das absolute Gleichgewicht der Kräfte Stillstand und Tod. Das Wesen einer intakten Natur ist, bei aller Polarität sich möglichst nahe am absoluten Gleichgewicht zu bewegen.

Wenn viele kleine Bodenparzellen durch EM gesunden, kann die alarmierend rot gefärbte Umweltsituationskarte Stück für Stück wieder grüne Farbe zeigen.

Dominanz des Abbaus

Dominanz des Aufbaus

Für ein besseres Verständnis dieses Vorganges findet sich im Teil 1, Kapitel «Effektive Mikroorganismen» auf Seite 139 als Beispiel ein fiktives Zahlenmodell.

Unsere Umwelt driftet in ihrer Entwicklung zunehmend in die Dominanz des Abbaus. Die Kraft der vorhandenen Antioxidanzien reicht nicht mehr, um das Pendel wieder auf die aufbauende Seite zu bringen. Das Geheimnis der Effektiven Mikroorganismen ist, dass sie ihr jeweiliges Tätigkeitsfeld durch ihre vielfältige Zusammensetzung verschiedenster Mikrobenstämme und durch ihre Zusammenarbeit untereinander aus der Dominanz des Abbaues in die Nähe des Gleichgewichts bringen, mit einem leichten Pendelausschlag in die aufbauende Dominanz.

Angestrebter Zustand: aufbauende Dominanz, nahe am Gleichgewicht.

Um das gestörte Bodenleben aus der vorwiegenden Oxidation herauszuholen, muss Antioxidation mit geballter Kraft angeschoben werden. Das heisst, dass eine Umkehrung in Richtung Aufbau mit massivem Einsatz von Effektiven Mikroorganismen erforderlich ist, bis sich unsere Erde wieder dem Gleichgewicht nähert. Erst dann kann der genesende Boden aus eigener Kraft weiterleben und braucht nur noch sporadische Schützenhilfe durch EM.

Für eine erfolgreiche Wendung aus der Oxidation in die Antioxidation sind demnach höhere EM-Konzentrationen, als in den allgemeingültigen Rezepturen angegeben, notwendig, bis sich je nach Bodenbeschaffenheit nach 3 bis 4 Vegetationsperioden das Bodenmilieu in den Aufbaustatus eingespielt hat und dort auch bleiben kann. Eine Behandlung mit EM ist im Boden am wirksamsten, Oberflächenspritzungen über das Blatt sind unterstützende «Hautpflege».

Effektive Mikroorganismen richten keinen Schaden an, wenn sie anfangs in doppelter bis vierfacher Menge angewendet werden, um das Bodenleben zu aktivieren. Es ist eine Frage des Zeitpunktes und der vorliegenden Bodenbeschaffenheit. Hier ist der Anwender gefordert, sich selber dazu Gedanken zu machen oder eine kompetente Beratung einzuholen. Festgesetzte Rezepturen können nicht gelten, weil Boden und Mikroben lebendige und sehr individuelle Organismen sind. Die hier aufgeführten Rezepturen – wie auch die Erklärungen über die Wirkungsweise von Effektiven Mikroorganismen und deren Zusammenhänge mit der jeweiligen Umgebung – sind wichtige Anhaltspunkte.

Je mehr Mikroben den Boden beleben, desto besser werden Organisches und Mineralien «verstoffwechselt», und umso vollkommener ist das Nährstoffangebot für die Pflanzen.

Das Kohlenstoff-Stickstoff-Verhältnis

In der Pflanzenernährung steht Kohlenstoff (C) – häufig in Form von CO_2 – an erster Stelle, gefolgt von Stickstoff (N). Auch hier ist ein Gleichgewicht zwischen den einzelnen Komponenten wie überall wichtig. Zudem brauchen Mikroorganismen Stickstoff für ihre Arbeit, organische Masse in pflanzenverfügbare Nährstoffe umzuwandeln.

Für das ausgewogene Verhältnis zwischen Faser- und Nährstoffen im Boden ist der Anteil von Kohlenstoff zu Stickstoff ein wichtiges Merkmal, von dem die Fruchtbarkeit einer Erde abgelesen werden kann.

Organisches Material mit einem C/N-Verhältnis um 20 zu 1 ergibt einen fruchtbaren Boden, z.B. Grasschnitt oder Gemüseabfall mit ihren 10 bis 20 Anteilen an Kohlenstoff und 1 Anteil Stickstoff. Die Zersetzung läuft schnell ab, die Mikroben verbrauchen kaum Stickstoff für sich selbst.

Ist der Kohlenstoff-Anteil einer organischen Substanz sehr hoch, z.B. bei einem C/N-Verhältnis 250 bis 500 zu 1 (Gehäckseltes aus Holz, Gehölzschnitt oder Rindenschnitzel), brauchen Mikroorganismen zur Umsetzung länger und benötigen für diesen Einsatz folglich auch mehr Stickstoff für den Eigenbedarf, der dann den Pflanzen fehlt. Darum sehen Staudenpflanzungen mit Beikraut hemmendem Holzhäcksel-Mulch oft sehr erbärmlich aus und bleiben über Jahre klein und mickerig.

Was tun, wenn sehr viel Gehölzschnitt anfällt? Die Mischung macht's: zur Flächenkompostierung oder für eine Bokashi-Miete dem Holzhäckselgut leicht zersetzbare, organische Masse (Gemüseabfälle oder Pflanzenjauche) zugeben und mit dem zellulosereichen und schwer abbaubaren, holzigen Material gut durchmischen. So verbleibt im Boden trotz erschwerter, stickstoffzehrender Abbau-Arbeit durch Mikroben genügend Stickstoff für den Bewuchs.

Das C/N-Verhältnis organischer Stoffe in ihrer Trockensubstanz

Organische Masse	Anteil Kohlenstoff	Anteil Stickstoff
Harn	0.8	1
Mistsickersaft	2 bis 3	1
Fäkalien	6 bis 10	1
Grünmasse	5 bis 15	1
Schwarzerde	5 bis 20	1
Rasenschnitt	10 bis 15	1
Kot landwirtschaftl. Nutztiere	10 bis 15	1
Stapelmist	10 bis 15	1
Mistkompost	10 bis 20	1
Hülsenfruchtstroh	10 bis 20	1
Luzerne/Zwischenfrüchte	15 bis 25	1
Stroharmer Frischmist	20 bis 25	1
Küchenabfälle	20 bis 25	1
Strohreicher Mist	25 bis 30	1
Schwarztorf	30 bis 40	1
Stadtmüll	30 bis 40	1
Gehölzlaub	30 bis 50	1
Getreidekleie	30 bis 50	1
Getreidespelz	50 bis 80	1
Getreidestroh	50 bis 150	1
Verrottetes Sägemehl	150 bis 250	1
Sägemehl	250 bis 500	1

Der Mondzyklus und EM

Der Lauf des Mondes rund um den Globus nimmt starken Einfluss auf alles, was auf ihm lebt. Sein Takt bestimmt den Atemrhythmus der Erde – in Ebbe und Flut erleb- und sichtbar.

Synodischer Mondlauf: Im 29-tägigen Zyklus steigt bei zunehmendem Mond die Vitalität in den oberirdischen Pflanzenteilen an, bei abnehmenden sinkt sie in den Wurzelbereich.

Siderischer Mondlauf: Im 27-tägigen Zyklus durch die 12 Tierkreiszeichen nähert sich der absteigende Mond dem Horizont und steigt dann wieder auf in Richtung Zenit. Dieser Umlauf wirkt sich auf Lebewesen stärker aus als beim synodischen Mondlauf.

EM-Vermehrung: Die Effektiven Mikroorganismen an lichtvollen Blütentagen oder Wärme spendenden Fruchttagen bei absteigendem Mond ansetzen. denn sie lieben die. kosmische Infrarotstrahlung und mollige Temperaturen, sind dann besonders aktiv und vermehren sich fleissig. In aufsteigenden Mondphasen kommen sie nicht so richtig in Gang. An «Knotentagen» versagen sie sogar ihren Dienst. Da stockt alles für einen Ewigkeitsmoment und ist die Führung der Energieströme eine kleine Spanne lang unklar.

Der Mond beeinflusst die EM-Vermehrung: In Pflanzzeiten an wärmenden Fruchttagen gelingt sie am besten.

Mondkalender: Besonders wirksam sind die Fruchttage unter dem Zeichen der Jungfrau oder bei zunehmendem Mond. weil dadurch die EM-Mixtur stabiler, effektiver und auch haltbarer ist.

EM-Anwendungen sind zu Pflanzzeiten – wie sie im Mondkalender angegeben werden – besonders wirksam, also beim absteigenden Mond an den lichtvollen Blütentagen oder an Wärme spendenden Fruchttagen.

EM ist kein Dünger

Soll die Wirkung von flüssigem EM im Boden anhalten, ist organische Substanz nötig, die dem Boden zugeführt wird in Form von

- Pflanzenresten (Mulch, Flächenkompost)
- stickstoffhaltigen Jauchen (Brennnesseln, Beinwell)
- fermentierter Gülle, Mist
- Bokashi (fermentiertes Allerlei).

Wenn EM effizient und dauerhaft wirken soll, muss immer eine gewisse Menge an organischem Material zugeführt werden, sonst kann es passieren, dass nach einigen Jahren trotz aller EM-Einsätze der Boden auf eine Art verhungert und mit ihm der Bewuchs.

Die Effektiven Mikroorganismen sind – bildlich gesprochen – die «Trainer» der bodenbürtigen Mikroben-Mannschaft, «kicken» die Umsetzung an und sorgen für eine vollkommene Umwandlung von organischen Substanzen und Mineralien zu pflanzengerechter Kost. Alle «Arbeiter» im Boden brauchen auch für sich selber Futter zum Leben, das sie sich aus den organischen Pflanzenmaterialien herausziehen. Sie stellen den Pflanzen aber ihre nahrhaften Ausscheidungen und ihre stickstoffreichen, ausgedienten Körper wieder zur Verfügung.

EM ist kein Düngemittel, kein übliches Pflanzenschutzmittel, enthält keine chemisch-synthetischen Zusätze und ist nicht genmanipuliert.

Synthetischer Dünger wie Stickstoff, ganz gleich, ob als Einzelstoff oder mit anderen Mineralsalzen als Volldünger im Handel, hat in der biologischen Bewirtschaftung keinen Platz, weil er den Humus, die Gare und das Bodenleben zerstört. Künstlich hergestellter Harnstoff gehört auch zu den synthetischen Düngern. Superphosphat, für die Pflanze direkt verfügbar, ist auch ein Kunstdünger, allerdings in abgemilderter Form.
Organischer Dünger wie Hornspäne sind gute Stickstofflieferanten, bringen aber auch Fäulnis mit sich. Soll das Bodenmilieu aus der Oxidanz herausgeführt werden, ist es ratsam, diese Düngemittel vorweg über eine Bokashierung (Fermentierungsprozess) umzusetzen, d.h. für die Pflanzen «vorzuverdauen», ehe sie in den Boden kommen. Sie können mit pflanzlichen Abfällen aus Küche und Garten zusammen mit EM, EM-Keramik, Gesteinsmehl oder Algenkalk fermentiert werden.

Anwendungs-Hinweise zur EM-Praxis

EM ist eine sehr saure Flüssigkeit (pH-Wert unter 4) und wird von der Pflanze nur verdünnt oder nach Neutralisierung im Boden vertragen:

- Versprühung über das Blatt sollte nur bei trübem Wetter oder abends nach Sonnenuntergang stattfinden. Bei Sonnenschein kann empfindliches und zartes Blattwerk verbrennen. UV-Strahlen töten Mikroorganismen ab
- giessen Sie den Boden mit EM am besten einige Tage vor dem Anpflanzen. Noch besser: den Boden vor Regenwetter mit EM behandeln, damit die Mikroben gründlich eingeschwemmt werden können. Auch hier gilt: Sonne meiden
- frisches Bokashi nie direkt in die Wurzelzone einer Pflanze einbringen, sondern 20 bis 30 cm davon entfernt, oder das frische Bokashi vorab mit etwas Erde vermischt bis zur Neutralisation lagern. In der warmen Jahreszeit geht das sehr schnell, oft nur eine Woche. Bei kühlem Wetter dauert es bis zu drei Wochen

Aufbewahrung, Haltbarkeit: EM-Lösung hält sich ungeöffnet bei ausgeglichenen Temperaturen (ohne grosse Schwankungen) bei 8 bis 14 °C sehr lange, denn die Mikroben verharren im Ruhezustand, bis sie durch Sauerstoff geweckt werden. Bei einer angebrochenen Flasche kann sich ein weiss-grauer Belag bilden. Das bedeutet keine Qualitätseinbusse, sondern eine Vermehrung der EM-zugehörigen Hefepilze. Weil bei jeder Öffnung ein Schwall frischer Luft in die Flasche kommt, werden diese Pilze als Erste aktiviert.

Solange EM angenehm süss-sauer riecht, ist der Inhalt in Ordnung. Fängt es an, unangenehm in die Nase zu stechen (stinkig), ist die Lösung «gekippt» und nur noch ins Abwasser oder zur Gülle zu geben.

Angebrochene EM-Flaschen: Einmal geöffnete Flaschen bald aufbrauchen, weil mit jeder Entnahme Luft und somit Sauerstoff in die Flasche gelangt, wodurch die Mikroben aus ihrem Ruhezustand herausgeholt und zum Stoffwechsel angeregt werden.

Tipp: Angebrochene Gebinde in mehrere kleine, lichtgeschützte Gefässe bis oben hin füllen. So kann eine Portion nach der anderen verbraucht werden, ohne dass zuviel Sauerstoff ins Gefäss gelangt und die sauerstoffliebenden, abbauenden Mikroben überhand nehmen und somit die Zusammensetzung der Mikrobenstämme ins Ungleichgewicht gerät.

Oben: Um bei angebrochenen Flaschen den Luftraum zu verkleinern, wird die Flasche einfach zusammengedrückt.

Unten: Graues EM-Keramikpulver.

Variante: Den Luftraum einer 1-Liter-EM-Flasche über dem Flüssigkeitspegel verengen: einfach die geöffnete Plastikflasche zusammendrücken und so zusammengequetscht verschliessen.

EM-Keramikpulver: Von dem feinen Pulver sind ganz geringe Mengen erforderlich, um die Wirkung durch die magnetische Resonanzschwingung zu entfalten. Damit sich das Pulver gut verteilen lässt, wird es mit Urgesteinsmehl vermischt. Diese Kombination ergänzt sich ideal und zeigt gerade im Zusammenspiel beider Kräfte eine noch bessere Wirkung, als wenn beide Substanzen getrennt zum Zuge kämen.

EM-Keramikpipes (Hohlröhrchen) werden überall da eingesetzt, wo das Pulver stören würde. Die bisherigen Erfahrungen (fast 20 Jahre) haben gezeigt, dass sich ihre Wirkung nicht erschöpft.

In den folgenden Praxis-Themen sind viele Rezepturen und Beispiele beschrieben, wie und wo die Effektiven Mikroorganismen wirksam sind. Die Anwendungen sollen auch zu neuen Ideen animieren, denn jeder kann mit Kreativität seine ganz persönlichen EM-Einsätze entdecken.

EM-Keramik

Das Charakteristikum von EM-Keramik ist, dass es die Funktion von anorganischem Material (Ton) mit derjenigen von EM vereint. Diese Kombination stabilisiert die Wirkung von EM bei der Bodenverbesserung, verhindert Materialermüdung und ist hochwirksam bei der Wasserreinigung.[1]

Das Wasser bleibt klar und stinkt nicht mehr. Die EM-Keramikpipes erhöhen die Haltbarkeit der Schnittblumen.

1 Higa 1994, S.166

Das Aussergewöhnliche an der EM-Keramik ist, dass sie durch die Kraft ihrer aufbauenden, magnetischen Resonanz die Schwingung einer anderen Materie derjenigen von EM angleichen kann. So können in den Abbau geratene Substanzen wieder in den Aufbau umgelenkt werden. Ganz deutlich kommt dieser Wirkungsmechanismus zum Beispiel im Wasser zum Ausdruck. Belastet und zu grossen Molekülhaufen verklebt, teilen sich die Wassercluster durch den Einsatz von EM-Keramikpipes wieder in kleine Molekülhäufchen auf. Die Clusterstruktur wird feiner, das Wasser flüssiger, und es bekommt die Schwingungsqualität eines Quellwassers. Belastungen werden losgelassen, es ist wieder Platz für neue Informationen da. Wenn wir dafür sorgen, dass diese neuen Informationen antioxidativer Art sind, kann das ganze Umfeld durch Keramikpipes in die gesundende Richtung umgepolt werden. Dabei ist zusätzlich hinzugefügtes, flüssiges EM in vielen Fällen eine grosse Hilfe (mehr dazu im Kapitel «Effektive Mikroorganismen», Seite 147).

Oben:
Verschiedene Formen der EM-Keramik für vielseitigen und wirkungsvollen Einsatz.

Unten:
EM-Keramikpipes im Wasserkocher mindern Kalkablagerungen und verbessern die Wasserqualität.

In Ton eingebunden

Nach fast 20 Jahren Erfahrung zeigt sich, dass die Wirkung der EM – in Ton gebrannt – nicht nachlässt, sondern konstant erhalten bleibt. Die feste EM-Keramikform wird überall da eingesetzt, wo das Pulver stören würde (zum Beispiel im Wasser oder in der Hosentasche). Die grauen Pipes sind, mit lustig bunten Perlen zu Armbändern oder Ketten aufgefädelt, Schmuckstücke mit heilsamer Infrarotstrahlung und von antioxidativer Wirkung auf den Organismus. Mit zartrosa kleinen Pipes sind sie auch fertig zu kaufen. Die graue EM-Keramik ist als Pulver oder in Form von Pipes am häufigsten im Einsatz.

EM-Keramik-Anwendungen

Weil die Effektiven Mikroorganismen auf so vielfältige Arten eingesetzt werden können, sind auch hier nur die wichtigsten Anwendungen aufgeführt. In den nachfolgenden Kapiteln werden noch weitere Verwendungen, vor allem von EM-Keramikpulver, beschrieben.

Graues EM-Keramikpulver schafft gute Lebensbedingungen für die Effektiven Mikroorganismen und lässt sich mit anderen Materialien gut vermischen.

Das zartrosa Amron-EM-Keramikpulver ist besonders fein gemahlen, etwas poröser und nicht unbegrenzt haltbar. Es eignet sich ideal für Farbmischungen, weil es den Farbton nicht verändert. Oder für Pflanzenschutzspritzungen, weil es die Düsen weniger verstopft.

Graue EM-Keramikpipes: Als Faustregel rechnet man eine Pipe auf einen Liter Wasser. Aber es können ohne weiteres mehr Pipes pro Liter verwendet werden. Je kleiner die Wassermenge ist, desto schneller erfolgt die Wirkung. Bei einem Literkrug stellt sie sich schon nach wenigen Minuten ein, nach einer Stunde ist die volle Wirkung erreicht. Bei grösseren Flüssigkeitsmengen dauert es zwei bis drei Stunden. Etwas gefälliger anzuschauen sind die EM-Keramikringe, die es in zwei Grössen gibt: einen kleinen für Flüssigkeiten bis zu 300 Liter und den grossen für bis zu 1000 Liter.

1 EM-Keramikpipes haben einen Plus- und einen Minuspol. Damit sich die magnetische Resonanzschwingung nicht gegenseitig aufhebt, beim Auffädeln einen Knoten zwischen die Pipes als «Abstandshalter» machen.
2 EM-Keramikgeschirr verändert Flüssigkeiten positiv und hält Obst länger frisch.
3 40 Pipes (aufgefädelt) im WC-Spülkasten lösen Kalkrückstände (s. Bild).
4 EM-Keramikring im Brunnen verhindert Moos und Ablagerungen.
5 Wein wird milder im Geschmack.

2

3

6 Pfiffig: Keramikkette an Plastikflasche gebunden, schwimmt und hält das Regenwasser frisch.

4

5

1

6

7

8

7+8 Schnittblumen behalten mit Pipes im Wasser auch aufgetrocknet Farbe und Blütenblätter.

Salz und EM

Urmeere und unser Blut haben den gleichen Salzgehalt.

«Salz ist nicht gleich Salz», denn Herkunft und Verarbeitung entscheiden über die Qualitäten. Altes Wissen und neue Erkenntnisse haben dazu geführt, dass in den letzten Jahren ein richtiger Salz-Boom ausgebrochen ist.

Das preisgünstige Kochsalz hat nicht mehr viel mit den gesundheitsfördernden Eigenschaften eines Natursalzes zu tun. Durch die Raffination und die Beigabe von Rieselhilfen (Kunststoff) und den Zusätzen wie Jod oder Fluor ist es zum Gift für den Organismus geworden. Es schmeckt aggressiv und kratzt im Hals.

«Gutes Salz»: EM-Salz, Steinsalz, EM-Salz-Streudose, Kristall-Salz und Fleur de Sel (v.l.n.r.)

Gute Natursalze enthalten viele Mineralien und schmecken angenehm mild, ohne den Körper zu belasten:

- Fleur de Sel ist ein sonnengetrocknetes Meersalz.
- Kristallsalz entstand vor vielen Millionen Jahren aus Meerwasser, enthält auch alle Spurenstoffe des frischen Meerwassers, aber keine Substanzen aus Umweltbelastungen.

EM-Salz hat die Qualitäten eines guten Natursalzes und zusätzlich den Effekt aus EM. Durch seine magnetische Resonanzschwingung stabilisiert es das schwankende Fliessgleichgewicht eines Organismus. Es macht Speisen schmackhafter und verbessert die Wasserqualität. Es konserviert Nahrungsmittel auf die verträgliche Art.

Zusammen mit FGF hilft es bei Müdigkeit, Taubheit der Glieder, Gelenkschmerzen, Anämie und Bluthochdruck, bessert Diabetes und Nierenbeschwerden, säubert das Blut und macht es leichtflüssig.

Das Ergebnis nach drei Tagen im antioxidativ wirkenden EM-Salzbad verblüfft, denn Salz (NaCl) wirkt auf Eisen normalerweise oxidativ ein.

Der Prozess einer langen Reifung: Meerwasser wird bei Vollmondspringflut geschöpft und mit 10% Fleur de Sel, EM und hellem EM-Keramikpulver 45 Tage lang fermentiert, dann bei 800 °C gekocht und 1% FGF zugesetzt. Über dem Holzfeuer eingedickt, wird das Salz danach an der Sonne getrocknet. Beim Brand (800 °C) in EM-Keramikschalen werden Schwermetalle und Gifte beseitigt und die Schwingungskraft von EM auf das Salz übertragen.

EM-Salz eliminiert Freie Radikale und senkt den Cholesterinspiegel.[1]

EM-Salz selber vermehren:

- 90 g EM-Salz mit 1 kg gutem Natursalz mischen
- das Salz ausbreiten, ab und zu mit EM oder FGF besprühen
- an der Sonne oder unter einer Infrarotlampe abtrocknen lassen
- gut abgetrocknet im Glas verschlossen 3 Wochen reifen lassen.

So kann bis zu 70% der antioxidativen und regenerativen Eigenschaften des EM-Salzes auf die Vermehrung übertragen werden.

Ergänzungen zu EM

Biokohle wäre die mächtigste Klimaschutzmaschine, die wir besitzen.[2]

Natur ist gelebte Koprosperität und Koexistenz (aufbauendes Miteinander und wohlwollendes Nebeneinander).

Viel kräftigere Wurzeln und Früchte, dass einem das Herz lacht: EM plus ergänzende Mittel gehen eine Partnerschaft ein, die sich gegenseitig unterstützt und die Bodenkräfte für neue Fruchtbarkeit mobilisiert.

Wer EM anwendet, erlebt immer wieder Überraschungen, hört hier einen Tipp, bekommt da Informationen, probiert aus und ist begeistert. Oft sind es alte, vergessen gegangene Weisheiten, die plötzlich als neue Erkenntnisse auftauchen. Das Wissen aus alten Tagen, mit moderner Technologie verknüpft, sorgt für AHA-Erlebnisse der besonderen Art.

Terra Preta, das schwarze Gold der Indios[2]

Eines dieser Geheimnisse vergangener Zeiten birgt die «Terra preta de Indio» in sich. Im Regenwaldgebiet des Amazonas haben Forscher Spuren früher Siedlungen, ja riesiger Städte entdeckt, in denen einst Indios in einer blühenden Kultur gelebt haben müssen. Die Schwarzerde dieser Regionen bringt bis heute immer noch unglaubliche Ernten hervor, und das mitten in Regenwaldgebieten, deren Böden von Natur aus nicht viel bieten und durch den Ackerbau nach Brandrodungen bereits nach wenigen Anbauperioden ermüdet sind.

In dieser Bokashi-Anlage werden alle drei Wochen 150 Tonnen Pellets aus Ernteabfällen und Kohlestaub (Terra Preta) für riesige Ackerflächen in Paraguay hergestellt.

Das Geheimnis wird erst nach und nach enthüllt. Fest steht, dass die Bewohner in diesen Gebieten das Wunderwerk des Humusaufbaus kannten. Im Laufe von Jahrhunderten bauten sie eine mehrere Meter hohe Schicht davon auf, indem sie in grossen, eingegrabenen Amphoren organisches Material aus Abfällen und Exkrementen mit Holzkohlenzusatz fermentierten und nach dem Reifeprozess auf die Felder brachten. Das Rätsel, warum dieser Humus bis heute stabil blieb und nichts von seiner Fruchtbarkeit verloren ging, ist erst zum Teil gelöst. Soviel weiss man heute, dass die Holzkohle der Schlüssel dazu sein muss. Sie baut sich im Boden nicht ab, sodass die Struktur des an sich sehr labilen Humusaufbaus dauerhaft erhalten bleibt.

Terra Preta = Dauerhafte Fruchtbarkeit. Mit EM-Zusatz wird die Wuchskraft noch gesteigert.

Holzkohle hilft, den CO_2-Ausstoss zu reduzieren: In organischem Material wird durch Sonnenenergie CO_2 gebunden und bei Verkohlung in nicht abbaubaren Kohlenstoff umgewandelt. Dabei entstehen Wärme und Schwelgase, die zur Energiegewinnung genutzt werden könnten. Das in der Holzkohle eingeschlossene Kohlendioxid wird nur bei Verbrennung freigesetzt, im Boden aber langfristig gespeichert. Mit der Bewirtschaftung von Holzkohle und Bokashi kann CO_2 im Boden festgehalten werden. Ein Beispiel: Eine Tonne trockene Grünmasse, Getreidespelzen, Holzreste oder Stroh liefern bis zu 400 kg Holzkohle. Pro Quadratmeter Fläche können 1 bis 15 kg Holzkohlestaub in Kombination mit Bokashi in den Boden eingearbeitet werden, das entspricht 3,6 bis 44 kg gebundenes CO_2 pro Quadratmeter.

1 Higa, Chinen, 2004
2 Aus Unterlagen von Dr. Haiko Pieplow, BMU*

Die Fähigkeiten, Wasser und Nährstoffe für Pflanzen bereit zu halten und Mikroorganismen zu beherbergen, ergänzen sich mit der Wirkungsweise von EM wie in einer Symbiose: Ein jedes dient dem anderen.

Holzkohle ist als Filtermedium bekannt, weil sie unerwünschte Stoffe bindet. Ja, und wie so oft in der EM-Anwendung zu erleben ist, so auch hier eine unübliche Überlegung, nämlich: Wenn Holzkohle Stoffe binden kann, dann kann sie das nicht nur mit Giften, sondern auch mit aufbauenden Mikroben. Hier liegt der AHA-Effekt, bei dem der gewiefte Anwender sofort daran denkt, dass die Kohle ja Wohnung für Mikroorganismen bieten kann. Die Voraussetzung ist ideal, denn Kohlestaub hat eine grosse Oberfläche mit vielen Poren (Ankerplatz für Mikroben). Sie speichert ausserdem Wasser und Nährstoffe.

Würde dieses uralte wiederentdeckte Wissen in grossem Umfang im Gartenbau und in der Landwirtschaft genutzt werden, ergäben sich völlig neue Möglichkeiten beim Klimaschutz...[...]... Wie in der Natur gäbe es keinen organischen «Abfall» mehr, sondern dieser würde Teil kleiner Wertstoffkreisläufe.[4]

Wird Holzkohle direkt aufs Feld gebracht, dauert es eine Weile, bis Mikroben ihre «Wohnung» bezogen haben. Anders ist es, wenn Holzkohlestaub mit organischem Material zusammen fermentiert wird und Mikroorganismen bereits während dieses Wandlungsprozesses die Kohlepartikel besiedeln. In dieser Kombination entsteht ein Substrat, mit dem der Dauerhumusgehalt unserer Böden schnell auf das Niveau der Indio-Schwarzerden angehoben werden kann, nämlich von den durchschnittlich 2,5 bis 5% auf stolze 10%.

4 Dr. Haiko Pieplow, BMU

Biologische Holzkohle kann man kaufen, es ist aber nicht einfach, sie zu Staub zu zerkleinern. Man kann sie zusammen mit anderem organischem Material wie Grünschnitt häckseln. Weil das sehr staubt, die Kohle vorher mit EMa anfeuchten.

Das gemeinsame Experiment, Terra Preta selber herzustellen, hat Chiemgauer Landwirte motiviert und wurde begeistert angegangen:

① Bioholzkohle zerkleinern.
② Holzkohlestaub mit organischen Materialien gut vermischen.
③ «Der Grösste» im Team darf verdichten, während andere EMa dazu giessen.

Bokashi mit Kohlestaub herstellen: Wie gewohnt, organische Ausgangsstoffe mit EM-Beigaben aufschichten (Kapitel Bokashi ab Seite 212). Zusätzlich 100 g Kohlestaub pro Liter eingestampftes Material untermischen oder pro Schicht überstreuen.

Küchenbokashi mit Terra Preta.

Triaterra-Streu ist gebrauchsfertiger Kohlestaub. Sie wird im 10 l Beutel angeboten, enthält keine Nährstoffe und besteht aus

- 70% Holzkohlengruss
- Basaltgesteinsmehl
- Zeolith
- 1,5 l EMa (zum Feuchthalten).

Terra Preta: Unter dieser Bezeichnung wird fermentierte Schwarzerde angeboten. Die Zutaten sind

- Trockenbokashi
- Biolit-Gesteinsmehl
- EMa
- biologische Holzkohle.

Für die Bokashierung von organischen Abfällen braucht ausser Terra Preta nichts anderes zugesetzt werden, weil in diesem Produkt schon alles drin ist.

Man rechnet 50 bis 150 t Kohlestaub pro Hektar. Abfälle von Grünschnitt, Getreide oder Holzreste sind geeignete Rohstoffe für die Verkohlung grosser Mengen.

Anwendungsmengen: Man rechnet pro Einheit ca. 10%, also 100 ml Terra Preta pro 10 l Bokashi-Material.

Biolit, ein mit EM aufgepepptes Urgesteinsmehl

Diabas wurde vor 400 Millionen Jahren aus dem Erdinneren durch Vulkane ausgeworfen. Fein vermahlen versorgt es Böden mit mikroorganischen Mineralien und Spurenelementen. Mit Zusatz von EM kommt Leben in das Gestein.

Biolit, EMa-Besprühung

Diabas (Basalt, vulkanischen Ursprungs), ehemals als Bahngleisschotter und immer noch als Zuschlagsstoff im Strassenbau verwendet, wird zunehmend auch in der Landwirtschaft genutzt. Das basisch-silikatische Urgestein hat – fein vermahlen – eine riesige Oberfläche. Es dient als Nistplatz für Mikroorganismen und bietet ihnen aus seinem reichen Angebot an Mineralien auch Nahrung.

Bei der Vermahlung entsteht viel Staub, der mit Wasser eingesprüht gebunden wird. Die Idee, diesem Wasser EMa beizufügen, wurde zur genialen Kombination von Diabas und Effektiven Mikroorganismen.

So ist aus dem Baumaterial ein wertvoller Lieferant für die Bodenfruchtbarkeit geworden und fördert als Zusatz in der Gülle oder in EM-Spritzbrühen die Arbeit der Effektiven Mikroorganismen im Obst-, Wein- und Pflanzenbau. Der Boden wird wärmer und besser durchlüftet. Die Umwandlung von organischen Stoffen in pflanzenverträgliche Nahrung geht schneller. Das Pflanzengewebe wird stabiler.

In Seen und im Abwasser unterstützt es alles aufbauende Leben und bindet Faulgase. «Biolit ultrafein» hält sich im Wasser als Schwebstoff und sinkt nicht ab. Das ist für die Güllereifung ein wichtiger Faktor und für Spritzungen mit EMa praktisch. Es muss nicht mehr zwischendurch wieder aufgerührt werden und verstopft keine Spritzdüsen.

Beide feinstofflich wirkenden Produkte haben eine lange Entwicklungsgeschichte hinter sich. Wissenschaftliche Studien bestätigen die Vitalisierung des Bodens, welche gesundes Pflanzenwachstum und die Immunkräfte lebender Systeme fördert.

Greengold und Biplantol wirken auf feinstofflicher Basis

Beide Präparate sind feinstoffliche Funktionsmittel, die mit der Information wichtiger Elemente und Substanzen auf den Boden, auf das Pflanzenwachstum und alle lebenden Systeme aufbauend einwirken. Sie enthalten – wie in der Homöopathie – die Information der Wirkstoffe, die potenziert wurden.

Alle EM-Anwendungen können mit Greengold oder Biplantol in ihrer Wirkung noch verstärkt werden. Es ist wiederum ein symbiontisches Zusammenspiel mit EM. Mit einer Menge von nur 1 bis 2 ml Mittel auf 1 l Wasser ist es sehr sparsam im Verbrauch und freizügig in der Wirkung.

Greengold: Der feinenergetische Gesamtkomplex geht mit allen Biosystemen in Resonanz. Es kommt zur Rekonfiguration und Aktivierung von verschiedenen Stoffgruppen und Organismen. Das Pflanzengewebe wird fest, die Vitalität des Bodens führt zu reichen Ernten für vollwertige Lebensmittel. Greengold enthält die Funktionen von

Calciumphosphat, Magnesiumphosphat, Kaliumsulfat, Eisen, Bor, Kobalt, Kupfer, Mangan, Molybdän, Selen, Olivin, Silicium, Germanium, Zink, Kiesel- und Uronsäuren, Huminsäuren, Polyelektrolyte, Polysaccharide, Lactose und verschiedene Pflanzenauszüge.

Alles, was lebt, reagiert auf Kraftfelder und Lichtenergien.

Biplantol: Der homöopathische Wirkstoffkomplex setzt sich aus einzelnen Potenzstufen der Nähr- und Wirkstoffe zusammen, wobei sich die Potenzen zwischen D6 bis D200 bewegen. Er fördert die Vitalität, regt die Mikroflora im Boden an und löst Blockaden von Mineralien. Biplantol wirkt heilend und entgiftend auf noch reparable Schäden ein. Es gibt mehrere Varianten für verschiedene Problemfälle. Biplantol Vital enthält Wirkstoffe wie Kalium, Calcium, Eisen, Magnesium, Phosphor, Schwefel, Bor, Mangan, Molybdän, Kobalt, Kupfer, Silizium, Germanium und Uronsäuren.

Energieträger mit informatorischen Botschaften

Viele negative Umwelteinflüsse ziehen allem Leben viel Energie ab.

Energetisierte Glaskugeln und EM Kin-Keramiken wirken diesen Einflüssen ausgleichend entgegen und laden die abgesunkenen Energien eines gestörten Milieus wieder auf. Wie in allen Flüssigkeiten sorgen sie – auch im EMa-Fermenter oder in Wasserbiotopen eingelegt – für Stabilität.

Die einprogrammierte Energie der grünen Glaskugel ist rechtsdrehend. Der Strahlungsradius liegt bei 5 m, danach zerstreut sich die Strahlungskraft allmählich. Im Fermenter während des EMa-Reifungsprozesses eingelegt, erhöht sie die Haltbarkeit von EM-Vermehrungen um ein Vielfaches.

EM-Kin Keramiken sind aus einem Ton hergestellt, der mit EM fermentiert und zusätzlich mit der Sonnenkraft «Kin» energetisiert wurde, welche die antioxidativen Schwingungen der EM-Information noch verstärkt. Mehr dazu im Kapitel «Wasser mit EM» ab Seite 268.

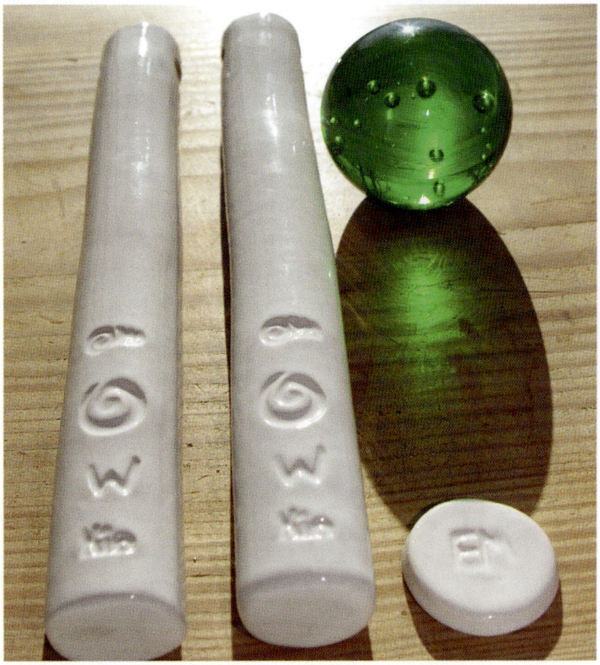

EM-Keramik wird zusätzlich mit lichtvoller Kin-Energie aufgeladen. Der kleine Keramikchip stärkt Bienenvölker. Die grüne Glaskugel ist mit rechtsdrehender Energie dauerhaft aufgeladen. Beide Medien ergänzen die EM-Technologie .

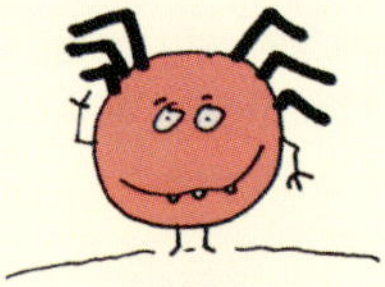

EM-Fermentationsgetränke (FG)

Diese EM-Form ist als Nahrungsmittelergänzung oder als Zusatz zu Erfrischungsgetränken zugelassen. Es werden inzwischen viele verschiedene EM-Getränke angeboten, und es kommen immer noch neue hinzu. Jedes hat seine besondere Qualität, setzt mit seinen probiotischen* Komponenten andere Schwerpunkte ein. Alle sind auf ihre Art gut und dienen unserem Organismus. Sie variieren im Geschmack, so dass jedes von ihnen auch seine Liebhaber findet. Aus diesem Grunde werden keine Produkte namentlich genannt. Es würde zuviel Verwirrung stiften. In den Anwendungen werden sie abgekürzt «FGF» oder «FGM» genannt. Die Effektiven Mikroorganismen werden auch in allerlei anderen, dem Leben positiv zugewandten «Mittelchen» zugesetzt, wie z.B. in energiereichen «Powerlimonaden». Es bleibt dem Konsumenten die Qual der Wahl. Mit einer fundierten Beratung lässt sich aber schnell das richtige EM-Produkt herausfinden.

Es gibt zwei Hauptgruppen:

1. FGM = FERMENTATIONS-GETRÄNK MIT MIKROORGANISMEN:

EM-Fermentationsgetränke werden aus einer für den menschlichen Genuss modifizierten EM-Mixtur hergestellt, die sich hauptsächlich aus verschiedenen anaeroben, das Leben aufbauende Milchsäurebakterien, Hefen und Pilzen zusammensetzt. Ausser mit Zuckerrohrmelasse können diese probiotischen Getränke auch mit anderen, nährstoffreichen Pflanzensubstanzen wie z.B. mit Biogetreidezucker oder mit Auszügen von Topinambur hergestellt sein.

Diese hell- bis dunkelbraunen Fermentationsgetränke unterscheiden sich in der Zusammensetzung der ergänzenden Zutaten wie verschiedenen Kräutern, Mineralien und feinstofflichen Energieträgern. Sie unterstützen alle Heilprozesse und wirken vor allem im Verdauungstrakt auf den Aufbau einer stabilen, gesunden Darmflora ein. Sie riechen und schmecken wie EM auch ähnlich süss-säuerlich.

Haltbarkeit: Ein Fermentationsgetränk mit Mikroorganismen verhält sich wie die ursprüngliche EM-Grundlösung. Die «schlafenden» Ruheformen der Mikroben werden bei Öffnung der Flasche aktiviert und veratmen sich, wenn sie an die Luft kommen und könnten mit der Zeit von ihrer aufbauenden Ausrichtung in die abbauende «kippen». Dabei verändert sich der Geschmack unangenehm. Darum sollte für eine lange Haltbarkeit der Aufbewahrungsort wie bei EM abgedunkelt sein und möglichst im gleichmässigen Temperaturbereich von 12 bis 18 °C liegen. Diese FGM werden in Flaschen mit 0,5 Liter oder 1 Liter Inhalt angeboten.

2. FGF = FERMENTATIONS-GETRÄNK, FILTRAT

Die Effektiven Mikroorganismen werden in einem aufwendigen Prozess aus diesem Getränk herausgefiltert. Ihre energiereiche Ausstrahlung bleibt aber erhalten. So regen diese enzymreichen Getränke auf der Resonanzschwingungsebene als «Aktivator» Antioxidantien an:

- zur Unterstützung von Heilungsprozessen
- zur Stärkung von Immunkräften.

Diese Fermentationsgetränke helfen über stressbedingte Situationen hinweg wie in Grippezeiten oder bei geistigen wie körperlichen Überanstrengungen. Sie wirken direkt über die Schleimhäute und Lymphbahnen. Als Filtrat (ohne lebende Mikroorganismen) halten sie sich – kühl und dunkel aufbewahrt – recht lange.

Es werden zur Zeit zwei Arten angeboten:

- Das goldgelbe ist ein EM-Filtrat aus fermentierten, pflanzlichen Zutaten wie Reiskleie, grüne Papaya aus Okinawa und Braunalgen (Kelp). Es hat sich seit Jahren bewährt (500 ml-Flaschen oder Portionenbeutel).
- Das hellgelbe ist ein EM-Filtrat neueren Datums, mit Mineralien und ohne organisches Material hergestellt. Wenn es vor der Einnahme auf 80 °C erhitzt wird, baut sich eine stärkere Wirkung durch die erhöhte Schwingung auf (500 ml-Flaschen).

Für den Gebrauch gibt es keine festgeschriebenen Mengenangaben, sondern nur Empfehlungen. Die Erfahrungen haben gezeigt, dass zu Beginn kleine Portionen vom Verdauungsapparat besser verarbeitet werden, bis sich der Körper umgestellt hat:

- Anfangs ein paar Tropfen oder 1 Teel., bis zu dreimal täglich, pur oder in Wasser verdünnt, je nach Bedarf und Verträglichkeit.
- Nach ein paar Tagen kann die Dosierung auf 1 Essl. pro Gabe erhöht werden (bis zu 60 ml pro Tag). Bei guter Verträglichkeit und je nach Bedürfnis auch mehr.

Beide Fermentationsgetränke können zwischen, vor, nach oder zu den Mahlzeiten eingenommen werden.

Die Fermentationsgetränke-Arten, ob mit Mikroorganismen oder als Filtrat, sind für den menschlichen Genuss zugelassen und können auch miteinander kombiniert eingenommen werden.

In den Anwendungen sind die EM-Fermentationsgetränke zur besseren Unterscheidung als Kürzel aufgeführt:

- ***FGM = Fermentations-Getränk (mit Mikroorganismen bräunlich).***
- ***FGF = Fermentations-Getränk, Filtrat (ohne lebende Mikroorganismen, hell- bis goldgelb).***

Auf Seite 382 sind die Handelsnamen von FGM und FGF aufgeführt.

EMa-Herstellung

Eine harmonische Umgebung ist Mikroorganismen genau so bekömmlich wie allen Lebewesen. Für die Fermentierung wird dieser Platz noch abgedunkelt (Fermenter, aus Einzelteilen zusammengestellt).

Achte auf deine Gedanken, denn sie werden Worte.
Achte auf deine Worte, denn sie werden Handlungen.
Achte auf deine Gewohnheiten,
denn sie werden dein Leben bestimmen. *(Aus dem Talmud*)*

Wer sich mit der EM-Technologie auseinandersetzt, macht sich unweigerlich Gedanken zu bisherigen Handlungen und Gewohnheiten. Die dem Kapitel vorangestellten Worte sollen daran erinnern, dass eine EMa-Vermehrung nicht einfach eine materielle Angelegenheit ist, sondern dass wir hier mit Lebewesen umgehen. Es ist nicht nur eine sorgsame Behandlung gefragt. Auch ein freundliches Umfeld hat sehr wohl einen Einfluss auf eine gelungene Vermehrung, so wie sich Pflanzen, mit liebevollen Worten bedacht, besser entwickeln, als solche, die nur als «Grünzeug» aufgestellt werden. Geräte mit geballter Elektronik, Hip-Hop- oder Heavy Metal-Music in der Nähe des Produktionsplatzes sind den Mikroben nicht zuträglich. Die Effektiven Mikroorganismen würden für ihre Vermehrung einen Ort ohne extreme Elektrosmog-Belastung durch Starkstrom bevorzugen, wenn sie wählen dürften und hätten gegen harmonische Klänge sicher nichts einzuwenden.
Wenn EM-Anwendungen von Planetenkonstellationen beeinflusst werden, so gilt das auch für die Vermehrung von EM. Es hat sich gezeigt, dass die Fermentierung von EMa die besten Qualitäten hervorbringt, wenn sie bei zunehmendem Mond an einem Fruchttag im Zeichen der Jungfrau angesetzt wird. Blütentage sind auch möglich (mehr dazu auf Seite 182).

Ausser diesem Modell werden auch noch andere Fermenter in verschiedenen Grössen angeboten.

EMa ist die 1. Vermehrung aus dem ursprünglichen EM. Bei einem grösseren EM-Einsatz, z.B. auf einem Bauernhof, vom Ackerboden über die Stallungen und Tiere bis zum Haushalt, lohnt sich die eigene EMa-Vermehrung. Aber auch bei kleinerem Bedarf ist eine EMa-Herstellung sinnvoll, um die Effektiven Mikroorganismen im Garten, Wasserbiotop und Haushalt vielseitig anzuwenden. In Industrie oder in kommunalen Anlagen ersetzt EM durch die praktische EMa-Vermehrung viele bisherige konventionelle Methoden.

Eine der vielen schönen Seiten von EM: Aus einem Liter werden durch Vermehrung 30 Liter EMa. Damit sind die Kosten pro Liter EMa auch fast 30-mal geringer als bei der gleichen Menge EM. Das erleichtert die grosszügige Verwendung. So kann EM breitgefächert eingesetzt werden, ohne den Geldbeutel zu sehr zu belasten.

EMa wird dann richtig interessant, wenn es vielerlei Präparate kostengünstig ersetzt, die sonst einzeln zum Putzen, zur Hygiene oder zur Wasserklärung verwendet werden und erhebliche Summen verschlingen. Zudem entfällt die bisherige Lagerhaltung von vielen verschiedenen Mitteln, weil nur noch eins nötig ist. Es entsteht kein Sondermüll mehr. Hautschäden, durch scharfe, konventionelle Mittel verursacht, kommen nicht mehr vor. Im Gegenteil, EM und EMa pflegen sogar strapazierte Hände.

Die EMa-Vermehrung ist nicht mit einer Fermentierung von Wein oder Schnaps zu vergleichen, denn hier sind ausser den Hefen auch andere Mikroben am Werk: Sorgfältiges und sauberes Arbeiten ist Voraussetzung für eine geglückte Vermehrung (begleitende, freundliche Gedanken an EM werden bestimmt erhört).

Technisches

Die Grösse eines Behälters für die EMa-Vermehrung richtet sich nach dem EM-Bedarf innerhalb von 14 Tagen. Die Menge für diese Zeit muss jeder für sich selber ermitteln. Erfahrungswerte:

- Der Durchschnittshaushalt mit 4 Personen kommt mit 1 bis 5 Liter EMa aus.
- Der landwirtschaftliche Betrieb braucht 100 Liter und mehr, je nach Jahreszeit, Betriebsgrösse und Einsatzbreite.

Wichtig ist, dass die Temperatur während der Fermentierung von EM zu EMa stabil bleibt. In unseren Klimazonen verhilft eine Heizung zu gleichmässigen Temperaturen, in den tropischen Ländern reicht ein Platz mit Wärmegraden ohne grosse Schwankungen.

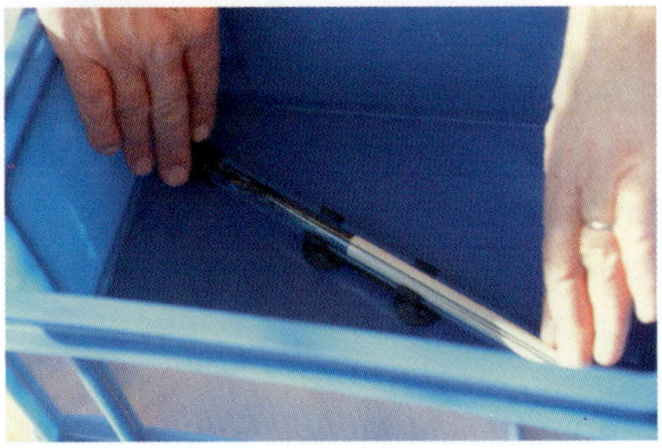

Ein Heizstab, wie er für Aquarien verwendet wird, mit Abstandshalterung zum Boden in die Wanne setzen.

Einen Zwischenboden als Abstandshalter zum Vermehrungsgefäss ins Wasserbad einsetzen. Hier ist es eine U-förmige Chromstahlplatte auf die das Vermehrungsgefäss gestellt wird.

Die EM-Vermehrung zu EMa ist eine Fermentierung (Gärung ohne Sauerstoff) und nicht schwierig, wenn grundlegende Regeln eingehalten werden:

- gleichmässige Temperaturen um ±35 °C
- saubere Vermehrungsbehälter aus lebensmittelechtem Kunststoff oder aus Chromstahl
- die elektrische Wärmequelle muss für Flüssigkeiten zugelassen sein. Genügend Abstand von Elektrosmog-Quellen einräumen
- EM verwenden, das eine gute Qualität hat und gut riecht. Der pH-Wert sollte zwischen 3,3 und 3,8 liegen. Zur Vermehrung nur ein EM verwenden, das innerhalb der Haltbarkeitsdaten liegt

- Zuckerrohrmelasse möglichst aus zertifiziertem biologischem Anbau verwenden
- reines oder gefiltertes Wasser mit EM Keramikpipes aufbereiten oder durch einen Wasserwirbler (nach dem Schauberger-Prinzip) schicken
- tägliche Kontrolle des Gärprozesses
- Gärgase müssen entweichen können, ohne Luft einzulassen (mit Gärspund* fermentieren).

Variationen von selbst gebastelten EMa-Vermehrungsanlagen: ① isolierte Kammer mit Heizgerät (mit Thermostat). ② Plastikflasche mit Heizstab in der Kühltasche. ③ Vermehrung literweise im Wasserbad. ④ Professioneller Chromstahlbehälter für grosse Mengen.

Fermentierungsanlagen in Variationen: Findige Köpfe haben die unterschiedlichsten EMa-Vermehrungsanlagen aus Kunststoffbehältern gebastelt oder ganz edel aus Chromstahl gebaut. Da sind Wärmekisten aus Holz und mit Styropor-Isolierung entstanden, die mit Glühbirnenlicht aufgeheizt werden. Mancher Vermehrungskanister kuschelt sich in warme Decken gehüllt an einem Heizkörper mit Thermostat oder ist in Isoliertaschen eingebettet, die eigentlich zur Kühlung gedacht sind. Es sind die abenteuerlichsten Vermehrungskisten entstanden. Inzwischen gibt es im EM-Handel fertige Fermenter-Sets in allen Grössen.

Für alle Konstruktionen gilt: Die Temperaturen und die Fermentationsdauer müssen eingehalten werden, damit sich alle Bakterien in der gewünschten Zusammensetzung vermehren. Diskussionen über möglichen E-Smog durch den Heizstab verunsichern. Man kann davon ausgehen, dass die Mikroorganismen – wie die Fische im Aquarium – dadurch keinen Schaden nehmen.

Fermentierungsdauer, Wärmegrade: Die konstante Temperatur von ±35 °C garantiert eine korrekte Vermehrung, die 7 bis 9 Tage dauert, bis alle Prozesse durchlaufen sind und eine ausgeglichene Mikrobenzusammensetzung herangewachsen ist. Bei Temperaturen, die unter 32 °C sinken oder über 38 °C steigen, verändert sich die ursprüngliche Anzahl und Menge der Mikrobenstämme, die nicht mehr als effektiv bezeichnet werden können und nicht die Wirkung bringen, wie sie von EM erwartet wird.

Entwicklung der Effektiven Mikroorganismen während der Fermentierung

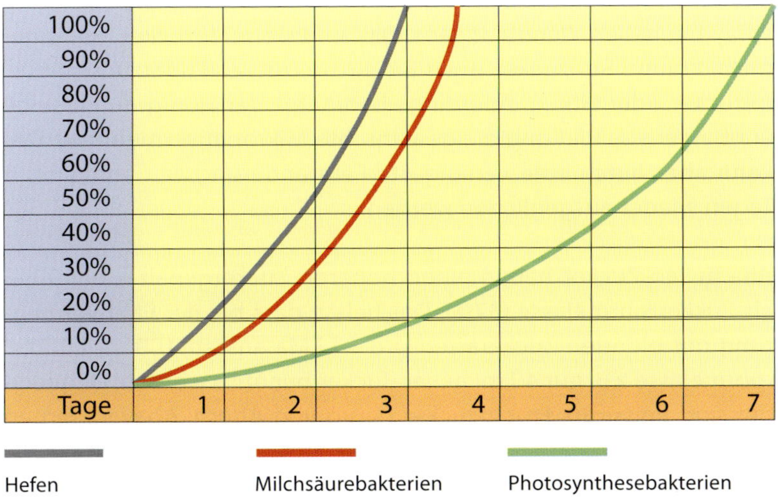

Optimale Bedingungen = gleichmässige Temperaturen zwischen 32 und 37 °C.

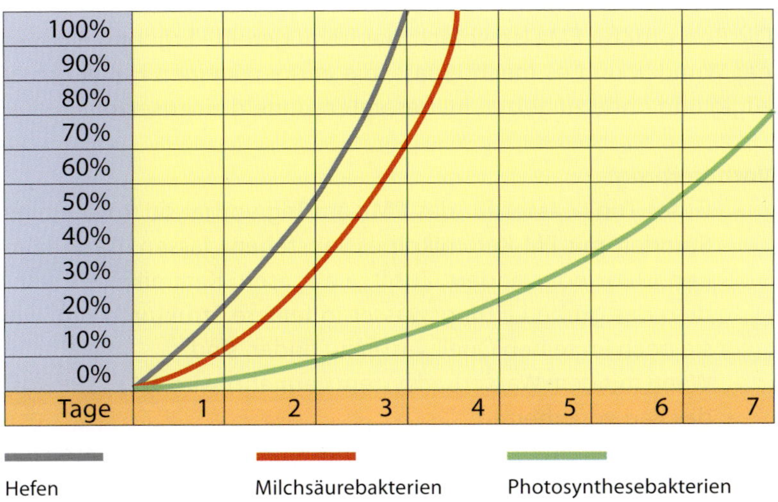

Keine optimalen Bedingungen = zu niedrige Temperaturen oder grosse Temperatur-Schwankungen.

Warum Zuckerrohrmelasse? Immer wieder taucht diese Frage auf, wenn doch heimische Zuckerrübenmelasse oder Honig den gleichen Zweck erfüllen können, nämlich die Fermentation in Gang zu bringen. Zuckerrohrmelasse ist ein guter Kohlehydratlieferant für das Mikrobenfutter und enthält im Vergleich zu anderen Zuckerarten die grösste Menge an Mineralien und Spurenelementen, die auch für Mikroorganismen so wichtig sind. Doch wie die Erfahrung zeigt, eignen sich ausser Zuckerrohrmelasse auch andere Zuckerarten. Sie färben das EMa hellblond. Es wird dort eingesetzt, wo die dunkelbraune Farbe von EMa (durch die Zuckerrohrmelasse) stören und bei Anwendung unerwünschte Farbflecken hinterlassen würden, z.B. bei hellen Materialien (bei der Wäsche von Textilien, als Raumspray bei hellen Wandbelägen). Das sind Getreidezucker, Getreidemalz, braune Rohzucker, auch Bio-Kristallzucker/Puderzucker/Würfelzucker oder Honig. Allerdings behindert der Honig durch seine antibakterielle Wirkung die gewünschte Mikrobenvermehrung. Das kann aber durch eine verlängerte Fermentierungszeit von 3 bis 4 Tagen wieder ausgeglichen werden.

Alle hellen Zucker haben einen höheren Zuckergehalt (über 90%) als Zuckerrohrmelasse (37%). Das heisst, dass bei der EMa-Vermehrung mit blonden Zuckerarten pro 1 l EMa anstatt 100 ml Zuckerrohrmelasse z.B. nur 40 ml heller Zucker benötigt werden. Ungeeignet sind Reissirup, Fruchtzucker (Sirup von Ahorn, Agaven, Birnen oder andere Obstarten). Ebenso keine Stevia oder andere handelsübliche Süssstoffe verwenden.

EMa selber herstellen

Die Rezeptur für EMa ist einfach, das herangereifte Ergebnis ein kleines Wunder, und es macht Spass, die eifrigen kleinen Helfer grosszügig und ohne zu geizen im gesamten Umfeld einzusetzen.

Vorbereitung:

- Gutes Trinkwasser für das EMa am Tag vorher oder für einige Stunden mit EM-Keramikpipes «abstehen» lassen. Dann können Chlor oder andere Zusätze abgasen. Keramikpipes wandeln das grobe Leitungswasser in feinere Strukturen um, wie sie noch im reinen Quellwasser zu finden sind.
- Wenn mit dem Wasserbadsystem vermehrt wird, ist es sinnvoll, das Bad vorzuheizen.
- Das vorbereitete Trinkwasser für die Vermehrung erhitzen (nicht über 60 °C), um eventuelle Fremdkeime aus der beizufü-

genden Melasse zu entfernen. Die abgemessene Melassemenge in das heisse Wasser einrühren und abkühlen lassen (unter 40 °C). In dieser Zeit alle anderen Zutaten und Gerätschaften bereitlegen.

Zutatenmengen

für 1 l EMa	**für 2,5 l EMa**	**für 5 l EMa**
30 ml EM	75 ml EM	150 ml EM
30 ml Melasse	75 ml Melasse	150 ml Melasse
940 ml Wasser	2,350 l Wasser	4,700 l Wasser

Für grosse Mengen EMa, wie sie in der Landwirtschaft gebraucht werden, lassen sich diese Angaben leicht hochrechnen.

Diese Mengenverhältnisse der Zutaten haben sich bewährt. Wer noch nie eine Fermentierung gemacht hat und ganz sichergehen will, kann die Mengen von 3% auf 5% erhöhen (50 ml EM, 50 ml Melasse und 900 ml Wasser). Wer sich zu den Experten zählt, hat auch schon die Mengen EM und Melasse sogar bis auf ein Prozent reduziert. Aber das setzt besondere hygienische Verhältnisse und Sorgfalt voraus und ist sehr gewagt, denn es ist nicht sicher, ob noch alle Mikrobenstämme in der geordneten Zusammensetzung vorhanden sind.

Die Erfahrungen haben gezeigt, dass weniger als 3% EM bei der Vermehrung zu EMa in den warmen Ländern durchaus möglich ist. Im gemässigten Klima Mitteleuropas ist es nicht zu empfehlen.

Mit Zusätzen Qualität und Haltbarkeit verbessern: Verschiedene Zusätze können EMa-Fermentierungen immens stabilisieren. Die Angaben dazu beziehen sich auf Abfüllungen, die noch geschlossen sind. Nach Öffnung sollte die angebrochene Menge innerhalb von 14 Tagen verbraucht werden. Mögliche Beigaben pro 1 Liter EMa:

- 4 bis 8 EM-Keramikpipes, sie verbessern die Haltbarkeit auf 12 bis 24 Monate.
- 1 g Kristallsalz oder Meersalz (am besten Fleur de Sel) – oder noch besser: das hochenergetische EM-Salz – zufügen. Salze, natürlichen Ursprungs und ohne chemische Nachbehandlung, enthalten geringe Mengen an Mineralien und Spurenelementen. Sie gehören zur Grundlage des Energiebedarfs der Mikroben und sind für EM quasi «das Salz in der Suppe».
- Greengold oder Biplantol oder andere Energieträger verstärken die Wirkung und die Haltbarkeit (Kapitel «Sinnvolle Zusätze, Seite 193).

Grosse Anlage für EMa-Herstellung in der Landwirtschaft.

EMa-Vermehrung ansetzen (im Wasserbad)

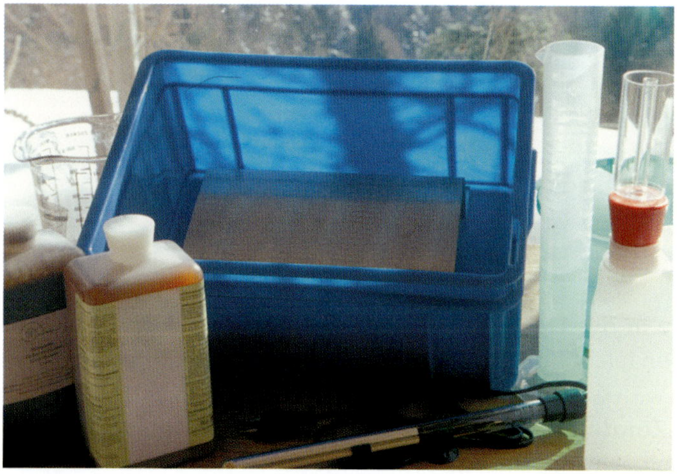

Für die EMa-Vermehrung alles bereitstellen: Wasserbad mit Heizstab-Abdeckung, EM und Melasse, Heizstab, Messzylinder mit Feineinteilung, Vermehrungskanister mit Gärspund.

Biologische Zuckerrohrmelasse mit einem Teil des vorbereiteten und erwärmten Wassers anrühren und abkühlen lassen (unter 40 °C).

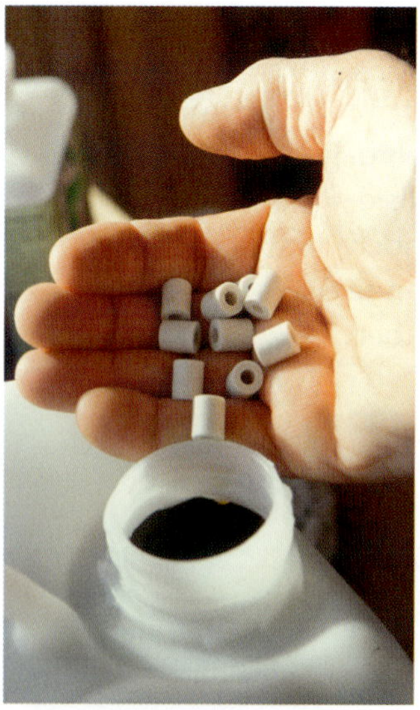

Abgekühlte Melasse, Wasser und EM in den Kanister einfüllen. Pro Liter Inhalt einen Pipe zugeben. Möglicher Zusatz: pro Liter ein Gramm Kristallsalz oder EM-Meersalz zugeben.

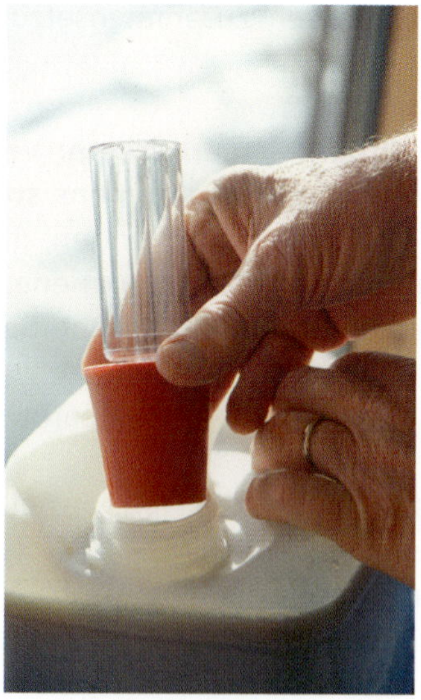

Die Vermehrungssuppe ohne Hast umrühren. Den Kanister ins vorgeheizte Wasserbad auf die Abdeckplatte setzen. Der EMa-Behälter sollte 4 cm tief im Wasser stehen. Dann den Gärspund aufsetzen.

In den Gärspundzylinder etwas Wasser (bis zur Markierung) einfüllen. So kann CO_2 entweichen, aber kein Sauerstoff hinzukommen. Ventildeckel aufsetzen. Standort: abgedunkelt.

Zubereitung am Beispiel einer EMa-Fermentierung im Wasserbad:

- das Gefäss und die «Handwerkszeuge» wie Messbecher und Rührlöffel kurz vor Vermehrung gründlich reinigen und mit kochend heissem Wasser nachspülen
- die abgekühlte Lösung (unter 40 °C) aus Wasser und Melasse in den Kanister einfüllen
- EM dazugeben
- EM-Keramikpipes hinzufügen (pro Liter eine Pipe)
- Kanister schliessen und mit ruhiger Bewegung hin und her wenden (Inhalt vermischt sich). Bei grösseren Mengen die Vermehrungsmischung sorgfältig durchrühren
- Kanister ins Wasserbad setzen. Die Vermehrung läuft sofort an, wenn das Bad zuvor schon angeheizt wurde
- Gummistopfen mit Gärspund aufsetzen
- Gärspund mit Wasser bis zur Kennzeichnung (feine Linie) auffüllen und Ventildeckel aufsetzen.

Kontrollen während der Fermentierung:

- Täglich auf den Wasserstand des Wasserbades achten. Verdunstetes Wasser auffüllen
- die Temperaturen überprüfen (für die Messung eignet sich ein einfaches Fieberthermometer)
- den Gärprozess beobachten (aufsteigende Bläschen im Gärspund).

Nach 5 Tagen beruhigt sich die Gärung, nach 7 bis 9 Tagen ist sie fertig.

Gärung ohne Sauerstoff: Die EMa-Fermentierung verläuft sehr hitzig. Im Gärspund blubbert es vor sich hin. Die Mikroben verstoffwechseln unaufhörlich und atmen CO_2 aus, das sich durch den entstandenen Überdruck seinen Weg über das Wasserreservoir im Gärspund nach draussen sucht. Nach 5 Tagen beruhigt sich die aktive Phase und klingt bis zum 7. bis 9. Tag aus: Das EMa ist fertig ausgereift, der pH-Wert liegt bei 3,3 bis 3,8.

Anmerkung: Es gibt EMa-Vermehrungen, die kürzere oder längere Fermentierungszeiten benötigen, je nach Mondstand, Jahreszeit, Temperaturführung und Standort, usw.

Der pH-Wert liegt zwischen 3,2 und 3,5 (Lackmuspapier mit der Werteskala von 3,2 bis 5 verwenden).

Messung des pH-Wertes:

- Lackmus-Papier mit einer Werteskala von 3 bis 5 (eine Messskala von 4 bis 14 ist zu ungenau)
- oder mit elektrischem pH-Meter mit Feineinteilungen für genaue Messergebnisse.

Merkmale für eine gelungene EMa-Vermehrung:

- das EMa riecht fein säuerlich wie EM. Weil die Effektiven Mikroorganismen individuelle Lebewesen und keine Retorten-Babys sind, kann sich der Geruch von einem EMa-Ansatz zum nächsten leicht verändern
- der optimale pH-Wert ist ein weiteres Merkmal und liegt zwischen 3,3 und 3,8. Höhere Werte als 3,8 sind nicht mehr gut. Das gleiche gilt, wenn der pH-Wert unter 3,0 abgesunken ist.

Mögliche Gründe für eine missratene Vermehrung:

- das EM (Ausgangssubstanz) hatte eine mindere Qualität
- zu grosse Temperaturschwankungen
- Störfaktoren wie Elektrosmog (z.B. auch ein Handy) oder Wasseradern, die das Energiefeld von EM womöglich verändern können: In diesem Fall den Platz wechseln
- Nicht ganz gefüllte Kanister: Das Luftpolster über der Vermehrungsflüssigkeit ist zu gross, das Fermentierungsgefäss muss immer bis kurz unter den Rand gefüllt sein
- das Fermentierungsgefäss ist nicht luftdicht abgeschlossen oder hat undichte Stellen
- das Gefäss wurde vor der Vermehrung nicht korrekt gereinigt. Unerwünschte Bakterienkolonien bringen die EMa-Vermehrung aus dem Kurs.

Tipp: Das fertige EMa auf Zimmertemperatur abkühlen lassen und über einen Wasserwirbler (nach dem Schauberger-Prinzip), den Aquator oder einen anderen guten Wasserwirbler in kleinere Gebinde umfüllen, denen auch ein paar Pipes zugegeben werden. Das sichert eine gute Qualität.

EMa-Behälter aufbewahren: Soll der Kanister mehrfach zur Vermehrung benutzt werden, muss jeweils das fertige EMa in andere Behälter oder Flaschen umgefüllt werden. Der Grund: Die aktivierten Mikroben greifen mit der Zeit den EMa-Behälter an und löchern den etwas teuren, lebensmittelechten Kunststoff, denn die Effektiven Mikroorganismen sind in der aktiven Phase ja durchaus in der Lage, auch Plastik zu zersetzen. Deshalb den entleerten Behälter mit Wasser ausschwenken und bis zum nächsten Vermehrungsansatz zum Trocknen kopfüber aufstellen oder -hängen.

Tipp: Bei grösseren Vermehrungsmengen EMa in handliche 10-Liter-Foliensäcke abfüllen (mit Ablasshahn, wie sie in Süssmostereien verwendet werden). Den Hahn nur zu zwei Dritteln in die Hahnenmanschette einführen (bis zum 2. Ring). Dann kann der gleiche Sack mehrmals nacheinander verwendet werden, weil sich der Ablasshahn für eine neue Füllung problemlos aus dem Sack herauslösen und erneut einsetzen lässt.

Aufbewahrung und Haltbarkeit: In kleinere, handliche Flaschen abgefüllt, mit Datum versehen und wie EM kühl (8 bis 14 °C), an einem dunklen Ort aufbewahren (wenn möglich, ohne E-Smog). Steht kein geeigneter Raum zur Verfügung, kann das EMa auch flaschenweise im Türfach vom Kühlschrank bei 8 °C bis 12 °C verbleiben. EMa ohne unterstützende Zusätze hält sich gut 2 Wochen. Danach baut es zusehends ab und verliert seine volle Wirkung. Nach 4 Wochen hat sich das Mikrobenleben so veratmet, dass es nur noch zur Gülle oder ins Abwasser gegeben werden sollte. Merkmale sind ein pH-Wert über 3.8, der unangenehme Geruch: erst muffig, dann faulig, dann stechend stinkig (Buttersäure). Mit den oben aufgeführten unterstützenden Zusätzen verlängert sich die Haltbarkeit enorm.

Sind weitere Folgevermehrungen von EMa sinnvoll?
In einer korrekten EMa-Vermehrung aus dem ursprünglichen EM hat sich die Mikrobenzusammensetzung noch nicht verändert oder nur ganz geringfügig. Nun liegt der Gedanke nahe, aus EMa wiederum eine oder weitere Folgevermehrungen zu machen. Das führt zu Verschiebungen in der Zusammensetzung der Mikrobenstämme und zu grossen Qualitätseinbussen. Professor Higa warnt vor dem leichtsinnigen Umgang mit weiteren EMa-Vermehrungsreihen, wo sich nach und nach kleine Fehlgänge zu grossen multiplizieren können, und lehnt Vermehrungsnachfolgen ab. Ausnahmen sind jene für den Pflanzenschutz, denen wegen der Beigaben eine nochmalige Fermentation angehängt wird.

EMa-Rezepturen mit Zusätzen für den Pflanzenschutz

Die Effektiven Mikroorganismen stärken mit ihren antioxidativen Kräften das Immunsystem aller Lebewesen und führen unsere Umwelt aus der Degeneration in die Regeneration. Bis aber die

Effektiven Mikroorganismen ihr Umfeld in die aufbauende Dominanz gebracht haben, fordern noch mancherlei Schad-Erreger zu intensiven Massnahmen heraus. Diese Plagen weisen uns zuverlässig darauf hin, dass etwas nicht in Ordnung ist und die Gesundheit noch fehlt.

Die EMa-Vermehrung mit Kräutern oder anderen Zutaten setzt eine fundierte Kenntnis über die Wirkungen dieser Bestandteile voraus. Z.B. sind nicht alle Vertreter der Heilkräuter geeignet, obwohl sie für den Pflanzenschutz an sich sehr gut wären. Wir haben es aber hier nicht einfach mit einem Kräuterauszug wie Schachtelhalmbrühe gegen Pilzbefall zu tun, sondern mit einer Lösung voller nützlicher, lebender Mikroben, die z.B. keimtötende Kräuteressenzen nicht gut vertragen, denn was macht der Schachtelhalm mit den nützlichen Pilzen im EMa? Knoblauch und andere feurige Gewürze wie Chili: Freuen sich die Effektiven Mikroorganismen über den scharfen Beschuss? Wie weit verschiebt sich dann die Zusammensetzung der Effektiven Mikroorganismen? Solche Überlegungen sind ratsam, wenn ein EM-Spritzmittel hergestellt werden soll. Es hat sich herausgestellt, dass Unverträglichkeiten mit einer verlängerten Dauer der Fermentierungszeit wieder ausgeglichen werden können.
Anwendungen sind im Kapitel Pflanzenschutz ab Seite 230 zu finden oder im Buch «Pflanzenschutz mit EM» von Sigemar Gruno.

EM5 mit Zusatz von Zwiebelschalen, Knoblauch und getrocknetem Breitwegerich verdirbt Plagegeistern den Appetit auf behandelte Pflanzen.

EM5 (mit Alkohol)

Die Bezeichnung EM5 besagt, dass 5 Zutaten verwendet werden: Wasser, EM, Zucker, Alkohol und Essig. Der Alkoholanteil in diesem EMa ätzt bei Pflanzen kleine Löcher in die Cuticula (Wachshaut, eine schützende Schicht, meistens auf der Blattoberseite). In diesen Buchten nisten sich die Effektiven Mikroorganismen ein, fressen alles Schädliche weg und fungieren als «Platzhalter», indem sie den Platz besetzen, wo sich sonst die Schad-Erreger gern niederlassen.

- EM5 = EM + Alkohol = vielseitig zum Pflanzenschutz einsetzbar
- EM-FKE = EM + fermentierter Kräuterextrakt, unterstützt die Pflanzenschutzwirkung von EM5
- EM-FPE = EM + fermentierter Pflanzenextrakt, stärkt und fördert das Pflanzenwachstum

Rezeptur für 1 Liter EM5

Für dieses Spritzmittel wird ein vorhandenes EMa verwendet, dem in einer zusätzlichen, nachfolgenden Fermentierung Alkohol und Essig zugesetzt wird. Noch besser ist allerdings für dieses EM5 eine angepasste EMa-Vermehrung, bei welcher der Anteil von 20 ml EM auf 24 ml EM pro Liter erhöht wird und die Temperatur bei 35 °C bis 37 °C etwas höher sein sollte als bei der üblichen EMa-Herstellung (siehe ab Seite 201)

In der nachfolgenden Fermentierung für 1 Liter EM5:

970ml warmes, frisches EMa
15 ml Bio-Apfelessig
15 ml Alkohol (Rum oder Vorlauf von Obstbrand, 40–44%ig)
▶ miteinander mischen

Das Gefäss luftdicht mit dem Gärspund verschliessen, im warmen Wasserbad mit 35 °C bis 37 °C an einem dunklen Platz (ohne E-Smog) aufstellen

Wer die Wirkung von EM5 noch steigern will, fügt der vorbereiteten Vermehrung ausser Essig und Alkohol noch diese im Mixer zerkleinerten Zutaten pro 1 Liter EM5 bei:

1,5 g braune, trockene Zwiebelschalen
1,5 g kleingeschnittene Knoblauchzehen
5 g frische Breitwegerichblätter oder 4 g getrocknete
4 g frische Zitronenmelisse.

Reifung: Die Fermentierung von EM5 dauert länger als eine EMa-Vermehrung. Der Alkohol lähmt anfangs einen Teil der Mikroben und lässt andere Stämme sich rasch vermehren. Bis sich alles in die Nähe des Gleichgewichts eingependelt hat, vergeht eine Zeitspanne (bis zu 4 Wochen). Die Reifung zu EM5 ist abgeschlossen, wenn es eher nach Alkohol als nach Melasse riecht und der pH-Wert zwischen 3,3 und 3,7 liegt. Vor der Abfüllung in kleinere Gebinde die festen Stoffe der zusätzlichen Beigaben absieben.

Haltbarkeit: Verschlossen und dunkel bei gleichmässig kühlen Temperaturen von 12 °C bis 18 °C aufbewahrt, hält sich EM5 wie EMa Seite 203 (je nach Zusatz im EMa).

EM-FPE = Fermentierter Pflanzen-Extrakt
(auch EM-FKE = Fermentierter Kräuter-Extrakt genannt)

Für dieses Spritzmittel wird ein vorhandenes EMa verwendet, dem in einer zusätzlichen, nachfolgenden Fermentierung verschiedene Wild- und Gartenkräuter beigegeben werden. Antiseptisch* wirkende Kräuter werden in eine verträgliche Form für die Effektiven Mikroorganismen verstoffwechselt, ohne die Wirkung auf Pflanzen zu verlieren. Die Kräuterzusammensetzung hängt davon ab, welches Schadbild vorliegt und was uns die Jahreszeit an Pflanzen gerade bietet. Es ist ziemlich alles erlaubt ausser Zwiebelgewächse (Knoblauch, Bärlauch, Schnittlauch, Zwiebeln) und giftige Pflanzenteile.

Rezeptur für 1 Liter EM-FPE (auch EM-FKE)
Ein EMa herstellen wie es ab Seite 202 beschrieben ist. Für die anschliessende Fermentierung ist ein Gefäss mit grösserer Öffnung praktisch, um die Kräuter einzufüllen.

Dem fertigen, frischen EMa möglichst an einem Blatttag bei zunehmendem Mond pro Liter

- 200 g frische, kleingeschnittene Kräuter in einer vielfältigen Mischung zufügen und bei ±35 °C wie EMa nochmals 7 Tage lang fermentieren (siehe ab Seite 202).

Das Gefäss luftdicht mit dem Gärspund verschliessen, im warmen Wasserbad bei ±35 °C an einem dunklen Platz ohne E-Smog aufstellen. Wenn die Fermentierung ruhig geworden ist und im Gärspund keine Bläschen mehr aufsteigen, ist EM-FPE fertig. Vor der Abfüllung in kleinere Gebinde die festen Stoffe der Kräuter absieben.

Haltbarkeit: Verschlossen und dunkel bei gleichmässig kühlen Temperaturen von 12 °C bis 18 °C aufbewahrt, hält sich EM5 wie EMa (Seite 203, je nach Zusätzen im EMa).

Tipp: EM-FKE wird auch für die Tierhaltung industriell hergestellt (Bezeichnung: EM^+, Seite 381).

EM3-1 (Insektizid, mit scharfen Gewürzen)
Die ursprüngliche Rezeptur mit Chili, Knoblauch, Ingwer und schwarzem Pfeffer ist sehr aggressiv. Mit reduzierten Zutatenmengen wird sie laut Sigemar Gruno[1] für Nützlinge besser verträglich und für Schadinsekten ausreichend wirksam.

1 Gruno, 2009

Rezeptur für 1 Liter EM3-1

Wie für die EMa-Vermehrung vorbereiten (Ab Seite 202) und die nötigen Gerätschaften bereitstellen:

4 g Chili 20 g Knoblauch (Zehen) 4 d frischen Ingwer 1 g Schwarzer Pfeffer	zusammen im Mixer zerkleinern und in das Fermentationsgefäss einfüllen
20 ml Zuckerrohrmelasse 930 ml aufbereitetes Trink- oder Quellwasser (S. 268)	auf 60 °C erhitzen, danach auf 40 °C abkühlen
20 ml EM	hinzufügen und gut verrühren

Das Gefäss luftdicht mit dem Gärspund verschliessen, im warmen Wasserbad bei ±35 °C an einem dunklen Platz ohne E-Smog aufstellen.

Nach 3 und 7 Tagen nochmals gut umrühren. Nach 14 Tagen oder wenn keine Bläschen mehr aufsteigen, ist das EM3-1 fertig. Vor der Abfüllung in kleinere Gebinde die festen Stoffe der Gewürze absieben.

Haltbarkeit: Verschlossen und dunkel bei gleichmässig kühlen Temperaturen von 12 °C bis 18 °C aufbewahrt, hält sich EM3-1 wie EMa Seite 203, (je nach Zusatz).

EM3-1 vergrault mit diesen «beissenden» Zutaten nicht nur Fliegen und andere hartnäckige Insekten, sondern hilft auch bei allen Krankheiten z.B. an mehrjährigen Küchen- und Gewürzkräutern.

Unterstützende Zusätze für die EMa-Fermentierung

Bei der EMa-Herstellung wird der Vermehrungsprozess mit erprobten Zusätzen sicherer (weniger Fehlgärungen, Faul- und Venolgerüche). Der erwünschte pH-Wert zwischen 3,2 bis 3,4 wird problemlos erreicht und die Haltbarkeitsdauer enorm verlängert (bei noch ungeöffneten Gefässen bis zu mehreren Monaten):

- **EM-Keramikpipes:** Pro Liter EMa-Ansatz 2 Pipes
- **EM-Salz** konserviert, erhöht die Antioxydanz: 1 g pro Liter EMa
- **Greengold** beschleunigt den Vermehrungsprozess und hält ihn stabil: 1 ml Greengold pro Liter EMa.

Auch mit Biplantol, EM-Kin-Stäben oder energetisierten Glaskugeln wurden gute Erfahrungen gemacht (mehr auf Seite 193).

Aus Erde kommt es und wieder zur Erde muss es.

Bokashi

Gesund für Boden – Pflanze – Mensch

Wer träumt nicht von vitalen Pflanzen, reicheren Erträgen und noch schmackhafterem Gemüse? Bokashi ist eine geeignete Methode, hochwertigen, organischen Dünger herzustellen und gleichzeitig den Boden auf vielfältigste Weise mit Mikrobenleben und Nährstoffen zu versorgen: die beste Voraussetzung für Nahrung aus gehaltvollen Ernten.

Der Ausdruck «Bokashi» kommt aus Japan und heisst so viel wie «fermentiertes, organisches Allerlei». Es wird unter Zusatz von Effektiven Mikroorganismen und unter Luftausschluss hergestellt. Während beim Kompostieren eine Zersetzung mit Sauerstoff geschieht und das organische Material noch einen langen Reifeprozess braucht, bis alle pflanzenfeindlichen Verwesungsgifte abgebaut sind, wandelt die Bokashierung das gleiche Ausgangsmaterial durch Fermentierung in eine für Pflanzen schnell verfügbare Form um. Dabei bleiben alle Nährstoffe erhalten und werden durch Milchsäurevergärung sogar noch aufgewertet, vergleichbar mit Weisskohl, der in Form von Sauerkraut auch mehr lebenswichtige Stoffe enthält als ursprünglich. Mit Bokashi-Gaben wird der Garten mit bodenbürtigen Mikroben reich beschickt. Das fermentierte Material vererdet rasch und ist für Pflanzen innerhalb von ein bis zwei Wochen «verdaulich».

Denk «Leben» bei allem, was du dir im Garten vornimmst. Diese Anweisung gilt dem Edaphon, dem Plankton der Gartenerde.[1]

Die Effektiven Mikroorganismen im fertigen Bokashi vermehren sich – im Boden ausgebracht – weiter und aktivieren auch die bereits vorhandenen Mikroben. Ihr Ausscheidungsprodukt ist u.a. die für Pflanzen verfügbare Aminosäure (aufbauende Eiweiss-Verbindung). Weil keine Fäulnis und keine Zersetzungsgifte vorhanden sind, wachsen Pflanzen mit stabiler Widerstandskraft heran. Pilzkrankheiten fehlen die Angriffspunkte, Schnecken finden keine Aufgabe in diesem starken, gesunden Umfeld vor und vermehren sich nicht mehr so ausgiebig. Das ist ein wesentlicher Unterschied zum herkömmlichen Kompost.

Bokashi-Herstellung

Es gibt eine ganze Reihe von Möglichkeiten, wie aus Pflanzenteilen Bokashi entstehen kann, je nach Menge der anfallenden Pflanzenmaterialien. Im Privathaushalt kommt täglich nur wenig in den Grünabfall.

1 Pommeresche 2004, S. 105

Gemüseabfall aus Küche und Garten zwei bis drei Tage sammeln, jede Gabe mit EM-Lösung übersprühen und an einem kühlen Ort aufheben. So braucht die Tonne nur zwei- bis dreimal pro Woche gefüllt zu werden. Grosse und harte Teile vorher zerkleinern.

Im Garten fällt schon mehr an: im Frühling und Sommer Grasschnitt, im Herbst Berge von Laub, Ernterückständen und im Winter grosse Haufen von Baum- und Strauchschnitt. Im Gemüse-Anbau sind täglich grosse Abfallmassen zu bewältigen. In der Landwirtschaft mit Vieh wird der Mist bokashiert. Grosse Anlagen sind erforderlich, wenn die Grünabfuhr von Gemeinden oder in tropischen Ländern vorsortierte Müllhalden (ohne Metall und Plastikteile) bokashiert werden. Industriell hergestellt, dient das fermentierte Allerlei als Zusatz zu Tierfutter. Es werden auch fertige Bokashis als Düngemittel angeboten.

Was wird fermentiert?

Das organische Allerlei wird nach den gleichen Gesichtspunkten wie für den konventionellen Kompost gesammelt. Es eignet sich

1. **für «Küchenbokashi»:** alles, was beim Gemüseputzen in der Küche anfällt, auch Bananen. **Keine gekochten Speisereste verwenden.** Die können zwar auch bokashiert werden, dies ist aber ein Verlustgeschäft in punkto Nährstoffgehalt, denn durch den Kochvorgang sind viele der wichtigen Vitalstoffe zerstört (S. 215)
2. **für Bokashi aus Gartenabfällen:** Ernterückstände, Sträucher-, Gras- und Staudenrückschnitt. Auch unliebsame, samentragende Beikräuter und «gefährliche» Wurzeln können bedenkenlos fermentiert werden (S. 219)
3. **in der Landwirtschaft** der Mist, auch in Mischung mit Pflanzenteilen aus dem Gemüseanbau (S. 225)
4. **für «Futterbokashi»** für Tiere: z.B. Weizenkleie oder andere Getreidekleien, Spreu und Sojaschrot (S. 225))
5. **für «Düngebokashi»** z.B. dem fertigen Bokashi einen Teil Stallmist als Stickstofflieferant zusetzen (S. 227).

Als Faustregel gilt: Je feiner das Material zerkleinert und je besser es miteinander vermischt ist, desto rascher verläuft die Bokashierung. Ideal ist eine Temperatur zwischen 18 und 25 °C.

Futterbokashi und Düngebokashi sind als Fertigprodukte im Handel, können aber auch selber hergestellt werden. Es gibt schon kommunale Anlagen, die wie bei einer Gemeindekompostierung die Grünabfuhr oder das Sammelgut aus der Biotonne fermentieren und das fertige Bokashi den Anwohnern zur Bodenverbesserung wieder zur Verfügung stellen.

Terra Preta für noch mehr Power

Diese Entdeckung aus dem Regenwald des Amazonas wird in Zukunft ein ganz wichtiger Zusatz zu Bokashi sein. Sie ist, ergänzt mit Bokashi, in erschöpften Anbauflächen ein Garant für neue, unvergleichliche Fruchtbarkeit. Terra Preta zusammen mit Bokashi fermentiert und in den Boden eingearbeitet, bindet mehrere Kilogramm CO_2 pro Quadratmeter Fläche, das sonst bei traditioneller Kompostierung in die Luft abgast. In wenigen Jahren baut die Kombination Bokashi-Terra Preta eine stabile, belebte Humusschicht auf, was in bisherigen biologisch arbeitenden Systemen erst nach Jahrzehnten möglich ist. Man kann Terra Preta selber herstellen oder auch als fertiges Produkt erwerben. Es wird pro Bokashieinheit vor Fermentierung 10 bis 30% Terra Preta ins organische Material eingemischt. Im Kapitel «Ergänzungen zu EM» (Seite 191) wird die Funktion von Terra Preta näher erläutert.

Bokashi mit Terra Preta-Zusatz: Terra Preta, als Zusatz zum Bokashi, bietet den Mikroorganismen eine dauerhafte «Wohnung» an.

Wie lange dauert eine Bokashierung?

Die Fermentation ist ein lebendiger Wandlungsprozess und nicht in genaue Zeitabschnitte einzugrenzen. Die Zusammensetzung des organischen Ausgangsmaterials bestimmt das Tempo.
Die Temperaturen spielen eine wichtige Rolle. Bei 20° bis 25 °C geht die Umwesung rasch. Sie ruht unter 8 °C. Bei ausgeglichenen 20 °C und korrekter Füllarbeit dauert eine Bokashierung etwa 3 Wochen, in kühlen Perioden kann sie sich auf 6 Wochen ausdehnen. Bokashi mit Mistanteilen hat eine Reifedauer bis zu 2 Monate und richtet sich danach, wie stark der Mistanteil schon vorweg vorfermentiert wurde.

❶ Küchenbokashi

Um in das umfangreiche Thema auf einfache Art einzusteigen und Erfahrungen zu sammeln, eignet sich die Herstellung von Küchenbokashi am besten. Wenn der Kompostplatz weiter von der Küche entfernt liegt (z.B. in Schrebergärten), ist diese Bokashierung aus Gemüseabfällen besonders praktisch, weil sie zu Hause in der Wohnung durchgeführt werden kann.

Das Bokashi-Gefäss

Es muss luftdicht abgeschlossen werden können. Eine Lochplatte (Sieb) 5 Zentimeter über dem Innenboden einsetzen und einen Ablasshahn knapp über dem Boden installieren, denn das feuchte Material bildet Sickersaft, der sich am Grund des Gefässes sammelt und als hochwertiger Dünger abgezogen werden kann.

Sickersaft entsteht, weil bei der Fermentierung die Gewebeflüssigkeiten aus den Zellen des organischen Materials austreten. Dieser fermentierte Saft enthält enorme Mengen an Nährstoffen. An der Luft verdirbt er sehr schnell und beginnt nach kurzer Zeit zu stinken. Die Sickerflüssigkeit am besten täglich ablassen und so frisch wie möglich verbrauchen. Solange dieser Zellgewebesaft gut säuerlich riecht, kann man ihn stark verdünnt (10 ml auf 1 l Wasser) verwenden:

- als hochwertigen Dünger
- für Toilette, Ausgüsse, Abflussrohre.

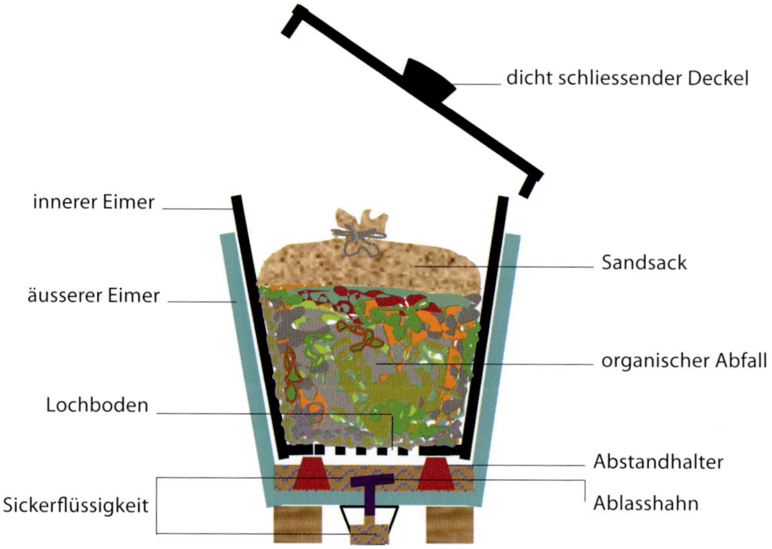

Bokashi-Eimer, selbst gebaut: Zwei gleich grosse Kunststoffeimer (z.B. leere Farbkübel) ineinander setzen. Den Boden des inneren Eimers wie ein Sieb löchern. Im äusseren Eimer einen Ablaufhahn oder Zapfen knapp über dem Boden in die Eimerwand einbauen.
Variante: Statt zwei gleich grossen Eimern nur einen Behälter verwenden und eine Art Sieb oder Rost (z.B. einen gelöcherten Blumentopf-Untersatz) für die Trennung zwischen festem Material und Sickersaft einbauen (Sieb auf umgestülpte kleine Plastiktöpfe oder Steine stellen). Kein Metall verwenden.
Der spezielle Bokashi-Eimer: Der Kunststoff dieses Behälters wurde mit EM Keramikpulver-Zusatz hergestellt und trägt die Schwingungsinformation von EM in sich. Das unterstützt die Umsetzung der Grünabfälle. Der Behälter kann in der Küche oder an einem Platz stehen, der von der Küche aus bequem zu erreichen und keinen grossen Temperaturschwankungen ausgesetzt ist (z.B. eine kleine Ecke im Hausgang oder eine Abstellkammer).

Spezieller Bokashi-Eimer mit herausnehmbarem Sieb, Auslaufhahn und dicht schliessendem Deckel. Hinten EM+U und Sprühflasche mit EML.

Vorbereitung: Gemüseabfälle zerkleinern, damit die Umsetzung gleichmässig verläuft, denn grössere Stücke brauchen für die Umwesung länger. Kommt täglich nur wenig organisches Material zusammen, kann es an einem kühlen Ort ein paar Tage zwischengelagert und mit EML übersprüht werden, bis es sich lohnt, den Eimer zu füllen. Besser ist es, alle Abfälle so frisch wie möglich in den Bokashi-Eimer einzufüllen, bevor sich Zersetzung durch Fäulnis breit macht. Jede Füllschicht verdichten und mit Sandsack beschweren.

Jede Schicht frischer Gemüse-Abfälle 10 bis 15 cm hoch einfüllen, mit EML benetzen. Das Multimikroben-Präparat bringt die Fermentierung in Gang.

Nach EM-Benetzung etwas EM+U drüberstreuen. Statt EML und EM+U Futter- oder Düngebokashi «aussäen». Es verursacht weniger Sickerflüssigkeit als EML.

Gemüseabfall-Schicht zusammenstauchen, damit alle Luft herausgepresst wird. Mit Sauerstoff würde der Abbau durch Fäulnis stattfinden (Oxidation, übler Geruch).

Einen mit Sand gefüllten Folienbeutel oben drauflegen. Den Sand zum Rand hin verteilen, damit der Sack überall gut abschliesst.

Den Deckel nach jeder Füllung luftdicht aufsetzen. Den Eimer an einen gleichmässig temperierten Platz stellen, ohne pralle Sonne.

Sickersaft spätestens alle zwei Tage ablassen. Bleibt er länger im Eimer, beginnt er zu stinken.

Das fertige Küchen-Bokashi zeigt immer noch die ursprünglichen Strukturen des organischen Materials. Nur die frische Farbe der Rüstabfälle hat sich in ein fahles Grau-Braun verwandelt. Manchmal bildet sich ein weisses Pilzgeflecht, das sich netzartig ausbreitet. Diese Pilzfäden sind wie beim Kompost ein erwünschtes Anzeichen für gute Umsetzung.

«Mhm, das Bokashi riecht fein.»

Bokashi, mit Erde vermischt, kann auch im Garten auf einem Beet als Erdmiete aufgesetzt werden.

Oben: Der Foliensack muss lichtundurchlässig und luftdicht sein
Unten: In der rechten Hand ist frisches Bokashi, in der linken schon vererdetes.

Anwendungs-Hinweise
Abkürzungen für EM-Grundmengen: Sie gelten immer, **wenn nichts anderes vermerkt ist.** Sie sind auf der hinteren Buchumschlagsklappe aufgeführt.

Qualitätsprüfung: Gutes Bokashi riecht süss-säuerlich, auch der Sickersaft. Wenn es faulig stinkt, ist Sauerstoff am Werk gewesen, der Fermentierungsprozess konnte nicht richtig ablaufen. In diesem Falle sollte das Bokashi kompostiert werden.

Fertiges Bokashi lagern

Wenn sich mehr Bokashi angesammelt hat, als gebraucht wird, kann man es bei Kellertemperatur (7 bis 12 °C) bis zu einem Jahr lagern.

Lagerung im Sack: Den luftdichten, stabilen Foliensack gut verschlossen auf den Kopf stellen, damit die Verschlussstelle satt auf dem Boden sitzt und keine Luft eintreten kann. Die Mikroben fallen dann in eine Art Schlaf.

Lagerung in der Erdmiete: An einem schattigen Platz Bokashi und Erde jeweils 15 Zentimeter hoch im Wechsel aufschichten und mit stabiler, lichtundurchlässiger Folie vor Nässe, UV-Bestrahlung und Luftzufuhr schützen. Die Abdeckung ringsherum mit Steinen beschwert am Boden verankern.
Tipp: Schwarze Folie mit einem hellen Vlies vor Sonnenhitze schützen.

Lagerung in der Grube: Ein Loch von 30 bis 60 Zentimeter Breite und Tiefe ausheben. Das Bokashi einfüllen. Pro Schicht (10 Zentimeter) eine Schaufel Erde drüber verteilen und wie Sauerkraut einstampfen. Dieses Depot ist nach 6 Wochen so vererdet, dass es im Garten eingesetzt werden kann.

Der tiefe pH-Wert (unter 4) von Bokashi wirkt sehr aggressiv, wenn direkt ins frisch fermentierte Material gepflanzt wird. Die Wurzeln würden verätzen, die Blätter verbrennen. Aber nach 2 Wochen im Boden ist Bokashi bereits neutralisiert (pH-Wert um 7), schon ziemlich zu Erde umgewandelt und «verdaulicher». Zu diesem Zeitpunkt sind nur noch grobe Teile des Ausgangsmaterials zu erkennen. Nach insgesamt 3 bis 4 Wochen finden wir dunkle, fruchtbare Erde vor, die fein nach Waldboden duftet und eine stabile Krümelstruktur aufweist.

❷ Bokashi aus Gartenabfällen

Im Sommer ist es der Rasenschnitt, im Herbst fallen bei der Ernte grosse Mengen an Kohlkopf-Hüllblättern, Sellerie- und Karottenkraut, Überreste von Bohnenranken, Chicoréeschöpfen und erdigen Wurzelstrünken an. Im Winter kommt noch der Strauch- und Baumschnitt sowie Laub dazu. Das ist Biomasse, die dem Boden viele wertvolle Substanzen entzogen hat und von denen wir einen Teil – eben diese Rückstände – der Erde wieder zuführen. Der Vorgang ist gleich wie bei der Herstellung von Bokashi aus organischen Küchenabfällen, die bei der täglichen Zubereitung von Speisen anfallen.

Eine bokashierte Kartoffeln zeigt keinerlei Fäulnis.

Alle 5 Formen der Bokashierung laufen ohne Sauerstoff ab:

- **2.1** Tonnenbokashi luftdicht im Gefäss abgeschlossen
- **2.2** Sackbokashi/Rasenschnittbokashi im stabilen Foliensack
- **2.3** Bokashimiete satt zusammengepresst und mit Folie abgedichtet. Variante Grubenbokashi in der Erdgrube vergraben
- **2.4** Bokashi-Packung auf dem Beet (Wintermulch)
- **2.5** Bokashi-Suppe.

Alle fünf Formen der Bokashierung sind in der warmen Jahreszeit nach 2 Monaten abgeschlossen, also vererdet und fertig als Nährstoffgaben für die Beetvorbereitung zu verwenden. Im Winter verläuft der Wandlungsprozess langsamer und kann bis zum Frühjahr dauern. Das Füllgut wird umso schneller und perfekter zu nahrhafter Erde umgesetzt, je gründlicher gröbere Teile zerkleinert, gehäckselt oder zerquetscht werden.

Je mehr die Pflanzenteile zerkleinert, angeritzt oder zerquetscht sind, umso besser können die Mikroorganismen in das Material eindringen und den Umwesungsprozess dadurch beschleunigen.

2.1 Tonnenbokashi eignet sich das ganze Jahr über für den grösseren Haushalt, wenn täglich viele Rüstabfälle entsorgt werden müssen und der kleine Bokashi-Eimer zu schnell gefüllt wäre, oder im Herbst zu viele Ernterückstände aus dem Garten anfallen. Die Tonne muss mit Ablasshahn, Rost und luftdicht schliessendem Deckel ausgestattet sein (wie der kleine Bokashi-Eimer). Wie beim Küchenbokashi Schicht um Schicht einfüllen, mit EMU überstäuben und mit EML besprühen.

Variante: mit Futter- oder Düngebokashi überstreuen. Wichtig ist, dass die Luft im lockeren Füllgut nach der Einschichtung hinausgepresst wird und nicht wieder einfliessen kann.

Bokashi-Herstellung für grössere Gemüse-Abfallmengen

Bei grossen Mengen Rüstabfall eignet sich die grosse Tonne (100 l). Der Sandsack besteht aus einer kleinen Plane, die mit 15 bis 20 Liter Sand gefüllt wird.

EML und EM+U über jede Schicht sprühen/streuen. Das Füllgut feststampfen. Praktisch: ein Abziehbrett aus Holz mit einem Griff (wie es der Gipser braucht).

Sandsack per Flaschenzug wieder herunterlassen: Zwei Umlenkrollen reduzieren die Last auf ein handliches Mass. Der Sandsack lässt sich leicht heben und absenken.

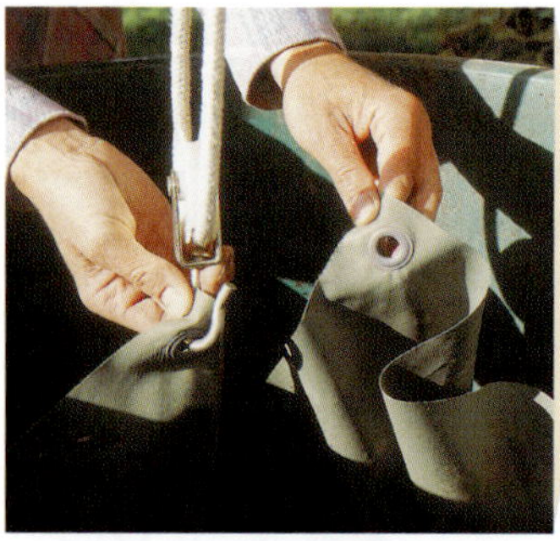

Die Zipfel der quadratischen Plane zum Beutel zusammenfassen.
Die stabilen, eingenieteten Ösen in jeder Ecke sind praktisch, um den Flaschenzughaken einzuhängen.

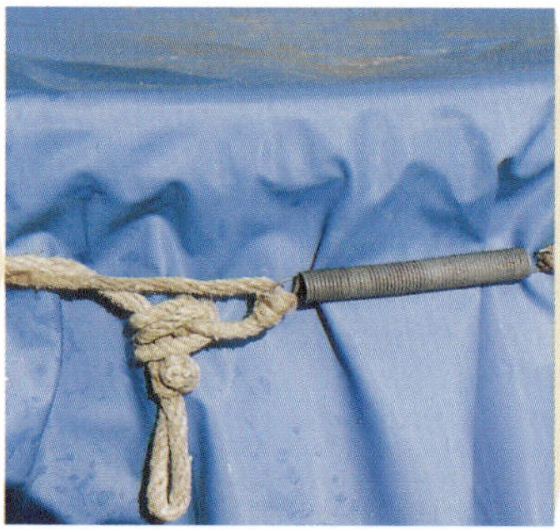

Die Tonne mit stabiler Folie zudecken und über den Randwulst einen Fahrradschlauch oder ein Seil mit Spannfeder legen und alles luftdicht abbinden.

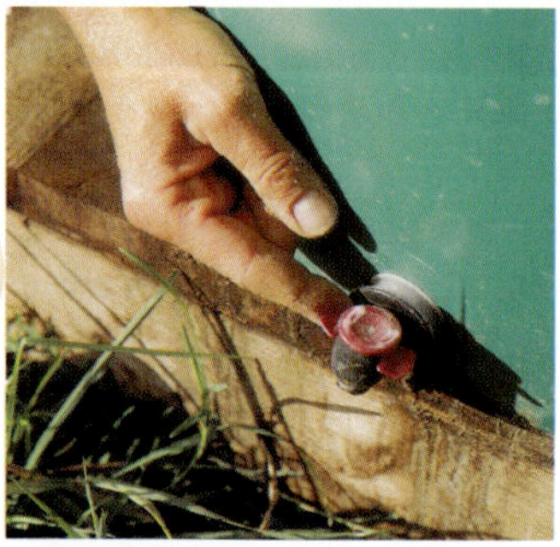

Wichtig ist auch hier der Abflusshahn am unteren Tonnenrand zur Entnahme der Sickerflüssigkeit. Dieser Bokashisaft ist hochwertiger Flüssigdünger.

Flaschenzug erleichtert die Befüllung: Weil bei der grossen Tonne ein Sandsack als Abdeckung zu schwer wird und nicht mehr einfach aus dem Behälter herausgeholt werden kann, ist der selbst gebastelte Flaschenzug eine gewitzte Idee. Damit kann der Sandbeutel leicht und unkompliziert hochgehievt werden.

Variante: statt Sandbeschwerung einen passend zugeschnittenen Holzdeckel mit einzelnen Steinen beschweren.

Die Tonne mit stabiler Folie zudecken und über den Randwulst einen Fahrradschlauch oder ein Seil mit Spannfeder legen und alles luftdicht abbinden.

2.2 Sackbokashi: Zu bokashierendes Material in Säcke aus dicker, luftdichter Silagefolie in Schichten (10 bis 15 Zentimeter hoch) einfüllen und jede Schicht mit Futter- oder Düngebokashi überstreuen. Den vollen Sack zubinden und kopfüber aufbewahren oder aufhängen. Wenn sich noch etwas Sickerflüssigkeit bilden sollte, kann sie ungehindert aus dem Verschluss tröpfeln oder abgelassen werden. Dieser Sackbokashi ist besonders handlich, weil er ohne Schubkarre und Umschaufeln an Ort und Stelle ausgebracht werden kann.

Variante Rasenschnittbokashi: Fällt beim Rasenmähen zuviel Grasschnitt an, kann er im Sack wie eine Futtersilage fermentiert werden. Es läuft der gleiche Vorgang wie bei der Silierung in der Landwirtschaft ab, aber im Miniformat: Nach dem Mähen das kurzhalmige Gras 2 Stunden anwelken lassen, dann mit EML übersprühen und Schicht um Schicht in den Sack einfüllen und zusammenpressen.
Tipp: Gras enthält viel Feuchtigkeit und verliert bei der Fermentierung kraftvollen Sickersaft. Es wäre besser, jede Schicht mit Futterbokashi zu überstreuen, statt noch mehr Feuchte durch EML einzubringen.

Den angewelkten Rasenschnitt im stabilen Foliensack schichtweise mit Fertigbokashi überstreuen und jede Schicht verfestigen.

Rasenschnittbokashi ist eine Kraftbombe, weil es viel Stickstoff enthält. Das fertige Bokashi kann mit Erde oder mit Kompost vermischt werden, wenn es pur angewendet des Guten zuviel wäre.

Laubbokashi mit Rasenschnitt aufwerten: Herbstlaub hat keinen hohen Nährwert mehr und enthält Gerbstoffe (vor allem Eichen- und Walnusslaub), die das Pflanzenwachstum bremsen. Im EM-Fermentationsprozess wird die Gerbsäure in pflanzenverträgliche Substanzen umgewandelt. Der Holzanteil (Kohlenstoff) ist reichlich vorhanden und stabilisiert die Humusstruktur des Bodens. Aber es fehlt an Stickstoff. Da ist der Rasenschnitt mit hohem N-Anteil willkommen:

Rasenschnitt ist sehr schnell fermentiert. In der linken Hand angetrocknetes Gras. In der rechten Hand fertiges Rasenschnittbokashi.

60 ml EM oder EMa
60 ml ZRM
▶ Melasse in 1 l heissem Wasser einrühren, 2 l kaltes Wasser + EM dazugeben

5 kg Falllaub
10 kg angewelkten Rasenschnitt
▶ trocken vormischen

200 g EM+U zugeben und nochmals alles gut durchmischen.

Bokashimiete: Gejätetes, an dem noch Erde in den Wurzeln hängt, ergibt fantastisches Bokashi.

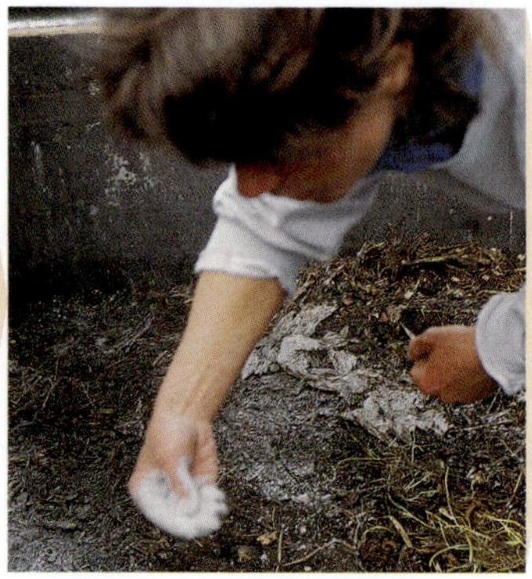

Das Beikraut mit EM+U überpudern und mit EML übersprühen oder mit Düngebokashi impfen.

Alles gut festtreten und mit einer Folie oder mit einer Erdeschicht bedecken.

Schon nach 8 Wochen ist alles zu guter Erde gewandelt, nur noch die groben Teile sind zu erkennen.

Erst dann mit der vorbereiteten EM-Lösung die trockenen Materialien anfeuchten. Das geht am besten, wenn einer schaufelt, während ein anderer mit EM übersprüht. Das Bokashi darf nicht zu nass werden. In eine Tonne mit Ablasshahn fest und dicht einstampfen.

2.3 Die Bokashi-Miete ist eine gute Alternative zum Komposthaufen: Sie bietet sich an, wenn Grasschnitt mit gehäckseltem Strauchschnitt gemischt wird und/oder gejätete Beikräuter mit erdigen Wurzelballen anfallen. Das bringt den Wandlungsprozess schnell in Gang, weil sich die Effektiven Mikroorganismen im Erdmilieu am wohlsten fühlen, Heimat in der Miete antreffen und rasch an die Umwesungsarbeit gehen. Auch hier wird beim Aufsetzen der Miete Schicht um Schicht mit EMU überstäubt und mit EML übersprüht oder mit Futter- oder Düngebokashi überstreut.

Der Haufen darf nicht zu nass sein und muss bei jeder Schichtung festgetreten oder -gestampft werden. Mit Folie luftdicht abschliessen. Dazu Folienränder in die Erde eingraben oder ringsum mit Steinen beschweren.
Tipp: Grasschnitt hat sehr viel Feuchtigkeit. Darum erst anwelken lassen und dann mit anderen, trockeneren Materialen mischen. Unliebsames wie Beikrautsamen und -wurzeln können bedenkenlos fermentiert werden.

Variante Grubenbokashi: Je nach anfallender Materialmenge eine entsprechende Fläche abstecken und 30 Zentimeter tief ausheben.

Winterpackung: Beet für Beet mit EML überbrausen, mit Ernteabfällen abdecken, härtere Materialien wie Wurzelstrünke vorher zerkleinern.

Die Mulchschicht gründlich mit EML benetzen, dem etwas EM+U zugegeben wurde. Praktisch ist die Rückenspritze.

EM-Rossmist auf die Gemüseabfälle verteilen. Mist ohne EM-Rotte mit EML übersprühen.

Das zu bokashierende Gut einschichten und mit EM – wie vorher beschrieben – behandeln. Jede Schicht mit einer dünnen Erdkrume (vom Aushub) bedecken und festklopfen, -treten oder -stampfen. Zum Schluss das Ganze mit der restlichen Aushuberde dick überdecken und mit Folie luftdicht einpacken.

Grubenbokashi: Ernteabfälle vererden mit EM-Zusatz innerhalb 6 Wochen (im Sommer).

2.4. Bokashi-Winterpackung auf dem Beet als wunderbare Bodenvorbereitung für den Frühling: Die abgeernteten Beete im Herbst vorab mit EML übersprühen, damit auch die Bodenoberfläche mit Effektiven Mikroorganismen besetzt wird und Schnecken oder Fäulnispilze keinen Ansatzpunkt für ihre Art der Bearbeitung vorfinden. Dann erst Ernterückstände direkt als Schicht auf dem Beet verteilen. Sie übergeben bis zum Frühjahr mit Hilfe der Effektiven Mikroorganismen ihre Nährstoffe an den Boden ab. Mit EMU überstäuben und EML übersprühen. Alles gut festklopfen. Eine Decke aus Mist (15 Zentimeter) schliesst das Bokashi-Material ab und wird bis zur nächsten Saison eine wunderbare, gehaltvolle Erde.

Angerotteter Mist aus Tier-Haltung mit EM muss nicht mehr zusätzlich überbraust werden, wenn der Stall regelmässig mit EM ausgesprüht wurde. Die Mikroorganismen haben ja schon auf dem Stapelmisthaufen* mit ihrer Umwesungsarbeit begonnen. Wer keinen EM-geimpften Mist hat, kann die Mulchschicht auf dem Beet mit einer Mischung aus Erde und gutem Mist (Bio-Stroh, ohne Halmverkürzung und ohne Pestizidrückstände) aufsetzen und abschliessend nochmals mit EM einsprühen.

2.5 EM-Flüssigdünger «Bokashi-Suppe»

Ein schnell wirkender Blattdünger mit leichter Pflanzenschutzwirkung ist die «Bokashi-Suppe». Das ist ein hervorragender Flüssigdünger, wenn eine rasche Wirkung «über das Blatt» nötig ist.

Grund-Rezeptur für 10 l Bokashi-Suppe

- 1 l gereiftes Bokashi, in einen Stoff- oder Jutesack eingebunden, für etwa 10 Stunden in 10 l Wasser legen. Das Wasser löst die Nährstoffe und Mikroorganismen aus der Bokashisubstanz heraus. Ein paar Tage stehen lassen
- danach den Sack aus der Nährlösung herausnehmen
- mit 90 l Wasser verdünnt auf die Kulturen versprühen.

Bokashi-Suppe wie alle EM-Anwendungen nur bei bedecktem Himmel oder in den Abendstunden ausbringen.

Wohin mit der Bokashi-Sickerflüssigkeit?

Bei wasserhaltigen Gemüsen wie Salaten, Gurken, Melonen u.a. fällt mehr Sickerflüssigkeit an. Leider hält sie sich nicht lange. Da der Saft einen guten Flüssigdünger abgibt, ist es viel zu schade, als dass er einfach entsorgt wird und kann wie die Bokashi-Suppe verwendet werden.

Giessen mit dem Aquamix.

Aquamix: Sickersaft ist genial als Blattdüngung für den ganzen Garten einschliesslich Rasenflächen. Er muss für die Dosierung im Aquamix mit Wasser vorverdünnt werden, also nur 5 ml statt 10 ml Sickersaft auf eine Behälterfüllung Wasser (0,5%ig), denn er enthält viel mehr Nährstoff als das normale EM und könnte sonst die Blätter verbrennen.

Landwirtschaft: 1 l Bokashi-Saft in 500 l Wasser einrühren und mit zwischengeschaltetem Aquamix oder einem Dosiergerät über den Regner versprengen.

Gewächshäuser: 1 l Bokashi-Sickerflüssigkeit in 500 l Wasser einrühren und über das Dosiergerät in die Tröpfchenbewässerung oder den Nebler einspeisen.

Die Düngemischung aus Sickerflüssigkeit kann mit der Zeit die Tropfschläuche verstopfen, weil sich ein Mikroben-eigener Schleim bildet. Der ist völlig harmlos und dient den Mikroorganismen als Schutzschicht. Deshalb nur stundenweise mit EM-Zusatz bewässern, dann wieder mit reinem Wasser durchspülen.

❸ Bokashi in der Landwirtschaft

Futterbokashi ist schon in vielen landwirtschaftlichen Betrieben etabliert und hat sich als kostengünstige Ergänzungsnahrung bewährt. Es wird in den gesamten Nahrungskreislauf eingeschleust, wenn es den Verdauungstrakt der Nutztiere passiert und über die Gülle oder den Mist aufs Land gelangt. Der Boden wird auf diesem Weg mit EM geimpft und belebt. Was daraus erwächst, ist hochwertige, vitalstoffreiche Nahrung für alles, was auf und von diesem Land lebt.

Hat das Vieh schon EM genossen und wird der Mist mit EM+U beim Aufschichten überstäubt, braucht es nur noch ganz wenig EMa beim Durchmischen.

Mistbokashi: Lehmiger Ackerboden ist schwierig zu bearbeiten. Doch mit einer Gabe Kompost-Bokashi wird schon nach einer Saison erreicht, dass der batzige Boden eine weichere Struktur hat. Geniesst das Vieh Futterbokashi und EM-Stallpflege, geht zusätzlich EM über die Ausscheidungen in die Einstreu. Als Stapelmist* aufgesetzt und Schicht um Schicht mit EML übersprüht, beginnt die Fermentierung schon auf dem Haufen. Als Miete, mit Erde vermischt und mit Folienabdeckung dicht abgeschlossen, kann dieses Mistbokashi heranreifen. Dieser nahrhafte Dünger ist trockener als Mist und lässt sich zur Feldvorbereitung mit dem Mistzetter leichter verteilen.

Variante: Wenn der Mist (am besten Hühnermist) durch die EM-Stallpflege geimpft wurde, braucht nur noch sehr wenig EMa zugesetzt werden. Den Mist mit Beigabe von Grüngut und Steinmehl im Herbst zur Miete aufsetzen, dabei nur 1 l EMa pro m^3 besprühen. Ist das Stroh im Mist sehr grob, wäre es gut, die Miete nach 4 Wochen nochmals umzusetzen. Im Frühjahr auf die Felder gebracht, lässt sich dieses eher trockene Material besser verteilen als der übliche nasse Mist. Bokashi in die oberste Bodenkrume einarbeiten, vorweg EMa-Lösung sprühen.

Tipp: Mist, Grüngut und Steinmehl werden schon vor dem Aufsetzen der Miete auf dem Miststreuer gemischt.

❹ Futterbokashi

Für Nutztiere wird es im asiatischen Raum aus Reiskleie, Ölpresskuchen und Fischmehl mit Zuckerrohrmelasse und EM hergestellt. In Europa besteht es aus heimischen Getreideprodukten, Trockengrünfutter, Früchten, Ölsaaten, Mineralstoffen, Zuckerprodukten und Fetten. Mit Kräuterzutaten und Mineralien steigert dieses Bokashi die Fresslust der Tiere.

① Tannenreisabfall aus Holzfällerarbeiten fein häckseln.
② Alle Materialien schichtweise aufsetzen.
③ Jede Lage mit vorbereiteter EMa-Lösung übersprühen.
④ Alles umschaufeln (mischen).
⑤ In Fässer einfüllen und feststampfen.
⑥ Das fertige Bokashi duftet fein.

4.1 Futterbokashi mit Tannenreisig selber herstellen

Es ist ein gewisses Risiko, Futterbokashi für Tiere in einer sicheren Qualität herzustellen und man sollte es dem Fachmann überlassen. Das hier vorgestellte Rezept könnte aber für Futtermittelhersteller interessant sein, denn Tiere haben es «zum Fressen gern». Es duftet fein und wirkt reinigend und stärkend auf den Stoffwechsel ein. Kühe bringen Unpässlichkeiten ja von Natur aus in Ordnung, wenn sie Gelegenheit haben, Fichtentriebe abzurupfen und zu kauen. Statt als Abfall verbrannt und entsorgt zu werden, kann Reisig im Futterbokashi als wertvoller Zusatz verarbeitet werden.

Vorbereitung: Das Reisig von Weiss- oder Rottanne im Häcksler fein zerkleinern (8 mm Länge). EMa mit Gesteinsmehl (pro 10 l 1 Essl.) verrühren. Gertrockneten Obsttrester mit gleicher Menge EMa-Lösung (1:1) schon am Tag vorher einweichen.

Rezeptur für 100 l Tannenreisbokashi

30 l gehäckseltes Reisig mit der vorbereiteten EMl übersprühen
5 l Futterkleie
5 l Getreideschrot — bereit stellen
10 l Strohhäcksel
50 l Obsttrester — evtl. am Tag vorher mit EML 1:1 einweichen

Alle Materialien schichtweise aufsetzen, jede Lage mit EMa übersprühen, dann alles umschaufeln. In Fässer abfüllen, sorgfältig zusammenpressen, mit einem Deckel luftdicht verschliessen.

Mögliche Zusätze für die Stallapotheke (kleine Mengen ansetzen):
Holzkohle mit EMa anfeuchten und zusammen mit dem Reisig durch den Häcksler lassen (bei Durchfallerkrankungen). Man rechnet etwa 0,5% der Gesamtmenge.
Getrocknete Kräuter wie Brennesseln, (Stärkung), Eschenblätter (Verdauung), Geissklee (regt Milchdrüsen an), reine Heublumen (allgemeine Stärkung), Breitwegerich (kupferhaltig), Leinsamen oder Guter Heinrich (schmiert den Geburtskanal).
Frische Kräuter: Im Frühling liefert Bärlauch als Zusatz neue Kräfte fürs wintermüde Vieh (zur allgemeinen Vitalisierung).

...mhm, lecker! Dieses Futterbokashi ist zusätzlich mit feinen Kräutern angereichert.

5 Düngebokashi (Seite 382)

Düngebokashi kann im Handel erworben werden. Es wird aus dem ursprünglichen Futterbokashi hergestellt, indem zusätzlich stickstoffreiches, organisches Material zugegeben wird, damit den Pflanzen ausser den Mikroorganismen auch Nährstoffe zugeführt werden. Es besteht aus

- **Rohfaserstoffen** wie z.B. Weizenkleie oder Ausputzgetreide
- **Stärke** wie z.B. in Wein- und Rapstrester oder Leinkuchen enthalten
- **Stickstoff** wie z.B. in getrocknetem Hühnermist, Guano oder Sojamehl enthalten
- **EM** oder **EMa,** manchmal zusätzlich **EM+U**

Dieses Bokashi kann bei allen «trockenen» Bokashierungen im Garten oder in der Landwirtschaft statt dem flüssigen EM oder EMa verwendet werden, wenn Sickerflüssigkeit unerwünscht ist. Dieses Düngebokashi ist ideal als

- direkter Zusatz zu Erdmischungen
- Dünger-Depot in Pflanzengefässen
- zur Herstellung von Bokashi aus Ernterückständen

Düngebokashi selber herstellen

Je feinkörniger diese Mischung ist, umso besser lässt sie sich verdichten, umso weniger verbleibt Sauerstoff in den Zwischenräumen und umso sicherer läuft die Fermentierung ab.
Der Feuchtigkeitsgehalt soll total bei 33 Prozent liegen. Die trockenen Zutaten haben eine Feuchtigkeit von durchschnittlich 10 bis 12 Prozent. Also müssen noch rund 20 Prozent an Flüssigkeit zugegeben werden.

Die «Faustprobe» gibt Aufschluss, ob das Bokashi die richtige Feuchte hat: Die Mischung in der Hand zum Ballen zusammenpressen. Er sollte nicht zu fest zusammenklumpen, sondern bei leichtem Daumendruck wieder auseinander fallen.

Eine der möglichen Rezepturen für 100 l Düngebokashi
Es lohnt sich, gleich eine grössere Menge Düngebokashi herzustellen, vielleicht sogar den ganzen Jahresbedarf, denn es kann ja lange gelagert werden.

Das Verhältnis der Mengen zueinander allgemein:
Von insgesamt 5 Anteilen (100%) der trockenen Materialen sind zum Beispiel

- 3 Teile Faserstofflieferanten wie Weizenkleie (60%)
- 1 Teil Stärkelieferanten wie Leinkuchenmehl , Obst- oder Traubentrester (20%)
- 1 Teil Stickstoff wie Sojamehl, getrockneter Hühnermist oder Guano (20%)

Diese 5 trockenen Anteile zusammen mehrmals umschaufeln und während dieses Vorganges laufend mit EM oder EMa überbrausen. Tipp: Einer schaufelt, während ein anderer gleichzeitig mit EM überbraust.

Vorbereitung: Alle Gerätschaften, wie Giesskanne oder Rückenspritze und Schaufel und die abgewogenen Zutatenmengen bereitstellen. Auf dem Boden, auf dem die Mischung angesetzt wird, am besten eine Folie auslegen.

Rezept für 100 Liter Düngebokashi

20 l Wasser 400 ml EM + 400 ml ZRM miteinander oder statt EM und Melasse: 1 l EMa	miteinander verrühren
48 l Faserstoffe (Getreidekleie) 16 l Stärke (Leinkuchen, Rapskuchenmehl) 16 l Stickstoff (getr. Hühnermist, Sojamehl)	trocken vormischen, mit EM-Wasser zusammen vermengen.

Für die Reifung das Düngebokashi in eine 100-l-Tonne mit Deckel oder in stabile Säcke aus Silofolie füllen oder als Miete aufsetzen. Dabei immer Schicht um Schicht verdichten und luftdicht verschliessen.

Reifung: Das fertig gemischte Bokashi reift bei 22 bis 25 °C am schnellsten (6 bis 8 Wochen). Unter 8 °C ruht die Fermentierung. Dieses Bokashi hat sein Aussehen nicht gross verändert, aber es wurde in eine andere organische Form überführt, die von Pflanzen aufgenommen werden kann. Es ist auf eine Art «vorverdaut». Es riecht leicht süss-sauer und rieselt locker durch die Hand.

Trockenbokashi: Für eine lange Lagerung kann es getrocknet werden. Dazu das Bokashi in einer dunklen Ecke (ohne Sonnenlicht) auf einer Folie ausbreiten. Nach 1 bis 2 Tagen ist der Dünger abgetrocknet und kann in luft- und lichtundurchlässige Säcke satt und verdichtet eingefüllt werden.

Bokashi-Pellets sind sehr praktisch für bestehende Anpflanzungen (Staudenbeete, Sträucher). Sie haben die für Pflanzenwurzeln zu saure Phase schon hinter sich. Man muss sie nicht zwingend in den Boden einarbeiten. Eine geschickte Lösung, wenn keine Wartezeit wie bei frischem Bokashi eingehalten werden kann.
Anwendung: 30 bis 50 g pro m², 1 bis 2x pro Jahr bei mehr als 10 °C ausstreuen (Fertigprodukt Seite 382).

Grosse Bokashi-Anlagen

In kommunalen Anlagen wird die Grünabfuhr in langen Mieten aufgesetzt und Schicht für Schicht mit EML überbraust, dann maschinell mit dem Schaufelbagger oder Traktor verdichtet und mit dicken Planen abgedeckt.

In Thailand und Vietnam bekommt der vorsortierte Müll auf der Halde grosszügige EM-Gaben. Auf diesem Gelände stinkt es nicht mehr. Der Müll reift durch die Bokashierung nach der Verdichtung und Folienabdeckung zu wertvollem Dünger heran, der dann an die Bevölkerung verteilt oder verkauft wird.

In Saudi Arabien liefert der Rossmist von 500 Pferden für die Begrünung der Wüste nahrhaften Dünger.

In Paraguay werden Ernteabfälle von Soja, Getreide und Sonnenblumen und mit Zusatz von Kohlestaub aus Reisschalen (S. 191) zusammen mit Grünmasse wie Nabu (Leguminose) und Crambe (Meerkohl) zu Bokashi fermentiert. Die Produktion von 540 t (alle 3 Wochen) wird für die Bodenaufbereitung der riesigen Felder verwendet. **Die Ernte mit Terra Preta-Zusatz ist nochmals um 1000 kg pro Hektar gestiegen.**

Bokashi-Anlage in Vietnam: Abfall, der grob vorsortiert wurde (ohne Plastik und Metallteile), wird mit EM-Lösung besprüht.

Rossmist wird mit EMa übersprüht. In der Hitze bokashiert der Mist sehr schnell. (Saudi-Arabien).

Grosse Anlage für Ernteabfälle, aus denen mit EM, stickstoffreiches Material+Kohlestaubwunderbares Bokashi in riesigen Mengen entsteht. (Paraguay).

1 = Marienkäfer • 2 = Eiablage des Marienkäfers • 3 = Lederlaufkäfer • 4 = Florfliege • 5 = Florfliegenlarven • 6 = Marienkäferlarven • 7 = Grosse Egelschnecke (Tigerschnegel)

Pflanzenschutz mit EM

«Ethik besteht darin, dass ich mich verpflichtet fühle, allem Lebenden die gleiche Ehrfurcht entgegenzubringen wie dem eigenen Leben.» *Albert Schweitzer*

Das Wort «Pflanzenschutz» besagt, dass Pflanzen geschützt werden sollen. Aber unter diesem Begriff hat sich in unseren Köpfen das Ereignis der Schädlingsbekämpfung eingenistet. Doch wo Kampf ist, ist Gewalt. Unter diesem Aspekt wäre zu hinterfragen, warum wir mit Schaderreger ringen, anstatt zu überlegen, warum die überhaupt da sind und welche Aufgabe sie im Naturnetzwerk zu erfüllen haben: Nämlich Unbrauchbares wegzuräumen.

Der Junikäfer liebt Rosengewächse und knabbert an Blättern und Blüten von Obstbäumen. Seine Larven richten grosse Schäden an, weil sie Pflanzenwurzeln, vor allem die des Rasens, radikal abfressen.

Zauberhaft, aber gefährlich: Die Rhododendronzikade überträgt den Pilz, der das Knospensterben verursacht. EM5, 71,5 ml pro 5 l Wasser, mittags spritzen, alle 3 Tage, insgesamt 4x, Behandlungsbeginn August.

Die Rosskastanien-Miniermotte kam erst vor kurzem aus dem Balkan zu uns und richtet immense Schäden an. EM-Spritzungen über das Falllaub und den Boden dezimieren die Nachkommen.

Der Massenauftritt von «Aufräumarbeitern» ist immer ein Zeichen dafür, dass in ihrer Umgebung das Gleichgewicht aus den Fugen gekippt ist und wieder in Ordnung gebracht werden sollte. Die Überlegung ist – wie beim Gesundheitszustand anderer Lebewesen –, dass die Ursache eines Schadens ergründet werden sollte, anstatt mit Medikamenten nur das Symptom anzugehen.

Mit dem Einsatz von Effektiven Mikroorganismen fällt es nicht schwer, Schaderreger vom Feld zu vertreiben, weil die gar keine Aufgaben mehr vorfinden und «freiwillig» verschwinden. Sie besiedeln nur solche Pflanzenkulturen, die zersetzende, faulige Signale aussenden.

Natur duldet nur kraftvolle Pflanzenbestände, die gesunde Nachkommen garantieren.

Es gibt mehrere Gründe, warum EM Schaderreger dezimieren kann. Ein Beispiel dafür, was mit unerwünschten Ameisen passiert: Die Effektiven Mikroorganismen bilden im Nahrungsvorrat der Ameisennester ein fremdes Zymogen*, das den Ameisen nicht schmeckt. Auch ihre Eier entwickeln sich nicht weiter. Die Ameisen verlegen

Die Bitterfäule ist ein Pilz. EM5, 125 ml pro 5 l Wasser, alle 2 Tage mittags auf die Baumscheibe spritzen, insgesamt 4x ab Juni.

daraufhin ihre Nester dorthin, wo sie bessere Bedingungen vorfinden. Weitere Beispiele:

- Pilze wie Mehltau, Krautfäule, Rost, Monilia, Flugbrand an Getreidearten oder Schorf werden von den Effektiven Mikroorganismen gern gefressen
- Bakterielle Erkrankungen wie Feuerbrand, Fäule, Blattflecken, Baumkrebse oder Virusbefall an Tomaten und Gurken verlieren ihre Schrecken
- Insekten wie Läuse, Zünsler, Wickler oder Motten finden kein geeignetes Opfer mehr vor
- Fliegenlarven verpuppen sich zwar, entwickeln sich aber nicht zum Vollinsekt, weil ihnen die dazu notwendigen Hormone aus einer fauligen Nahrung fehlen
- Schädlinge wie Nematoden, Spinnmilben oder Weisse Fliege schlüpfen gar nicht erst aus ihren Eiablagen
- Schnecken finden das energiestarke Pflanzenwachstum reizlos und bleiben bis auf wenige weg.

Schneeschimmel taucht im Frühling nach der Schneeschmelze im Rasen auf. Die Behandlung ist im Juli am günstigsten. EM5, 62,5 ml pro 5 l Wasser alle 10 Tage abends spritzen, 4 x.

Doch Geduld – es funktioniert nicht immer auf Anhieb, aber nach zwei bis vier Jahren – je nachdem, in welchem Zustand der Garten, die Obstanlage oder die Ackerflächen vorher waren – ist die Wirkung von EM in der Bodenaufbereitung, beim Giessen und Spritzen nachhaltig.

Spritzung mit EM

Bis eine Anbaufläche aus der Oxidanz in die Antioxidanz gelangt, werden alle Pflanzenschutzprobleme mit Effektiven Mikroorganismen und in krassen Fällen zusätzlich mit biologischen Mitteln angegangen (Rezepturen ab Seite 234).

Ein Feind ist ein noch nicht erkannter Freund.

Uli Tritschler

Mit einem aufmontierten Sprühgerät werden diese Obstkulturen mit EMa-Lösung vorbeugend in regelmässigen Zeitabständen eingesprüht.

Zeitpunkt für Spritzungen mit EM: Wie bisher bei Spritzungen mit konventionellen Mitteln über das Laub mit EM möglichst bei trübem Wetter oder am Abend oder frühen Morgen benetzen. Bei Sonnenschein gehen zu viele Mikroben durch UV-Bestrahlung ein, bevor sie wirken können. Ausserdem kann empfindliches Laub nach EM-Behandlung an sonnigen Tagen verbrennen. «Günstige Tage» (laut Mondkalender) unterstützen EM-Spritzungen in ihrer Wirkungskraft.

Birnengitterrost: «Trotteln» an der Blattunterseite, so sieht der Rostpilz aus der Nähe aus. EM5, 125 ml pro 5 l Wasser, mittags spritzen, alle 7 Tage, insgesamt 4x ab März.

Zur Vorbeugung wird in der aktiven, warmen Wachstumsperiode alle 2 bis 3 Wochen EMa gespritzt. Bei anhaltend kühlem Wetter nur alle 4 Wochen. Im Winter gar nicht behandeln, weil die Effektiven Mikroorganismen zu diesem Zeitpunkt nicht aktiv sein können. Ihnen fehlt die «Brutwärme» zur raschen Vermehrung, und sie ruhen, bis die Temperaturen wieder steigen.

Zutatenmengen abmessen: Oft sind nur geringe Mengen eines EMa-Spritzmittels für 5 l Spritzbrühe erforderlich. Die genaue Dosierung gelingt mit Einwegspritzen, wie sie in der Medizin gebräuchlich und in der Apotheke erhältlich sind. Mit einer Skala-Einteilung von 0,1 ml können die meisten Mengen pro 5 l Spritzbrühe leicht abgemessen werden. Für grössere Mengen, wie sie in der Landwirtschaft benötigt werden, entsprechend hochrechnen.

Feuerbrand am Birnbaum: Diese Bakterienkrankheit muss gemeldet werden. Sie hat schon viele Hochstamm-Obstanlagen vernichtet. Zur Vorbeugung mit EMa-Spritzen (Seite 230 und 234).

EM mit Netzmittel haftet besser: Damit eine EMa-Spritzung nicht gleich wieder vom nächsten Regenguss abgewaschen wird, kann der Spritzbrühe etwas Geschirrspülmittel als Netzmittel zugegeben werden (10 ml Spülmittel pro 1 l EM-Spritzbrühe). Zuckerrohrmelasse ist ein sehr gutes Haftmittel, lockt aber bei Läusen ihre Ameisenfreunde an und wirkt sich eher kontraproduktiv aus. Hier hat sich Molkepulver (möglichst in Bio-Qualität) als Zusatz bewährt.

- Für etwa 50 m^2 Fläche: Wasser + ein auf den Schaderreger passendes EMa nach Rezept gut verrühren.

Baumkrebs ist eine Infektion durch einen Pilz oder ein Bakterium, die in Wunden von Rinden eindringen können.

Der Zusatz von 1 Essl. EM+U (EM-Keramikpulver, mit Urgesteinsmehl vermischt) pro 5 l Wasser unterstützt die Wirkung, setzt sich aber in Flüssigkeiten leider schnell ab (zwischendurch immer wieder aufrühren). Auch die Spritzdüse verstopft schnell einmal.

Tipp: Statt EM+U das bereits mit EM behandelte «Biolit ultrafein». verwenden. Es ist das Urgesteinsmehl mit der feinsten Körnung und mit der grössten Oberfläche, setzt sich – gut eingerührt – kaum ab und ist für Spritzungen sehr gut geeignet.

Gewebewunden nach Hagelschlag mit EM behandeln

Der linke Gartenteil wird biologisch-organisch und mit EM bewirtschaftet. Der rechte Teil bologisch-organisch. Links erholten sich die Pflanzen sehr schnell, man sieht ihnen den Rückschlag nicht an. Rechts litt die Pflanzung sehr und musste z.T. ersetzt werden.

Die von Eiskörnern zerhackte Zucchinipflanze wurde unmittelbar nach dem Unwetter mit EML behandelt. Die Wunden vernarbten rasch, nirgends setzte die übliche Fäulnis ein. Alles trieb wieder sehr schnell durch.

Anwendung

EMa ist in vielen Fällen wirksam. Mit pflanzlichen Zutaten aus dem Garten und der Wildflora und einer verlängerten Fermentierungszeit wird daraus ein zielgerichtetes Pflanzenschutzmittel (Seite 207).

Die Pilzkrankheit Getreiderost tritt bei regenreichem Wetter auf und schwächt die Pflanzen.

Vorbeugende Behandlungen mit EMa: Es hat sich bewährt bei

- **Spätfrostgefahr:** 5 ml EMa + 4 ml Zuckerrohrmelasse pro 5 l Wasser. Die Melasse bietet den Mikroben Futter, dadurch werden sie aktiv und erhöhen ihre Umgebungstemperatur um +4° C.
- **Gewebewunden nach Hagelschlag:** Noch Wochen nach dem Unwetter sind die Verwüstungen zu sehen, erholen sich die Pflanzen nur langsam oder faulen vor sich hin. Eine EMa-Lösung sofort und an den folgenden 3 Tagen spritzen oder giessen. Die Wunden heilen schnell und die Pflanzen erholen sich so rasant, dass man ihnen dabei zuschauen könnte.
- **Feuerbrand:** In der Blütezeit 2x wöchentlich ab aufbrechender Blüte bis zum Abblühen spritzen. Die Mikroben besetzen den Platz und lassen den Feuerbrandbakterien keine Chance, durch Bienen über die Blütennarbe in den Saftstrom des Gehölzes einzudringen.

1 Gruno, 2009

Im Buch «EM-Pflanzenschutz»[1] hat der Biologe Sigemar Gruno mit viel Herzblut und beharrlicher Akribie für alle Pflanzenprobleme mit fundiertem Wissen detaillierte Anwendungen in über 1000 Spritzrezepturen für (fast) alle Pflanzenschutzmassnahmen erarbeitet.

Krankheiten

Mit «Krankheit» wird eine Infektion durch Pilze, Bakterien und durch Virusbefall bezeichnet. Für den speziellen «(Be)fall» hat Sigemar Gruno auch spezielle Anwendungen parat. Er hat aber auch einige «Universalrezepturen» entwickelt, die immer einer Gruppe von Erregern oder von Pflanzenarten zugeordnet sind. Ein Auszug aus seinem Werk, bezogen auf 5 l Spritzmittel:

Apfelschorf ist ein Schlauchpilz. Befallene Früchte bleiben klein. In den Schorfflecken bilden sich Risse, in die wiederum andere Schadpilze eindringen können.

Bakteriosen, alle: z.B. Feuerbrand, Welke-, Nass-, Weich- und Stängelfäule:
FGF (helles), 167 ml pro 5 l Wasser, mittags spritzen, täglich, insgesamt 6x.

Viruskrankheiten, alle, z. B Mosaik-, Blattflecken und Nekrosekrankheiten:
FGF (helles), 50 ml pro 5 l Wasser, abends spritzen, alle 7 Tage, insgesamt 4x, ab März.

Pilzkrankheiten, alle:
FGF (helles), 91 ml, abends spritzen, alle 2 Tage, insgesamt 5x, bei Befall.

Getreide mit Ähren wie Weizen, Roggen, Gerste, alle Krankheiten:
EMa, 16,7 ml, zu jeder Tageszeit spritzen, täglich, insgesamt 4x, wenn die Halme 20 cm hoch sind.

Kern- und Beerenobst wie Äpfel, Birnen, Beeren, alle Krankheiten:
EM-FPE, 25 ml pro 5 l Wasser, zu jeder Tageszeit spritzen, insgesamt 5x, im Knospenstadium; bei Bäumen die Baumscheibe, bei Beeren alle Triebe bis 10 cm Höhe von unten her.

Schrotschusskrankheit kann durch Pilze oder Bakterien verursacht werden. Ausser den durchlöcherten Blättern bleiben bis in den Winter hinein «Fruchtmumien» hängen.

Steinobst wie Kirschen, Zwetschgen, Aprikosen, alle Krankheiten:
EM-FPE, 16,7 ml pro 5 l Wasser zu jeder Tageszeit die Baumscheiben spritzen, alle 5 Tage, insgesamt 5x, im Knospenstadium.

Kürbisgewächse wie Gurken, Kürbis, Melone, Zucchini, alle Krankheiten:
EM-FPE, 25 ml pro 5 l Wasser, morgens spritzen, täglich, insgesamt 6x, sobald die ersten Früchte sichtbar sind.

Kartoffeln, alle Krankheiten:
EMa, 16,7 ml pro 5 l Wasser, abends spritzen, alle 7 Tage, insgesamt 6x, sobald die Kartoffelblüte beginnt.

Der Echte Mehltau bildet sich auf der Blattoberseite. Der Pilz wird durch rasch wechselnde Temperaturen begünstigt.

Kohlarten, alle Krankheiten:

EMa, 16,7 ml pro 5 l Wasser, morgens spritzen, täglich, insgesamt 3x, ab 8 Tage nach Pflanzung der Setzlinge.

Tomaten, alle Krankheiten:

EM-FPE, 25 ml pro 5 l Wasser, morgens spritzen, alle 2 Tage, insgesamt 3x, sobald bei normalfrüchtigen Sorten die Blüte einsetzt. Bei kleinfrüchtigen Sorten auch noch dann, wenn die ersten Früchte sichtbar sind.

Schädlinge

Zum «Schädling» werden Insekten, z.B. Käfer oder Hautflügler, wenn sie in Pflanzenkulturen oder an Bäumen im Massen auftreten. Das tun sie nur, wenn sie geschwächtes Leben aufräumen sollen. Viele sind auf eine bestimmte Pflanzenart ausgerichtet. Universalrezepte funktionieren nicht. Diese «Spezialisten» fordern die differenziertere Spritzmittel-Zusammenstellung, um sie damit zu vertreiben. Denn mit EM-Einsatz wird nicht getötet, sondern den Plagegeistern die Voraussetzung für ihre Lebensaufgaben entzogen. Und was macht ein Lebewesen unter diesen Bedingungen? Es sucht sich einen «lebenswerteren» Ort und zieht woanders hin.

Der Dickmaulrüssler ist in den letzten Jahren zur echten Plage geworden. Der Käfer frisst Buchten in Blattränder, seine Larven (Engerlinge) machen sich über das Wurzelwerk her.

Dickmaulrüssler:

FGF (helles), 25 ml pro 5 l Wasser, abends den Boden unter befallenen Pflanzen giessen, alle 3 Tage, insgesamt 4x, ab Mai.

Kartoffelkäfer:

FGF (helles), 41,6 ml pro 5 l Wasser, mittags spritzen, alle 5 Tage, insgesamt 5x , Mai bis Juni.

Maiswurzelbohrer:

FGF (helles) 83.3 ml pro 5 l Wasser, 150g EM-Keramikpulver dazu mischen, dann spritzen, Tageszeit wählbar, alle 5 Tage, insgesamt 2x, ab Juli.

Lange Zeit hat man vom Kartoffelkäfer nichts mehr gehört. Jetzt ist er wieder da. Die Larven des wunderschönen Käfers sind sehr gefrässig und lassen nur noch Blattrippen zurück.

Nematoden:

EM5, 62,5 ml pro 5 l Wasser, morgens spritzen, bei Bäumen die Baumscheiben, alle 3 Tage insgesamt 4x, ab April.

Spinnmilben:

EM5, 25 ml pro 5 l Wasser, Pflanzen abends spritzen. Bei Bäumen die Baumscheiben, bei Sträuchern den Boden, alle 7 Tage, 5x, ab April.

Grosse Rosenblattlaus:

EM5, 12,5 ml pro 5 l Wasser, abends spritzen, alle 3 Tage, insgesamt 2x, im Mai.

Schwarze Bohnenblattlaus:

EM5, 10 ml pro 5 l Wasser, mittags spritzen, alle 7 Tage, insgesamt 5x, ab Juli.

Schildläuse:

1 Teil FGF (helles) und 3 Teile EM-FPE mischen und 25 ml pro 5 l Wasser, abends spritzen, bei Bäumen die Baumscheiben, bei Sträuchern den Boden darunter, alle 2 Tage, insgesamt 3x, im Mai.

Weisse Fliege:

EM5, 33,3 ml pro 5 l Wasser, 150 g EM-Keramikpulver zumischen, mittags spritzen, alle 4 Tage, insgesamt 3x, ab März.

Apfelwickler:

EM5, 50 ml pro 5 l Wasser, mittags spritzen, alle 7 Tage, insgesamt 6x, ab Anfang Mai.

Grosser Kohlweissling, Raupen:

EM5, 50 ml pro 5 l Wasser, mittags spritzen, alle 7 Tage, insgesamt 3x, ab Juni.

Schnecken (alle schädlichen Nacktschnecken):

FGF (helles), 25 ml pro 5 l Wasser, abends spritzen, alle 7 Tage, insgesamt 5x, ab Oktober.

Wenn hier von schädlichen Nacktschnecken die Rede ist, dann gibt es auch nützliche: Es ist wenig bekannt, dass die Grosse Egelschnecke (Tigerschnegel) auf tierische Kost geeicht ist und Aas aufräumt, aber auch die Eiablage der Spanischen Wegschnecke. Pflanzen interessieren sie kaum. Sie lieben das Grün als schützendes Schattendach und fressen nur faulende, absterbende Pflanzenteile. Ähnlich verhalten sich Weinbergschnecken. Beide Schneckenarten sind vom Aussterben bedroht und deshalb geschützt.

Wühlmäuse:

EMa, 83,3 ml pro 5 l Wasser, täglich mittags in die Gänge giessen, insgesamt 5x, die Zugangslöcher mit einem Pinsel oder Handfeger einstreichen.

Problemwildkräuter:

FGF (helles), 20 ml pro 5 l Wasser, morgens spritzen, täglich, insgesamt 5x, wenn sie stören.

Hartnäckige Gesellen wie Schachtelhalm, Ackerwinde oder Kratzdisteln haben die Aufgabe, einen undurchlässig gewordenen Boden wieder für andere, nachfolgende Pflanzen aufzuschliessen. Das dauert, und wer Geduld hat, erlebt es auch irgendwann einmal. Die Effektiven Mikroorganismen können diesen Prozess mit ihrer Aufbereitungsarbeit effizient unterstützen und die Durchlässigkeit des Bodens schon in 2 bis 3 Jahren erreichen. Daraufhin weichen die Wurzelwildkräuter von alleine zurück.

Die Rote Spinne entwickelt sich bei anhaltender Lufttrockenheit.

Die Raupe des Grossen Kohlweissling ist gemustert, die Raupe des Kleinen Kohlweissling schlicht grün.

Bei den Blattläusen gibt es im Frühling eine Generation mit Flügeln, die für die Verbreitung über weite Distanzen sorgt.

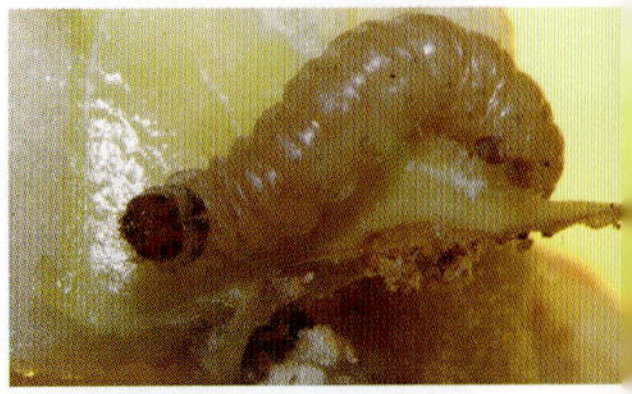

Die Larve des Apfelwicklers ist die unbeliebte Obstmade. Befallene Früchte werden vom Verbraucher nicht akzeptiert.

Leuchtende Farben
und unbändige Wuchskraft
mit EM-Pflege.

Garten und EM

Narren hasten
Kluge warten
Weise gehen in den Garten.
Östliche Weisheit

Wer EM zum ersten Mal anwendet, staunt nicht schlecht, in welch kurzer Zeit Pflanzen darauf positiv reagieren: Blumen, die nicht mehr richtig blühen wollten, überraschen mit vollem Flor. Absterbende Obstbäume erhalten neue Vitalität. Gemüseernten fallen reicher und gehaltvoller aus, Krankheiten und Schädlinge bleiben im Hintergrund. Lagergemüse hält sich länger. Alles duftet und schmeckt aromatischer, die Farben leuchten kräftiger. Kurzum: Die Effektiven Mikroorganismen bauen unseren strapazierten Boden wieder zu Werten auf, wie sie nur noch in ungestörten Naturparadiesen anzutreffen sind.

EM-Lösung (EML) kann mit EM oder mit EMa angesetzt werden.

EM-gepflegte Pflanzen bleiben gesünder, reagieren auf Temperatur- und Feuchtigkeitsschwankungen weniger empfindlich. Gerüstetes Gemüse läuft auch nach Stunden nicht an (keine Oxidation). Salate bleiben länger knackig (für die Gastronomie ein wichtiger Faktor).

Anfangs wird EM intensiv eingesetzt, bis sich die aus den Fugen geratenen Verhältnisse ausbalanciert haben, denn nach einer Saison hat sich ein ausgemergelter Boden noch nicht ganz erholt, obwohl das Wachstum erfreulich ist. Erst nach zwei bis drei Jahren Behandlung stellt sich das stabile Gleichgewicht ein. Während anfangs ein Garten mehr EM-Gaben zur Belebung braucht als in den ungefähren Rezepturen angegeben ist, benötigen der Boden und die Pflanze nach und nach immer weniger EM und nach drei Jahren nur noch «sporadische» Erhaltungsgaben.

Praktisch: der Aquamix.

Anwendungs-Hinweise

Abkürzungen für EM-Grundmengen, gelten immer, **wenn nichts anderes vermerkt ist.** Sie sind auf der hinteren Buchumschlagsklappe aufgeführt.

- **Aquamix:** Wer keine Giesskannen mit EML schleppen mag oder kann, dem ist das einfache Dosiergerät am Schlauch eine grosse Hilfe. Es führt dem Wasserdurchlauf kontinuierlich EM in der gewünschten Dosis von 20 ml auf 1 l Wasser zu.

Urgesteinsmehl entfaltet seine volle Wirkungskraft nur, wenn genug Mikrobenleben im Boden vorhanden ist, das die Mineralien aufschliesst. EM-Keramikpulver aktiviert und EM-Lösung vermehrt das Bodenleben. Sie sind also ideale Partner zum Gesteinsmehl.

Tipp: Soll mit jedem Giessen etwas EM zugeführt werden, eine EM-Lösung mit nur 100 ml auf 10 l Wasser verwenden. D. h. den Aquamix-Behälter nur zur Hälfte mit der üblichen EML füllen (20 ml auf 1 l Wasser) und mit Wasser ergänzen. Das ergibt die EM-Lösung von 10 ml auf 1 l Wasser.
Wird für den Garten EM-behandeltes Regenwasser verwendet, muss dem Giesswasser keine Extra-Portion EML zugegeben werden.

Boden- und Erdevorbereitung mit EM+U und EML

Ob Erde selber gemischt oder Beete für Anpflanzungen vorbereitet werden: eine Zugabe von Effektiven Mikroorganismen tut immer gut.

Erdmischungen

Eine «gute» Erde enthält alles, was eine Pflanze für ein üppiges Wachstum braucht.

Grundmischung für 100 Liter Erde:

60 l Gartenerde 30 l reifes Bokashi 10 l Torf oder Torfersatz wie Kokosfasern	mischen, während dem Umschaufeln 1 Tasse EM+U einstäuben und EML übersprühen

Diese Erdmischung unter einer luftdurchlässigen Abdeckung (Jute, Lochfolie) noch 2 bis 3 Wochen ruhen lassen.

Variante: EM+U in EML einrühren und beides zusammen über die Mischung brausen. (Zwischendurch die Lösung immer wieder aufrühren, weil sich EM+U schnell absetzt.)

Alternative: Gekaufte Pflanzenerde kann mit einer Bokashi-Gabe und EML aufgewertet werden:

- für 100 l Erde 1 l Düngebokashi untermischen
- gleichzeitig mit EML anfeuchten

Aussaaterde: Aus Samen gehen Pflanzenkinder hervor, die sich wie andere neugeborene Lebewesen in einem feinen, weichen Bett wohl fühlen. Diese Erdmischung enthält keinen Düngerzusatz. Das wäre zu schwere Kost für den zarten Nachwuchs. Gekaufte Aussaaterde kann mit EM+U angereichert werden:

- ½ Tasse EM+U pro 10 l Erde

Selber hergestellte Aussaaterde:

10 l gesiebte Gartenerde 1 l feinen Sand 2 Essl. EM+U	mischen

Beete vorbereiten

Optimal ist es, wenn die Beetflächen 2 bis 3 Wochen vor der geplanten Anpflanzung mit EM geimpft werden. Die Mikroben können sich in die neue Umgebung eingewöhnen. Sie mögen es warm und feucht, deshalb den Boden von der Sonne erwärmen lassen und erst ab 8 °C Bodenwärme mit einer EM-Behandlung beginnen. Die Beetflächen mit Mulch oder mit einem Vlies bedecken. Ohne Bodenabdeckung würden die Effektiven Mikroorganismen durch das UV-Licht abgetötet, bevor sie wirken können.

① Mulchdecke mit dem Rechen abziehen.

② Die frei gewordene Fläche mit EM+U überstäuben.

③ Den Boden mit der Grabgabel lockern und mit EML gut einschwemmen.

Beikräuter reduzieren: Bei Böden ohne Mulchdecke keimen unerwünschte Beikräuter nach einer Behandlung mit EML sehr schnell. Diese gekeimten Sämlinge kurz vor dem Anpflanzen oberflächlich abschaben und als Mulch liegen lassen.

Alle Beikräuter – auch wenn sie noch so lästig sind – wachsen, um ein gestörtes Bodenmilieu auszugleichen. Ihre Wirksamkeit ist dort, wo sie auftauchen, also sehr wichtig. Das gerupfte Kraut als Mulch möglichst an seinem Platz liegen lassen oder bokashiert an den Boden zurückgeben, wo das Wildkraut wachsen wollte.

Mit Bokashi: Nur dann Bokashi verwenden, wenn vor dem Anpflanzen genug Zeit für die Neutralisierung des sauren Materials verbleibt (je nach Temperatur: Unter 15 °C 3 Wochen, über 18 °C nur 2 Wochen). Pro Quadratmeter Beetfläche eine dünne Schicht Bokashi (maximal 2 Liter) ausstreuen und oberflächlich einharken. Weil dieses Bokashi gern von Tieren wieder ausgebuddelt und gefressen wird, ist es ratsam, diese Beete mit Mulch oder Folie wieder gut zuzudecken.

Aussaaten

Samen mit EM-Behandlung drängen rascher ans Licht als üblich. Bei langsam keimenden Gemüsen wie Karotten verkürzt sich die Keimzeit um bis zu 10 Tage. Krankheiten wie Schwarzbeinigkeit, Umfallkrankheit oder Grauschimmel treten kaum mehr auf. Die Keimlinge wachsen zügig, halten Temperaturschwankungen besser aus und profitieren von der feinen Wärmestrahlung durch das angeregte Bodenleben. Selbst Saatgut aus kranken Beständen zeigt neue Vitalität, weil es eine Erde mit antioxidativem Charakter vorfindet.

Samen beizen:

1. feinkörniges Saatgut mit EML übersprühen
2. gröbere Samen kurz in EML tauchen
3. auf einem Tuch oder Haushaltspapier ausbreiten und danach leicht mit EM+U überstäuben
4. das Saatgut nur antrocknen lassen und sobald wie möglich aussäen

Samen vor Aussaat zur Keimung anregen und gegen Umfallkrankheiten «beizen»: Kleine Samen übersprühen, mittlere 1 bis 3 Minuten baden, grosse 15 bis 20 Minuten lang. Dann mit EM-Keramikpulver überstäuben und sofort aussäen.

Mit der feinen EM-Ummantelung keimt der Samen sicher und schnell und ist in der kritischen Öffnungsphase der Samenhülle vor Pilzbefall geschützt. Für die Samenbeizung kommt das Saatgut nur kurz mit EML in Berührung. Soll Samen rasch aufgehen, kann die Keimung mit einem EM-Bad zusätzlich angeregt (geweckt) werden.

Samen wecken:

- feine Samen (z.B. Karotten) mit EML nur übersprühen
- gröbere Samen (z.B. Radieschen) 1 bis 3 Minuten in EML baden
- grosse Samenkerne wie Bohnen, Mais oder Kürbis 15 bis 20 Minuten in EML anquellen lassen

Samen nicht länger als angegeben in EML liegen lassen, weil die Mikroorganismen sonst anfangen, Samenkörner wie anderes organisches Material zu «kompostieren».

Den zur Keimung angeregte Samen nur antrocknen lassen und dann säen, damit es zu keinem Unterbruch bei dieser «Geburt» von neuem Leben kommt.

Tipp: Für das Bad den Samen in ein Stück Mull, Nylonstrumpf oder feine Baumwollsocken einbinden oder gröbere Samen in einem Sieb ins EML einhängen.

Aussaat unter Glas

Vor Aussaat Etiketten schreiben, temperiertes EML und Abdeckfolien bereitstellen.

Für feinkörnige Samen

- Saatschalen mit Erde füllen und diese glatt streichen
- nach der Aussaat den Samen mit einem Brettchen leicht andrücken und bei Dunkelkeimern mit etwas Sand oder feinkörniger Erde in dünner Schicht (bis 5 Millimeter) überdecken
- mit EML überbrausen
- eine Glasscheibe auflegen oder die Saatschale mit einem transparenten Folienzelt überspannen
- am hellen Platz (Fenster, Glashaus) bei 18 bis 22 °C aufstellen

Vor Aussaat die Erde mit EML anfeuchten. Nach Ansaat das Saatgut (Dunkelkeimer) mit Erde 1 bis 2 Zentimeter hoch übersieben (Schichthöhe = 2 bis 3-fache Körnergrösse).

Grosse Samen wie Bohnen, Gurken, Zucchetten:

- in mit Erde gefüllten Töpfchen oder in Multiplatten auslegen
- leicht andrücken
- mit Erde 1 bis 3 Zentimeter hoch abdecken
- mit EML überbrausen
- mit einer Glasscheibe bedecken oder mit einem transparenten Folienzelt überspannen
- am hellen Platz (Fenster, Glashaus) bei 18 bis 22 °C Wärme aufstellen.

Die Erdabdeckung wiederum mit EML gut durchfeuchten. Lichtkeimer ohne Erdabdeckung anfeuchten und eine transparente Haube überstülpen.

Aussaatvariante mit Bokashi Seite 257.

Freilandsaat

Das vorbereitete Beet glatt abharken. Bei ungebeiztem Samen vorweg etwas EM+U über die Fläche ausstäuben und leicht einharken.
Flächensaat: Breitwürfige Ansaat mit einem handlichen Brett leicht andrücken und mit etwas feiner Erde übersieben. Mit EML angiessen.
Reihensaat: Eine 3 cm tiefe Rille ziehen. Für Samen ohne EM-Beizung die Aussaatrille mit EM+U einstäuben. Samen dünn aussäen, mit dem Rechenrücken leicht andrücken und die Rille wieder schliessen. Mit EML gut angiessen.
Ansaat mit groben Samen, z.B. bei Bohnen, Erbsen oder Mais

- jeweils 3 Kerne zusammen 3 cm tief als Grüppchen «stupfen». Abstand zwischen den Samengruppen 15 bis 20 cm
- bei ungebeiztem Samen vor dem Stupfen etwas EM+U punktuell ausstreuen. Es wird beim Versenken des Samens mit in die Erde eingeschleust
- nach der Aussaat den Boden mit EML angiessen

Pflege: Zwei Wochen nach Keimung wieder mit EML überbrausen und diesen Vorgang im 14-Tage-Rhythmus noch 2- bis 3-mal wiederholen (zusätzlich zum normalen Giessen).

Freiland-Aussaat: Eine 3 cm tiefe Rille ziehen, EM+U einstäuben und Samen aussäen.

Saat mit dem Rechenrücken oder dem Handrücken leicht andrücken.

Aussaatrille mit dem Rechen oder von Hand mit Erde zuschieben und mit EML angiessen.

Mit dem Pikierholz ein Loch stupfen, vom Sämling zu lange Wurzeln abkneifen, Wurzel ins Loch einsenken, mit dem Holz Erde anschieben und festdrücken.

Pikieren: Die Erde für Pikierschalen mit EM+U vermischen (2 Tassen EM+U auf 50 Liter Erde), nach dem Pikieren die Jungpflänzchen mit temperiertem EML angiessen. Wöchentlich einmal mit EML giessen.

Effektive Mikroorganismen bringen den Lebenskreislauf in der Erde wieder in Schwung. Nach der Ausbalancierung des Bodenlebens mit EM könnten sogar gleiche Kulturen mehrmals hintereinander ohne Einbussen am selben Platz wachsen, wie das schon erfolgreich ausprobiert wurde.

Anpflanzung

Jungpflanzen erleiden einen Schock, wenn sie aus der warmen Kinderstube in die raue Welt des Gartens ausgesetzt werden. Durch das Verpflanzen werden viele feine Wurzeln verletzt oder abgerissen. Schnecken und anderes Getier freuen sich auf die zarte Kost. Damit muss der kleine Zögling fertig werden. Mit EM-Unterstützung herangewachsen, bringt er die beste Voraussetzung mit, dass er diesen Platzwechsel gut übersteht und mit vitaler Kraft weiter gedeihen kann. Ist das Beet mit EM vorbereitet, sollten auch die gefürchteten Feinde nicht viel zu melden haben.

Wenn noch Wintermulch vorhanden ist: wieder um die Setzlinge herum ausbreiten. Bis der Boden vom Blätterdach der Pflanzen bedeckt wird, ist er ziemlich verrottet (Nährdecke für den Boden). Nach dem Setzen alles mit EML angiessen.

Gemüse- oder Sommerblumen-Setzlinge: Wurzelballen kurz in EML tauchen, dann pflanzen. Sollte das Beet nicht mit EM vorberei-

1 Hennig 1983, S. 43

Anpflanzung: Setzlinge auf Abstand auslegen und pflanzen. Vorhandenen Wintermulch wieder um die Jungpflanzen legen und alles mit EML angiessen.

Auf ein gut entwickeltes Wurzelsystem kommt es an. Nicht die Fläche, sondern der durchwurzelte Bodenraum ist unsere Gesundheit.[1]

tet sein, in jedes Pflanzloch – bevor der Setzling gepflanzt wird – zusätzlich etwas EM+U einpudern.

Tomaten: Um guten Ertrag zu liefern, brauchen sie viel Nährstoff. Deshalb muss ihr Pflanzplatz besonders üppig mit Stickstoff ausgestattet werden. Eine Hand voll organischen Dünger, Kompost-Bokashi oder vererdetes Düngebokashi pro Pflanze mit Erde vermischt ins Beet einarbeiten. Eine zusätzliche Gabe EM+U ist immer willkommen.

Kartoffeln: vor dem Pflanzen vorkeimen. Dazu die Knollen 3 Wochen vor der Pflanzung mit EM+U überstäuben. Mit dem «Nabel» nach unten und den «Augen» nach oben dicht an dicht in flache Obstkisten einordnen und an der Wärme aufstellen. Am hellen Licht bleiben die Keime schön kurz. Die gepflanzten Kartoffeln überstehen so vorbereitet auch kühle, nasse Wetterperioden, die den kälteempfindlichen Knollen sonst arg mit Pilzkrankheiten wie Braunfäule zusetzen würden.

Stauden: Wurzelballen kurz in EML tauchen, das Pflanzloch mit EM+U einstäuben. In der Einwurzelungsphase hin und wieder mit EML giessen.

Bäume und Sträucher: Die Zeit von der Anpflanzung bis zur Einwurzelung ist für grössere Gehölze nicht leicht. Mit Wurzelballen schaffen sie es problemloser als mit nacktem Wurzelwerk. Zur Starthilfe Wurzeln (mit oder ohne Ballen) in EML tauchen oder kurz darin baden. Das Pflanzloch mit EM+U auspudern und die ausgehobene Erde mit EM+U mischen (2 Essl. EM+U auf 10 Liter Erde). Mit EML angiessen und die Wurzelzone in den nächsten Wochen ab und zu mit EML wässern.

Gesunde Tomatenpflanzen bringen hohen Ertrag.

Durch EM-Anbau wird die Einteilung der Gartenbeete viel einfacher.

Man sieht, wie EM den Boden durchwärmt, nämlich dort wo Bokashi eingebracht wurde.

Mit EM ist Mischkulturplanung einfach

Krankheitskeime aus vorgängigen Kulturen werden erst nach mehreren Vegetationsperioden wieder abgebaut. Die Fruchtfolge muss vor allem bei stark zehrenden und anfälligen Kohlarten eingehalten werden. Es hat sich aber gezeigt, dass bei Anbau mit EM kaum noch pathogene Keime oder Bodenmüdigkeit vorkommen. Unverträglichkeiten zwischen einzelnen Gemüsearten fallen nicht mehr so ins Gewicht. Pflanzen mit kurzer Kulturdauer wie z.B. Radieschen, Rettich und Salate können mehrmals hintereinander am gleichen Platz herangezogen werden. Das macht die Planung einfach und übersichtlich, weil im Mischkultur- und Fruchtfolgeplan nur noch die Hauptkulturen (mehr als 2 Monate Dauer) und Starkzehrende wie z.B. Kopfkohl und Rosenkohl eingeteilt werden.

Gemüse-Ernte einlagern

Alles, was mit EM-Behandlung herangewachsen ist, hat ein besonders stabiles, kerniges Pflanzengewebe und mehr Vitalstoffe als alle anderen Gemüse, die mit biologischer oder konventioneller Kulturweise angebaut werden. Das zeigt sich insbesondere in der Lagerfähigkeit. Die durch die Effektiven Mikroorganismen erworbene Antioxidanz verhindert Fäulnis. Das Gemüse bleibt viel länger knackig und schrumpft nicht so schnell. Es behält Geschmack und Aroma. Bei einem Versuch hatten Karotten nach einem Jahr Lagerung in der Erdmiete immer noch «Biss» und schmeckten gut.

EM-gepflegtes Lagergemüse hält draussen – ungeerntet – trotz ein paar Minusgraden unbeschadet durch und kann nach Bedarf portionenweise «frisch ab Beet» hereingeholt werden.

Zuckerhut etwas oberhalb des Wurzelansatzes abschneiden, dann treiben bereits im zeitigen Frühjahr nochmals neue Salatblätter durch.

Ein Winterpelz fürs Bodenleben

Erntereste auf dem Beet flächig kompostieren, vielleicht sogar mit angerottetem Strohmist überdecken und dann alles mit EM behandeln: Das ist eine optimale Vorbereitung für die nächste Saison. So warm eingemummelt können die Effektiven Mikroorganismen im Boden zusammen mit all ihren «Kollegen» noch lange bis zur beissenden Kälte tätig bleiben. Beet-Einwinterung mit Bokashi Seite 223.

Gemüse im Winter – frisch vom Beet?

Wenn der Boden mit einer Schneedecke oder mit einer Mulchschicht bedeckt ist, bleiben die Effektiven Mikroorganismen auch im Winter aktiv und erzeugen durch ihre Stoffwechselarbeit Wärme.

Von der Scholle ▶ direkt ▶ in den Topf ▶

▶ und auf den Tisch. Gibt es Besseres? Mit EM ist die Ernte aus winterlichem Gemüsegarten möglich. (Fotos: im rauen Emmental, auf 850 m Höhe)

Wurzelgemüse erfrieren nicht mehr, wenn sie bis zum Verzehr auf dem Beet verbleiben.

- Karotten legen an warmen Wintertagen noch an Gewicht zu.
- Wirsing und sogar blauer Kohlrabi halten durch.
- Gemüse im Einschlag: Die Sellerie, Rote Beete, Kopfkohl und Riesenkohlrabi – mit EM versorgt – ertragen Kälte besser und können am geschützten Platz eingeschlagen werden Sie schon bis zum Juni des Folgejahres durchgehalten.
- Zuckerhutsalat 3 bis 5 cm über dem Boden abschneiden. Die Schnittfläche mit EMa-Lösung übersprühen, damit kein Pilz eindringen kann. Im Frühling treibt er nochmals durch. Das gleiche gilt für Lauch. Er schiebt nochmals nach, wenn er etwas oberhalb des Wurzelansatzes abgeschnitten wird.

Pflanzenpflege allgemein

Soll der Boden mit den Effektiven Mikroorganismen aus dem Abbaumilieu in den aufbauenden Status gebracht werden, kann bei den ersten Anwendungen eine stärkere EM-Lösung ausgebracht werden, um das Bodenleben zu aktivieren:

Bei ersten EM-Anwendungen den Boden mit stärkerer EM-Lösung versorgen als üblich.

- 500 ml EM + 1 Teel. EM-Keramikpulver auf 10 l Wasser

Stellt sich der Erfolg ein, indem alles freudig und gesund heranwächst und kaum noch Krankheiten oder massiver Schädlingsbefall auftreten, kann die Konzentration wieder auf normale EML-Werte gesenkt werden:

- 200 ml EM auf 10 l Wasser

Die Umstellung des Bodenmilieus auf EM kann manchmal sehr schnell gelingen, manchmal aber auch 3 bis 4 Jahre dauern, je nach Bodenbeschaffenheit. Deshalb ist eine genaue Angabe für die insgesamt benötigte EM-Menge und den Zeitaufwand nicht möglich. Es muss ausprobiert werden.

Einjährige Kulturen: Vor allem die einjährigen Sommerblumen verausgaben sich mit ihrer Blütenfülle. Sie sind für einen «EML-Abendtau» sehr dankbar. Im Frühling mit der Giesskanne, Rückenspritze

oder dem Aquamix bis zu 3-mal wöchentlich benetzen, im Sommer nur noch ab und zu.

Mehrjährige Kulturen wie Stauden brauchen für die Umstellung des Bodens auf EM etwas länger, weil hier die Effektiven Mikroorganismen nicht in die dicht bepflanzte Bodendecke eingearbeitet werden können:

- Anpflanzungen im Frühling mit EML einmal durchdringend giessen, dann wöchentlich besprengen
- im Sommer nur noch ab und zu
- im Herbst die natürliche Mulchdecke aus den verdorrten oberirdischen Pflanzenteilen der Stauden und das Falllaub von Gehölzen mit EM+U überstäuben und mit EML einschwemmen

Beerenobst (Erdbeeren, Himbeeren, Johannis-, Stachel- und Heidelbeeren) liebt den etwas sauren Boden. Hier fühlen sich die Effektiven Mikroorganismen besonders wohl. Ein Mulchmix aus Grasschnitt und Gehölzhäcksel – mit EM+U überstäubt und von EML durchtränkt – liefert den Beeren genau das, was sie zum gesunden Wuchs und für die aromatische Ausbildung der Früchte brauchen. Diesen Mulchmix von Zeit zu Zeit ergänzen. Noch besser: vor dem Mulchen etwas reifes, neutralisiertes Bokashi zu Füssen des Beerenobstes auslegen und dann den Mulch darüber decken.

Rasen

Sattes Grün, weniger Krankheiten und schnellere Regeneration sind das Ergebnis mit einer EM-Behandlung.

Rasenfilz und Moos: Ist die Rasendecke sehr verfilzt und muss vertikutiert werden. Nach dem Aufriss der Rasendecke eine Mischung aus Sand und EM+K ausstreuen und leicht einharken:

- für 20 Quadratmeter Rasenfläche 0,5 Liter EM + Korallenalgenkalk (statt Urgesteinsmehl) auf 50 Liter Sand

Diese Mischung wirkt sich auch sehr günstig auf vermooste Rasenflächen aus.

Für die laufende Pflege: 1 l EML pro Quadratmeter alle 2 Wochen als Start in den Frühling versprengen, später reichen monatliche Gaben (abends oder bei bedecktem Himmel).

Tipp: Das Mähgut vom kurzhalmigen Rasenschnitt 2 Stunden antrocknen lassen, langes Gras bis zu 20 Stunden, je nach Wetter. Dann mit EML übersprühen und zu Grasschnittsilage bokashieren (Seite 221). Die Silage im Frühling vor der Anwendung mit etwas

Erde vermischen und noch 3 Wochen als Miete aufsetzen. Erst danach auf die Rasenflächen fein verteilen. So ist der grüne Teppich für die neue Saison bestens versorgt.

Der kürzeste Weg zur Gesundheit ist der Weg in den Garten
Kräuter-Pfarrer Künzle

Rosen

Die Königin der Blumen verlangt in unserem Garten mehr Aufmerksamkeit als alle anderen Pflanzenkinder und dankt es dann mit herrlichsten Blütenfreuden. Behagt einer Strauchrose ihr Pflanzplatz, kann sie sehr alt werden, wie der 1000jährige Rosenstock am Dom zu Hildesheim/Norddeutschland beweist. Er trieb nach mittelalterlichen Brandschatzungen immer wieder erneut aus und überstand – übel zugerichtet – selbst die Bombardierung im Zweiten Weltkrieg.

Edle Züchtungen allerdings erfordern eine spezielle Pflege und Aufmerksamkeit. Sie reagieren auf Pilz- und Insektenbefall empfindlich. Der Grund: In der Kreuzungsarbeit wurde über viele Jahre auf Schönheit und Blühwilligkeit Wert gelegt. Erst in den letzten Jahren haben die Züchter wieder mehr auf Widerstandsfähigkeit geachtet.

Standort-Anspruch: Die Rose liebt einen tiefgründigen, lehmhaltigen Boden, eine grüne Kulisse um sich herum und Wind um die Nase. Ist ihr Standort an einer heissen Hauswand oder nicht tiefgründig genug, oder gestaltet sich der Sommer kühl und nass, haben Rostpilze, Mehltau und Knospenfäule Saison und freuen sich Läuse auf zarte Triebe.

Die Rose braucht viel Nährstoff, um eine grosse Blütenfülle auszubilden. Da tut die jährliche Kompostgabe oder sogar eine winterliche, fermentierte Rossmistpackung gut. Kommt dann noch

- EM+U bei kalkhaltigem Boden
- EM + K bei saurem Boden

dazu, erfreut sich der Rosenliebhaber am satten Grün, an leuchtenden Blütenfarben und über die strotzende Gesundheit seiner Schützlinge.

Wichtig ist, dass dem Bodenleben immer genug organisches Material in Form von Bokashi oder Mulch zur Verfügung steht.

Der Rosenbogen zeigt unterschiedlichen Bewuchs. Links wächst die Rose gesund und üppig. Sie wurde mehrfach mit EML gespritzt und gegossen. Die Rose auf der rechten Seite ohne EM-Behandlung ist wie bisher mit Rost und Mehltau befallen.

Neue Rosen am alten Platz? Sollen alte Rosenstöcke durch neue Pflanzen ersetzt werden, muss normalerweise ein neuer Pflanzplatz gesucht oder die Erde am bisherigen Ort bis zu 80 Zentimeter tief ausgewechselt werden. Im Wurzelbereich alter Rosen haben sich oft Wurzelälchen (Nematoden) und andere Schädiger angesiedelt, die für die «Bodenmüdigkeit» in Rosenrabatten verantwortlich gemacht werden und eine Einwurzelung neuer Rosenpflanzen behindern, wodurch Kümmerwuchs angesagt ist. Wird nach der Entfernung der alten Stöcke reichlich EML gegossen und danach dem Boden vor Neupflanzung eine Pause von 4 Wochen eingeräumt, haben Wurzelnematoden und andere Schad-Erreger das Feld geräumt. So kann tatsächlich ohne Erde-Austausch eine neue Generation auf dem alten Rosenplatz ohne Einbussen heimisch werden.

Pflanzenschutz: Rosen gehören zu den Hätschelkindern des Gartens. Sie erfordern eine besondere Pflege. EM-Gaben scheinen sie zu mögen und danken es mit üppiger Blütenfülle, auch, weil ungebetene Liebhaber wie Läuse und Pilze fern gehalten werden. (Rezepturen für EM-Spritzbrühen Seite 235).

- Austriebsspritzung: Im Frühjahr, wenn die Knospen ergrünen, mit EM5-Spritzbrühe benetzen, damit überwinterte Pilzsporen (Rost, Mehltau, Sternrusstau) nicht aktiv werden
- bei Läusebefall mehrmals mit EM5-Spritzbrühe (+Spiritus), behandeln, bis die saugenden Insekten verschwunden sind. EM+U kann die Behandlung unterstützen. Dieser feine Puderfilm behagt den Saugern gar nicht, das ist für sie «Sand zwischen den Zähnen»
- weiter alle 4 Wochen mit EML behandelt, bleiben die gefürchteten Pilzerkrankungen im tolerierbaren Rahmen oder treten überhaupt nicht auf, je nach Witterungsverlauf.

Pflanzenjauche mit EM: Welche Jauchen auch angesetzt werden, ob als wirksame Stickstoffgabe (z.B. Beinwell, Brennnesseln) oder zur Vorbeugung gegen Pilzkrankheiten (z.B. mit Rainfarn, Schachtelhalm) oder gegen Schädlinge (mit Brennnesseln), immer ist die Zugabe von EM+U und EML eine Verstärkung der Wirkung dieser biologischen Mittel. Ein angenehmer Nebeneffekt: Die Jauchen stinken nicht mehr so bestialisch, sondern riechen erträglich. Stechmücken finden das nicht verlockend und legen somit auch keine Eier in die Tonne ab.

Die Öffnung des Jauchefasses immer mit einem Gitter oder Deckel abdecken, damit keine Kleintiere oder Vögel darin ertrinken. Die Tonne darf man nicht luftdicht schliessen, damit Kohlenstoffgase wie Methan während der Gärung entweichen können.

Schnecken-Invasionen: Was tun?

Kann es sein, dass immer wieder EM-Anwender berichten, wie wunderbar ihr Garten nun ist, wie alles wächst und selbst die Lieblingsspeisen der Schnecken wie Salat, Radieschen und Tagetes ohne Verlust gedeihen? Oder umgekehrt: Kann es sein, dass immer wieder verzweifelte Hilferufe zu hören sind, wenn trotz EM-Anwendungen die Schnecken eher zu- statt abnehmen und wie Rasenmäher alles kurz und klein raspeln?

Ja, es kann, denn Schnecken sind eine Art Ordnungshüter des Gartens. Sie sorgen dafür, dass alles Unbrauchbare aufgeräumt wird und Faulendes sich nicht ausbreiten kann:

- sie vermehren sich in ungeahnten Mengen, wenn sie einen reich gedeckten Tisch geschwächter und kränkelnder Pflanzen vorfinden
- sie reduzieren ihren Nachwuchs durch geringere Eiablagen, wenn es in ihrer Umgebung nichts zu tun gibt.

Sie folgen damit einem Naturgesetz, wie es bei allen «Aufräumarbeitern» gilt, denn unliebsame Gartenbewohner werden oft erst dann zu Schädlingen, wenn sie im Übermass auftreten. Die Weinbergschnecke und die Grosse Egelschnecke kümmern sich kaum um pflanzliche Frischkost. Sie räumen Fauliges und Sterbendes auf. Beide lieben die Eier ihrer nackten Artgenossen.

Die Weinbergschnecke und die Grosse Egelschnecke sind sehr nützlich und gehören zu den geschützten Tierarten. Zum Beispiel bevorzugen sie die Eier der gefrässigen Spanischen Wegschnecke.

Ein paar der Gartenpolizisten braucht es im Gleichgewichtsparadies, denn neben dem Aufbau hat auch der Abbau seine Berechtigung und ist erwünscht, wenn er dem Aufbau untergeordnet bleibt.

Noch eine Eigenart der Schnecken: Sie lieben eine abwechslungsreiche Speisekarte. Alle 3 bis 4 Tage wechseln sie zum nächsten Gartenmenü. Selbst in einem EM-gepflegten Beet naschen sie als Beikost auch mal zarte Salatblättchen. Doch hält sich der Schaden in Grenzen.

Gründe für eine überbordende Schnecken-Population:

- Beete, die mit schlecht gereiftem Kompost versorgt sind. Faulende Substanzen senden starke Signale aus, dass etwas in Ordnung gebracht werden sollte
- Kunstdünger bläht Pflanzen mit Wasser auf. Solche Gewächse haben keine innere Kraft und sind sehr anfällig für Krankheiten
- organische Dünger wie Hornspäne müssen im Boden erst verrotten, bevor sie für die Pflanzenwurzeln Nahrung sein können. Dieser Umwandlungsprozess verläuft oft über Fäulnis
- frisch gesetzte Jungpflanzen sind gestresst, haben Wurzelverletzungen, standen oft zu eng in der Pikierschale und sind dadurch kraftlos aufgeschossen.

Solange ein Garten in einem solchen Milieu bewirtschaftet wird, haben die Schnecken viel zu tun.

«Wer Fäulnis sät, wird Fäulnis ernten»

Ein Versuch hat gezeigt, wie sich Schnecken bei verschiedenen Düngern verhalten

Gedüngt mit **Ammonium** (Kunstdünger), Abbau über Fäulnis, Schnecken fressen alles auf.	**Nitrat** Übergang zu Aufbau, Schnecken sind weniger aktiv.	**Aminosäuren** (organisch) Aufbau ohne Fäulnis, Schnecken sind nicht mehr interessiert.

EM kann den Boden in die aufbauende Richtung lenken. Je nach Beschaffenheit der Erde geht das schnell (bei leichten Böden), dauert aber bei schwerer Erde 3 bis 4 Vegetationsperioden. Voraussetzung ist, dass in jedem Fall kein konventioneller Kompost mit Fäulnisanteilen mehr ausgebracht oder aber vorher mit EM behandelt wird. Ein Garten, der viele Jahre mit Kunstdünger versorgt wurde, braucht etwas länger, bis sich das Bodenleben so weit erholt hat und organische Substanz zu Nahrung für Pflanzen aufschliessen kann. Jungpflanzen aus Anzucht mit EM haben starke innere Kräfte und überstehen eine Verpflanzung leichter.

Schnecken-Abwehr, bis sich ein Ausgleich zwischen Ab- und Aufbau einstellt:

- alte, grau verwitterte Bretter auf Wege legen. Schnecken verkriechen sich gern darunter und legen dort auch ihre Eier ab. Wir können sie mühelos einsammeln. Neue Bretter mögen die Kriechtiere nicht
- Boden ohne Pflanzen- oder Mulchdecke reisst bei Trockenheit tief auf. Das sind einladende Eingangspforten für Schneckenschlafplätze im darunterliegenden feuchten Boden
- bei schweren Böden bleibt eine dicke Mulchdecke zu lange nass und kann in Fäulnis übergehen: für Schnecken ein Paradies. Dort ist es feucht und gemütlich. Den Boden mit EML begiessen, bevor organisches Mulchmaterial als Nährdecke dünn ausgebreitet wird. So kommt keine Fäulnis auf. Wird diese Bodendecke zusätzlich mit EM+U überstäubt, suchen sich die Schnecken andere Verstecke
- Schneckenvertilgern wie Igeln, Kröten oder Blindschleichen Wohnungen mit Altholzhaufen und Laub anbieten
- einen Schneckenzaun da installieren, wo besonders gefährdete Kulturen wachsen
- mit EM fermentierter Kompost und Bokashi wird von Schnecken gemieden
- weniger zu empfehlen: Bierfallen locken ständig neue Schnecken aus der Umgebung an, ebenso Lockmittel wie Kleie mit Hundefutter.

«Wo, bitte, geht es weiter?» Junge Schnecke auf Erkundungstour.

Es gäbe noch 100 andere erprobte Rezepte, wie die ungeliebten Gartengäste vergrault werden könnten. Mit EM erübrigen sich mit der Zeit alle aufwändigen Jagdmanöver. In einem Garten, wo sich das ökologische Gleichgewicht eingependelt hat, fallen ein paar der schleimigen Kriecher überhaupt nicht mehr ins Gewicht.

Bokashi im Garten

Es ist gar nicht so viel organische Substanz nötig, um den Boden ausreichend mit Nahrung zu versorgen. Eine Mischung aus vielerlei Gemüseresten liefert durch Fermentierung ausgewogenen Nährstoff für Pflanzen und sorgt für ein Bodenmilieu ohne Fäulnis – da macht die Entsorgung des Küchenabfalls oder die Fermentierung von Ernterückständen durch den Bokashi-Prozess Sinn.

Eine 4-köpfige Familie verursacht täglich 300 bis 600 Gramm organischen Küchenabfall (ohne Fisch und Fleisch). Das ist der Nährwert von 3 bis 6 Kartoffeln. Das Edaphon* braucht auf 16 bis 33 Quadratmetern Gartenfläche nur 100 bis 200 Gramm organisches Material, um eine gute Ernte hervorzubringen.

Bokashi im Vergleich zu Kompost

Kompost erfordert sehr viel Pflege, wenn er gute Dienste leisten soll. Er braucht für den Umsetzungsprozess viel Sauerstoff, der mit häufigem Wenden der Miete immer wieder zugeführt werden muss. Das ist bei einem Kubikmeter unreifem, organischem Abfall soviel wie 100 Menschen an einem Tag veratmen. Durch die erwünschte Erhitzung (wegen der Wildkräutersamen und -wurzeln) entweicht viel Ammonium in Form von Ammoniak. So verpufft bereits viel Stickstoff in die Luft (bis zu 70 Prozent).

EM-gepflegte Kulturen halten bei krassen Schwankungen zwischen Regen- und Trockenperioden besser durch. Die inneren Qualitäten (Vitalstoffe) steigen, das Gemüse bleibt länger lagerfähig.

Kompost gibt auch viele Nährstoffe durch Sickerwasser ab, das wiederum unser Grundwasser belastet. Wegen dieses Nährstoffverlustes sehen manche Kulturflächen im biologischen Anbau trotz Kompost hungrig aus. Der Zersetzungsprozess in der Kompostmiete bildet Wurzelgifte wie Nitride und Sulfide, die später Pilzerkrankungen und Fäulnis und somit auch Schädlingsbefall an Pflanzen fördern. Deshalb darf kein frischer Kompost ausgebracht werden, sondern nur der «reife», gut abgelagerte, in dem alle pflanzenfeindlichen Stoffe «umgewest» sind. Trotz dieser negativen Merkmale ist das «schwarze Gold der Erde» immer ein wertvoller Lieferant für den Humusaufbau und wichtiger Bestandteil des biologischen Anbaus gewesen. Wenn mit Kompostgaben aber zu oft Schädlinge und Pilzbefall an Pflanzen auftreten, ist das Bodenleben trotz gut gemeinter Behandlung nicht im Gleichgewicht, denn das Kompostmaterial wurde degenerativ über Fäulnisprozesse abgebaut. So ein «Pseudokompost» stinkt, ist Brutstätte für Schadbakterien und arm an Nährstoffen.

Mit Bokashigaben strahlen Pflanzen farbiger.

Bokashi dagegen baut auf. Die Pflanzen sind gesund, strahlen farbiger, sind im Geschmack aromatischer. Es erschliesst durch anaerobe Aufbereitung (Fermentierung) in der Humuspflege völlig neue Dimensionen, denn – in die Erde eingearbeitet – wird aus den bokashierten Abfällen innerhalb von 8 Wochen wohlriechende, weitgehendst vererdete Pflanzennahrung. Die aufwändige Kompostbereitung entfällt.

Die Bereitung von Bokashi ist im Kapitel ab Seite 219 ausführlich beschrieben.

Was geschieht mit einem bereits vorhandenen Komposthaufen? Sehr gehaltvoll ist dieser Kompost nicht mehr, aber er kann mit Hilfe der Effektiven Mikroorganismen aus der Fäulnis in den Aufbau überführt und aktiviert werden. Dazu mindestens 2 Wochen vor der Verwendung mit EM oder EMa behandeln. Ganz praktisch geht das, wenn einer den reifen Kompost umschaufelt, während eine andere Person gleichzeitig EM mit der Kanne oder Rückenspritze drübersprüht, damit sich die Effektiven Mikroorganismen gut verteilen und die toxischen wie die pathogenen* Substanzen verarbeiten. Zwischendurch den neu aufgesetzten Haufen immer wieder verfestigen (stampfen, festklopfen), damit möglichst alle Luft herausgepresst wird. Die fertige Miete mit dicker Folie abdichten.

Eine Umstellung zu biologischem Anbau und der damit verbundene Umdenkungsprozess kann mit EM viel zügiger vorangehen und schreckt nicht mehr mit dem Fluidum «Mehrarbeit, Unbequemlichkeiten und unordentliche Beete».

Beet- und Erdevorbereitung mit Bokashi

Mit dieser Vorbereitung wird der Boden durch Bokashi ausreichend mit Nährstoffen für die ersten 3 Monate der Vegetationsperiode versorgt.

Beete mit einer dünnen Schicht (2 cm Bokashi) überstreuen und oberflächlich einarbeiten. Bei kühlem Wetter das Bokashi 3 Wochen vor dem Anpflanzen ausbringen, bei warmem Wetter und erwärmtem Boden geht die Neutralisierung rascher voran und dauert bei gut temperiertem Boden nur eine Woche.

Küchenbokashi in dünner Schicht verteilt…

…oberflächlich maximal bis 6 cm tief einarbeiten und…

…mit Vlies abdecken, damit es Tiere nicht wieder ausbuddeln.

Alle Tiere scheinen Bokashi zu mögen. Deshalb Bokashi immer leicht in den Oberboden einarbeiten, ev. noch mit einem Vlies überspannen; denn Füchse, Marder und Hunde spüren es auf, wenn es nicht vollkommen mit Erde bedeckt ist. Es wird ausgebuddelt und gern gefressen.

Eine weitere Bokashierung im Laufe des Sommers wird von den Ansprüchen einer Nachfolgekultur bestimmt: die schwach zehrenden haben noch genug Vorrat. Stark zehrende Gemüse brauchen Nachschub. Wenn nach einer Ernte von Frühgemüse noch eine Folgekultur angepflanzt wird, ist die Zeit für die Aufbereitung des Bodens mit Bokashi knapp. Hier entweder eine dünne Schicht vererdetes Bokashi (nicht mehr aggressiv) vor Anpflanzung ausstreuen und leicht einarbeiten oder nach der Anpflanzung 20 cm vom Wurzelballen entfernt ein Bokashi-Depot anlegen.

Aussaat in Schalen: Eine Woche vorher eine Hand voll feines Futterbokashi und 1 Essl. EM+U mit 10 l Aussaaterde mischen und die

Saatschale damit füllen, mit EM angefeuchtet bei 18 bis 22 °C aufstellen. Erde kurz vor Aussaat nochmals mit EML überbrausen.
Variante: Die Schalen oder kleine Töpfe dünn mit Aussaaterde belegen, darauf eine Schicht feines Düngebokashi (maximal 2 cm hoch) geben und mit Aussaaterde bis zum Rand auffüllen.

Links
Saatschale füllen:
1. Schicht = dünne Lage mit Aussaaterde,
2. Schicht = feines Düngebokashi.
Oberste Schicht = wieder Aussaaterde.

Rechts
Aussaat im Freien:
Rillen von 5 cm Tiefe ziehen, mit Futterbokashi bestreuen (max. 0,5 bis 1 cm dick). Rillen weitere 2 Zentimeter mit Erde auffüllen und etwas andrücken, dann säen.

Anpflanzungen mit Bokashi-Depot

Diese Bokashi-Methode eignet sich, wenn das EM-fermentierte Pflanzenmaterial bestehende Pflanzungen düngen soll.

Ein Bokashi-Depot nach der Pflanzung ist möglich, wenn es in einen Graben zwischen den Reihen eingelegt wird.

Bei vorhandenen Pflanzungen: Weil frisches Bokashi ätzend sauer ist und Pflanzenwurzeln dadurch verbrennen, darf dieses Bokashi nur mit einem gewissen Abstand zur Wurzelscheibe ausgebracht werden. Deshalb bei bereits eingewachsenen Pflanzen

- 20 bis 30 cm vom Wurzelwerk entfernt einen Graben von 15 bis 20 cm Tiefe ziehen
- Bokashi etwa 5 cm hoch einfüllen, mit Erde bedecken

Die Wurzeln bekommen Signale, dass gutes Futter in der Nähe ist und wachsen zielstrebig darauf zu. Wenn sie das Bokashi erreichen, ist es bereits neutralisiert und bekömmlich. Diese Anwendung eignet sich auch, wenn eine EM-Bodenvorbereitung vor dem Anpflanzen nicht möglich war, z.B. bei Stauden und Sträuchern.

Lanzendüngung für Bäume: Ausserhalb des Kronendurchmessers bei kleinen Bäumen zwei Löcher bis zu zwei Spaten tief ausheben (bei grossen Bäumen mehrere Löcher).

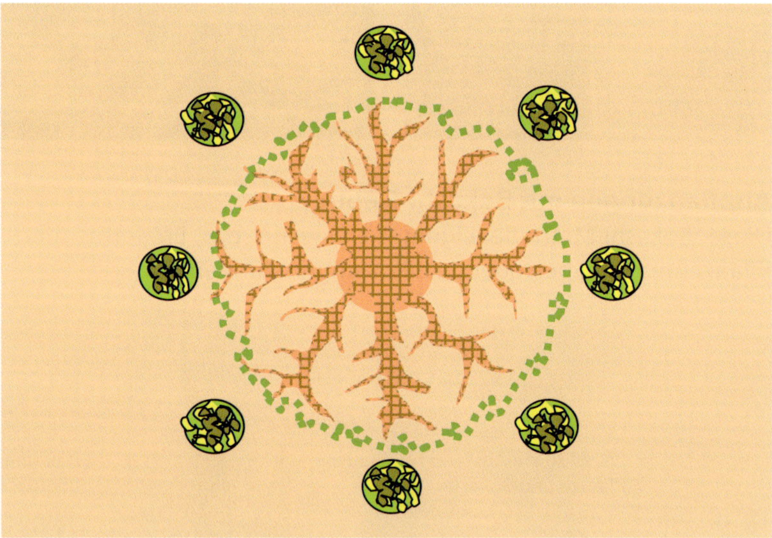

Kontrolle: Frisches Bokashi ist bereits nach einer Woche bis auf die groben Teile vererdet.

Bokashi – mit der Aushuberde vermischt – einfüllen. Mit EML reichlich begiessen. Die Wurzeln streben auf diesen Nährstoffvorrat zu und holen sich alles, was sie brauchen. Auf diese Weise können auch Bokashi-Gaben in den Traufbereich von gestressten oder schon erkrankten Bäumen eingegraben werden. Der Boden wird sehr schnell belebt, und damit auch der Baum.

Lanzendüngung mit dem Erdbohrer: Er ist eine grosse Hilfe und lässt sich auch mit Frauenpower leicht in den Boden eindrehen.

Arbeitsablauf der Lanzendüngung

Es eignet sich jede Grünmasse. Selbst schlimmste Wurzel-Beikräuter wie Girsch oder Ackerwinde werden problemlos umgewest, bevor sie wieder einwurzeln.

Zuerst eine Rasenscheibe abstechen und zur Seite legen. Mit dem Spaten oder wie hier mit dem Erdbohrer ein Loch von mindestens 50 cm Tiefe ausheben.

Es eignet sich jede Grünmasse. Selbst schlimmste Wurzel-Beikräuter wie Girsch oder Ackerwinde werden problemlos umgewest, bevor sie wieder einwurzeln.

Jede Schicht Füllmaterial (10 bis 15 cm hoch) mit EM+U überstreuen, und mit etwas Aushuberde überdecken…

…mit EML begiessen. Jede weitere Schicht ebenso behandeln, bis das Loch fast voll ist.

Zum Schluss die abgehobene Rasenscheibe wieder auf das Loch zurücklegen und festtreten.

Welch eine Pracht: Blumen, Blumen, nichts als Blumen…

Unsere grünen Mitbewohner und EM

Die vielen Blumen um mich herum stimmen mich einfach fröhlich

Daveena Limonick

Sollen Zimmer-, Balkon- und Kübelpflanzen über Jahre trotz engstem Wurzelraum vital bleiben und uns mit wohltuendem Grün oder mit überschäumendem Blütenfest beglücken, ist ein stattlicher Vorrat an Nährstoffen wichtig. Wenn das Wurzelwerk noch mit den Nährstoff-Aufbereitungsdiensten der Effektiven Mikroorganismen unterstützt wird, danken es unsere Pflanzenmitbewohner mit gesundem Wuchs und mit leuchtenden Farben. Sie halten Trockenperioden viel besser durch und kennen kaum Krankheiten oder Schädlingsbefall. Wenn sich doch mal Schildläuse einstellen sollten, scheinen die Zimmerpflanzen kaum darunter zu leiden.

Eine Wohltat für Zimmerpflanzen:
mit EM-Lösung besprüht, glänzen sie und setzen kaum Staub an.

Es gibt wie bei der Beetvorbereitung mehrere Möglichkeiten, die Erde für die Pflanzen mit EM anzureichern. Gekauftes Substrat, ganz gleich, ob es sich um Spezialerde für Zimmerpflanzen oder die Balkon- und Kübelerde für Blütenpflanzen handelt: Ein Zusatz mit Bokashi, EM Keramikpulver oder mit einer EM-Lösung hilft in jedem Fall, den vorhandenen Nährstoffvorrat für die Pflanzen durch die Aktivitäten der Effektiven Mikroorganismen besser aufzuschliessen. EM+U verbessert die Krümelstruktur und erhöht die Wasserspeicherkapazität der Erde.

Erdevorbereitung

Drei Varianten bieten sich an:

❶ Gekaufte Erde: Für 100 Liter noch 1 Tasse EM+U zusetzen und mit EML anfeuchten.
Eigene Erde herstellen: Für 100 Liter Blumenerde

❷ 60 Liter Gartenerde
30 Liter gesiebter, reifer Kompost
10 Liter Torf oder Ersatz (Kokosfaser)
1 Hand voll Hornspäne
150 ml EM+U
→ gut miteinander vermischen

Vor Pflanzung mit EML anfeuchten.

❸ Für besonders gehaltvolle Erde, speziell für die hungrigen Kübel- und Balkonpflanzen: Drei Wochen vor Pflanzung kann für 100 Liter eigene oder zugekaufte Erde noch 3 Liter fein gehäckseltes, reifes Küchen- oder Gartenbokashi oder gekauftes Düngebokashi zugemischt werden, oder Marthas Power-Erde zugeben.

Marthas Powererde:

1 kg Düngebokashi
400 g Gesteinsmehl
30 g EM-Keramikpulver
gut vermischen.
Pro 1 lm Balkonkiste
2 Hände voll davon
unter die Erde mischen.

Wichtig ist, dass das untergemischte Bokashi 1 bis 2 Wochen Zeit hat, sich aus der für Pflanzenwurzeln ätzenden, sauren Phase in die milde, pflanzenverträgliche umzubauen.

Tipp: Mit Bokashi-Zugabe kann ein Teil der Vorjahreserde nochmals verwendet werden.

Eintopfen

Wenn für die Vorbereitung keine 3 Wochen Zeit zur Verfügung steht, kann das Bokashi als Schicht im untersten Drittel des Erdvolumens als Vorratsspeicher eingelegt werden: Das Loch im Gefäss mit einer Tonscherbe abdecken, damit es nicht verstopft und das überschüssige Wasser gut abfliessen kann. Dann in Schichten einfüllen:

1. 1/5 der Gefässhöhe mit Erde
2. 1/5 Bokashi, mit etwas Erde vermischt
3. die restlichen 3/5 der Gefässhöhe wieder mit Erde und alles gut anfeuchten

Ein wurzelloses Kindel der Grünlilie (Chlorphytum) wurde mit Bokashi (helle Schicht) eingetopft. Nach drei Wochen sind kräftige Wurzeln in die vererdete Bokashi-Schicht eingewachsen.

Beim Einpflanzen darauf achten, dass der Wurzelballen nicht direkt in die frische Bokashi-Schicht gelangt, sondern etwas Erde (3 bis 4 Zentimeter) dazwischen liegt. Die Wurzeln scheinen ein Signal zu bekommen, dass im Bokashi reiche Nahrung zu finden ist. Sie wachsen zielstrebig darauf zu.

Geranien mit Dünger-Bokashi: Links ist die helle Schicht gut zu sehen, rechts haben die Wurzeln nach drei Wochen die vererdete Bokashi-Schicht «erobert». Die Pflanzen strotzen vor Vitalität, die Blüten entwickelten sich prächtig.

Pflege

Balkon-, Kübel- und Zimmerpflanzen wöchentlich mit einer EM-Lösung giessen oder übersprühen (10 Milliliter EM pro 1 Liter Wasser) und die Pflanzen machen einen herrlich vitalen Eindruck. Die Blätter glänzen und setzen kaum noch Staub an. Ein paar Keramikröhrchen in der Giesskanne machen aus Leitungswasser hochbekömmliches Nass für Pflanzen. In der Vegetationsperiode (Februar bis September) zweimal eine Prise EM+U auf die Erdoberfläche des Gefässes streuen und leicht einhäckeln. Auch Pflanzen wie Kakteen, die nur selten gegossen werden müssen, bekommt die Pflege mit EM-Zusatz sehr gut.

Orchideen: Ursprünglich wurden in Japan die ersten Versuche mit Mikroorganismen gemacht, um die Vitalität von Orchideenkulturen zu unterstützen, weil die Wurzeln dieser Gattung mit ganz speziellen Mykorrhizzen in Symbiose leben. Mit EML gegosssen und noch lieber: übersprüht, fühlen sie sich besonders wohl.

Neue Lebenskraft: Mit EM-Pflege haben sich strahlend klar gezeichnete Blätter entfaltet. Unten sind noch die alten, matt gezeichneten zu sehen.

Düngen: Wer eigenes Küchenbokashi herstellt, kann seinen Pflanzenzöglingen etwas Gutes tun und dem Giesswasser frischen Sickersaft zusetzen. Diese Flüssigkeit ist hochwertiger, pflanzenverfügbarer Dünger:

- pro Liter Giesswasser nur 1 Teelöffel voll Bokashisaft zufügen, wenn wöchentlich ein- bis zweimal damit gedüngt wird
- wer seinem täglichen Giesswasser Bokashi-Sickerflüssigkeit beigeben will, nimmt nur ein paar Tropfen pro Liter Wasser

Hydrokulturen: In das Wasserreservoir ein paar EM Keramikpipes einlegen (pro Liter 1 Pipe). Mit der verdünnten EM-Lösung auffüllen (statt 200 ml nur 100 ml EM pro10 l Wasser). Die Pflanzen danken es mit freudigem Wuchs, das Wasser bleibt klar und stinkt nicht mehr.

Pflanzenschutz

Zimmerpflanzen leiden mitunter, wenn ihnen Rote Spinne, Läuse oder die gepanzerten Schildläuse den Lebenssaft wegsaugen. EM-Spritzungen können diese «Vampire» nicht töten, aber sie helfen, die Pflanzen so zu stärken, dass ihnen ein paar Läuse im Pelz nicht schaden oder der Befall ganz ausbleibt, weil diese Schädlinge im antioxidativen EM-Milieu nichts vorfinden, was sie «aufräumen» sollten (Pflanzenschutz Seite 230).

① Der Nährstoffeintrag aus dem Oberflächenwasser der Umgebung sorgt für üppigen Algenwuchs. EML am Rand gegossen und im Zulauf des Biotopes EM-Keramikpipes deponiert, haben…
② …das Wasser wieder geklärt.
③ «Effektive» Seesanierung: Mit Grossraumregner (130 m Reichweite) und Injektionslanze (für den Seegrund) wird EMa weiträumig ausgebracht.
④ Die Wasserkaskade ist Teil eines künstlich angelegten Bachlaufs. Mit EM-Einsatz bleibt das Wasser klar.

Wasser mit EM

Mit dem Einsatz von Effektiven Mikroorganismen kann Wasser gesunden.

Basis aller Lebensvorgänge ist Wasser. Doch finden sich nur noch wenige Gelegenheiten, sauberes, unbelastetes Wasser zu bekommen. Eine Wasseraufbereitung wird immer wichtiger, und es gibt schon ganze Industriezweige, die ihre Mittel und Gerätschaften für die Gewinnung von einwandfreiem Wasser anbieten. Einer der vielen Wege zu guter Wasserqualität bietet sich uns mit der EM-Technologie an. Professor Higa sagt, dass die Effektiven Mikroorganismen die Kraft zur Reinigung und Gesundung haben, egal wie verschmutzt das Wasser auch sei.[1] Er hat es in gross angelegten Experimenten bewiesen:

- In Japan wurden bereits tote Binnenseen durch EM-Einsatz wiederbelebt
- Aus EM behandelten Abwässern und Kläranlagen fliesst sauberes, lebendiges Wasser bis ins Meer und saniert ganze Küstenregionen.

Die Reinigung von stark belasteten Gewässern setzt bei EM-Behandlung in den warmen Ländern sofort ein. In unseren Klimazonen wirkt sie vor allem in den warmen Sommermonaten, wenn auch alles andere Leben besonders aktiv ist.

Trübe Suppe, Algenbrei und fauliger Geruch sind in den Wasserbiotopen unserer Gärten allzu häufig anzutreffen. Mit «EM» können wir diesem Problemkreis biologisch zu Leibe rücken.

Das Wasserbiotop im Garten

Eine Rezeptur für klares Wasser in einem künstlich angelegten Nassbiotop gibt es nicht, denn jedes Biotop entwickelt sein ganz eigenes Leben, je nach umgebenden Bedingungen. Deshalb greift manchmal eine generelle Behandlung mit EM sofort, ein anderes Mal erst nach Monaten, so wie Menschen auch individuell verschieden auf ein Medikament reagieren können.

Wasser in Not

Das grösste Problem ist der Algenbewuchs. Das zeigt sich am deutlichsten in stickstoffreichen Wasser- und Feuchtbiotopen. Schwebealgen trüben das Wasser. Fadenalgen fangen in den ersten warmen Sonnentagen des Frühlings an zu wachsen und bedecken schnell die ganze Wasseroberfläche. Sie mit dem Kescher oder dem Rechen abzufischen, ist sicher eine gute erste Handlung, doch schon am

1 Higa 1994, S. 153

nächsten Tag schwimmen neue grüne Polster auf dem Teich herum, die Übung muss wiederholt werden. Dieses Problem ist zum Dauerthema geworden, und so kümmert sich ein wachsender Markt unter dem Begriff «Teichpflege» um die Klärung der trüben Gewässer mit chemischen und biologischen Präparaten bis hin zu aufwendigen physikalischen Anlagen (Filter). Ursachen für Probleme mit dem Wasser sind

- Dachwasser, einfliessendes Oberflächenwasser und Herbstlaub aus der Umgebung. Sie reichern den Teich mit Stickstoff und Phosphaten an
- zunehmende Veralgung. Der pH-Wert steigt dadurch in den alkalischen Bereich auf Werte über 8 an.
- Anlagen mit flachem Wasserstand in voller Sonne. Sie erwärmen sich zu schnell. Warmes Wasser aber ist sauerstoffarm. Die vielfältigen Wasserkleinlebewesen leiden unter Atemnot. Die wuchernden Algen verbrauchen den restlichen Sauerstoff
- Faulschlämme (Sedimente), aus denen sich übel riechender Schwefelwasserstoff und giftiges Ammonium bildet.

Schliesslich «kippt» das Wasser. Das bedeutet den Tod für alles Leben darin. Die abgestorbenen Algen liefern im erneuten Umwesungsprozess wieder reichlichen Dung, und der Kreislauf beginnt von vorn.

Ein Nassbiotop ist schnell angelegt, doch das ökologische Gleichgewicht stellt sich nur langsam, wenn überhaupt, ein. Dazu gehört

- ein pH-Wert zwischen 5,5 und 7,5
- keine Salzbelastungen aus Regenwasser und Umgebung (Phosphate, Stickstoffverbindungen, Chlor, Eisen und Schwefel)
- ein ausreichender Sauerstoff
- genügende Wassertiefe (mind. 1,5 m). Bei geringerem Wasserstand hilft die Wasserumwälzung, Sauerstoff ins Wasser einzuschleusen
- eine ausgewogene Bepflanzung (1/5 Bewuchs auf 4/5 Wasserfläche)
- keinen vollsonnigen Standort wählen oder für eine zeitweilige Beschattung sorgen, damit sich das Wasser nicht zu schnell erwärmt (Schattenwurf z.B. von Sträuchern, Bäumen, Schilf).

Idealer Zeitpunkt für EM-Einsatz: Wenn sich erste Algenschleier am Teichgrund und an den Steinen bilden. Schwimmende Algenplacken auf der Oberfläche so weit wie möglich vor EM-Behandlung abfischen.

Anwendungs-Hinweise

Abkürzungen für EM-Grundmengen. Sie gelten immer, **wenn nichts anderes vermerkt ist.** Sie sind auf der hinteren Buchumschlagsklappe aufgeführt.

Vorbereitung zur Sanierung mit EM

Schlammige Fäulnis durch organisches Material wie Blätter, Algen, Fischexkremente u.a. wird von den Effektiven Mikroorganismen reduziert, das Wasser erhält seine lebendige Qualität zurück, der pH-Wert wandert in den neutralen Bereich von 7. Das ökologische Gleichgewicht kann sich wieder einstellen, wenn verschiedene Beihilfen wie in einem Puzzle zusammengefügt werden.

Zuerst Algen abfischen.

Algen vor Behandlung abfischen: Die Algenfladen enthalten wertvolle Nährstoffe und dienen als Mulch auf den Beeten oder reichern den EM-Kompost mit nährender Substanz an, denn sie liefern bestes organisches Material für den Gartenboden.

pH-Wert an mehreren Stellen des Biotops messen. Das Lackmuspapier zeigt mit 8,5 alkalisches Milieu an. Der pH-Wert sollte im schwach sauren bis neutralen Bereich zwischen 5,5 und 7,5 liegen.

pH-Wert senken: Die Effektiven Mikroorganismen sind im leicht sauren bis neutralen Milieu besonders aktiv. Bei Werten über 7 kann ein Jutesack mit reinem, ungedüngtem Torf in das Wasser eingelegt werden. Die in diesem Substrat enthaltene Huminsäure mindert den pH-Wert. Lackmuspapier oder ein Wassertest-Set gibt uns über den Säuregrad bzw. den Wasserzustand Auskunft.

Ankerplätze für die Effektiven Mikroorganismen vorbereiten: In grösseren Anlagen (mehr als 5 Kubikmeter Wasser) Gesteine mit grosser, poröser Oberfläche mehrere Stunden in EM oder EMa einlegen und dann auf den Teichgrund absenken. Es eignen sich z.B.

- Ziegelhohlblocksteine
- in Körbe oder Leinensäckchen gefülltes Zeolith
- Blähton oder Lavagranulat
- Naturschwämme, zur Beschwerung an einen Stein gebunden
- in kleinen Gewässern (1 bis 3 Kubikmeter) 50 EM-Keramikpipes pro Kubikmeter, in ein Netzgewebe eingebunden oder auf eine Schnur aufgefädelt, an Stellen ausregeln, wo das Wasser darüber rinnt resp. bewegt wird.

Die Schnur am Ufer mit Steinen verankern. So können die Pipes jederzeit neu platziert _werden.

Ankerplätze für Mikroorganismen: EM Keramikpipes im Netz oder zur Kette aufgefädelt im Wasser verteilen. Die Schnur am Ufer unter Steinen verstecken.

Sanierungsrezepturen

Es muss ausprobiert werden, welches Rezept am besten taugt, um das zu sanierende Wasser wieder ins biologische Gleichgewicht zu führen. Es ist auch möglich, mehrere Massnahmen miteinander zu kombinieren, je nach dem, wie stark das Wasser verschmutzt und/oder veralgt ist.

Die Wirkung der EM-Keramik setzt nach 2–5 Stunden ein. Bei Wasser mit ständigem Durchfluss (Einspeisung aus natürlichen Quellen) muss die Menge der Keramik um das 1,5- bis 2-fache erhöht werden.

EM-Keramikformen fürs Wasser: Ausser den praktischen kleinen EM-Keramikpipes wurden verschiedene andere Formen entwickelt. Sie werden da eingesetzt, wo EM-Keramikpulver stört oder sich die kleinen Pipes in grösseren Wassermengen «verlieren» würden. Die Wirkung der EM-Keramik setzt nach 2 bis 5 Stunden ein. Bei Wasser mit ständigem Durchfluss (Einspeisung aus natürlichen Quellen) muss die Menge der Keramik um das 1,5- bis 2-fache erhöht werden.

- **Keramikringe:** Der kleine ist für Getränke oder Kochwasser bis 50 l. Der grosse reicht für 200 l bis 500 l (z. B. für die Badewanne)
- **Geriffelte grosse Pipes:** im 2er-Set: Ein Pipe pro 200 l Wasser
- **EM-Kin Keramikstäbe** bis 10 m^3 Wasser. Beim Zulauf oder auf der Südseite eines Wasserreservoirs einhängen. Bei grösseren Teichen pro Himmelsrichtung einen Stab einbringen.

EM+U über die Wasseroberfläche verstäuben (bei kleinen Biotopen): Der graue, auf der Wasseroberfläche schwimmende EM+U-Belag sinkt langsam auf den Grund, geht mit den bereits angesiedelten Mikroben aus der Sanierungsvorbereitung in Resonanz und verstärkt deren Wirkung. Faulschlamm wird abgebaut.

EM-Dango: Die EM-Bällchen sind eine Erfindung der Sekei Kyusei-Farm in Saraburi (Thailand). Sie senken den pH-Wert, zerfallen im Wasser und sind willkommene Ankerplätze für Effektive Mikroorganismen. Anfangs können die Algen im Wuchs noch rasanter zulegen. Dieses «Aufblühen» beruhigt sich aber wieder. Bald danach stellt sich klares Wasser ein.

Rezepte für Dangos

1. Für kleine Wasserflächen pro Kubikmeter Wasser:

250 g Urgesteinsmehl
50 g EM- Keramikpulver

→ mit EM verkneten, kleine Bällchen formen

Ein bis zwei Wochen an der Luft trocknen, im Biotop verteilen, davon den grösseren Anteil in den Flachwasserzonen auslegen.

2. Für grössere Wasserflächen pro 5 Kubikmeter Wasser:

1 l Getreidekleie
1 l Getreidespreu
1 l Sand
1 l Sägemehl
500 ml EM+U

→ mit EM verkneten und zu Tennisball grossen Kugeln formen

Ein bis zwei Wochen an der Luft trocknen. Dann über das Wasser verteilen, in den Flachwasserzonen des Biotopes etwas mehr als in seiner tieferen Mitte.

Tipp: Diese Rezeptur ist ein Beispiel. Es funktioniert aber statt mit Sägemehl auch mit anderen nährstoffarmen Zuschlägen wie Lehm aus totem Boden oder aus tieferen Bodenschichten.

Wasserspiel und Bachlauf

Der Traum eines Gartenbesitzers ist das lebendige, sprudelnde Wasser oder ein Bach, der sich plätschernd und murmelnd durch das Gelände schlängelt.

Das Wasserspiel oder der Bach mit geschlossenem Wasserkreislauf: Meistens fehlt eine Einspeisung natürlichen Ursprungs und das Wasserspiel muss mit Leitungswasser über eine Umwälzpumpe betrieben werden. Durch die ständige Verwirbelung kommt genug Sauerstoff ins Wasser, sodass sich weniger Algen bilden und sie nicht unbedingt zum Problem werden. Der Pumpenschacht oder das kleine Sammelbecken kann mit EM- Keramik bestückt und mit EML oder einem EM-Produkt für Gewässer (mit erhöhtem Photosyntheseanteil) angereichert werden. Geeignet sind

- ein 2er Set der geriffelten EM-Keramikpipes (Durchmesser 35 mm) pro 200 l Wasser, oder
- 1 grosser EM-Keramikring pro 200–500 Liter, oder
- 1 EM-Kin Gewässerstab pro 10 m^3

Die EM-Keramikteile in das untere Drittel des Wasservorrates (Schacht oder Sammelbecken) mit einer Schnur einhängen.

Für einen Wasserlauf mit natürlichem Zu- und Ablauf die Aufwandmenge pro l oder m^3 um das 1,5- bis 2-fache erhöhen.

Der Wasserlauf mit natürlicher Einspeisung: Es ist schwierig, hier EM einzusetzen, weil das Wasser wieder abgeführt wird und die Effektiven Mikroorganismen mitnimmt. Aber es tut dem nachfolgenden Bach oder Fluss sehr gut. Legt man EM- Keramikpipes in Nischen oder hinter Steine, wo das Wasser weniger verwirbelt wird, hat man dennoch gute Wirkungsplätze für EM. Wenn man in den Einlaufschacht einen Beutel, eine grosse Kette oder ein kleines, selbst geknüpftes Netz aus EM-Keramikpipes einhängt, nimmt das durchlaufende Wasser in jedem Fall die EM-Informationen mit. Praktisch sind hier die EM-Kin-Keramikstäbe. Die Mengenangaben pro 1 l oder 1 m^3 um das 1,5- bis 2-fache erhöhen.

Brunnentröge: EM-Keramikpipes – im Netz oder auf eine Schnur aufgezogen – verhindern Algenbewuchs. Bei sonnigem Standort muss der Trog seltener geputzt werden, am schattigen Platz bildet sich der grüne Belag ganz zurück.

Erste Reaktion auf EM: Algen bilden Blasen, klumpen verbräunt zusammen, sinken als «Pappe» auf den Grund, wenn sie nicht abgefischt werden. Das Wasser wird für ein paar Tage trüb, manchmal sogar schokoladenbraun, dann wieder klar.

EM-Einsatz sorgt für «klare Verhältnisse»: Das flache Biotop in voller Sonne erwärmt sich rasch und «kippte» vor EM-Impfung jeden Sommer um. Die EM-Behandlung muss bei solch extremen Bedingungen öfter wiederholt werden.

EM-Naturwasserfilter: Ein Filter aus Naturmaterialien kann die Effektiven Mikroben festhalten. Er leistet gute Dienste, wenn er dort eingebaut wird, wo sich das Wasser auf seinem Weg kurzzeitig anstaut. Das sind die Regionen vor Wasserschwellen. Geschickt platziert, fällt er durch das Naturmaterial überhaupt nicht auf und wird zum Gestaltungselement.

Brunnen, wie sie auf vielen Höfen vor dem Haus anzutreffen sind, «vermoosen» gern. Eine Einlage mit EM-Keramikpipes oder ein kleiner EM Keramikring verhindern den Bewuchs. Der Brunnen muss viel seltener ausgeputzt werden.

Sichtbare Reaktionen

Die Mikroben – im Wasser gelandet – beginnen sofort «im Topf zu rühren». Sie stürzen sich auf organische Substanzen, die sich ihnen mit Algen und Faulschlamm bieten, und trüben zunächst das Wasser. Es kann sich sogar zu schokoladenbrauner Suppe verfärben. Algen können sich bei Verwendung von EMa nochmals stark vermehren, denn sie finden in der Zuckerrohrmelasse vorerst eine willkommene Stickstoffgabe. Besser wäre es, bei kleinen Biotopen EM oder eines der käuflichen EM-Produkte (mit erhöhtem Photosyntheseanteil) zu verwenden. Werden die Mikroben aktiv und verbrauchen den Nährstoff für den eigenen Bedarf, klumpen die Algenfladen zusammen und sinken auf den Grund. Deshalb abfischen, bevor sie absinken, damit dem Wasser nicht erneut Stickstoff zugeführt wird. Nach drei Wochen sollte der ganze Spuk vorbei und das Wasser wieder geklärt und angenehm im Geruch sein. Bei sehr starker Veralgung muss die Behandlung wiederholt werden, bis sich das Ökosystem eingependelt hat und das Wasser klar bleibt.

Erhaltungspflege mit EM

Das Ökosystem Wasser reagiert sehr empfindlich auf Einflüsse von aussen. Nach reichlichen Regengüssen können sich erneut Algen bilden, weil in vielen kleinen Rinnsalen Nährstoffe aus der erdigen Umgebung eingeschwemmt werden. Bei ersten Anzeichen

- die Wasserfläche mit 10 l EML pro 1 m^3 Wasser überbrausen
- die flachen Uferzonen besonders sorgfältig ausgiessen

Verdunstetes Wasser möglichst mit Regenwasser ergänzen. EM mit mindestens ⅔ Wasser verdünnt ins Teichwasser giessen, nie pur, denn das wäre für viele Kleinlebewesen und Fische eine zu starke und unverdauliche Konzentration.

Öffentliche Schwimmteichanlage mit Pflanzenklärung, mit EM-Technologie sauber gehalten. Im Wassereinlauf (unteres Bild) wurden die grossen, geriffelten EM-Keramikpipes eingehängt.

Schwimmbad-Hygiene mit EM

Es gibt inzwischen öffentliche Schwimmbäder, die mit EM und nur einem Teil der gesetzlich angeordneten Chlorzugaben gut funktionieren. Das tut den Badenden mit Hautproblemen gut. Auf zusätzliche Chlorbleichlauge wird verzichtet. Gute Erfahrungen wurden mit EM-Keramikpipes gemacht. Zum Netz verknüpft und in die Schwemm-

Anlage mit natürlichem, aber bealstetem Zulauf: Das Falllaub der nahen Bäume wird von den Effektiven Mikroben verstoffwechselt, es bildet sich nur wenig Sediment.

kammer eingehängt, filtern sie das Wasser auf energetischer Basis. Durch die Kraft der magnetischen Resonanzschwingung werden die belasteten Wassermolekülcluster* wieder in feinere Strukturen zergliedert und dadurch fähig, erneute Belastungen und Verunreinigungen aufzunehmen. Es erstaunt, dass sich in den Flutern der Umwälzanlagen kaum noch Schmutzsedimente oder Fettfilme von Sonnen- und Körpercremes absetzen. Sie werden von den Mikroorganismen einfach weg gefressen. Die Keimzahlen liegen bei EM-Behandlungen unter den Grenzwerten.

Schwimmteiche mit Pflanzenklärung vermitteln das Gefühl, in einem Naturteich zu schwimmen und sind sehr beliebt. Die Fläche der Pflanzenklärung kann bei Einsatz von EM etwas kleiner gehalten werden.

Rezeptur für kleinere, private Schwimmteiche

Die Mengenangaben können aus den eigenen Erfahrungen und je nach Wasserqualität variiert werden: Die Anzahl EM-Keramikeinlagen und -formen richtet sich nach der Gesamtgrösse der Anlage (Seite 268).

EM-Keramik platzieren (Mengenangaben pro m^3 Wasser auf Seite 268):

- Einen Teil in den Zulauf hängen
- Einen Teil vor der Umwälzpumpe einfügen
- EM-Kin-Keramikstäbe im unteren Drittel der Wassertiefe in jede Ecke des Schwimmbereiches einlegen oder hängen.

Zusätzlich jeden Monat und nach starken Regenfällen den Pflanzenbereich mit EML giessen.

Swimmingpools, die mit Fliesen ausgelegt sind, haben oft einen schlüpfrigen Film auf Boden und Wänden des Beckens, wenn zur Reinhaltung des Wassers EM eingesetzt wird. Schuld sind die Mikroorganismen, die sich einen gallertartigen Schutzmantel um sich herum bilden. Die Fliesen werden schlüpfrig und man muss sehr aufpassen, um nicht auszurutschen.

Diese glibbrige EM-Schutzschicht wegzuputzen hiesse aber, die Mikroorganismen zu eliminieren. Deshalb sollte man diesen Überzug tolerieren und achtsam ins kühlende Nass einsteigen.

Mitten im Winter an der frischen Luft ein Bad zu geniessen, ist Luxus pur. Mit EM-Zusatz wird dieser Pool rege benützt, denn es stechen keine Chlorgase mehr in die Nase, man fühlt sich in seiner Haut wohl.

Im privaten Hallenbad wird der pH-Wert des Wassers mit Zitronensäure gesenkt, das Wasser im Einlauf über EM-Keramikpipes geflutet und das Becken mit EM-Kin Keramikstäben bestückt.
Im öffentlichen Bad: Die Anwendung mit EM-Technologie ist schon an verschiedenen Orten Realität geworden (Kapitel Gewerbe Seite 271).

Whirlpool mit FGF: Dieser Badespass stellt besondere Ansprüche an die Wasserqualität, weil er mit seiner konstant gehaltenen Wärme von 38 °C ein besonders günstiges Milieu für pathogene Keime ist. Die gesetzliche Verordnung schreibt Entkeimungsmittel wie Chlor vor. Mit dem Zusatz FGF (Seite 196) wurden gute Erfahrungen gemacht:

- 250 ml FGF pro m^3 ins Wasser geben.

Mit Leitungs- und Regenwasser (50:50) blieb die Wasserqualität bisher (mehr als 3 Monate) laut Teststreifen einwandfrei. Das Wasser ist sehr angenehm. Es liegen z. Z. noch keine Langzeiterfahrungen vor.

Die Wasserkontrolle nach mehr als 3 Monaten: Der Teststreifen zeigt optimale Werte im pH-Bereich, keine CHL-Chlorine, Alkalität im unteren Bereich und eine ausgezeichnete Stabilität.

Kleinkläranlagen

In abgelegenen Gehöften oder Ferienhäusern gibt es noch die Klärgrube. Werden diese Gruben mit EM behandelt, setzen sich viel weniger Sedimente ab. Der chemische Sauerstoffbedarf (CSB) sinkt und die giftige, Sauerstoff zehrende Ammonium-Stickstoffverbindung (NH4/N) wird bis zu 90 Prozent umgewandelt.
Gefüllte Gruben mit EM behandeln: Die erste EM-Zugabe in doppelter Menge, d.h. 2 l EM oder EMa pro m^3 gut einrühren. Für folgende EM-Gaben reicht 1 l pro m^3, der über die Toilette eingespült wird. So unterbinden die Effektiven Mikroorganismen Gerüche und reinigen gleichzeitig die Abwasserleitungen. Verkrustete Ablagerungen lösen sich mit der Zeit.
Entleerte Kleinklärgruben bei erster Anwendung allseits mit EM-Lösung (1 l auf 10 l Wasser) ausspritzen. Dann mindestens 3 l EM

EM-Kin Wassertransformer: Mit jedem Leitungswasserstrahl eine gute Wasserqualität zu empfangen, ist Wohltat für den ganzen Organismus.

oder EMa – mit 20 l Wasser vermischt – in die erste Kammer einleiten. Bei folgenden EM-Zugaben reicht 1 l pro m³. Die Lösung wird immer über Zuleitungen (z.B. Toilette) – im Verhältnis 1 l EM zu 3 l Wasser verdünnt – eingeleitet.

EM bindet Gerüche in Abflüssen: Manchmal treten üble Gerüche aus Kanaldeckeln oder aus den Abläufen von Wasserbecken oder Badewannen aus. Ein Guss mit EM oder EMa bindet den Geruch und verhindert Verstopfungen.

Wird für den Garten EM-behandeltes Regenwasser verwendet, braucht dem Giesswasser keine Extra-Portion EML zugegeben werden.

Regenwasser

Als Brauchwasser im Garten und Haushalt eingesetzt, wird Regenwasser durch EM-Keramikpipes und EM-Zusatz noch verbessert. So modert es nicht, wenn es längere Zeit im Tank verbleibt. EM reduziert die Schmutzpartikel, die vom Dach ins Regenwasserreservoir gelangen, um 90 Prozent. Die Tanks müssen statt alle 6 Monate nur noch alle paar Jahre gereinigt werden. Das Wasser hat eine feine Struktur, die den Pflanzen im Garten gut tut. Im Haushalt – z.B. in der Waschmaschine oder beim Putzen – lässt sich mit diesem Wasser alles leichter reinigen. Man rechnet mit

- 500 Gramm EM-Keramikpipes oder einem grossen EM-Keramikring pro m³ Wasser.
- 1 l EM pro m³ Wasser im Sommerhalbjahr.

Dieser kleine Bergsee veralgte jedes Jahr mehr. Alle Fische wanderten ab. Bereits nach einer Behandlung mit 1500 l EMa kehrten 5 verschiedene Fischarten und sogar die sehr sensiblen Kebse wieder zurück.

Fisch- und Krebszuchtbecken mit EM-Behandlung haben kaum noch Krankheitsprobleme. Die ständige Zuführung von Medikamenten fällt nach und nach weg. Das Wasser muss viel weniger oft ausgetauscht werden.

Trinkwasseraufbereitung

Die antioxidativ wirkenden Resonanzschwingungen der EM-Keramikpipes verbessern die Qualität von Flüssigkeiten enorm. Die EM-Keramikinformation ist mit einem EM-Kin Wassertransformer für die Zuleitung des gesamten Hauswassers möglich. Zur Montage werden die 2 Hälften der Manschette mit Kabelbindern am Rohr befestigt.

Sanierung grosser Gewässer

Bei der Sanierung «gekippter» Gewässer kann die EM-Technologie wunderbare Erfolge verzeichnen. Viele wurden aus der lähmenden Eutrophierung wieder in ein reich belebtes Biotop zurückgeführt. Kostspielige Verwirbelungsgeräte sind in den meisten Fällen gar nicht mehr nötig. Doch sollte bei grösseren Projekten ein Behandlungsplan anhand von Wasserproben vor Ort erstellt werden.

- Pro 100 m² Wasserfläche hat man mit der Zugabe von durchschnittlich 4 l EMa in 10 Gaben pro Sommersaison sehr gute Erfolge erzielt.
- Dangos können in Umwelt-Aktionen mit Schülern oder mit Mitgliedern von Vereinen als Gemeinschaftserlebnis hergestellt werden. Es macht viel Spass, per Weitwurf um die Wette oder von einem Boot aus die Bällchen im See zu verteilen.

Ob schon eine Aktion reicht, oder alles über 2 bis 3 Jahre wiederholt werden muss, ist eine Frage des Verschmutzungsgrades. Wieviel an Phosphaten, Nitraten u.a. fortwährend eingetragen werden, hängt von der Belastung des Zuflusses oder der Umgebung ab.

Mehrere Meter eiserner Kandeln (querliegende Strassenabflussrinnen) wurden mit kurzen Baustahlabschnitten als «Rechen» zusammen geschweisst. Er wird per Seilwinde über den Seeboden gezogen. Dabei wickeln sich der Teichbodenbewuchs und die Algen auf.

Beispiel einer Sanierung mit EM in einem Badesee

Der Laaxer See in Flims-Laax (CH) verkam zur Algensuppe, keiner wollte mehr darin baden. Durch den Stickstoff-Eintrag aus den angrenzenden, landwirtschaftlich genutzten Wiesen drohte der See durch den überbordenden Aufwuchs von Seegras zu verlanden. Es haben sich dadurch dicke, faulige Sedimentschichten aufgebaut. Diese stinkigen Ablagerungen gingen auffällig zurück, der kiesige Boden ist wieder zu sehen. Im 2. Jahr der EM- Behandlung tummelten sich die Badegäste wieder im klaren Gewässer.

Laaxer See: In einer «Aktion für den See» wurden viele Dangos ins Wasser geworfen. Alle 2 Wochen kommen 1000 l EMa pro Behandlung ins Wasser, per Tretboot verteilt.

«Reiche Ernte»: Der Schlepprechen ist mit aufgewickeltem Seegras-Algenmix gelandet.

Fünf Lebensweisheiten von Landwirt und Umweltaktivist Urs Hans (CH):

- Je natürlicher die Landwirte anbauen, desto weniger Giftküchen braucht es
- Je natürlicher sich die Menschen ernähren, desto weniger Ärzte braucht es.
- Je natürlicher die Tiere gehalten sind, desto weniger Tierärzte braucht es.
- Je mehr Menschen über die Vorgänge in der Natur Bescheid wissen, desto umsichtiger gehen sie mit der Schöpfung um.
- Je mehr die Menschen Verantwortung für die Schöpfung übernehmen, desto friedlicher wird der Umgang mit ihr und unter ihnen selbst[1].

Die Landwirtschaft ist das wichtigste Fundament, auf dem die Entwicklung eines Volkes aufbaut.

Landwirtschaft mit EM

Für den Landwirt ist der Boden echtes Kapital, ist sozusagen sein Geld auf der Bank. Und mit biologischer Behandlung wird er immer mehr an Qualität und Wert gewinnen. *B. Ahearn*

Auch wenn es auf den ersten Blick gar nicht so aussieht und nicht sehr populär ist: Die Landwirtschaft ist das wichtigste Fundament, auf dem die Entwicklung eines Volkes aufbaut. Das galt für frühe Kulturvölker und ist bis heute so geblieben. Allerdings wurde die Landwirtschaft in den letzten Jahrzehnten in einigen Teilen der Welt so industrialisiert, dass man vor lauter Technik und Maschinerie gar nicht mehr an die Ackerscholle denkt, die uns alles an Lebensmitteln hergibt oder der wir alles für unseren gedeckten Tisch abverlangen. Und doch gibt es immer noch Menschen, die ihre Arbeitskraft und ihr Wissen der Mutter Erde widmen. Zwar folgt die biologisch ausgerichtete Landwirtschaft verschiedenen Richtungen und Vorgehensweisen, doch haben alle ein gemeinsames Ziel: den Organismus Boden und seine biologische Kraft zu erhalten. Nun rückt mit den Effektiven Mikroorganismen eine weitere Methode ins Blickfeld, die das Bodenleben pflegt und ohne Einschränkungen zu allen biologischen Anbauweisen passt.

Das ist doch erstaunlich: Ein Hektar gesunder, fruchtbarer Boden enthält etwa 10 000 Kilogramm Mikroben. Von diesem Boden können sich in etwa 4 bis 6 Rinder oder 8 bis 15 Schafe oder 500–700 Hühner ernähren.

EM im Nahrungskreislauf

Die Anwendungen von EM fordern ein ganzheitliches Denken. Es geht nicht mehr um Einzelfakten, sondern um das Bewusstsein, dass sich ein EM-Einsatz von der Stallpflege über die Tierfutterzugabe und die Tierverdauung bis in den Hofdung und von dort als Nährstoff bis in den Boden fortsetzt. Die daraus gewachsene pflanzliche Kost oder das Fleisch dieser EM-gepflegten Tiere beeinflussen auch unsere Grundgesundheit auf geniale Weise positiv. Reich an Vitaminen, sekundären Pflanzenstoffen und Spurenelementen, sorgt sie für unsere Gesundheit auf allen Ebenen.

Mit der EM-Technologie ist uns ein Handwerkszeug gegeben, das sich in alle Anschauungen über den «richtigen Weg» der Bearbeitung des Bodens einfügt. Gestaltet sich eine konventionelle Bewirtschaftung zunehmend komplizierter, wird sie durch die EM-Anwendungen einfacher. Die verschiedenen Mikrobenstämme dieser probiotischen* «Mischkultur» ergänzen sich in ihren Anforderungen und Lebensaufgaben im Mit- und Nebeneinander und dienen unserer Umwelt, dem Boden, im Wasser, den Pflanzen, Tieren und Menschen auf nützliche Weise.

1 Grössler, 2005, S. 100

Der Anbau mit EM reduziert die Betriebsmittelkosten

Ja, natürlich kostet EM auch Geld. Mit der eigenen EMa-Herstellung allerdings verringert sich der Anwenderpreis um etwa 60%. Das ist nicht der einzige Vorteil, der finanziell zu Buche schlägt:

- teure Mineraldünger und andere synthetische Zusatzstoffe können stark reduziert werden
- der Ertrag im Ackerbau nimmt nach der Umstellung auf EM zu, ebenso die Qualität
- das Futter enthält mehr Eiweiss und insgesamt mehr Nährwerte in der Trockenmasse
- EM-Silagen gären nicht mehr so leicht nach und werden von den Tieren bevorzugt
- der Tierarzt muss seltener in Anspruch genommen werden, weil das Vieh sehr gesund und vital ist; auch die Kosten für teure Medizin reduzieren sich massiv
- Samen von Zuchtbullen und Ebern bleiben aufgrund der Tiergesundheit länger fruchtbar
- Lebensdauer und Legeperioden von Hühnern verlängern sich
- die Sterblichkeitsrate von Jungvieh verringert sich enorm.

Das sind nur einige der auffallenden «Merkwürdigkeiten», die die Effektiven Mikroorganismen verursachen.

Aufbauende Dominanz: Nur mit ausreichend hohen EM-Mengen kann der Boden aus dem vorherrschenden Abbau in die Dominanz des Aufbaus geführt werden, und wenn ausserdem gleichzeitig genügend organisches Material wie Gründüngung, Mistbokashi oder mit EMa vorbehandelte organische Dünger in die obere Bodenkrume eingearbeitet wird.

Genaue EM-Rezepturen gibt es nicht

Erinnern Sie sich an das Dominanzprinzip? (Seiten 132 und 151)

Die aufgeführten Mengenangaben sind nicht in allen Fällen verbindlich. Zu unterschiedlich sind die Voraussetzungen der einzelnen Betriebsbewirtschaftungen. Aber die Angaben sind eine Richtschnur, an die sich jeder Anwender halten kann und die er für seine Bedürfnisse variieren soll und unter Umständen auch muss.

Ein Landwirt, der noch das Gespür für Lebendigkeit und ihre Zusammenhänge hat, sollte deshalb keine grosse Mühe im Umgang mit den Effektiven Mikroorganismen haben und sich im Wald der Rezepturen schnell zurechtfinden, denn eine Bewirtschaftung mit EM ist im Grunde genommen eine grosse Arbeitserleichterung.

Zwei Merksätze, um unsere Sinne zu schulen:
1. EM-Technologie mit Phantasie und Kreativität einsetzen: Wir sind gefordert, uns mit eigenen Überlegungen und dem vertieften Wissen übers Bodenleben und das Mikrobenverhalten von bisher gewohnten, festgelegten Anleitungen zu lösen.
2. Effektive Mikroorganismen sind Lebewesen und keine synthetische Materie, die man ins Regal stellt und bei Bedarf wieder herausholt. Weil mit EM so vieles möglich ist, müssen gewisse Grundsätze berücksichtigt werden.

Karotten aus EM-Anbau sind äusserlich so vollkommen wie aus konventioneller Produktion. Ihre inneren Werte allerdings fallen um einiges besser aus.

Umstellung vom konventionellen oder IP-Anbau auf EM

Üblich ist, dass die Umstellung vom konventionellen oder IP-Anbau auf eine biologisch ausgerichtete Betriebsführung mehrere Vegetationsperioden dauert und mehr Arbeitseinsatz sowie Ertragseinbussen mit sich bringen. Hier erleichtert der konsequente Einsatz von Effektiven Mikroorganismen in erhöhten Mengen die Umstellung. Ertragseinbussen müssen sich nicht zwangsläufig einstellen, auch nicht nach zwei bis drei Jahren, wenn der Anbau mit EM-Technologie von Anfang an mit genügend organischer Masse versorgt wird.

In einem konventionell geführten Betrieb zeigen sich EM-Wirkungen am auffälligsten, während der Leiter eines Biobetriebes anfangs kaum Unterschiede erkennt, denn seine Böden sind schon recht lebendig. Aber er beobachtet, dass die Fäulnis im Boden und der Befallsdruck von Schad-Erregern nachlassen, dass die Produkte noch schmackhafter sind und der Ertrag noch eine Steigerung erfährt. Im IP-Betrieb werden das gesunde Wachstum und der gute Ertrag staunend wahrgenommen, obwohl keine grossen Kunstdüngergaben und kaum noch Pflanzenschutzmassnahmen nötig sind.

Karotten im Vergleich: Links eine Karotte aus konventionellem Anbau mit schwammiger Struktur. und fadem Geschmack. Rechts eine Karotte aus EM-Anbau mit klar gezeichneter Struktur. Das Gewebe bleibt auch nach langer Lagerung fest und verliert nichts von seinem ausgeprägt aromatischen Geschmack.

Bis der Boden aus dem oxidativen Milieu in den antioxidativen Zustand gelangt, sind konsequent durchgeführte Anwendungen mit erhöhten EM-Gaben und -Mengen nötig. Hat sich ein stabiles Fliessgleichgewicht* eingestellt, reichen sporadische Anwendungen, um das Bodenleben in Gang zu halten. Das gilt für den Ackerbau wie für das Grünland und für den Obst- und Weinanbau, denn die Effektiven Mikroorganismen wirken über den Boden am stärksten. In Viehzuchtbetrieben bringt eine kontinuierliche EM-Pflege – ohne Unterbrüche – die besten Ergebnisse.

Voraussetzung für eine erfolgreiche Kulturführung mit EM ist ein Boden, der noch über mindestens 1,5 Prozent Humusanteil verfügt, oder dass das Land vorgängig mit einer Zwischenfrucht bewirtschaftet wurde und diese, oberflächlich eingearbeitet, dem Boden und somit den Effektiven Mikroorganismen genügend organische Substanz liefert.

Links: Nein, das ist keine Idylle aus dem vorigen Jahrhundert. Dieser Landwirt striegelt seine EM-Kartoffeln mit dem Boden schonenden Pferdegespann. Seine Ernte ist von Konsumenten sehr begehrt, weil diese Kartoffeln einfach wunderbar schmecken.

Mitte: Das Brot aus EM-Korn enthält einen hohen Anteil an sekundären Pflanzenstoffen und gesunden Substanzen, wie andere Agrarprodukte sie kaum noch aufweisen können.

Rechts: Gemüseanbau mit EM-Technologie braucht keine Biozide* mehr. Die Lücken in den vorderen Reihen haben ein paar Krähen verursacht.

ACKERBAU

Der Begriff «biologisch» kann sinngemäss mit «lebensfolgerichtig»[2] übersetzt werden, und wer mit Effektiven Mikroorganismen arbeiten will, setzt sich folglich für den biologischen Anbau ein, auch wenn vorerst mit konventionellen Anbaumethoden weitergefahren wird. Früher oder später schwenkt jeder EM-Anwender auf den naturgemässen Anbau ein, weil dieser in Zukunft der einzige Weg sein wird, uns gesund zu erhalten.

Der Boden, «unsere Lebensgrundlage», kann auf mehrere Arten mit den Effektiven Mikroorganismen belebt werden:

- mit EMa oder mit EMa-Gülle
- mit Bokashi-Arten wie EM-Mistbokashi oder EM-Kompostbokashi

2 Voitl/Guggenberger/Willi 1980, S. 10
3 Daenecke 2004, www.emater.de

Mit Gründüngung mulchen oder den Boden mit Stickstoff sammelnder Zwischenfrucht bebauen, ist die beste Art, die Krümelstruktur zu verbessern, einen lockeren Boden mit hohem Porenvolumen zu erzielen, das Bodenleben zu fördern und die Kulturen mit einer ausreichenden organischen Substanz zu versorgen.

Ein ungeschützter Boden, das heisst, ein Boden ohne Schutzhülle gegen Sonnenbrand ist bald ein toter Boden.[3]

Anwendungs-Hinweis:
Abkürzungen für EM-Grundmengen: Sie gelten immer, **wenn nichts anderes vermerkt ist.** Sie sind auf der hinteren Buchumschlagsklappe aufgeführt. Für die Landwirtschaft gilt:

- **aus 1 Liter EM + 1 Liter ZRM werden durch die EMa Vermehrung 33 Liter.** Für 166 Liter EMa pro Hektar erfordert das nur 5 Liter EM und 5 Liter ZRM
- **eine EMa-Menge pro Hektar mit reichlich Wasser** verdünnen, im Minimum mit doppelter Wassermenge. Das ist ein Verhältnis von EMa zu Wasser von 1 zu 2. Der Grund: Die Mikroben müssen möglichst gleichmässig verteilt in den Boden eingeschwemmt oder oberflächlich eingearbeitet werden (max. 6 Zentimeter tief)
- **Bodenvorbereitung:** EMa erst beim 2. Bodenvorbereitungs-Arbeitsgang ausbringen, wenn der Boden eingeebnet ist
- **günstigster Zeitpunkt für EM-Einsatz:** Bei bedecktem Himmel, vor Regen oder morgens bei Tauniederschlag ausbringen, denn bei Sonnenschein sterben die Mikroben durch die UV-Strahlen des Sonnenlichtes, bevor sie in den Boden gelangen
- **Schutzkleidung** ist bei EMa-Einsatz nicht erforderlich
- **Pflanzenschutzspritze vor EM-Füllung** gründlich von Mittelrückständen reinigen, auch Filter und Düsen
- **der Druck darf nicht mehr als 3 Bar betragen,** denn Mikroorganismen sind Lebewesen und werden bei höherem Druck getötet, wenn sie durch Filter und Düsen gepresst werden.
- **Fungizid-Einsatz frühestens 3 Tage vor oder nach** einer EM-Behandlung.
- **keine Bodenherbizide mit der Aussaat zusammen** einarbeiten
- **Mondzyklus:** Arbeiten mit den Zeitangaben des Mondkalenders unterstützen die Wirksamkeit der Effektiven Mikroorganismen (Seite 182)
- **biologisches Saatgut verwenden,** weil es an organische Nahrung gewöhnt ist. Samen aus mineralgedüngtem Anbau sind «kunstdüngersüchtig» geworden und tun sich auf biologisch gepflegten Böden erst einmal schwer, bis sie in Gang kommen.

Aus salzigem Lehmboden ist mit EM und Gründüngung fruchtbarer Ackerboden geworden.

Organische Düngung

Der Ackerbau ohne Tierhaltung hat keinen Hofdünger. Hier muss mit Bokashi gearbeitet werden, um dem Boden genügend organische Masse zuzuführen. Effektive Mikroorganismen brauchen auch für den eigenen Stoffwechselbedarf organische Substanz, damit sie sich freudig vermehren können. Ihre Ausscheidungen und abgestorbenen Körper bilden aber eine beachtliche organische Masse, die in pflanzenverfügbarer Form wieder an die Wurzeln nachfolgender Pflanzen weitergegeben wird. Deshalb ist es so wichtig, dass dem Boden immer ausreichende Mengen organischer Materialien für seine Nährdecke zugeführt werden (Seite 43).

Eine aufbauende Dominanz wird erreicht, wenn bei Erstanwendung pro Hektar mindestens 166 l EMa mit reichlich Wasser in den Boden gebracht werden. Dabei ist es wichtig, dass gleichzeitig genügend organisches Material wie Gründüngung oder Mistbokashi in die obere Bodenkrume eingearbeitet wird.

Diese Mischung besteht aus Sonnenblumen, Alexandrinerklee, Ölrettich, Sommerwicken und Buchweizen.

Gründüngung ist ein wunderbarer Nährstofflieferant und deshalb ein wichtiger Bestandteil einer mit Bedacht gelenkten Landwirtschaft geworden. Welche Gründüngungseinsaat ausgewählt wird, hängt von der Jahreszeit und davon ab, was erreicht werden soll. In den Boden eingearbeitet, nährt die Grünmasse die Rotteschicht (Zellgare) und das Bodenleben darin (ab Seite 44). Es hat sich gezeigt, dass sich die Nährstoffausbeute dadurch enorm steigert, denn Stickstoff, Phosphor und Kalium werden durch die Effektiven Mikroorganismen besser aufgeschlossen und für Pflanzen sofort verfügbar. Nach dem Abschlegeln muss man den Gründünger übersprühen, bevor er oberflächlich mit der Scheibenegge oder der Spatenmaschine in den Boden eingearbeitet wird (maximal 6 Zentimeter tief): pro Hektar

- im Herbst 166 l EMa mit 500 l Wasser
- im Frühjahr / Sommer 66 l EMa mit 500 l Wasser

Die Rotte verläuft sehr schnell und macht den Wurzelraum frei für neue Aussaaten.

Zugekaufter organischer Dünger wie Hornspäne ist ein Langzeitdünger, weil er nur nach und nach vom Bodenleben aufgeschlossen wird. Das geht über den oxidativen Prozess, der Fäulnisbakterien fördert. Darum sollte ein Dünger wie Hornspäne vor der Verwendung erst mit anderen organischen Materialien bokashiert werden. So wird er auf eine Art «vorverdaut», und damit kommen die Pflanzenwurzeln rascher in den Genuss der Nährstoffe.

Zwischen jeder Kornreihe wächst ein Streifen Gründünger als schützende Bodendecke und Nährstofflieferant.

Hofdünger: Eine intensive Viehhaltung verursacht einerseits viel Gülle und Mist, andererseits steht zu wenig Land für eine vernünftige Ausbringung dieses Düngers zur Verfügung. Ein Zuviel auf Feldern und Grünflächen belastet das Grundwasser und vernichtet das elementar wichtige Bodenleben. «Aber wohin mit den Fäkalien?»[5] Hier setzen die Effektiven Mikroorganismen neue Massstäbe, denn durch den Fermentierungsprozess werden aus tierischen Fäkalien lebensfreundliche Pflanzennährstoffe. Die EM-beimpfte Gülle kann man in gleichen Konzentrationen und zu gleichen Zeiten wie gewohnt ausbringen.

Bokashi-Mistkompost oder Bokashi von der Erdmiete werden schnell und wohldosiert mit dem Zetter verteilt: 5 bis 20 kg pro 10 Quadratmeter, je nach Bedarf.

EMa und Mistkompost: Aus Kuh-, Schweine-, Geflügel-, Kleintier- oder Rossmist wird gehaltvoller Dünger, weil er durch die EM-Fermentierung keine Nährstoffverluste aufweist. Stammt der Mist aus Ställen, die mit EM behandelt wurden, muss er nicht noch extra mit EMa übersprüht werden. (Kapitel Bokashi Seite 225).

Saatgutvorbereitung mit EM

Karotten und Feldsalat haben lange Keimzeiten. Mit einer EM-Keramikbeize verkürzen sich die Zeiten bis zu 8 Tagen. In Versuchen wurde festgestellt, dass mit einer EM-Beize direkt vor Aussaat die kritische Keimungsphase besser überstanden wird, aber die Zeit bis zur Keimung wird nicht beeinflusst. Anders sieht es aus, wenn die Saat lange vorher mit EM-Keramikpulver durchmischt wird. Verschiedene Keimproben zeigten, dass mit EM-Keramikpulver gebeiztes Saatgut rascher und kräftiger heranwächst, wenn die Samen die aufbauenden Schwingungen von EM über längere Zeit aufnehmen können.

Vergleich von Weizen-Aussaat: Links: Saatgut wurde gleich nach der Ernte mit EM-Keramik vermischt; Rechts: Sämlinge des unbehandelten Korns.

Getreidesaat: Unmittelbar nach der Saatgetreideernte den Bedarf für die nächste Saison pro Hektar mit 5 bis 6 kg EM-Keramikpulver vermischt bringt die besten Ergebnisse.

Weizen aus chemisch behandeltem Saatgut sieht zur Erntezeit grau aus. Mit EM-Keramik behandelter Samen hat bei Reife eine schöne strohgelbe Farbe.

EM-Kartoffeln wachsen gesund und vital voran (40 ha EM-Anbau in Ungarn).

Saatkartoffeln: Ein Vergleichsanbau hat ergeben, dass auch bei Kartoffeln die Vitalität gegenüber Krankheits- und Schädlingsbefall am besten war, wenn die Knollen schon nach der Ernte und vor Einlagerung mit EM-Keramikpulver vermischt wurden.

4 Hennig 1983, S. 95

Erntezeit.

Pfluglose Bodenbearbeitung und Aussaat kombiniert: Der Eco-dyn schont das Bodenleben, öffnet die Bodenkrume bis 5 cm Tiefe und bringt gleichzeitig die Saat aus.

Getreideanbau

Eine Feldbearbeitung mit EM kann zu jeder Zeit begonnen werden. Eine Erstanwendung nach dem Mähdrusch ist ideal, weil dann der Boden für die nächste Fruchtfolge gut vorbereitet werden kann.

Stoppelbearbeitung und Strohrotte, wenn die aufbauende Dominanz erreicht ist: Unmittelbar bevor die Stoppeln mit dem Grubber, der Scheibenegge oder Kreiselegge oberflächlich eingearbeitet werden, sollte man das Feld mit einer EMa-Lösung befeuchten. Pro Hektar

- 66 l EMa mit ca. 500 l Wasser mit der Feldspritze ausbringen. Solange noch keine aufbauende Dominanz vorherrscht, den Acker pro Hektar mit
- 166 l EMa mit 500 l Wasser versprühen

Variante: direkt beim Eggen EMa-Lösung mit einer vorgesetzten Frontspritze versprengen.

Nach ein bis zwei Wochen keimt Beikraut, das wiederum mit der Egge oberflächlich beseitigt wird. Wenn nochmals 1 bis 2 Wochen Zeit vorhanden sind, diese Prozedur wiederholen. So werden schon einmal die erste Beikrautflut eingedämmt und Herbizidspritzungen eingespart. Die Neusaat (Wintergetreide) kann sich dann ungehindert entwickeln.

Wintergetreide: Im Frühling, wenn die Pflanzen einen geschlossenen Bestand gebildet haben und der Boden erwärmt ist, nochmals

- pro Hektar 66 Liter EMa – mit Wasser verdünnt – vor Regen oder bei geschlossener Wolkendecke ausbringen.

Nicht mit Wasser geizen, denn die Mikroben sollen ja in den Boden eingeschwemmt werden.

Nicht vergessen: EM im Boden immer mit genügend organischer Substanz versorgen!

Sommergetreide: Vor der Sömmerung die Reste der Vorfrucht (Blattfrucht) mit der Kreiselegge oberflächlich einarbeiten und entweder gleichzeitig mit vorgeschalteter Frontspritze oder unmittelbar vor dem Eggen mit der Feldspritze die Effektiven Mikroorganismen in den Boden einbringen: pro Hektar

- 100 Liter EMa – mit viel Wasser verdünnt – versprühen.

Eine 2. EM-Gabe bei Regen oder bedecktem Himmel versprühen, wenn das Getreide mindestens 20 cm hoch steht und einen

5 Daenecke 2004, www.emater.de

geschlossenen Bestand gebildet hat. Wenn die aufbauende Dominanz im Boden erreicht ist, pro Hektar

- 66 Liter EMa mit mindestens doppelter Menge Wasser (130 l).

«Bitte überlassen Sie den Transport von organischer Masse in tiefere Schichten den Regenwürmern. Die können das besser.»[5]

Feldfrüchte

Neben dem Getreide sind Feldfrüchte wie Zuckerrüben, Futterrüben, Mais und Kartoffeln ein wichtiger Erwerbszweig in der Landwirtschaft. Mit Effektiven Mikroorganismen wachsen die Pflanzen gleichmässig und vital heran. Nach einer winterlichen Gründüngung und herbstlicher EM-Gabe ist der Boden für die neue Saison bestens vorbereitet.

Die EMa-Gabe im Frühjahr dämmt die Entwicklung von Fusarien* ein. Sollte dennoch eine Fungizid-Spritzung nötig sein, muss eine Zeitspanne von mindestens 3 Tagen vor oder nach der EMa-Behandlung eingeräumt werden.

Zucker- und Futterrüben: Im Frühling, wenn die Reste der überwinterten Gründüngung eingeeggt sind, zur Edaphon-Aktivierung vor der Aussaat den Boden durchfeuchten: pro Hektar

- 66 Liter EMa, verdünnt mit doppelter Menge Wasser (130 Liter) bis in 6 Zentimeter Tiefe ausbringen.

Bei bedecktem Himmel geht kaum Wasser durch Verdunstung verloren. Die Mikroorganismen bleiben aktiv.

Mais: Die stattliche Pflanze braucht viel Kraft, wenn sie in der kurzen Vegetationsperiode viel organische Masse bilden soll. Als Stickstofffresser fordert Mais mehrere Düngegaben. Deshalb nach überwinterter Zwischenfrucht vor der Saat pro Hektar

- bis 25 Kubikmeter EM-Güllegaben (je nach Nährstoffgehalt)
- und/oder 12 Kubikmeter Mistbokashi in die Bodenkrume einarbeiten.

Kopfdüngungen im Sommer: pro Hektar

- 1 Liter EMa pro Kubikmeter Gülle mit Schleppschläuchen ausbringen.

Mais braucht Kraftnahrung: Eine Gründüngung vor dem Maisanbau bringt viel organische Masse in den Boden, die mit EM-Benetzung rasch vererdet. 1 l EMa + Biolit oder Diabas pro 500 l Wasser sprühen, die Gründüngung oberflächlich in den Boden einarbeiten.

Kartoffelernte: Die Erntemengen und -qualitäten hängen sehr vom Witterungsverlauf des Sommers ab. Mit EM-Pflege haben die Kartoffeln eine viel stabilere Vitalität und leiden weniger unter «Wetterkapriolen».

Kartoffeln: Die für das Frühjahr geplante Anbaufläche wird schon im Herbst zuvor mit organischer Masse gedüngt. Die Kartoffeln können vor der Pflanzung mit EM+U bemehlt werden. So überstehen sie nasskalte Wetterphasen besser. Im Frühling vor der Pflanzung zur Edaphon-Aktivierung wie bei Zucker- und Futterrüben den Boden bei bedecktem Himmel durchfeuchten: pro Hektar

- 66 Liter EMa mit doppelter Menge Wasser (mindestens 130 Liter) bis in 6 Zentimeter Tiefe ausbringen.

Bohnen, Spinat, Karotten: Feldgemüse muss sich mit raueren Bedingungen auseinander setzen als unter Glas gezogenes. Gemüse mit EM-Technologie sind allem Unbill besser gewachsen und weisen ausser höheren Erträgen auch eine hohe innere Qualität auf.

Freilandgemüsebau

Biologisch angebautes Gemüse wird immer attraktiver, die Nachfrage steigt. Der Anbau wird mit EM-Einsatz und/oder Bokashi durchgeführt, wie in den Kapiteln «Bokashi» und «Garten» beschrieben, allerdings müssen alle Mengenangaben in Hektargrössen umgerechnet werden:

- Buschbohnen, Erbsen oder Spinat als Zwischenfrucht, danach Kohlarten
- Karotten auf dem Damm, nach Getreide.

Anbauflächen im Herbst wie für den Feldfruchtanbau vorbereiten und im Frühling mit einem Bokashi-Dünger (ab Seite 184) oder mit EMa-Lösung versorgen:

Prachtvolle Salate, mit EM statt mit Chemie und Kunstdünger gewachsen.

Aussaattest Ackersalat, vorn mit EM-, hinten ohne EM-Anwendung.

- Mistbokashi oder Düngebokashi mit dem Mistzetter ausbringen. Menge pro Hektar wie bei bisherigen Mistgaben. Mit der Kreiselegge oder dem Eco-dyn leicht einarbeiten und für die Neutralisierung 2 bis 3 Wochen vor Aussaat ruhen lassen.

EMa-Lösung ausbringen, wenn keine Vorbereitungszeit mit Bokashi möglich ist: pro Hektar

- 66 l EMa zusammen mit mindestens 130 l Wasser oder noch mehr. Je nach vorliegender Bodenfeuchte bis zu
- 500 l. Der Boden muss mindestens 6 cm tief durchtränkt sein.

Saatgutvorbereitung. Wie bei Getreide und Kartoffeln ist auch hier die Zumischung von EM+U oder reines Keramikpulver so früh wie möglich vor dem Saattermin am effektivsten.
Mit der feinen EM+U-Ummantelung keimt der Samen sicher und schnell und ist in der kritischen Öffnungsphase der Samenhülle vor Pilzbefall geschützt.

Salatsetzlinge, parat fürs vorbereitete «EM-Bett».

Anpflanzungen mit EML giessen: pro Hektar

- 66 l EMa mit mindestens doppelter Menge Wasser ausbringen und den Boden bis in 6 cm Tiefe durchfeuchten.

Vor Regen oder bei bedecktem Himmel geht kein Wasser durch Verdunstung verloren. Die Mikroorganismen bleiben aktiv.
Weitere Pflege mit EM: In der Anwuchsphase zwei- bis dreimal pro Woche mit EML giessen, später nur noch alle 14 Tage.

Einheitlich, kräftig und gesund wächst der Ackersalat mit EM heran. Er bleibt nach dem Schnitt sehr lange frisch und knackig.

Gemüsebau unter Glas

Der Anbau mit EM schafft bessere Wachstumsbedingungen, denn die Aktivität und die Anzahl von Stickstoff sammelnden Bakterien im Boden nehmen zu. Die Pflanzen entwickeln grössere Wurzelbal-

Paprika, mit EM-Pflege angebaut, wächst gesund heran.

len, die folglich mehr Stickstoff, Phosphor und Kali aufnehmen und somit üppiges Wachstum begünstigen.

Paprika: Selbst empfindliche Gemüse wie Paprika wachsen ohne Krankheiten heran, wenn sie in Erdmischungen mit Bokashi wachsen dürfen und

- wöchentlich mit 15 ml EMa plus 10 ml EM-FKE auf 5 bis 10 l Wasser gespritzt werden.

Die Pflanzen zeigen über die ganze Vegetationsperiode hinweg gesundes Laub vom Boden bis zur Triebspitze.

Oben: Ein AHA-Erlebnis für den Gemüsebauern: Die Effektiven Mikroorganismen haben an den Tropfstellen des Bewässerungssystems den betonharten, unbelebten Boden zu krümeliger Erde aufbereitet.

Oben rechts: Kräftige, tiefgreifende Wurzeln sorgen für einen gesunden Pflanzenaufbau.

Rechts: Die ersten Tomaten der Saison sind erntebereit.

Tomaten. Wie sich EM-Anwendungen nach zwei Jahren auf die Kulturführung ohne chemische Pflanzenschutzmittel oder Kunstdünger auswirken, zeigt das Beispiel eines Anbaus auf der Bodenseehalbinsel Reichenau: Mit EM-Keramikpipes im Wassersystem und wöchentlicher Gabe von 50 l EMa + organischem Dünger pro Hektar

- brechen die Pflanzen nicht mehr so leicht, sind allgemein stabiler
- ist der Boden wärmer, es bilden sich dichte, feste Wurzelballen
- sind Regenwürmer wieder da
- färben die Früchte innen wie aussen schön und kräftig aus, ist Magnesiumchlorid (25 kg pro Hektar) nicht mehr nötig
- werden statt 2,5 l Wasser pro Pflanze nur noch 1,6 bis 1,8 l gebraucht
- treten keine Krankheiten wie Nekrosen, Blütenendfäule, Fäulnis auf Blättern durch abgefallene Blüten
- kommen keine Vergilbungen und Verbrennungen am Blatt und keine Wassersucht bei den Früchten mehr vor.

Schleppschlauch-Verordnung: Zur Reduktion der Ammoniak-Emission soll unbehandelte Gülle in Zukunft mit dem Schleppschlauch ausgebracht werden. Das dezimiert das Bodenleben und lockt Schnecken in Massen an. Die Pflanzen werden mit Ammoniak «zwangsernährt», ohne dabei die wichtigen Spurenelemente aufnehmen zu können. Ein grosser Teil des Stickstoffes wird im Boden zu Lachgas umgewandelt. Es entweicht in die Atmosphäre und ist 300x schädlicher als CO_2.

Die Investition für den Schleppschlauch erübrigt sich, wenn die Gülle mit EM behandelt wird, denn die Effektiven Mikroorganismen haben das aggressiv wirkende Ammoniak in milde, pflanzenverträgliche Aminosäure umgebaut, die im Boden bleibt. EM-Gülle stinkt nicht und verbrennt kein Gras.

Grünland

Mit EM-Gülle oder EM-Mist gedüngt, wird die Grasnarbe nicht verbrannt und wächst ohne Schockunterbruch weiter. Das Gras bleibt dicht und ergibt üppiges, gehaltvolles Heu. Rotklee und andere Kräuter sind auch noch im zweiten und dritten Kulturjahr ausreichend vorhanden.

Der Pfeil zeigt auf das Grünland eine Woche später, in der es ohne Regen ausgesprochen heiss war. Mit konventioneller Gülle wäre unter diesen Umständen total verbrannt.

Wenn weder Gestank noch Fliegen plagen, fühlt sich das Vieh wohl. Das glänzende Fell zeugt von einer guten Gesundheit.

Die Verwendung von EM als Zusatz zum Tierfutter ist nicht in allen Ländern erlaubt. Deshalb sind diese EM-Formen mit einem+ gekennzeichnet (siehe hintere Umschlagsklappe und Seite 381)

VIEHZUCHT

Massentierhaltungen entsprechen nicht den naturgemässen Lebensbedingungen und stressen das Vieh bis zuletzt. Dies beeinflusst auch die Produkte aus dieser Tierhaltung, die für den menschlichen Genuss bestimmt sind.

Hier wirkt sich der Einfluss der EM-Technologie sehr positiv aus, denn viele der zahlreichen Gesundheitsprobleme der Tiere verschwinden ebenso wie psychologisch begründete oder ernährungsbedingte Auffälligkeiten:

- EM bindet Gerüche; die Fliegenplage verschwindet, das Vieh wird ruhiger
- Schweine hören auf, ihre eigenen Artgenossen anzufallen, weil Mineralien, die ihnen vorher fehlten, wieder ausreichend zur Verfügung stehen
- Hühner hacken nicht mehr aufeinander ein und rupfen sich gegenseitig keine Federn mehr aus
- das Federvieh gerät nicht mehr in Panik, wenn fremde Menschen die Ställe mit Legebatterien betreten
- Kühe sind weniger aggressiv und könnten wieder ihre Hörner behalten
- der pH-Wert im Tränkewasser wird durch EM-Futterbokashi+ und EM-Siliermittel+ oder EM Keramikpipes gesenkt, es bilden sich weniger pathogene* Keime aus
- die Sterblichkeitsrate beim Jungvieh wird massiv nach unten korrigiert
- die Lebensfähigkeit der Samen liegt normalerweise bei 2 bis 3 Tagen. Wenn 1 Tropfen EM zur Samenflüssigkeit zugegeben wurde, bleibt die Qualität des Samens 4 bis 6 Tage erhalten.

Das sind wieder nur einige der auffallenden Merkmale, die der EM-Technologie zugeschrieben werden.

Weil Viehzuchtbetriebe mit sehr verschiedenen Zielen bewirtschaftet werden, bedarf es einer individuellen EM-Beratung vor Ort. Hier kann nur eine allgemeine Übersicht gegeben werden.

EM + Homöopathie + Biologischer Anbau: Für viele Betriebsinhaber gehören Krankheiten beim Vieh zum Alltag. Die Vorstellung, es könnte auch anders sein, kommt ihnen absurd vor. Dass mit Einsatz von EM die Gesundheit von Kühen zum Normalzustand werden kann, zeigt dieses Beispiel: Die Tierpflege mit EM und unterstützenden homöopathischen Mitteln führte den Betriebsinhaber auf eine neue Schiene mit vielen AHA-Erlebnissen. Der bisher konventionelle Anbau wurde mit Hilfe von EM auf biologischen Anbau umgestellt. Die Ausgaben für Pflanzenschutzmittel haben sich reduziert. Die Tierarztkosten pro GV sind jährlich zurückgegangen:
1. Jahr 50 bis 60 Euro 2. Jahr 30 Euro
3. Jahr 17 Euro 4. Jahr 14 Euro
Im 5. Jahr in den ersten 8 Monaten 3 Euro.
Tendenz: Es wird von Jahr zu Jahr besser. Das Zitat des Landwirts: «Rendite ist die eine Seite der Medaille, das gute Gefühl die andere.»

Das Milchvieh wurde mit Homöopathie und EM wieder gesund.

«EM im Stall und überall»

Materialien wie Wände und Eisenteile nutzen sich in mit EM ausgespritzten Ställen weniger rasch ab. Die aggressiv wirkende Ammoniakbelastung fällt weg, die Antioxidationskraft lässt keine Korrosion mehr zu. Wenn Boden, Wände und Decke wöchentlich mit EM eingenebelt werden, können sich die Mikroben in alle Ecken und Ritzen niederlassen. Die Einstreu wird auf diese Weise gleich mitgeimpft. Zur Geruchsbindung kann man zusätzlich EM+U über die Einstreu verstäuben. Die Tiere atmen leichter, weil giftige Ausdünstungen von den Mikroben gebunden werden. Es stinkt nicht mehr, und die Fliegen finden keine faulende Zersetzung mehr vor. Sie reduzieren sich auf ein tolerierbares Mass. Das Vieh ist weniger geplagt. Den Spinnen fehlt die Beute. Sie ziehen aus. Für die Stallpflege haben sich diese Einrichtungen bewährt:

- die Rückenspritze ist praktisch bei kleineren Ställen
- Nebelgeräte, wie sie zur Desinfektion üblich sind, erreichen auch die Stalldecken. Dem Vieh tut der Nebel sichtlich gut (für mittlere Stallgrössen)
- Sprühleitungen an der Decke mit Pralldüsen oder Butterflydüsen (Gewächshaustechnik) sind in grossen Stallungen eine sinnvolle Investition.

Ein weiterer EM-Einsatz hat sich in der Einstreu bewährt.

Nach Umstellung des Betriebes auf EM-Technologie fressen diese Kühe ihr Heu viel lustvoller.

Tiere werden krank, weil sie in engen Boxen auf dem eigenen Mist stehen, der giftiges Ammoniak ausgast. EM im Futter pflegt den Darm, EM im Stall versprüht und in den Schwemmkanal gegossen, bindet das Ammoniak und lässt die Tiere freier atmen.

Tiere zeigen die gleichen degenerativen Zivilisationskrankheiten wie sie beim Mensch auftreten[6]

Erstanwendung mit EM: Vor Neubesetzung den ganzen Stall rundherum gründlich mit dem Hochdruckreiniger säubern und anschliessend mit EMa ausspritzen. Zur weiteren Pflege anfangs häufiger (jeden zweiten Tag) mit EMa aussprühen, bis sich das Milieu aus der Oxidation mit starker Geruchs- und Fliegenbelästigung in die Antioxidation mit wenig Geruch und Fliegenbesatz gekehrt hat.

Fortlaufende Anwendung mit EM: Die Stallungen nur noch ein- bis zweimal pro Woche mit EMa aussprühen oder vernebeln: im Sommer mehr, im Winter weniger.

EMa-Lösung für die Stallpflege ansetzen:
10 l EMa
50 l Wasser
15 Gramm Bentonit pro GVE
miteinander verrühren
(oder 2 kg Bentonit pro Kubikmeter Gülle)
Bentonit bindet die Gärsäure in der Gülle. Von diesem Gemisch jede Woche pro Quadratmeter Stallfläche 25 ml versprühen oder vernebeln.

Einstreu mit EM: In der Matratze bildet sich viel Fäulnis. Sie bietet ein ausgesprochen günstiges Milieu für Krankheitskeime. Hier bietet EM grosse Hilfe und Erleichterung.
Pro Kubikmeter Einstreu
1 bis 2 l EMa
1 bis 2 l ZRM,
mit Wasser verdünnen
Variante: Pro Kubikmeter Einstreu das Material bereits auf dem Futtermischwagen mit 1 bis 2 Liter EMa und ZRM vermengen.

EM Keramikpipes in Trinkwassertanks halten das Wasser rein, verbessern die Gesundheit der Tiere. Verunreinigungen im Behälter werden abgebaut.

Silage

Das EM-Silofutter hat eine längere Haltbarkeit und dadurch auch eine bessere Ausbeute als eine Silage ohne EM-Behandlung. Das erspart Arbeit, weil keine verdorbenen Schimmelnester ausgeräumt

6 Sharamon/Baginski 2004, S. 51

werden müssen und Nachgärungen kaum noch vorkommen. Das EMa-Silofutter

- ist sehr gut verdaulich und riecht gut
- wird vom Vieh bevorzugt und steigert die Fresslust
- ist umweltfreundlich.

Daraus resultiert eine höhere Grundfutteraufnahme (mehr Nährstoffaufnahme). Gut ernährte Kühe leisten mehr. Die erfreulichen Folgen sind:

- eine höhere Milchleistung
- eine bessere Fruchtbarkeit
- die Kosten für die Tiergesundheit reduzieren sich.

Eine Silierung mit wenig Zuckerverlust und wenig Sickersaft setzt voraus, dass die Frischmasse

- schnell anwelkt (30 bis 40 Prozent Trockenmasse innerhalb 35 Stunden Trocknungszeit)
- der Mais nicht zu trocken ist und alles kurz geschnitten ist
- gründlich verdichtet wird und wenig Schmutzanteile hat (Erde)
- unter Luftausschluss gut abgedeckt wird.

Da bleiben alle Inhaltstoffe erhalten: Der Mais wird erntefrisch sofort zur Silage weiterverarbeitet.

EM unterstützt eine rasche Milchsäurebildung, die pH-Wertabsenkung und bildet Stoffwechselprodukte, die eine Nachgärung verhindern und die Verdauung der Tiere günstig beeinflusst.

Fahrsilo: Jede Schicht mit EMa übersprühen und verdichten.
Die Abdeckung aus mehreren Lagen mit Folien und alten Reifen oder Sandsäcken festhalten.

Fahrsilo: Pro Lage 1 bis 2 Kubikmeter Siliergut mit

- 1 l EM+ mit Wasser verdünnt übersprühen
- jede Lage mit dem Traktor zur Verfestigung überfahren

Gut mit Folie abgedichtet, kann diese Silage reifen.

Hochsilo: Angewelktes Gras oder Mais werden gehäckselt, gemischt und mit EM+ angefeuchtet. Gute Erfahrungen wurden mit einer Dusche gemacht, die mit einem Dosiergerät vor dem Vortex (vor dem Gebläse) angebracht wird. Pro Kubikmeter Silage

- aus Gras: mit 1 bis 1,5 l EM+ und bei Bedarf mit Wasser verdünnen
- aus Mais: mit 1,5 bis 2 l EM+ und Wasser benetzen
- zusätzlich kann das Material vorweg auf dem Erntewagen mit EMa oder EM+-Lösung überbraust werden (pro Wagen eine Giesskanne voll).

Praktisch: Mit einer einfachen, selbstgebauten «Dusche» wird das Silomaterial vor dem Gebläse mit EMa-Lösung gleichmässig übersprüht.

Silo-Kontrolle, ob alles richtig eingeschichtet und verdichtet wird.

An der Traktorfront ist eine Spritzvorrichtung eingebaut, die das Schwad bei der Bergung mit EMa impft.

Ballensilage: Nachdem der Grasschnitt angetrocknet ist, wird das Schwad vor der Bergung mit EMa übersprüht. Dazu einen 35-l-Kanister mit Pumpe und Düse an die Ackerschiene an der Front des Traktors, also vor dem Schwader montieren. (Stromanschluss über den Zigarettenanzünder am Traktor). So behandelte Silage hat eine längere Haltbarkeit.

Die aerobe Stabilität (Haltbarkeit) ohne EM-Zusatz liegt bei 50 Std. mit z.B. Luprosil wird sie auf 60 Std. verbessert. Mit einem EM+ steigt die Haltbarkeit auf 708 Std.

Gülle

Mit EM-Pflege sind Kühe weniger angrifflustig und könnten ihre Hörner behalten.

EM-beimpfte Gülle stinkt nicht mehr zum Himmel. Sie ist besonders wertvoll, denn der gasförmige Stickstoff (Ammoniak) wurde von den Effektiven Mikroorganismen gebunden und entweicht nicht mehr als Umweltbelastung in die Luft, sondern bleibt für den Boden erhalten. Als Futterbeigabe über EM-Silage oder Futterbokashi+ und mit EM-Keramik-Wasser in die Tränke gegeben, gehen die Effektiven Mikroorganismen in den Nahrungskreislauf der Tiere ein, werden als Dung wieder ausgeschieden und gelangen in den Mist oder in die Gülle, wo sie weiter ihre geschätzten Dienste verrichten: Diese Gülle

- ist mild und verbrennt das Gras nicht mehr
- schont die Regenwürmer und belebt den Boden
- bleibt flüssiger und bildet keine dicke Schwemmdecke mehr. Sie lässt sich leichter aufrühren. Das Rührgerät benötigt nur noch ein Drittel der üblichen Zeit und verbraucht deshalb zwei Drittel Kraftstoff weniger als bei nicht EM-beimpfter Gülle.

Zur Erstbehandlung wird in die Grube pro Kubikmeter Gülle

- 1 l EMa gegeben.

Danach folgen EMa-Gaben in regelmässigen Abständen: pro Woche

- 1 bis 2 l EMa auf 20 Kühe in den Schwemmkanal einführen.

Wenn die Grube zur Hälfte gefüllt ist, pro Kubikmeter Gülle

- 3 kg Steinmehl einrühren. Biolith ultrafein lagert sich in Schwebkartoffeln an, Talkmehle sinken ab und mindern den N-Gehalt.

Mit diesem Zusatz entsteht zusammen mit den Effektiven Organismen ein rundum guter, mild wirkender, organischer Flüssigdünger.
Für die Reifung der Gülle

- pro 100 Kubikmeter Gülle 100 l EMa und 100 l Wasser einrühren.

Die Gülle ist bei Temperaturen über 20 °C in 14 Tagen reif. Liegen die Temperaturen tiefer, dauert es bis zu 6 Wochen. Unter 6 °C sind die Effektiven Mikroorganismen nicht mehr aktiv.

Jede Schicht mit EMa benetzt, und die Arbeit der Effektiven Mikroorganismen setzt sich segensreich fort.

Mist ist nicht gleich Mist

Ein EM-gepflegter Misthaufen stinkt nicht mehr und nährt keine Fliegenbrut. Der Stapelmist muss stark verdichtet werden und kann durch die EM-Beimpfung gut fermentieren. Er ist in der warmen Jahreszeit bereits nach zwei Monaten für den Gebrauch fertig. In der kalten Periode dauert es länger.

Mistpflege: Jede Schicht (20 cm dick) wird

- pro Quadratmeter Misthaufenfläche mit 200 ml EMa – vermischt mit 2 l Wasser – besprüht
- pro Kubikmeter Mist 1 bis 2 l EMa und 3 kg feines Urgesteinsmehl zugeben. Den Mist gut verdichten

Der EM-Mistkompost wird in gleicher Menge und zu gleichen Zeitpunkten wie bisher ausgebracht.

Die Tiere gehen vor dem Melkgang durch ein EM-Klauenbad

Grossvieh

Die Hektik und Unruhe durch Fliegenplagen ist weg. Die Bildung giftiger Gase wie Ammoniak, Methan und Schwefelwasserstoffe wird drastisch verringert, der typische «Landluftduft» bleibt dadurch aus. Das glänzende Fell und der gesunde Allgemeinzustand der Tiere fallen auf. Das Vieh bevorzugt EM fermentierte Silage. Das zeigt sich auch an der guten Gewichtszunahme.

Klauenbäder

EM ist sehr hautfreundlich und eine Wohltat für das Klauenbein, das ja durch die ständige Kot- und Harnverschmutzung sehr strapaziert wird. Weil diese Verunreinigungen eine Lieblingsspeise für die Effektiven Mikroorganismen ist, bleibt das Bad länger sauber:

- 20 bis 50 ml EMa auf 1 l Klauenbad zusetzen

Das Klauenbad muss nur ein- bis zweimal pro Woche erneuert werden, und es reichert nach Gebrauch die Gülle mit EM an. Ein Nachteil ist, dass ein EM-Klauenbad im Winter unter 6 Grad Celsius nicht mehr wirksam ist, weil die Effektiven Mikroorganismen ihre Arbeit erst wieder bei höheren Temperaturen aufnehmen.

Leere Kannen und Milchgeschirre werden vor der Füllung mit EM ausgespült.

Fütterung

Bereits der ersten Kolostralmilch wird EM tropfenweise zugegeben und sorgt für

- «süffige» Kälber
- weniger Verdauungsstörungen
- guten Zuwachs

Milchvieh und Muttertiere stehen mit EM-Zugaben gut im Futter. Sie erbringen eine höhere Milchleistung mit grösseren Mengen an Milchinhaltsstoffen wie Fett und Eiweiss. Es gibt in diesem Zusammenhang noch mehr erfreuliche Tatsachen:

- die Serviceperiode sinkt von 175 auf unter 100 Tage
- die Zellzahlen reduzieren sich erheblich
- die Kosten für die Tiergesundheit gehen massiv runter, weil Pansenpufferung, Lebendhefe und andere Ergänzungen reduziert oder ganz weggelassen werden können.

Dieses Vieh, mit EM gepflegt, erfreut sich bester Gesundheit und Vitalität.

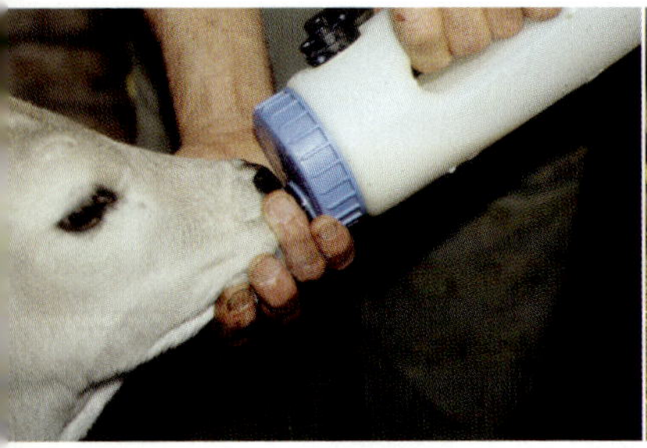

Fütterungsbeispiel für Grossvieh

	Futterbokashi^{+}	EM^{+}	EM-Silage^{+}
Kälber			
nach der Geburt		15 ml	
laufend	100 bis 150 g pro Tag	10 ml pro Tag	
Jungvieh			
jünger als 1 Jahr	150 g bis 300 g pro Tag	20 ml pro Tag	satt füttern
älter als 1 Jahr	300 g pro Tag	40 ml pro Tag	satt füttern
ab 12. Monat			satt füttern
Milchvieh			
	500 g pro Tag	75 ml pro Tag	satt füttern

EM^{+} und Futterbokashi^{+} Seite 381.

In Stresssituationen (als Topdressing) kann die Futterbokashi^{+}-Gabe für kurze Zeit erhöht werden.

Schweinemast

Die Geruchsbelästigung durch einen Schweinemastbetrieb kann belastend sein. Gesetzlich wurde festgelegt, wie gross der Abstand einer Schweinemaststallung von Wohngebieten sein muss. Mit EM-Gaben wie EM+ und Futterbokashi+ verschwindet der penetrante Gestank. Wie wirkt sich das auf die Tiere aus? Auch ihnen geht es mit der EM-Stallpflege wesentlich besser:

- in guter Luft fressen sie freudiger
- sie sind nicht mehr so aggressiv, Kannibalismus kommt nicht mehr vor
- die Sterblichkeitsrate verringert sich
- durch den guten Zuwachs verkürzt sich die Aufzucht um 7 bis 12 Prozent, das reduziert auch die Futterkosten
- Durchfall und andere Erkrankungen reduzieren sich wesentlich und werden besser verkraftet.

Oben und ganz unten: Herrlich, wenn sich Schweine in freier Natur bewegen dürfen. In der Massentierhaltung erleichtert die EM-Technologie das Leben dieser intelligenten Tiere.

Die klugen Tiere reagieren sehr sensibel auf positive wie negative Einwirkungen. EM gehört mit Sicherheit zu den positiven.

Luftfeuchte kontrollieren: Schweine können nicht schwitzen und reagieren auf Hitzestau sehr empfindlich, bekommen Atemnot und fressen weniger. Durch Vernebelung mit EMa-Lösung wird die Stalltemperatur gesenkt. Allerdings darf die Luftfeuchte nicht mehr als 80 Prozent betragen. Bei höherem Feuchtegehalt wird das Tier wiederum gestresst.

Fütterung

Schweine brauchen für ihren Verdauungsapparat viele Faserstoffe, und auch, um satt zu werden ohne viel Fett anzusetzen. Bei Absetzferkeln ist die Umstellung von der Muttermilch auf Festfutter eine kritische Phase. Mit dem Zusatz von Effektiven Mikroorganismen werden diese Probleme auf ein Minimum reduziert, denn EM unterbindet die Bildung schädlicher Pilzsporen und reichert durch die Fermentierung das Futter mit unterstützenden Enzymen* an.

Fütterungsbeispiel Schweine

	Futterbokashi$^+$	EM$^+$
Zuchtsauen		
	250 g pro Tag oder 2% ins Futter mischen	5 bis 10 l pro Tonne Futter
Ferkel		
gleich nach der Geburt		2 ml direkt ins Maul
in der Absetzphase	4 bis 10% ins Futter mischen	
während der Aufzucht		7 bis 10 l pro Tonne Futter
Mastschweine		
Einstellphase	4% ins Futter mischen	4 l pro Tonne Futter
Flüssigfütterung		2 l pro Tonne Futter
Trockenfütterung	2% ins Futter mischen	

EM$^+$ und Futterbokashi$^+$ Seite 381.

In Stresssituationen kann die Futterbokashi-Gabe (als Topdressing) für kurze Zeit erhöht werden.

Geflügel

Das Federvieh fühlt sich mit EM-Pflege sichtlich wohler. Es behält sein volles Federkleid. Der Kamm ist frischrot ausgefärbt, die Dotterhaut des Eis fest. Hennen legen in ihrer produktiven Lebensphase bis zu 340 Eier und haben selbst nach 12 bis 14 Monaten Legeperiode noch eine Leistung von 65 Prozent, wenn sie Futter bekommen, dem Futterbokashi beigemischt ist.

Enten-Teenies legen ihren Babyflaum ab. Mit EM-Pflege wächst gesundes Federkleid heran.

Mit dem Einsatz der Effektiven Mikroorganismen

- reduziert sich der scharfe Geruch
- verringern sich die möglichen Krankheitskeime ganz enorm
- entwickeln sich kaum Milben oder Fliegen
- ist der Kot fest
- wird eine glatte Eischale gebildet
- tritt kaum Durchfall in der Einstallphase auf
- steigt die Legeleistung und verlängert sich die Legeperiode
- sind die Tiere ruhig und «verlegen» keine Eier.

Den Stall vor der Einstallung pro Quadratmeter Bodenfläche

- mit 200 ml EMa – mit 800 ml Wasser verdünnt – gründlich ausspritzen (einschliesslich Wänden und Decken)
- die Einstreu mit 100 bis 150 ml EMa-Lösung (100 ml EMa auf 1 l Wasser) einsprühen. Das reduziert den Staub und ergibt eine angenehme Luftfeuchtigkeit

Fütterungsbeispiel Geflügel

	Futterbokashi⁺	EM⁺
Masthühner, Legehennen, Puten, Enten und Gänse		
Mehliges Futter	1 bis 3% ins Futter mischen	0,5 bis 1 l auf 10 l Trinkwasser
Pressfutter, nach Abkühlung der Pellets <40°C	1 bis 3% ins Futter mischen	
Getreidekörner 12 bis 24 Stunden einweichen		200 ml auf 10 l Wasser

Bei der Aufzucht von Masthühnern haben sich diese EM⁺-Gaben in der Praxis bewährt:	
Masthühner	
1. und 2. Tag	5 bis 10% ins Trinkwasser
7. Tag	3% ins Trinkwasser
10./14./21. Tag	3% ins Trinkwasser
Bei Problemen die Dosis für einige Stunden	auf 10% erhöhen

Fütterung

Das Futter bleibt mit EM-Anreicherung stabiler und wird vom Tier sehr gern angenommen.

Achtung: Bei laufender niedriger Dosierung von EM+ ins Trinkwasser, kann es in den Leitungen zu Verschleimungen kommen, weil die Nippel verstopfen.

Futterbokashi⁺ kann auch direkt in die Einstreu untergemischt werden. Das Federvieh pickt sich die «Leckerbissen» heraus.

Links: Der Stolz des Hahnes ist ein gesundes, legefreudiges Hühnervolk.

«Glückliche Hühner legen glückliche Eier» – dieser Werbespruch könnte auch auf die Tierhaltung mit EM-Technologie angewendet werden.

Schafe, Ziegen

Auch bei ihnen wird durch die Stallpflege mit EM+ durch die mit EM-Keramikpipes bestückte Tränke und durch Futterbokashi+ -Gaben der scharfe Geruch gemindert. In Käsereien erkennen die Mitarbeiter sofort, welche Milch aus einem EM-Stall kommt. Schaf- und Ziegenmilchprodukte sind bekanntlich für Kuhmilchallergiker eine gute Alternative. Aus EM-gepflegter Tierhaltung sind sie wegen des ausgezeichneten, feinen Geschmacks sehr beliebt, was sich auch auf den Absatz günstig auswirkt. Auch der Milchertrag erhöht sich, wenn die Weiden mit EMa-Gülle gedüngt werden und dem Beifutter etwas Futterbokashi+ zugesetzt wird. Gesundheitliche Probleme sind kein Thema mehr, Tierarztkosten belasten somit auch nicht mehr das Budget.

EM+ und Futterbokashi+ Seite 381.

Gutes Weideland und liebevolle Zuwendung sind für diese Tiere rar geworden.

Obst- und Weinbau mit EM

Es hat sich schnell herumgesprochen, dass Früchte, die mit EM-Technologie heranreifen, besonders aromatisch schmecken, gut ausgefärbt sind und sich lange halten. Der Konsument nimmt deshalb auch mal einen längeren Weg auf sich und zahlt gerne etwas mehr. Auch der Wein aus diesem Anbau gewinnt an Güte.

In wissenschaftlichen Untersuchungen konnten mit der Redoxpotential-Analyse nach Professor Dr. M. Hoffmann* in Messungen nachgewiesen werden, dass die inneren Werte von EM-Obst sehr hoch sind. Das bedeutet eine gute Lebensmittelqualität, denn die Früchte bleiben lange frisch und gehaltvoll und weisen eine hohe Lager- und Transportfähigkeit aus. Das bedeutet auch eine viel geringere Quote an Ausschuss. EM-Obstkulturen halten Trockenperioden besser durch, Hagelschäden werden ohne Fäulnis an den Früchten besser verkraftet. Obstgehölze, Beeren und Rebstöcke sind allgemein widerstandsfähiger.

Die Umstellung von IP-Anbau oder vom biologischen Anbau auf EM-Technologie dauert etwas länger als in der Landwirtschaft. Den Boden unter den Baum- und Strauchreihen zu bearbeiten, ist weder

Üppiger Blütenbesatz und grosse Erträge von gesunden Beständen sind Merkmale einer EM-gepflegten Kulturführung.

bei den flachwurzelnden Gehölzen, noch im Rebbau an Steilhängen einfach auszuführen. Doch die Mühen lohnen sich allemal.

Eine wichtige Erkenntnis ist speziell in diesem Agrarbereich durch Erfahrungen erwachsen: Die beste und nachhaltigste Wirkung wird über die Behandlung des Bodens erzielt, denn

- ein gesunder Boden bringt gesunde Pflanzen hervor,
- reifen gesunde, an Vitaminen und sekundären Pflanzenstoffen reiche Früchte,
- bringen diese Früchte Gesundheit auf den Tisch.

Obst- und Beerenbau

Die Qualität von Obst und Beeren bei EM-Kulturführung spricht sich schnell herum. Absatzsorgen gibt es in diesen Betrieben nicht, denn die Früchte fallen auf durch

- makellose, lang lagerfähige Äpfel und Birnen
- aromatische, pralle Kirschen
- zuckersüsse, festfleischige Pflaumen und Zwetschgen
- geschmackvolle, feste Früchte bei Erdbeeren, Himbeeren und Heidelbeeren,
- gehaltvolle Säfte, die sich fast wie Sirup verdünnen lassen und dann immer noch herrlich schmecken, denn der Zuckergehalt dieser Früchte liegt über der Norm.

Das sind Resultate, die sich ein Anwender anfangs kaum vorstellen kann, die aber einige Obstbauern bereits erleben. Dass sich bei all den positiven Merkmalen eine Ertragssteigerung bei einem Anbau ohne Chemie verwirklichen lässt, wird anfangs mit Skepsis hinterfragt. Die strahlenden Gesichter der Inhaber und ihrer Mitarbeiter von EM-Betrieben aber sprechen Bände.

Obst aus EM-Anbau mit makellosem «Outfit» und gehaltvollen inneren Werten.

Gesundes Laub bis zur Erntezeit ist bei Pfirsichbäumen nicht so einfach hinzukriegen, aber mit EM-Behandlung (ohne Chemieeinsatz) möglich.

Anwendungs-Hinweise
Abkürzungen für EM-Grundmengen: Sie gelten immer, **wenn nichts anderes vermerkt ist.** Sie sind auf der hinteren Buchumschlagsklappe aufgeführt.

Bodenvorbereitung

Je besser der Boden belebt ist, desto besser kann er die langjährigen Kulturen wie Obstbäume und Beerensträucher optimal mit Vitalität und Widerstandsfähigkeit gegenüber Krankheiten und Schädlingsbefall ausstatten. Wechsel zwischen Trocken- und Regenperioden werden besser verkraftet.

Bleibt vor Pflanzung keine Zeit für eine gründliche Bodenvorbereitung, hilft eine Bokashi-Lanzendüngung (Seite 305) für einen erfolgreichen Start der Jungbäume in neuer Umgebung (mit Schutz vor Sonnenbrand).

Bei Neupflanzung hat es sich bewährt, den Boden eine bis zwei Vegetationsperioden vorher mit Gründüngungen, EMa-Gaben und Bokashi-Mist vorzubereiten, vor allem dann, wenn der Boden vom jahrelangen, intensiven Ackerbau strapaziert wurde. So vorbereitet, gibt es kaum Ausfälle (während die normale Quote des konventionellen Anbaus bei 7 bis 10 Prozent liegt).

In bestehenden Plantagen bringt die Bokashi-Düngung mit Mist und Mähgut vom Grasstreifen schnellen Erfolg, wenn am Anfang erhöhte Mengen EMa ausgebracht werden: Pro Hektar und Jahr

- vom ersten bis zum dritten Jahr 166 l EMa
- im vierten Jahr noch 100 l EMa
- zur Erhaltung der Bodenqualität nur noch 50 l EMa.

Eine aufbauende Dominanz wird erreicht, wenn bei Erstanwendung pro Hektar mindestens 166 l EMa mit reichlich Wasser in den Boden gebracht wird. Dabei ist es wichtig, dass gleichzeitig genügend organisches Material wie Grasschnitt oder Mistbokashi zwischen die Baum- und Strauchreihen ausgelegt wird.

Links: Der Grasstreifen zwischen den Reihen liefert stickstoffreiches Material für die Bokashierung im Baumstreifen.

Rechts: Eine wärmende EM-Spritzung schützt die Kirschblüten bei Spätfrostgefahr.

Laufende Bodenpflege

EM-Einsatz in der Vegetationsperiode beginnt bereits im Herbst mit der Bodenvorbereitung.

Winterpackung im Spätherbst anlegen: Baum- und Strauchstreifen bekommen einen Winterpelz aus organischem Material wie Grasschnitt und Rossmist plus EM+U. Am besten ist der schon bokashierte Rossmist, also aus Stallungen, wo der Mist bereits mit Effektiven Mikroorganismen behandelt wurde und der Stall mit EM sauber gehalten wird. Um Obstbaumstämme herum einen Abstand von mindestens 5 Zentimetern freihalten, damit keine Stammfäule auftritt.

Ab Frühjahr ist dieser Wintermulch ziemlich verrottet. Bei erwärmtem Boden mit EMa-Gaben beginnen. Wichtig ist, dass der Boden gut benetzt wird, damit Pilzsporen aus befallenem Laub des letzten Jahres rechtzeitig eingedämmt werden. Mengen und Häufigkeit richten sich nach dem Zustand des ganzen Bestandes und sind ganz individuell zu handhaben. Allgemein werden 3 Gaben empfohlen, können aber mehr oder auch weniger sein. Alle 8 bis 14 Tage

- 10 l EMa auf 1000 l Wasser (1 Prozent bzw. 1:100)
- pro 10 l EMa noch 40 g EM-Keramikpulver zusetzen

Die Bokashi-Auflage vom Herbst hat Wärme und Nahrung an den Boden abgegeben.

Spätfrostgefahr während der Obstblüte: Die Effektiven Mikroorganismen entwickeln bei ihrer Arbeit Wärme. Das kann bei Frostgefahr in der Blütezeit genutzt werden, indem

- 4 l EMa und 4 l ZRM pro 1000 l Wasser über die Bestände gespritzt werden

Die Zuckerrohrmelasse bietet den Mikroben Futter, sodass sie besonders aktiv werden und ihre Umgebungstemperatur um bis zu 4 Grad erhöhen.

Tipp: **Kirschen satzweise ernten:** Die durch Mikroorganismen erzeugte Wärme bei Spritzungen mit EM+ZRM kann auch noch anders genutzt werden, nämlich zur Verfrühung der Kirschenblüte, was auch eine frühere Ernte zur Folge hat. So haben Versuche gezeigt, dass der behandelte Teil eines Bestandes um 8 Tage eher reifte als der unbehandelte. Mit dieser Methode könnte die kurze Kirschen-Erntezeit z.B. einer frühen Sorte satzweise gesteuert und damit auch verlängert werden.

Obst aus EM-Anbau mit makellosem «Outfit» und gehaltvollem Inhalt.

Im Sommer bei Trockenheit die Gehölzstreifen grosszügig bewässern. Der Boden muss gut durchfeuchtet werden:

- 10 l EMa auf 1000 l Wasser (=1 Prozent oder 1 : 100)
- pro 10 l EMa noch 40 g EM- Keramikpulver zusetzen
- Grasstreifen vor dem Schnitt mit EMa benetzen, dann mähen und als Mulch zwischen die Baumreihen oder entlang der Sträucher legen. Das unterdrückt Beikraut und nährt das Bodenleben. Mit der EMa-Behandlung fault die Grasauflage nicht und verpappt weniger.

Obsternte: Auch hier kann eine EM-Spritzung kurz vor der Ernte dafür sorgen, dass das Obst in der Lagerung weniger Fäulnis aufzeigt. Das Obstlager ab und zu mit EML leicht aussprühen, damit sich keine Fäulnis und Pilzkrankheiten ausbreiten. Zur Aufbereitung für den Verkauf oder die Saftbereitung beim maschinellen Waschen und Bürsten von Äpfeln und Birnen dem Waschwasser EMa zusetzen:

- 10 l EMa auf 1000 l Wasser (= 1 Prozent oder 1:100)

Schalenverletzungen verbräunen oder faulen nicht.

Bäume mit Bokashi-Depots stärken

Die Gesundheit eines Baumbestandes entwickelt sich in erster Linie aus dem Boden. Ist er voller Bodenleben, stehen den Bäumen alle Substanzen für Vitalität und Widerstandskräfte zur Verfügung. Ein wunderbares Mittel für einen gesunden Baumbestand ist die Lanzendüngung mit Bokashi. Sie wird wie im Kapitel «Garten mit EM» Seite 259 beschrieben angelegt. Dieser Arbeitsvorgang ist aufwendig, aber sehr wirkungsvoll.

Bokashi-Depots sind Wurzelnahrung für üppige Ernten:
① Löcher für das Bokashi-Depot im Bereich der Kronentraufe mit dem Erdbohrer ausheben
② Mistbokashi mit Erde vermischt einfüllen
③ Die Füllug verdichten
④ Mit restlicher Aushuberde auffüllen und glattstreichen.

In diesem Obstbestand sind nach 3 Jahren EM-Anwendungen nur noch vorbeugende Pflegespritzungen nötig.

Spritzungen

Ob Winter-, Austriebs-, oder Sommerspritzungen, alle werden mit EM unterstützt oder bei geringem Befallsdruck sogar ganz mit EM ersetzt. So kann zum Beispiel die Kupferspritzung pro Hektar von 4 kg Mittel auf 1,5 kg gesenkt werden. Ziel wäre, nach einigen Jahren EM-Kulturführung gar nicht mehr spritzen zu müssen.

Kupferspritzungen: Bei der Umstellung von konventionellem Anbau auf Anbau mit EM wird die Anzahl der bisher erforderlichen Kupfermittelspritzungen nach und nach reduziert, bis sich das Milieu aus der permanent anfälligen Kondition für Pilzbefall in einen stabilen, gesunden Zustand eingependelt hat. Erfahrene EM-Obstbauern empfehlen

- Im 1. Jahr Kupferspritzmittel um 25 Prozent senken
- Im 2. und 3. Jahr jeweils um weitere 25 Prozent reduzieren
- Ab 4. Jahr sollten die bisher angewendeten Spritzmittel ganz weggelassen werden können.

Diese Aussagen lassen sich nicht verallgemeinern. Es kommen zu viele individuelle Fakten ins Spiel, die eine spezielle Beratung erfordern.

Sieht hübsch aus und ist praktisch: Die prächtigen Rosen vor den Obstbaumreihen sind Indikatoren für beginnenden Mehltau- oder Läusebefall. Sie ersparen dem Obstbauern lange Wege, wenn er nur den Anfang jeder Reihe begutachten kann, ob eine Spritzung nötig ist.

Ergänzende EM-Pflanzenschutzspritzungen mit einem EM5 oder EM-FKE helfen, den Befallsdruck von Krankheits- und Schaderregern zu entlasten. Pro Hektar

- 1 l EM5 oder EM-FKE auf 100 l Wasser (1 Prozent oder 1:100) alle 7 bis 10 Tage.

Ein Zusatz von EM+U tut gut. Weil sich aber das Pulver schnell absetzt und Spritzdüsen verstopfen kann, ist es ratsam, das feinkörnige Diabas-Gesteinsmehl Biolit ultrafein oder das feine, leicht rosafarbene EM-Keramikpulver «Amron» zu verwenden oder ein Sprühgerät mit laufendem Rührwerk einzusetzen.

① Grosse Bestände gesunder Himbeeren, ohne Maden und Schimmelbefall.
② Kirschengrosse Heidelbeeren warten auf den ersten Pflückdurchgang.
③ Erdbeerfelder ohne Botritisbefall.

Beerenanbau

Viele Beeren lieben den etwas sauren Boden. In diesem Milieu fühlen sich die Effektiven Mikroorganismen besonders wohl. Die Ernteerträge sind höher, die Beeren entwickeln einen höheren Zuckergehalt. Bei der Redoxpotentialmessung fallen die tiefen Werte = hohe Antioxidanz gegenüber dem konventionellen Anbau auf.

Ein Mulchmix aus Grasschnitt und Gehölzhäcksel – mit EM+U überstäubt und von EML durchtränkt – liefert den Beeren genau das, was sie zum gesunden Wuchs und für die aromatische Ausbildung der Früchte brauchen. Diesen Mulch von Zeit zu Zeit ergänzen. Es fehlt aber noch an organischer Masse, denn Gehölzhäcksel frisst viel vom Stickstoff des Grasschnittes wieder weg. Ideal ist deshalb, eine dünne Mistbokashi-Decke von 5 Zentimetern vor dem Herbstmulch auf den Sträucherstreifen aufzulegen.

Gross, fest und lange haltbar: Diese süssen, aromatischen Heidelbeeren sind eine ganze Qualitätsstufe besser als üblich und finden auf heiss umkämpftem Markt reissenden Absatz.

Im Frühjahr den Boden einmal mit EM behandeln. Pro Hektar

- 60 l EMa mit 150 bis 600 l Wasser (je nach Trockenheit)
- +2 kg EM-Keramikpulver mit der Feldspritze ausbringen.

Im Herbst eine Lage Bokashi und Mulch zwischen den Sträuchern und den Reihen entlang verteilen. Pro Hektar:

- 3 t Mistbokashi mit dem Mistzetter verteilen
- mit 60 l EMa und 2 kg EM-Keramikpulver auf 600 l Wasser den Boden durchtränkenl mit Mulch überdecken

Weinbau

Hier gelten die gleichen Voraussetzungen und Anwendungen wie im Obstbau: Zuerst den Boden beleben und mit den Effektiven Mikroorganismen «in Ordnung» bringen. Durch die zur Sonne ausgerichtete Exposition ist die UV-Einstrahlung besonders stark. Hier wirkt die Spritzung von EMa milder als bei den üblichen Essigbehandlungen und verbrennt das Laub kaum. Der Befallsdruck

EM-Trauben reifen gesund und ohne faulige Anteile.

von Pilzerkrankungen und Schädlingen geht zurück, wenn sich der Boden in die aufbauende Dominanz wendet. Die physiologische Reife (Vollreife von Frucht und Traubenkern) wird mit EM-Anwendung eher erreicht.

Im Herbst nach der Lese pro Hektar

- 3 t EM-Mistbokashi ausbringen
- 60 l EMa und 2 kg EM-Keramikpulver mit 600 l Wasser den Boden gut durchfeuchten

Im Frühjahr: 2 Wochen bevor die Knospen schwellen, bei frostfreiem Wetter spritzen. Pro Hektar

- 10 l EMa und 400 g EM-Keramikpulver auf 150 l Wasser

Die Rebstöcke im Vordergrund und der Rebberg im Hintergrund des Bildes werden mit EM gepflegt.

Spritzungen: alle 14 Tage bis zur Lese zur Vorbeugung und zur Stärkung der Stöcke pro Hektar einen Mix spritzen aus

- 4 l EMa + 200 ml EM5 oder 200 ml EM- FPE und 120 g EM-Keramikpulver mit 250 l Wasser

Giessen: drei- bis viermal pro Saison bei trübem Wetter, kurz vor Regen oder abends auf den feuchten Boden. Pro Hektar

- 66 l EMa mit 600 l Wasser

Die Erde muss mindestens 6 Zentimeter tief durchfeuchtet werden.

Tipp: 1 l Buttermilch auf 600 l Spritzbrühe zumischen. Sie regt die in EM enthaltenen Milchsäurebakterien an, sich noch eifriger zu vermehren.

Diese Methode aus früheren Zeiten funktioniert immer noch: Rosen zeigen als erste die Anzeichen für einen Mehltaubefall an.

Unterstützende Massnahmen

Die EM-Anwendung im Weinbau kann mit den ab Seite 190 genannten Zusätzen wirkungsvoll verstärkt werden. Weitere Hilfen:

- Kräuteransaat zwischen den Reihen: Jeden zweiten Grasstreifen mit Kräutersaat ergänzen. Das sorgt für den ökologischen Ausgleich zur «Monokultur» der Reben: Es siedeln sich mehr Nützlinge an. Durch den Anteil an Heilpflanzen reduziert sich auch der Pilzbefall.
- Rosenstöcke als «Mehltau-Melder»: In Rebhängen erreicht die Morgensonne den Tauniederschlag am untersten Punkt der Reihen am spätesten. Deshalb taucht hier der Feuchtigkeit liebende Pilz zuerst auf und zeigt dem Winzer: «Jetzt muss vorbeugend gespritzt werden.»

- Eingegrabene Bergkristalle und Amethyste – an vorab mit der Rute ausgemessenen Plätzen – unterstützen mit ihrer Strahlung die Arbeit der Effektiven Mikroorganismen und die aller Bodenlebewesen.

Wein aus EM-Anbau mundet besser

Die Rebstöcke sind mit EM-Behandlung vitaler, und das wirkt sich auch auf einen höheren Leseertrag und auf den gekelterten Saft aus. Es gibt viel weniger faule Beeren pro Traube, der Wein daraus wird reiner und haltbarer:

- Das Fruchtaroma fällt gegenüber den Trauben aus traditionellem Anbau ausgeprägter aus.
- Der Wein ist voller lebendiger, energetischer Fülle.
- Die Reifung im Tank oder Fass verläuft sicherer.

Tipp: Der Gärungsprozess und die Reifung werden unterstützt, wenn die Tanks und Fässer geerdet sind (die vom Rebstock abgeschnittene Traube erhält das abgetrennte Element Erde zurück). Dazu wird ein fingerdicker Kupferdraht mit dem Eisenband des Fasses oder am Tank vernietet und angeschweisst. Das leitet die statische Ladung ab, die sich durch den Gärungsprozess aufbaut:

- Es entsteht nach der Pressung viel weniger Sediment und erfordert weniger Filterarbeit.
- Es fällt weniger Weinsteinsäure an.
- Der Wein kommt leichter zur Ruhe, die für die Reifung so wichtig ist.

Ein Rotwein aus EM-Anbau und mit unterstützenden Hilfen herangewachsen, weist optimalen Gehalt an sekundären Pflanzenstoffen und Mineralien auf. Wird dieser Wein erst nach einem Jahr Reife abgefüllt, kann sich der vom Hefeprozess reduzierte Kaliumgehalt wieder aufbauen, der für die Herzmuskelarbeit so wichtig ist. So ein Rotwein ist dann «Medizin»

① Die Maische wird mit Trockeneis heruntergekühlt, um die Gärung zu verzögern, damit die Fruchtaromen in Ruhe in den Saft übergehen können (auch Maceration carbonique genannt).

② Im Chromstahltank reifen die fruchtigen, leichteren Weine ohne Hast und werden erst nach einem Jahr abgefüllt.

③ Im Eichenfass entwickeln sich die «volleren» Rotweine (Barrique). Alle Fässer, auch die stählernen, sind für die Erdung mit Kupferdraht untereinander verbunden.

④ Mit EM-Behandlung schneidet dieser Wein bei der Beurteilung in Bezug auf Aroma und Haltbarkeit um einige Stufen besser ab.

4

1

2

3

EM-Pflege hält Tiere quicklebendig und gesund.

Tiere und EM

**Tiere sind Freunde oder Feinde des Menschen.
Es liegt an uns.**

Haustiere erfüllen auf ihre Art soziale Aufgaben, die immer mehr geschätzt werden. Eine recht grosse Industrie nimmt sich der beliebten Hausgenossen an und bietet alles, was das Tierfreundherz für seinen Liebling begehrt. Die wichtigste Komponente in der Tierhaltung ist aber die Zuwendung des Menschen zur Kreatur.

Da freuen sich Katze, Hund, Hase und Vogel

Ein gemütliches Nest, freundliche Herrschaften, gutes Futter und viel Bewegungsfreiheit, so könnte die Idealvorstellung eines Haustieres für sein Daheim aussehen. Wenn es mit EM gepflegt und sein Platz damit sauber gehalten wird, fühlt es sich aus mehreren Gründen wohl, und das merkt man auch:

- die positive Schwingungsenergie von EM überträgt sich auf die Tiere. Das zeigt sich in einer ausgeglichenen und lebensbejahenden Vitalität. Sie sind quicklebendig
- das Fell- oder Federkleid ist gesund und glänzt in einem leichten Regenbogenschimmer
- die «Mauser» wird besser überstanden
- Kot und Ausdünstungen stinken weniger
- mögliche pathogene Keime werden reduziert und somit existiert kaum noch die Gefahr einer Erkrankung
- Wundheilungen verlaufen rascher

Anwendungs-Hinweise

Abkürzungen und EM-Grundmengen: Sie gelten immer, **wenn nichts anderes vermerkt ist.** Sie sind auf der hinteren Buchumschlagsklappe aufgeführt.

Körper- und Gehegepflege

Wie der Mensch auch braucht das Tier zu seinem Wohlbefinden einen sauberen Aufenthaltsplatz. Zur Reinigung von Käfig, Stall oder Gehege, des Geschirres und von Futterplätzen:

- 100 ml EM oder EMa pro 1 l Putzwasserzugeben
- Teile mit starken Verschmutzungen in EM einweichen und dann mit der Bürste reinigen
- Aufenthaltsplatz täglich mit etwas EML einsprühen
- Für Waschungen oder Bäder EML verwenden

Tiere zeigen manchmal, dass ihnen Mineralstoffe fehlen. Sie nagen am Holz, lecken am Fels.[1]

1 Sharamon/Baginski 2004, S. 27

Die Einstreu täglich leicht mit EML einsprühen. Das bindet Staub, Geruch, Ammoniakausgasung und verhindert Parasitenbesatz. Die Tiere fühlen sich einfach wohler.

Ob Kaninchen oder Hund: Sie lieben Futter mit EM. Der Hund hat mal wieder eine leckere Paprika aus der EM-Gemüsegärtnerei seines Herrchens stibitzt.

Das Tigerbaby kam mit Darmproblemen auf die Welt. seine Mutter hat es nicht angenommen. Mit viel Liebe und EM in der speziellen Flaschenmilch hat sich dieses geschwächte Tierkind zum starken Tigerweibchen entwickelt.

Futter mit EM**

Futter, das aus EM-Anbau stammt, enthält mehr Mineralien und Vitalstoffe als üblich. Sie liegen in einer Form vor, die vom Verdauungsapparat voll verwertet wird. Welche Menge EM oder Futterbokashi pro Tagesmenu zugegeben werden sollte, ist nicht festgelegt. Auch hier ist wie auf allen Gebieten der EM-Technologie Fingerspitzengefühl gefragt. Es muss beobachtet werden, wie unsere Haustiere auf EM reagieren, denn wir verfüttern ja eine Mixtur aus lebenden Organismen, die auf jedes Individuum dieser Erde unterschiedlich einwirken können, je nach Grösse und Konstitution des Tieres.

Für ausgewachsene Tiere gilt:

- pro Tagesration etwa 10 bis 15 Prozent Futterbokashi$^+$ zugeben
- 1 bis 3 Pipes pro 1 l Wasser in den Trinkwassertank geben
- pro Tagesration 1 ml EM$^+$ auf 1 l Wasser zufügen. Dieses Wasser muss täglich erneuert werden
- Zur Zeit der Mauser oder wenn die Tiere trächtig sind, die EM$^+$-Gaben etwas erhöhen (EM$^+$ Seite 381).

Die Tieraufzucht wird mit EM leichter

Bei der Geburt eines Tieres ist die EM-Gabe ein guter Start ins Leben. Auf dem Weg durch den Geburtskanal bekommt der bisher geschützte Körper ersten Kontakt mit der aussen liegenden Mikrobenwelt. Wenn das Neugeborene sofort nach der Niederkunft eine winzige Gabe EM$^+$ bekommt, ist es der Start für eine gesunde Darmflora mit einer Dominanz an aufbauenden Mikroorganismen. Je nach Tiergrösse

- 1 ml bei Kleintieren, 5 ml bei Grosstieren mit einer Einwegspritze (ohne Nadel) einflössen
- danach kann in den ersten 3 Tagen des jungen Lebens die Menge bei Grosstieren langsam bis auf 10 ml erhöht werden.

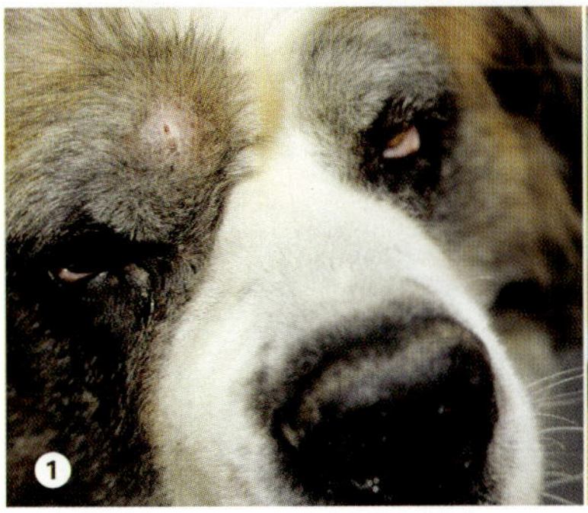

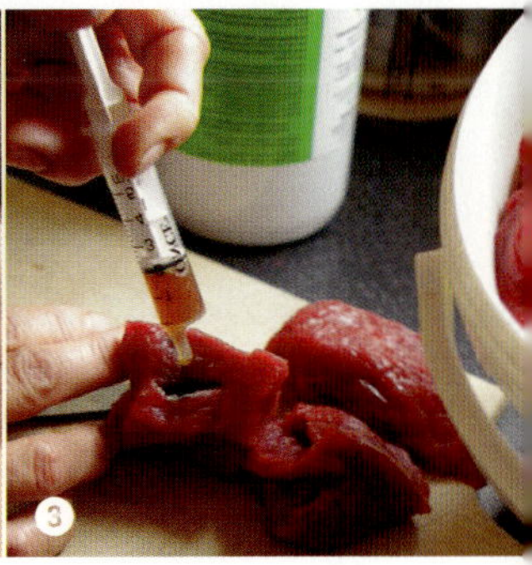

① Platzwunden verheilen mit EM-Behandlung ohne Wundbrand und ohne dicke Schorfkrusten ab. Das Fell schliesst sich rasch und oft ohne Narbenzeichnung.

② Dem Katzenbaby werden gegen Durchfall ein paar Tropfen EM+ oder FG ins Maul gespritzt.

③ Ins Fleisch eine Tasche einschneiden, EM und wenig EM-Keramikpulver einfüllen. So schluckt es auch der heikle Hund.

So manches Tierbaby konnte trotz grosser Startschwierigkeiten aufgezogen werden, z.B. weil die Tiermutter ausfiel und das Kind mit der Flasche aufgepäppelt werden musste.

Tiergesundheit

EM gepflegte Tiere werden seltener von Parasiten befallen.
Wurmkuren können bei einer intakten Darmflora reduziert werden.
Zecken und Flöhe werden durch Gerüche angelockt. Ein Fell, das mit EMI gepflegt wird statt mit Chemie besprüht, verliert seinen Reiz für die kleinen Vampire. Ein Halsband, mit ein paar EM-Keramikpipes bestückt, hält die Plagegeister fern.
Verletzungen wie Platzwunden oder Quetschungen verheilen mit EM-Behandlung erstaunlich schnell:

- Wundränder mit EML reinigen
- EM-Keramikpulver mit einem guten Olivenöl zur Paste mischen und auf die Wunde auftragen.

Darmprobleme, z.B. Durchfall gibt es vor allem bei Jungtieren, weil sie in ihrem ungestümen Spieltrieb manchmal auch Unbekömmliches verschlucken. Je nach Grösse des Tieres mit der Einwegspritze (ohne Nadel)

- 1 ml bis 10 ml EM oder EMa einflössen, wenn nötig, wiederholen.

Viele Berichte erzählen von EM-Behandlungen bei Gesundheitsproblemen. Einige sind im Kapitel «Erfahrungsberichte» ab Seite 349 aufgeführt.

Tiere heilen sich selbst, wir müssen sie nur mit Nahrung versorgen und pflegen.[2]

2 E. Pfeiffer in Tompkins/Bird 2000, S. 48

Nicht alle Pferde geniessen so ein freies Leben wie diese Islandponys.

Pferde

Eine Sonderrolle nimmt das Pferd ein. Einst in der Landwirtschaft ein unentbehrliches Arbeitstier, hat es heute in der Sportszene einen wichtigen Platz eingenommen. Immer mehr Menschen der begüterten westlichen Welt widmen sich dem Reitsport oder geniessen in ihrer Freizeit «das Glück dieser Erde auf dem Rücken der Pferde».

Gesunde Pferde tragen ein glänzendes Fell.

Wer Pferde in freier Wildbahn oder auf der grossen Pferdekoppel erlebt, spürt die unbändige Kraft, wenn diese Tiere als ganze Herde dahergaloppieren und sich ihre Energie unwillkürlich auf uns überträgt. Ursprünglich war das Pferd ein Steppentier, ständig auf Futtersuche und am kargen, aber auch kräuterreichen Gras rupfend fortwährend in Bewegung. Die Tiere konnten dabei die für den Darm so wichtigen Mikroorganismen zugleich mit den Kräutern aufnehmen. Den meisten Pferdeweiden fehlt es aber an artenreichem Bewuchs. Ein Zuviel an Kunstdünger setzt die Mikrobenpopulation nahezu auf Null herunter. Heutzutage steht das Pferd mehrheitlich im Stall. Häufig muss es Mahlzeiten mit vorbestimmten Futterrezepturen – in exakten Zeiteinheiten eingeteilt – zu sich nehmen. Durch diese widernatürliche Haltung ist das edle Tier sehr anfällig für Erkrankungen und Parasiten aller Art. Andererseits ist das Pferd durch seine Intelligenz und Sensibilität ein wunderbarer Kamerad des Menschen, und es gibt viele berührende Geschichten von tiefen Freundschaften zwischen Menschen und diesen Tieren.

Boxen und Auslauf regelmässig mit EMa übersprühen. Das bindet Staub und Ammoniakausdünstungen.

Ohne Staub lebt es sich leichter

Sägemehl, Stroh und Heu sind Staublieferanten. Die grossen Nüstern der Pferde atmen bei der Futteraufnahme viele Staubpartikel ein, die sich auf die Atemwegorgane niederschlagen. Kommen noch grosse Mengen Pilzsporen aus Schimmelnestern im Heu oder in der Silage dazu, kann das zu ernsten Erkrankungen führen. Deshalb ist es wichtig, dass der Feinstaub in diesen Stallungen gebunden wird. Täglich EML in die Luft versprüht, lässt die Tiere buchstäblich aufatmen. Zusätzlich

- die Boxen und den Auslauf wöchentlich einmal ringsherum mit EML einnebeln, die Ecken besonders intensiv besprühen, weil sich hier gern Schimmelnester ansiedeln
- alle zwei Wochen den Stall gründlich ausspritzen
- alle Monate den Auslauf mit 5 l EMa auf 25 l Wasser mit der Spritze überregnen
- jede neue Einstreu mit 100 ml EMa auf knapp 1 l Wasser übersprühen
- Futterkrippen, Geschirr und alle anderen Pferdeutensilien nach Gebrauch mit EML einsprühen und trocknen lassen
- stärkere Verschmutzungen mit EML und Bürste bearbeiten
- auch das Putzzeug für einige Stunden in ein EML-Bad einlegen. Die Mikroorganismen fressen alle Schmutzteile, wie Hautschuppen, Tierhaare und Dreck heraus.

Der grossräumige und liebevoll gestaltete Pferdestall wird wöchentlich mit EML ausgespritzt und mit Leinstroh ausgelegt.

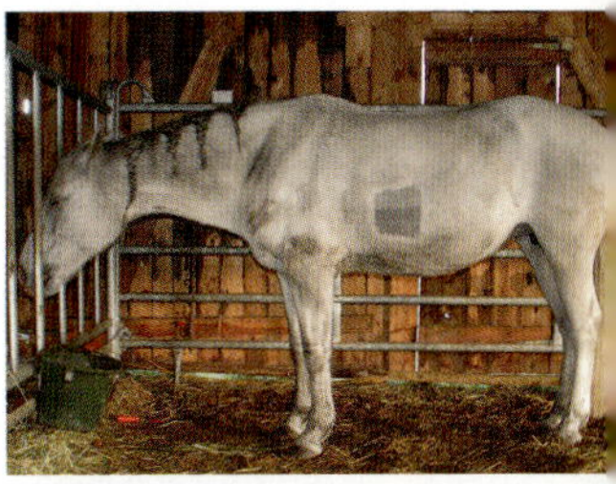

Gesundheitsprobleme mit EM Unterstützung lösen. In der Boxenhaltung ist das Pferd einer Vielzahl von Parasiten ausgesetzt. Es ist oft gezwungen, in seinem eigenen Kot zu stehen.

Bis der Stoffwechsel-Kreislauf Futter – Pferd – Mist – Weide – Futter durchgehend mit den Effektiven Mikroorganismen besetzt ist, werden noch eine Weile Belastungen auf das Pferd anhalten, aber die sensiblen Tiere reagieren auf EM auffallend schnell und intensiv.

Darmpflege[3]: Ganz wichtig ist, dass der Verdauungsapparat gut funktioniert. Er hat wie beim Menschen oberste Priorität, resultiert doch die Gesundheit zu 70% aus einer intakten Darmflora. Ein schlechter Zustand bringt dem Tier viele Folgebelastungen, z.B.:

- **die Fliegenplage:** «Wo Fäulnis ist, da sind auch Fliegen» und nerven das Pferd. Die Plagegeister werden von den Ausdünstungen des Tieres angezogen, die es über die Haut aus einer schlechten, in Fäulnis geratenen Darmflora ausscheidet:
- **verschiedene Hautpilze:** Diese Parasiten besiedeln die Haut aus dem gleichen Grund, der auch die Fliegen anlockt: Der Darm ist nicht in Ordnung

Die wertvolle Berber-Zuchtstute Rashidia mit lückenhaftem Haarkleid und hohen Leberwerten war schwer erkrankt. Durch EM-Pflege stellten sich gute Leberwerte ein, wuchs glänzendes Fell nach und wurde die Stute wieder quicklebendig.

3 Clahsen, 2009, S. 192

- ein schwach ausgebildetes Hufhorn. Die gestörte Darmflora ist nicht in der Lage, die benötigten Aufbaustoffe dazu auszubilden
- Minderwertiges Futter, das von allerlei Fusarien* durchsetzt ist, verursacht Koliken, oft mit tödlichem Ausgang.

Die Effektiven Mikroorganismen sind sehr hilfreich, eine in Fäulnis geratene Darmflora wieder in die aufbauende Richtung umzulenken. Etwas Futterbokashi, zur Hafer- oder Kraftfutterportion zugemischt, löst viele Darmprobleme

Gutes Futter sorgt für gute Gesundheit
Faserreiches Raufutter wie gutes Wiesenheu mit hohem Kräuteranteil ist rar. Heugras, mit EM zu Silage fermentiert, wird vom Tier sehr gern angenommen, wenn die Fermentierung gut verlaufen ist.

Merkmale für starke Immunkräfte sind

- ein glänzendes Fell und blanke Augen
- ein ruhiges, ausgeglichenes Verhalten
- die schnelle Regeneration nach hohen Arbeits- oder Sportleistungen
- die bessere Widerstandfähigkeit gegenüber Parasiten und Pilzerkrankungen
- eine Reduzierung der nötigen Wurmkuren bis zu 50 Prozent.

Zur Vorbereitung für besondere Leistungen und in Stresssituationen wie bei Transporten und Turnieren kann die Zugabe von EM⁺ 14 Tage vorher erhöht werden. Das beruhigt die aufgeregten Tiere und stärkt ihre Psyche. Das sensible Gemüt wird ausgeglichener. Die richtige EM⁺-Menge zu bestimmen, bedarf viel Feingefühl für das Tier und muss ausprobiert werden (EM⁺ Seite 381).

① Dem Haflinger schmeckt das Heu, das bei der Bergung mit EML übersprüht wird.

② Rashidia mit Sohn Zidane el Zahir. Das Fohlen wird seit seiner Geburt mit EM versorgt.

③ Pferde leiden auf Transporten z. B. zu Turnieren, wo sportliche Höchstleistungen gefordert werden. Mit erhöhten Futterbokashigaben überstehen sie den Reisestress besser.

1

2

3

Niederkünfte: 14 Tage vor dem Geburtstermin EM oder EM+ zusätzlich ins Futter geben. Bei der Geburt eines Fohlens die Box gründlich mit EM aussprühen, damit keine pathogenen Keime Platz haben. Zur Abheilung des Nabels EM auf den Nabelansatz aufsprühen.
Bei Fellwechsel unterstützt die doppelte EM+-Gabe die Fellerneuerung.

Beispiel für eine Zufütterung mit Bokashi und EM⁺-Zugabe

Pferde	Futterbokashi⁺	EM⁺
Fohlen		
ab 3. Lebenstag		10 ml tägl. ins Maul
ab Futteraufnahme	100 bis 150 g pro Tag	10 ml tägl. ins Maul
erwachsene Tiere		
ohne Belastung	200g pro Tag	2 x 10 ml tägl. ins Maul
bei Arbeit und Sport	500 g pro Tag	2 x 10 ml tägl. ins Maul

Angaben aus eminentnatural.com

Liebevolle Pflege und Zuwendung gleichen den Verlust an Freiheit etwas aus.

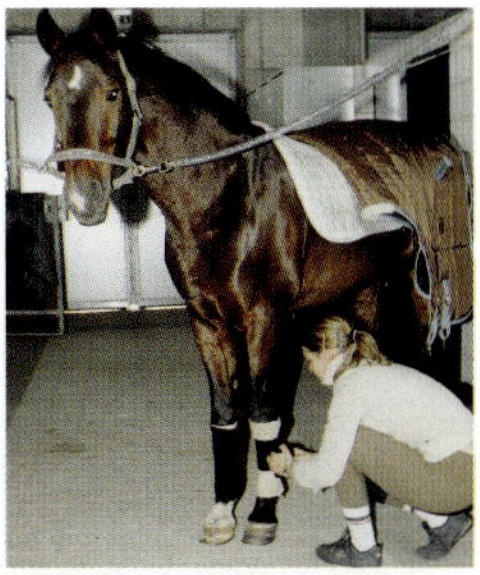

Die Körperpflege mit EM ist besonders dort wichtig, wo sich in Hautfalten Schmutz und schädliche Keime absetzen und zu Entzündungen führen können. Hier sind Waschungen mit EML wirksam.

Diese afrikanischen Zahnkarpfen, die «Diamanten des Regenwaldes», sind vom Aussterben bedroht. Eine besondere Aufgabe ist die Aufzucht dieses seltenen Fisches und erfordert viel Erfahrung. Mit EM-X Keramik im Wassertank und EM im Aquarium gelingt die schwierige Vermehrung sicherer. Der Wasserwechsel wird sehr gut vertragen.

Aquarien

Die gläsernen «Schaukästen» immer klar und sauber zu halten, ist mit einer aufwendigen Prozedur verbunden. Bei einem Wasserwechsel werden die Fische gestresst und brauchen eine Weile, bis sie sich dem neuen Milieu angepasst haben. Mit EM-Einsatz

- reduziert sich der Reinigungsturnus pro Jahr um mindestens die Hälfte
- wird ein Wasserwechsel besser vertragen
- scheinen sich die Fische im EM-geimpften Wasser sehr wohl zu fühlen und vermehren sich freudig
- sind sie «putzmunter» und tragen ein ausgesprochen gut ausgefärbtes Schuppenkleid

Zu Beginn einer EM-Pflege

- Zeolith mit 100 ml EM pro 10 l Aquariuminhalt tränken, dann den Zeolith im Aquarium auf dem Boden verteilen
- 1 EM- Keramikpipe pro 1 Liter Wasser auf dem Grund deponieren
- das Aquariumwasser mit 10 ml EM pro 10 l Wasser anreichern

Bei Wasserwechsel

- nur noch 5 ml EM pro 10 Liter Wasser zugeben

So bleiben die Fische gesund und erreichen ein höheres Alter als üblich.

Zur Behandlung des Wassers nur EM und kein EMa anwenden. Im aktivierten EMa ist zu viel ZRM vorhanden, weil es von den Effektiven Mikroorganismen noch nicht ganz aufgezehrt wurde. Der darin enthaltene Stickstoff würde das Fischwasser noch mehr anreichern.

Grosses Bild: Das seit Jahren mit EM behandelte Wasser und EM-Futterbokashi sorgen für prächtige, gesunde Kois mit leuchtender Ausfärbung. Eine Filterung des Wassers ist dank EM nicht nötig (Wasseranlage im Kyusei-Nature-Farming Center in Sara Buri/Thailand).

Kleines Bild: Kois, liebevoll versorgt, noch ohne EM.

Gewässer mit Fischen

Je grösser der Teich, desto besser für die Fische. Goldfische und der farbenprächtige Koi sind sehr beliebt, aber auch das Moderlieschen und andere kleine Fische können einen Teich beleben und dem stillen Betrachter eine faszinierende Welt vor Augen führen.

Durch das Fischfutter und die Exkremente der Fische wird das Wasser sehr mit Stickstoff belastet. Das führt zu Algenvermehrungen, Wassertrübungen und zu grossen Mengen Faulschlamm. Hier hilft EM, das Wasser wieder zu klären und sauber zu halten, denn für die Effektiven Mikroorganismen ist Stickstoff und fauliges Sediment ein herrliches Mahl. Für die Sanierung mit EM gelten die gleichen Massnahmenvorschläge wie im Kapitel «Wasser», ab Seit267 beschrieben.

Dem Fischfutter zur Unterstützung der Widerstandskräfte etwas Futterbokashi beigeben. Die Farben der Fische werden intensiver, was bei Kois besonders stark zum Ausdruck kommt.

Fischzucht mit EM

Schon ganz geringe Mengen an EM in der Wasseraufbereitung und Fütterung haben in der Aufzucht bei Aal, Karpfen, Forellen, Edelkrebsen und Welsen ganz enorme Erfolge gebracht und garantieren hohe Erträge aus gesunden Beständen (Seite 337).

Die vom Aussterben bedrohten Edelkrebse werden für die Wiederbesiedelung von Süsswasserkanälen vermehrt und in grossen Becken mit EM versorgt.

Tiere im Zoo

Enge Gehege und künstliche Bedingungen führen oft zu stressbedingten Leiden der dort lebenden Wildtiere. Ihnen fehlen die freie Bewegung, „der Sport» und die Jagd nach Beute. Das Pflegepersonal ist bemüht, um diesen Kreaturen das Leben so «natürlich» wie möglich zu gestalten. Die Gehege- und Körperpflege mit EM, auch in der Tränke und dem Futter beigegeben, gleicht die Psyche der Tiere aus, sorgt für ein gesundes Haar- oder Federkleid und bindet belastenden Gestank. Medizinische Massnahmen sind seltener nötig. Ein guter Index für die Verträglichkeit von EM ist, dass sich die Tiere auf das Aussprühen der Gehege regelrecht freuen und sich auch bei sensiblen Tieren Nachwuchs einstellt.

① Die schmucken Säbelschnäbler fühlen sich im Gehege mit EM im Sand und Wasser sichtlich wohl.

② Löwe Celio hatte Arthrose und konnte nicht mehr aufstehen. Die Medizin, in Fleischtaschen zusammen mit EM versteckt, nahm er gern an und kann wieder laufen und auf sein Podest steigen.

③ Aus den winzigen, verstossenen Tierbabys sind mit EM-Futter stattliche Tiere herangewachsen.

Haushalt und EM

«Die Verwendbarkeit von EM ist nur durch die [fehlende] menschliche Phantasie begrenzt.» *Teruo Higa*

Da wir unser Heim wohnlich und möglichst hygienisch rein halten wollen, bemühen wir uns, «alle Keime im Keim zu ersticken». Wir sind es so gewohnt. Dabei gehen Unmengen nützlicher Mikroben mit kaputt.

Einfach und schnell: Gute Luft und Energie für alle Räume mit EM-Luftbefeuchtung.

Die EM-Technologie nimmt in der Hygiene einen ganz anderen Weg. Wo die Effektiven Mikroorganismen eingesetzt werden, besiedeln sie ihre Umgebung wie «Platzhalter» und lassen somit keine anderen Keime zu. Durch ihre antioxidativ wirkende Kraft helfen sie auf vielen Ebenen, eine umweltfreundliche und aufbauende Atmosphäre in unserem Alltag zu unterstützen.

EM als Raumspray: EM-Spray so oft wie nötig anwenden. Weil die EM-Lösung nur begrenzt haltbar ist, sollte man eine kleine Sprühflasche verwenden oder nur eine kleine Menge zubereiten:

- für 0,5 l Wasser 5 ml EM oder EMa und ein paar EM Keramikpipes in die Flasche füllen

Bei Raumtemperatur hält sich die Lösung zwei bis drei Tage. Wenn sie anfängt, unangenehm zu riechen, kann man sie ins Abwasser giessen. Anwendungen:

- Kochdünste, Zigarettengeruch oder unliebsame Düfte im Bad, im WC und in Mülltonnen verschwinden
- die Raumluft befeuchen: Staub in der Luft wird gebunden, das Raumklima durch die Luftbefeuchtung angenehmer
- Wohngifte nach Malerarbeiten, Ausdünstungen neuer Möbel oder von Teppichen werden abgebaut
- Matratzen, Polster und Teppiche damit einsprühen. Das verhindert die Vermehrung der Hausstaubmilben und Motten
- bei Schweissgeruch in Schuhen und Schuhschränken

Zur allgemeinen Reinigung: Alles, was wir mit EM putzen, wird von Fliegen und ähnlichen Mitbewohnern gemieden, weil dann keine abbauenden Substanzen mehr vorhanden sind. Die Reinigungskraft liegt zum Teil auch darin, dass das Wasser mit EM eine feinere Struktur erhält und somit leichter in Verschmutzungen eindringen kann:

- 30 ml EM oder EMa für 10 l Putzwasser

Anwendungen:

- Küchenschränke, Arbeitsplatten, Kühlschränke
- bei starken Verstaubungen oder Fettfilmen auf den Möbeln
- Fussböden
- Glasflächen, Fenster und Rahmen
- Brillen
- Fliesen aller Art
- Armaturen in Bad und Küche
- Polster und Teppiche
- Auto-Innenreinigung: Polster und textile Verkleidungen mit EM-Lösung einsprühen (einwirken lassen). In der Zwischenzeit die Kunststoffteile und Fenster putzen. Dann die Polster und textilen Verkleidungen abbürsten

Starke Verschmutzungen: Hartnäckige Verkrustungen mit unverdünntem EM oder EMa eine Zeit lang einweichen (bis zu mehreren Stunden). Dann den Schmutz mit EM-Lösung abwaschen:

- Fettablagerungen von Dunstabzugshauben
- eingebrannte Speisereste in Töpfen und Backöfen

Fussböden, mit EM-Putzwasser gereinigt, verstauben nicht so schnell. Die Böden erhalten einen feinen Glanz.

Gegen Schmutz und Milben: Polster, Teppiche und Matratzen mit EML einsprühen, einwirken lassen, dann abbürsten.

Fenster bleiben länger sauber. Es gibt weniger Fliegendreck. Fliegen bleiben weg, folglich auch die Spinnen.

Kalkablagerungen an Armaturen lassen sich leicht abwischen. Starke Verkrustungen vorher mit EM einweichen.

EM im Geschirrspüler verringert fettige Ablagerungen. Die Spülmitteldosierung kann halbiert werden.

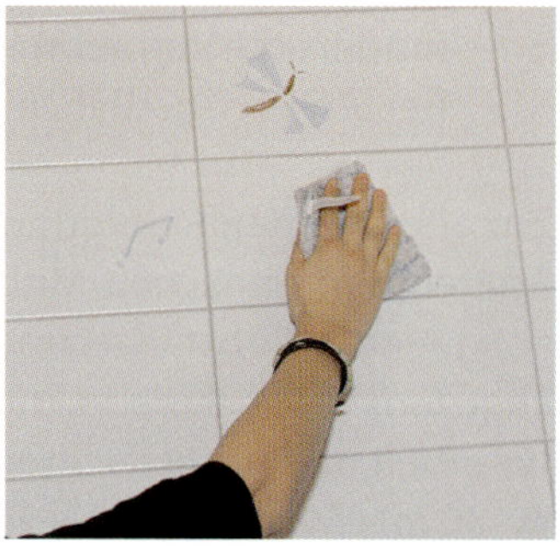

Fliesen in Bad und Küche mit EML reinigen. Bei starken Verschmutzungen EM pur aufsprühen, einwirken lassen, dann abwischen.

Backöfen und verrusste Ofentüren mit purem EM einsprühen, ein bis zwei Stunden einwirken lassen und dann abwischen.

Fettablagerungen an Dunstabzugshauben mit EM einsprühen, einwirken lassen, danach lässt sich klebriger Fettfilm leicht entfernen.

Zigarettenluft und Nikotinniederschläge können mit EML-Spray weggesprüht werden. Vorhänge mit EM waschen.

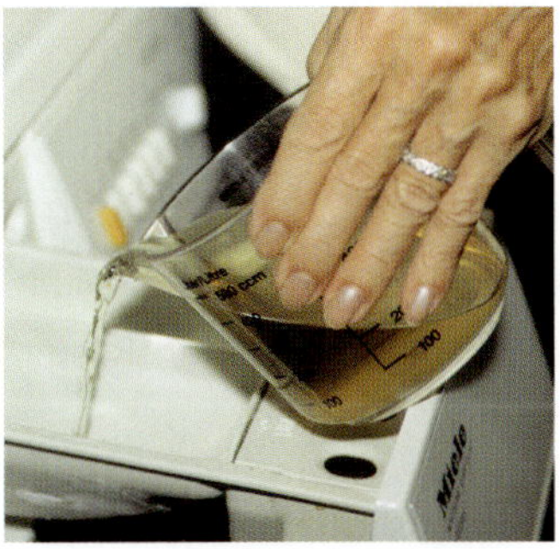

Ausser EM Keramikpipes kann auch EM verdünnt in die Waschmittelkammer eingelassen werden. Vorsicht bei hellen Textilien!

Mit EM wird das Wasser weich. Auch die Wäsche «verbrettert» nicht und verschleisst nicht so schnell.

Wäsche lässt sich, mit EML eingesprüht, leichter bügeln.
Gegen Kalk EM-X Keramikpipes in den Wassertank einlegen.

Kunststoffteile im Auto ziehen den Schmutz nicht mehr so stark an. Auch die Polster lassen sich mit EML gut reinigen.

Dem Kühlschrankgeruch mit EML zu Leibe rücken. Mit EM Keramikpipes und EML-Spray halten Esswaren länger.

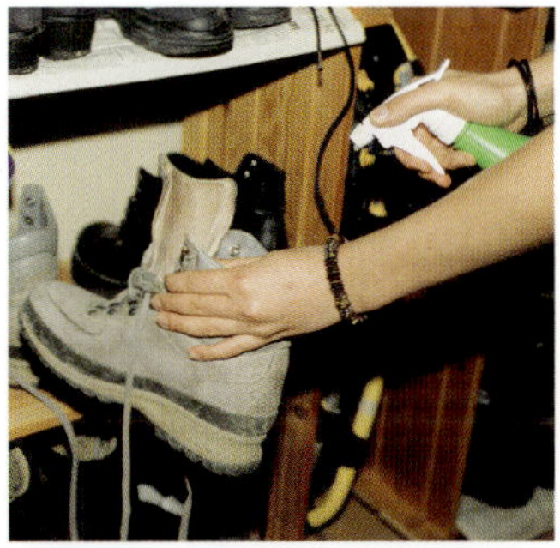

Wenn Schuhe innen mit EML eingesprüht werden, verschwindet der Schweissgeruch. Auch den ganzen Schuhschrank mit EML behandeln.

Salat, in EM Keramikwasser gewaschen, bleibt länger frisch und knackig, weil Oxidation unterbunden wird.

Geschältes Obst, mit EML besprüht, verbräunt nicht mehr. In der Schale sind oben Apfelschnitzel mit EML, unten ohne EML besprüht.

Keine Obstfliegen mehr.
Sie bleiben weg, wenn Obst und Behälter mit Gemüseabfällen mit EML übersprüht werden.

- russige Glasscheiben von Öfen mit Sichtfenster und Heizeinsätze in Kaminen
- stark verschmutzte Waschbecken und WC-Schüsseln
- Nikotinniederschläge
- verstopfte Abwasserrohre
- stark verschmutzte Wäsche vorher einweichen
- Schmutzablagerungen im Scherkopf von elektrischen Rasierapparaten

Kalkablagerungen: Überall, wo sich Kalk ansetzen kann, löst EM wie Essig die Rückstände. EM Keramikpipes mindern Kalkablagerungen. Die Kalkschicht lässt sich leichter entfernen. Anwendungen:

- in Wasch- und Geschirrspülmaschinen kann das Reinigungsmittel um mindestens die Hälfte reduziert werden: pro Waschgang 40 ml EM oder EMa zufügen
- Wasserkocher und einfache Dampfbügeleisen mit verdünntem EM auffüllen und über Nacht stehen lassen

Anwendungen mit EM Keramikpipes:

- in den Toilettenspülkasten eine Kette aus 20 bis 30 Pipes einhängen
- für Waschmaschinen: 40 Pipes in einen Waschlappen einnähen (Seite 358) oder in eine alte weisse Socke einknoten
- Hauswasser: Den Filter an der Hauswasserzuleitung mit Pipes füllen. Das Wasser wird feiner und setzt nicht mehr so viel Kalk ab

Das kaffeebraune EM kann Verfärbungen verursachen. Deshalb Vorsicht bei hellen Materialien, z. B. Wäsche: EM-Portion erst mit Wasser verdünnen und dann in die Waschmittelkammer der Waschmaschine einfliessen lassen.
Bei Flecken auf hellen Kleidungen, Polstern und Dingen mit empfindlichen Oberflächen wie z. B. weisses Leder: vorgängig an versteckter Stelle eine Probereinigung vornehmen.

Korrosionen entfernen: angerostete und oxidierte Teile werden im EM-Bad wieder blitzeblank, wenn man sie einige Stunden in unverdünntes EM einlegt. Dann die schwarz gewordenen Ablagerungen abwischen:

- angelaufenes Besteck und andere Silberteile
- verrostetes Handwerkszeug
- Gartengeräte

Hygiene: EM reduziert Krankheiten erregende Keime und kann an allen kritischen Orten im Haushalt angewendet werden.

1 Higa 2002, S. 111

Gemüse und Obst: Im mit EM Keramik aufbereiteten Wasser Gemüse und Obst waschen und mit einem für den menschlichen Genuss zugelassenen EM-Präparat übersprühen:

- Früchte, Salate und Gemüse bleiben länger frisch
- geschältes Obst läuft nicht an und wird auch nach Stunden nicht braun

Brot backen: Die in EM enthaltenen Hefen ersetzen Backtriebmittel: dem Teig nur ein Drittel der vorgeschriebenen Hefemengen beigeben und dafür

- pro 1 kg Mehl 30 ml FG verarbeiten

Das Brot wird sehr schön locker und schmackhaft und hält sich lange frisch.

Mit einem EM-Zusatz wird das Brot besonders locker und schmackhaft. Ein EM-Fermentationsgetränk (FGM) verwenden.

Elektrogeräte, PC, Telefon: EM Keramik hat die Kraft, belastende elektromagnetische und ultraviolette Strahlungen unschädlich zu machen. Es unterdrückt statische Elektrizität und verringert den elektrischen Widerstand[1], so heisst es in Higas Schriften. Anwendungen:

- eine EM Keramik-Kette im Ablagefach des Autos schützt uns vor Elektrosmog, wir ermüden beim Fahren nicht mehr so schnell
- EM Keramikpads an alle vier Ecken des Bildschirmes geklebt, entlasten unseren Organismus. Je ein Pad am Telefonhörer und an der Festnetzstation verringert die Strahlenbelastung
- eine EM Keramikplatte im Mikrowellenofen filtert die Gesundheit schädigenden Abstrahlungen heraus

Alles, was mit EM gereinigt oder behandelt wird, nutzt sich nicht so schnell ab, bleibt länger sauber und zieht weniger Staub an.

① Oxidiertes Silber wird – mit EM geputzt – wieder blitzeblank und läuft nicht mehr so schnell an.
② Kein Rost mehr am Handwerkszeug: Die Spitze der Säge wurde zwei Stunden in pures EM eingetaucht.
③ EM-Keramikpads, in jede Ecke vom Bildschirmrahmen geklebt, verringern belastende Strahlungen.

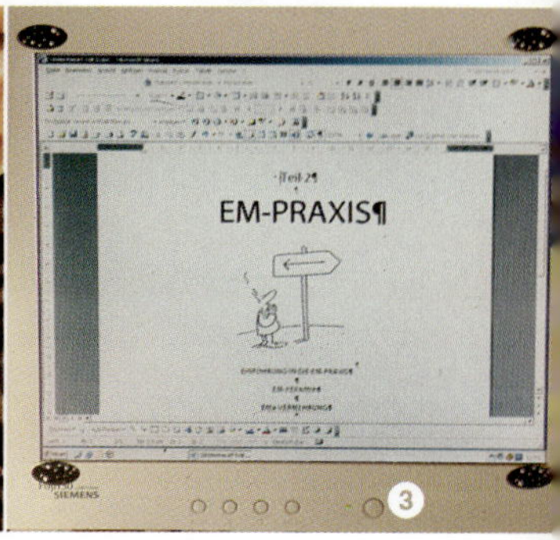

Gesundheits- und Körperpflege und EM

«Gesundheit ist nicht alles, doch ohne Gesundheit ist alles nichts.»

(Arthur Schopenhauer)

«Wir bewegen uns in einem Meer von Mikroorganismen.»[1]

Von den vielen Mikroorganismen, die unser Leben begleiten, dienen uns die meisten unaufhörlich auf ihre geniale Weise. Ohne sie hätten wir keine Überlebenschance. Nur wenige der Mikroben können uns zur Gefahr werden. Und zwar immer dann, wenn ihre ausgewogene Zusammenarbeit mit allen anderen lebenden Substanzen aus dem Gleichgewicht gerät und entgleist, wodurch unter Umständen Epidemien ausgelöst werden können.

Schmackhafte Kost aus EM-Anbau ist Leben vermittelnde Information.

«Wellness mit EM»

Die Effektiven Mikroorganismen arbeiten für unser Wohlbefinden auf so vielen verschiedenen Ebenen, wie wir es uns anfangs gar nicht vorstellen konnten.

Mit ihrer starken Schwingungsenergie helfen sie uns, aus Müdigkeit und Erschöpfung wieder herauszufinden. Sie unterstützen die Darmflora, die aus der Nahrung lebende Makromoleküle an die Mitochondrien* für unsere Lebensenergie weitergeben und fördern Heilungsprozesse aller Art.

Lebende Makromoleküle in den Mitochondrien erzeugen 10x mehr Lebensenergie als Wildkräuter. Wildkräuter erzeugen 10x mehr als Biogemüse, Biogemüse 10x mehr als Nahrungsergänzungsmittel.[2]

Die Haut

Das grösste Organ des Menschen regt bei der Geburt die Funktionen aller anderen Organe an. Es ist das wichtigste Ausscheidungsorgan, über das Schlacken des Körpers ausgeschieden werden. So ist z.B. die saure Hautoberfläche ein Zeichen dafür, dass wir überflüssige Säure aus dem Körper abtransportieren. Es ist also keine «Eigenschaft» der Haut, wie es oft in der Kosmetik erwähnt wird, wo wir diesen Säurefilm sogar schützen sollten. Von einem natürlichen Schutzmantel aus verschiedenen Milchsäurebakterien und Hefen ist keine Rede, aber genau diese natürlich vorkommenden Mikroben schützen die Haut vor den Verätzungen der ausgeschiedenen Säure. Sie ist auch das äussere Abbild des inneren Stoffwechselgeschehens. Hautunreinheiten zeigen uns damit «hautnah» die Anstrengungen der Reinigungsprozesse unseres Verdauungssystems. Dass die Mikrobenmixtur EM eine sehr gute Unterstützung des Abbauprozesses von Körpermüll bietet, leuchtet unter diesem Gesichtspunkt ein, denn die Effektiven Mikroorganismen haben diesen Abraum – wie in der Verarbeitung von Müllhalden – zum «Fressen gern». Wenn die Gesundheit unserer Organe für unser Wohlbefinden an erster Stelle steht, ist die Pflege unserer Haut als grösstes aller Organe eminent wichtig

Wellness zuhause: EM, Keramikpulver und EM-Salz im Fussbad erfrischt und macht müde Füsse wieder fit.

EM-Dusche: Haben Sie schon mal daran gedacht, nach dem Duschen den Körper mit einem Schuss EM abzureiben? Die Haut wird seidig, glatt und erfrischt. Hautirritationen jucken nicht mehr und verschwinden schnell. Man braucht kein Geruch bindendes Deo mehr.

Ein Fuss- oder Vollbad ist an sich schon eine Wohltat. Mit einem Zusatz von EM, EM-Keramikpulver und etwas EM-Salz bringen wir uns noch besser in Schwung:

- fürs Fussbad dem körperwarmen Wasser je 1 Teelöffel EM und EM- Keramikpulver und ein paar Keramikpipes, – wenn möglich – etwas Kristallsalz oder EM-Salz zugeben und die Füsse 12 bis 20 Minuten darin baden. Das Salz erhöht die Leitfähigkeit des Wassers und die Wirkung der Zusätze

1 Hennig 1984, S. 113
2 G.W. Schneider, 2008, S. 184

Schampoo mit etwas EM vermischen: So kommt Glanz auch von aussen ins Haar.

Das Haar ist im reifen Alter gern stumpf und trocken. Mit EM-Pflege von innen und aussen hat es einen feinen Glanz – ein Ausdruck für Gesundheit.

Selbstgemachte Hautcreme kann mit EM zubereitet werden.

Konsequent mit EM-Keramikpulver-Wassergemisch betupft, verschwinden «Altersflecken».

- fürs Vollbad dem körperwarmen Wasser 50 bis 500 ml EM, einen Essl. EM-Salz, einen EM- Keramikring oder eine Hand voll Pipes zugeben und 12 bis 20 Minuten darin verweilen.

Pflege: Übliche Kosmetika enthalten flüssige und feste Paraffine – aus Erdöl hergestellt – und Konservierungsstoffe. Cremes aus biologisch gewachsenen Rohstoffen sind an sich gut, enthalten aber noch oft die gesetzlich vorgeschriebenen Konservierungsmittel. Doch gibt es inzwischen wunderbare EM-Körperpflegemittel ohne chemische Zusätze zu kaufen. Die Palette reicht von der fein duftenden Seife bis zum kompletten Hautpflegeset, vom gesunden, aluminiumfreien Deodorant bis zum erquickenden Haarshampoo. Auf strikt biologischer Basis mit Kräuterzutaten oder mit Edelsteinessenzen und Bachblüten versetzt, sind sie heilende Wohltat für unser Hautkleid von Kopf bis Fuss.

Haarwäsche: Schönes, glänzendes Haar ist auch Ausdruck einer guten Darmgesundheit. EM-Shampoo mit Kräuterzutaten geben dem Haar weitere Glanzpunkte. Wenn ein Schuss EM nach der letzten Spülung auf den Haarboden einmassiert wird, verschwinden lästige Haarschuppen.

Hautpflegemittel aus eigener «Küche»

Wer seine Kosmetikcremes selber zusammenmixt, kann

- eine Prise EM-Keramikpulver und ein paar Tropfen eines FGF als «Kraftverstärker» zusetzen.
- Für akute Fälle eine Paste aus EM, EM-Keramikpulver und einem guten Olivenöl anteigen.

Pigmentflecken und Hautrötungen verblassen. Über längere Zeit konsequent abends vor dem Schlafen

- in einem kleinen Schälchen mit EM-Keramikwasser noch etwas Keramikpulver einmischen. Diese Mixtur auf die betroffenen Hautstellen aufgetragen und abtrocknen lassen.

EM-Salz pflegt mit seinen antioxidativen, reduzierenden Kräften:

- Etwas Salz mit Wasser anfeuchten und die Haut damit massieren (Gesicht oder Ganzkörper). Das strafft die Haut, erfrischt und regt den Hautstoffwechsel an.
- Bettlägerigen Menschen die Fusssohlen mit einer Mischung aus einem FGF und EM-Salz massieren, stimuliert den ganzen Organismus über die Reflexzonen.

Strapazierte Haut der Hände, mit Schrunden und Schürfungen z.B. durch Gartenarbeit wird mit einem Film aus EM ganz schnell wieder schön und heil. Auch aufgerissene Hautpartien in Mundecken, an Brustwarzen, im After usw. heilen rasch ab. Rötungen, Juckreiz und schlecht durchblutete Wundgewebe bilden sich zurück.

Das tut strapazierten «Gärtnerhänden» gut: nach dem Waschen mit EML einreiben.

Hautreizungen, Ekzeme wie Psoriasis oder Neurodermitis: Mit EM oder einem FG die angegriffenen Hautstellen mehrmals täglich benetzen und an der Luft abtrocknen lassen. Zusätzlich ein FG einnehmen.

Sonnenbrand ist eine ernste Hautverletzung, die bei häufiger Wiederholung zu Krebs führen kann. Es erstaunt, wie schnell der Brandschmerz mit EM-Auflage gekühlt und gelindert wird und die Verbrennung rasch abheilt, wenn die betroffenen Partien fleissig mit EM pur behandelt werden.
Verbrennungen: Auch hier führt die Behandlung wie beim Sonnenbrand zur raschen Abheilung ohne Entzündungen oder Vereiterungen.

Unsere zweite und dritte Haut

Nach unserem Hautmantel haben auch die nächsten Umhüllungen grossen Einfluss auf unsere Konstitution.

Wenn Kleidung – unsere zweite Haut – in EM-Keramikpipe-Wasser und ohne Weichspülmittel gewaschen, dafür mit einem «Schuss» EM gespült wird, brauchen wir keine allergischen Reaktionen auf Waschmittel zu befürchten.

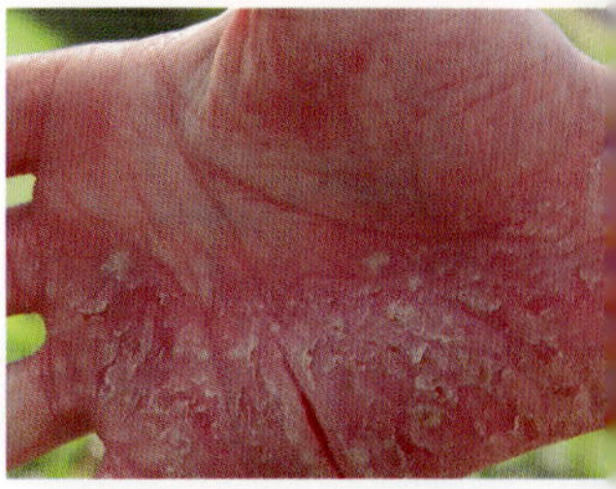

Bei Psoriasis hat es schon ganz erfreuliche Heilerfolge gegeben. Auch in diesem extremen Fall kann EM helfen.

Räume, in denen wir uns aufhalten, sind unsere dritte Umhüllung. Sie trägt ganz wesentlich dazu bei, wie wir uns fühlen. Die Reinigung mit chemischen Mitteln opfert rücksichtslos und gründlich auch die zu unserem Nutzen agierenden Mikroben. Nach diesen Aufräumungen ist für die erneute Besetzung durch pathogene Keime Platz, die bei wiederholten Desinfektionen resistente Formen entwickeln und dadurch immer schärfere Mittel nötig werden. Mit EM-Technologie können die entgleisten «Auswüchse» wieder ins Lot gebracht werden – auch ohne die bisher gewohnten Entkeimungsmittel. EM mit seinen antioxidativ wirkenden Mikroben besetzen die behandelten Flächen, sodass die abbauenden Keime keine Grundlagen zur erneuten Entwicklung mehr vorfinden. Mit EM gereinigte Räume und die Luft mit EM befeuchtet, ist das für unseren ganzen Organismus eine Wohltat. Bauten, die mit EM-Technologie hergerichtet werden, lassen Allergiker aufatmen (Seite 341).

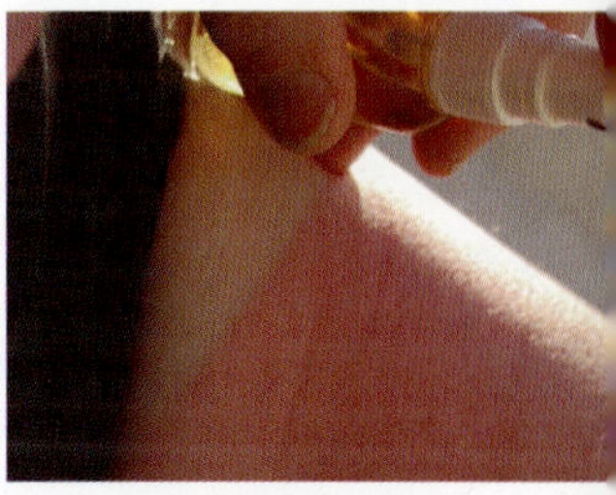

Sonnenbrand: EM lindert sofort.

«Wir ernähren uns nicht von dem, was wir essen, sondern was der Darm daraus macht».
Gunther Wolfgang Schneider

Die Ernährung ist auch Teil unserer Körperpflege

Darmmikroben ernähren sich von dem, was ihnen geboten wird. Ihre Zusammensetzung entwickelt sich bei vorwiegendem Fleischkonsum zur Darmfauna*, die letztendlich unseren Stoffwechsel belastet. Bei pflanzlicher Kost herrschen die aufbauenden Mikroben einer Darmflora vor und dienen uns, eine stabile Gesundheit zu erhalten. Sie setzen unsere Speisen zu Vitalstoffen um, soweit die Nahrung diese lebenswichtigen Stoffe auch enthält. Sie sind Reinigungskräfte, die den «Müll» aus unserem Körper ausräumen. Da wird klar, dass wir uns nicht mit irgendeiner Kost vollstopfen, sondern vollwertige Nahrung bevorzugen sollten. Lebensmittel aus einem Anbau mit EM-Technologie liefern uns alle notwendigen Substanzen, die der Körperhaushalt braucht, um uns leistungsfähig und gesund zu erhalten.

Aus einem Tropfen des Leitungswassers mit EM Keramikpipe hat sich dieser wunderschöne Wasserkristall gebildet.

Trinkwasser mit EM-Keramikpipes aufbereiten:

- pro Liter Wasser 1 bis 10 Pipes zugeben. Dieses Wasser fällt durch seinen guten, quellfrischen Geschmack auf und ist wegen der fein aufgeschlossenen Cluster für den menschlichen Organismus besonders bekömmlich. Das Wasserkristallbild zeigt, dass aus einem toten, belasteten Leitungswasser ein vollkommener, harmonisch ausgebildeter Stern entsteht, wenn es mit EM-Keramikpipes informiert wurde.

EM-Fermentationsgetränke einnehmen

Es gibt keine festgelegten Rezepturen. Die tägliche Menge kann ganz individuell angepasst werden, je nach Verträglichkeit oder wie hoch der Bedarf an Antioxidanzen im akuten Fall ist. Es ist allgemein ratsam,

- am Anfang mit wenigen Tropfen oder einem halben Teelöffel 3x täglich zu beginnen. Dann langsam bis auf 60ml steigern.

Zu Beginn der Einnahme können sich durchaus Probleme ergeben wie Durchfall, oder es flammen alte Hautprobleme wieder auf. Dann ist es ein Zeichen für die Aufräumarbeit der Effektiven Mikroorganismen, was einige Tage, oder wenn viel anliegt, auch Wochen dauern kann. Um sich vor den immer stärker werdenden negativen Umwelteinflüssen zu schützen, sollte die Einnahme eines FG nicht nur auf die Dauer einer Kur beschränkt bleiben, sondern kann in kleinen Erhaltungsdosen (3x10 ml täglich) lebenslang eingenommen werden, um die Stoffwechselarbeiten der Darmmikroben zu unterstützen.

Tipp: Einen Krug Wasser mit EM-Keramikpipes und der Tagesration von FG ansetzen und über den Tag verteilt trinken.

Alles Gemüse, das mit EM fermentiert wird. enthält mehr Vitalstoffe als vor der milchsauren Vergärung.

Mit EM milchsauer vergorenes Gemüse wie Sauerkraut, Bohnen, Gurken, Zucchini, Kürbis, Sellerie, Karotten und Rote Beete, mit EM und EM-Salz hergestellt, ist sehr schnell fermentiert, hat einen volleren Geschmack und zudem eine stabilere Haltbarkeit.

Brot backen mit EM und EM-Salz: Hefe oder Sauerteig zur Hälfte durch EM ersetzen. Das Brot geht wunderbar auf, wird schön locker, sehr bekömmlich und bleibt lange frisch. Unverträglichkeiten von Weizen und anderen Getreidearten werden abgemildert.

Gibt es etwas Besseres als frisches selbstgebackenes Brot?

Heilungsprozesse mit EM unterstützen

Allergien: Hautausschläge und der Juckreiz werden mit einem EM-Umschlag gelindert. Menschen mit MCS (Multiples Chemikalienunverträglichkeitssyndrom) leben auf, wenn ihre Wohnräume, Textilien und Möbel mit EM eingesprüht werden. Wohngifte und Hausstaubmilben gibt es nicht mehr. Die «vier Wände» strahlen eine für den gestressten Organismus ausgleichende Atmosphäre aus. Die Einnahme eines FG lenkt die geschwächten oder irritierten Immunkräfte in die aufbauende Richtung.

Mit EM-Nasenpflegeöl heilen wunde Nasen.

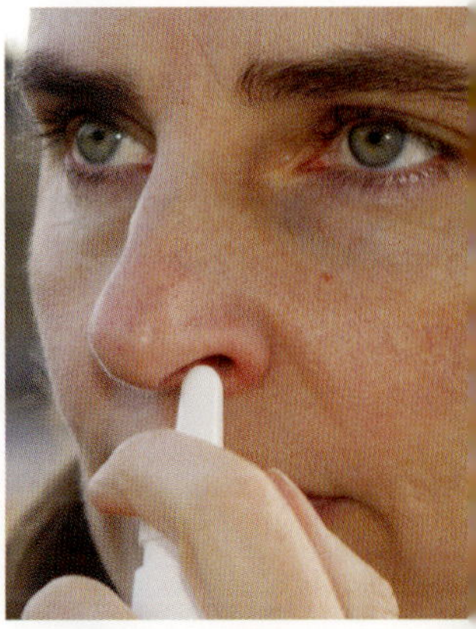

Atemwegserkrankungen mit einem FG «weg gurgeln», ausgetrocknete Schleimhäute der Nase mit einem FG spülen oder anfeuchten. Bei Schnupfen die EM-Salzsole durch die Nase ziehen.
Das legt die Nase frei. Die Nasenflügel werden nicht mehr wund und verkrusten nicht.

- Bei Halsschmerzen mit einer Sole aus EM-Salz gurgeln.

Darmbakterien mit Salz stärken. Über den Lymphweg macht EM-Salzsole auch das Blut leichtflüssiger.

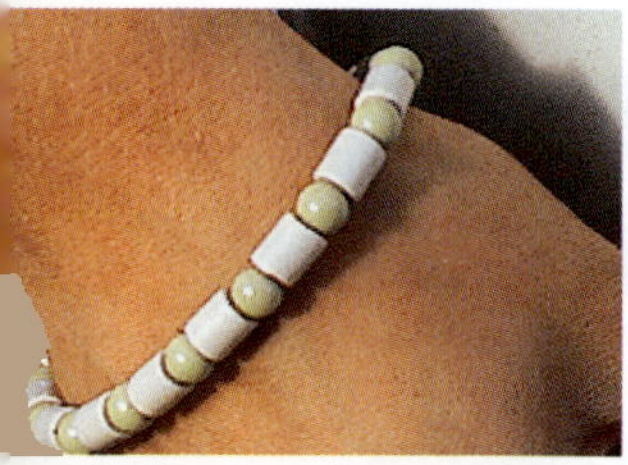

Die Energie von EM-Keramik stärkt und entspannt.

EM Keramik in der Hosentasche wirkt ausgleichend auf Gemüt und Organismus ein.

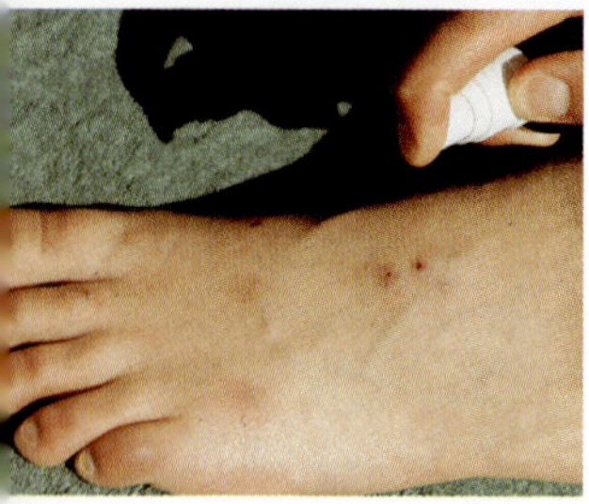

Die regelmässige Pflege mit EM lässt keinen wunden Babypopo zu.

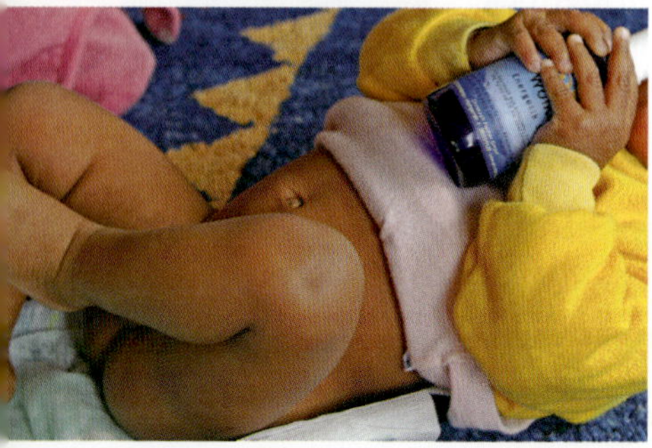

EM-Keramikketten und Armbänder spenden kraftvolle Energie und bauen Stress ab. Ein EM-Keramikring in der Hosentasche kann auf den Menschen ausgleichend einwirken (wie es beim Tier auch zu beobachten ist), denn EM kann Aggressionen abbauen und die Bereitschaft zur Akzeptanz erhöhen sowie Toleranzgrenzen im Miteinander erweitern.

Herpes und Aften an den Schleimhäuten: z.B. Lippenbläschen rechtzeitig mit einem FG oder mit einem EM-Zahnpflegeprodukt betupfen, sobald die Hautreizung zu spüren ist. Meistens verschwinden die sich bildenden Bläschen sofort wieder oder entwickeln sich nicht so heftig. Die Heilung verläuft sehr schnell und ohne Juckreiz. Aften in der Mundhöhle ebenso mit einem EM oder einem FG betupfen oder einen Schluck FG so lange wie möglich im Mund behalten.

Insektenstiche: Wenn möglich, sofort EM auftupfen oder einen Umschlag machen. Schwellungen bleiben gering oder treten überhaupt nicht auf. Die Einstichstelle juckt nicht, bzw. lässt sich mit etwas EM schnell beruhigen. Die Behandlung öfters wiederholen.

Salzmangel verursacht auch Verlangen nach Süssem. Täglich eine Sole aus 4 bis 5 Gramm Salz pro 0,5 l Wasser über den Tag verteilt trinken, stillt die ungesunde Lust.

Wundbehandlung: Schürfungen und Schnittwunden mehrmals mit EM oder einem FG betupfen. Bei Schürfungen wird der Lymphfluss sofort gestillt, es entsteht nur eine dünne Schorfkruste. Es bilden sich keine entzündlichen oder dicken Wundränder, denn Narben verheilen sehr glatt und schön. Das Beste daran: Wundschmerzen klingen rasch ab.

Zahnfleischentzündungen, Paradentose, Zahnbehandlungen: Übliche Zahnpasta zerstört die Mundflora. Mit EM-Zahnpasta dagegen wird diese Mundflora aufgebaut. Mit EM-Zahncreme das Zahnfleisch massieren, oder ein FG verwenden.

- *Zahnfleischblutungen* hören bei regelmässiger Pflege mit diesem EM-Produkt auf.

Für Mundspülungen wurden sehr wirksame und auf biologischer Basis sehr gut verträgliche Produkte mit EM entwickelt.

Zahnschmerzen («Lochschmerzen») werden mit EM gelindert.

Zahnersatz: Ein intaktes, gesundes Gebiss ist ein wichtiger Indikator für unsere Gesundheit, denn sind die Zähne gesund, ist es auch der ganze Mensch. Zahnärzte und Zahntechniker haben mit Zahnersatzmaterialien, dem EM zugesetzt wurde, ausserordentlich gute Erfahrungen gemacht. Diese Kunstzähne oder Überkronungen sind besonders gut verträglich. Auch allergische Reaktionen auf den Kunststoff verschwinden innerhalb kurzer Zeit. Die aufbauende Schwingungsenergie von EM wirkt sich über die Mundschleimhäute auf den ganzen Körper des Zahnersatzträgers positiv aus.

Zahnsanierungen: Ein Zahntechnikbetrieb platziert im Zahnersatz ganz gezielt EM-Keramik auf die Akupunkturpunkte am Zahn, die an das entsprechende Organ ein dauerhaft wirkendes Gesundungssignal senden. Es ist zudem gelungen, auch der hochfesten, gewebefreundlichen Keramik «Zirkonia» EM-Keramikpulver zuzusetzen. Dieses Verfahren wurde patentiert. Es erhöht durch die direkte Verbindung des Zirkonia-EM-Keramikstiftes zum Kiefer die Wirkung der positiven Resonanzschwingung von EM auf alle Organe um einige Grade.

EM-Zahnpasta nicht ausspülen, sondern so lange wie möglich im Mund behalten.

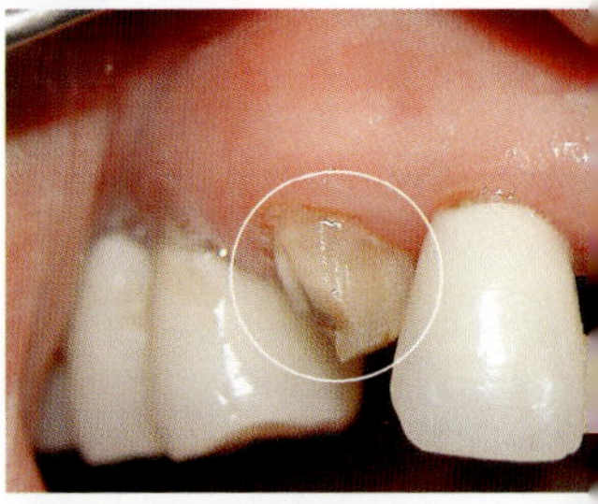

Vor Sanierung: Entzündetes Zahnfleisch, unreine Haut und ein schlechter Allgemeinzustand der Patientin.

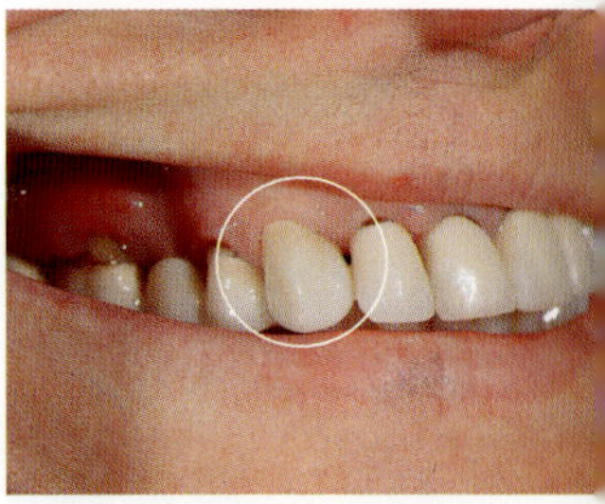

Nach 14 Monaten: Das Zahnfleisch hat den Kronenrand gut überwallt. Die Entzündung ist abgeklungen. Das Hautbild und der Allgemeinzustand haben sich bemerkenswert gebessert.

Ein kleines Sprühfläschchen mit EM oder einem FG in der Tasche ist jederzeit zur Hand und leistet bei vielen kleinen Notfällen erste Hilfe.

Überanstrengte Augen: In 100 ml Wasser 50 ml FGF und 5 g EM-Salz geben. Das macht müde Augen munter und verbessert die Sehkraft

① EM-Salzlösung, oder ein FGF oder EM-Augenspray auf das geschlossene Augenlid auftragen.
② Die Sehkraft wird gestärkt.
③ Das müde, überanstrengte Auge wird erfrischt.

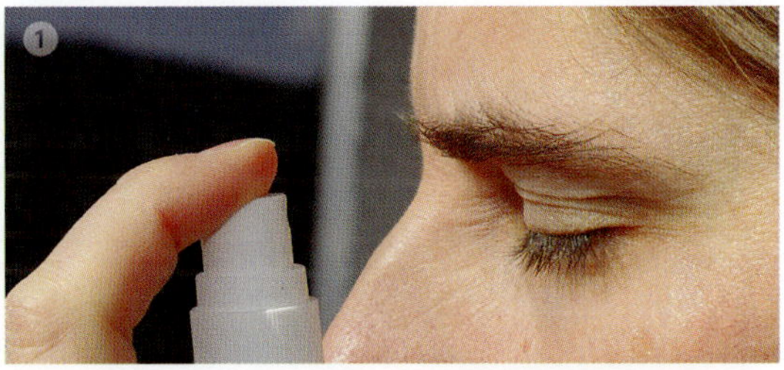

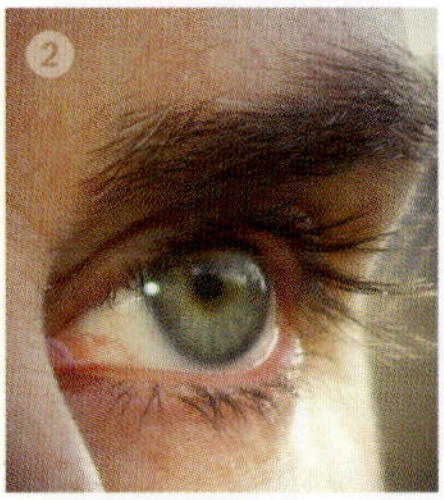

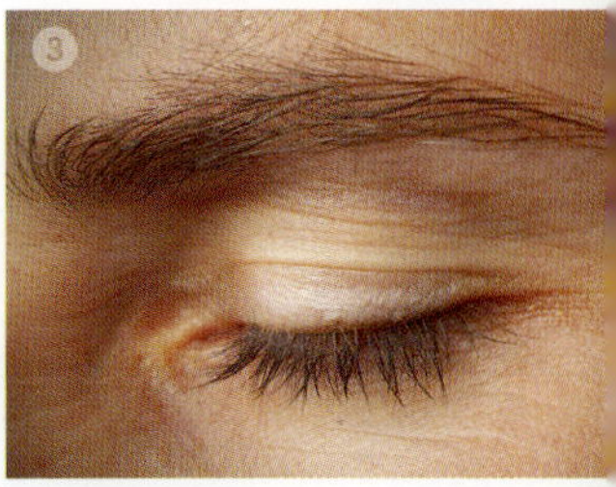

EM hat in Themenkreisen wie gesunde Ernährung, Hygiene, Bauwesen und Schmutzwasser Interesse geweckt und innovative Betriebe «infiziert».

Die EM-Technologie bietet Alternativen

Die Welt von morgen gehört dem, der heute eine Vision hat.

Ja, die Effektiven Mikroorganismen sind nicht nur für den Hobbygärtner, den Tierliebhaber oder den Landwirt eine Hilfe. Sie machen sich auch in Gewerbe und Industrie auf vielerlei Art nützlich. Sie räumen auf, wo Verschmutzungen die Umwelt belasten, wirken auf viele Materialien antioxidativ ein und haben die ersten Einsätze im grossen Stil mit Bravour bestanden. Hier sind einige, aber längst nicht alle möglichen EM-Anwendungen genannt.

Anwendungs-Hinweise
Abkürzungen für EM-Grundmengen: Sie gelten immer, **wenn nichts anderes vermerkt ist.** Sie sind auf der hinteren Buchumschlagsklappe aufgeführt.

Gärtnerei

Es liegt nahe, dass die Effektiven Mikroorganismen vermehrt in Betrieben, die der Landwirtschaft verwandt sind, eingesetzt werden. Einige Betriebsleiter haben es gewagt, die EM-Technologie Schritt für Schritt einzuführen und sind erfolgreich.

Erdaufbereitung: Es hat sich bewährt, dass dem bisher verwendeten Substrat ein bis zwei Wochen vor Gebrauch Bokashi zugemischt wird. Üblich sind.

- 20 kg Düngebokashi pro Kubikmeter Erde

Nach spätestens 14 Tagen ist das zugeführte Bokashi vererdet und zu hochwertiger und verträglicher Nahrung für Jungpflanzen geworden.

Topfpflanzen in Erdkultur: Mit der Beimischung von Düngebokashi wachsen die getopften Jungpflanzen besser als ohne Bokashi. Alle Nährstoffe werden verwertet, es entstehen keine Salzschäden, auf die z.B. Poinsettien sehr empfindlich reagieren. Die Pflanzen bleiben ohne Wuchshemmstoffe gedrungen. Die Blätter zeigen ein sattes Grün, das Wurzelwerk entwickelt sich unglaublich stark, und die Brakteen sind von grosser Leuchtkraft. Dem Giesswasser wird über ein Dosiergerät kontinuierlich EMa zugeführt. Weitere Dünger sind nicht nötig. Beim Kunden halten diese Pflanzen auffallend lange durch. Anscheinend sind ihnen mit den Effektiven Mikroorganismen grosse Widerstandskräfte mitgegeben worden.

EM in Gärtnereien

Oben: Diese besondere Gärtnerei hat mit biologischem Anbau und EM-Technologie erstaunliche Erfolge erzielt.

Mitte: Christrosen sind eine heikle Kultur. Mit EM-Pflege wachsen sie sehr gesund und stabil heran.

Unten: Mit reifem Bokashi-Zusatz in der Erde ist der Topfballen in kürzester Zeit durchwurzelt.

Cyclamenanzucht mit Ebbe-Flutbewässerung und EM-Einsatz kennt keine Pilzerkrankungen mehr.

Topfpflanzen im geschlossenen Kreislauf: EM kann in der Ebbe-Flut-Bewässerung sinnvoll eingesetzt werden. Im Anstauverfahren

- 2% EMa dem Wasser zusetzen
- 5% EMa bei Krankheits- oder Schädlingsbefall

Die Pflanzen wachsen mit grosser Lebenskraft heran.

Baumschulen: Je länger eine Kultur dauert, umso wirkungsvoller ist der EM-Einsatz. Ballierte Ware übersteht den Verpflanzungsschock besser, der Wechsel zwischen trockenen und nassen Wetterperioden wird verkraftet, die Kulturen erfreuen mit gesundem, üppigem Wuchs.

Imkerei

Bienenschwärme lassen sich in der Nähe des Bienenhauses nieder wenn die Gehölze mit EML eingesprüht werden.

Die Varroamilbe wird gegen übliche Mittel immer resistenter. Biologisch arbeitende Imker setzen Oxalsäure* ein, die den Bienen nicht schadet. Das Bienenvolk wird stärker, wenn der Zufütterung ein FGF beigefügt und die Tränke mit EM-Keramikpipes angereichert wird:

- 2 ml FGF pro 1 l Wasser
- Oxalsäure-Tabletten: mit EM-Keramikpulver gepresst. Sie verdampfen ein besonders feines Aerosol
- Krankheiten wie Nosema, Amerikanische Faulbrut und Kalkbrut treten kaum mehr auf.

Gegen die neu auftretende Sauerbrut gibt es noch kein geeignetes Mittel. Aber mit EM-Pflege haben die Bienen eine stabile Gesundheit und die Sauerbrut findet keinen «Boden» zur Ausbreitung vor. Der Chip aus EM-Keramik mit Kin-Energie oder ein speziell für die Bienenzufütterung entwickeltes EM unterstützen die Wirkung. Die Völker gehen gesund und stark in den Winter. Folglich müssen keine grossen Verluste hingenommen werden, und es sind im zeitigen Frühjahr mehr «Arbeiterinnen» unterwegs, um rechtzeitig genug Pollen für die neue Brut zu sammeln. Pflege:

- Den Bienenstock innen und aussen immer wieder mit EMa oder FGM einsprühen.
- 10 ml EM oder EMa auf 1 l Wasser vor und bei Arbeiten am Stock über die Bienen und Waben zerstäuben Bei Arbeiten am Bienenstock: Ein «Hauch» EM statt Tabakrauch. Die Bienen beruhigen sich sofort.
- Das Einflugloch und das Flugbrett mit EM oder EMa bestreichen, gewissermassen als EM-getränkte «Fussmatte», damit die Bienen keine Krankheiten von aussen in den Stock eintragen.
- Anpflanzungen, die gezielt von Bienen aufgesucht werden sollen, gewinnen an «Anziehungskraft», wenn sie mit EML gespritzt werden.

Tipp: Es wurde beobachtet, dass sich Schwärme häufig auf Bäumen niederlassen, die mit EM gepflegt werden. Warum nicht Ende Mai, wenn sich ein neuer «Bienenstaat» formiert, die nähere Umgebung der Stöcke mit 1 l EMa auf 1 l Wasser besprühen? Die Schwärme bleiben dann eher auf dem eigenen Grund.

Fischzucht

Köstlichkeiten aus dem Süsswasser, wie Forellen, Barsche, Karpfen, Welse oder Edelkrebse, sind auch im Zeitalter des überflutenden Konsums eine Delikatesse. Doch die meisten dieser Wasserbewohner, die auf unserem Teller landen, stammen nicht aus natürlichen Seen und Flüssen, sondern kommen aus Zuchtbetrieben, in denen wegen der Massentierhaltung viele Gesundheitsprobleme mit Antibiotika und chemischen Mitteln im Zaum gehalten werden müssen. Mit EM-Technologie sind die Fische wegen der guten Wasserqualität nicht so gestresst wie in vergleichbaren Zuchtbecken.

Vom Ei zum Fisch müssen viele Hürden genommen werden. Mit EM-Einsatz reduziert sich der Ausfall auf 10 Prozent.
Links: Ein einzelnes Ei mit Pilzbefall.

Die EM-Technologie in stehenden Gewässern ist besonders effizient, weil die Effektiven Mikroorganismen reichlich organische Nahrung vorfinden und sich im Sediment aus Futterresten und Exkrementen niederlassen können.

Bei kleinen Becken mit einem starken Fischbesatz

- 1 l EM pro m³ Wasser vor der Besetzung einrühren
- bei besetzten Becken die vorgenannten EM-Mengen vorsichtig in mehreren Etappen einführen

In grossen Teichen mit über 50 m² Fläche und Bepflanzung:

- 1 l EM pro 10 m³ Wasser und 3 kg Diabas (z.B. das EM-geimpfte Biolit) einrühren
- EM-Keramik in der Nähe von Wasserwirblern platzieren (zur Belebung des Wassers grosse EM-Keramikpipes, EM-Keramikringe oder EM-Kinkeramikstäbe Seite 268). Die positiv schwingende Information der Keramik wird so überall hingetragen.**Anlagen**

Eine prächtige Bio-Forelle aus EM-Wasser ist ein besonderer Genuss.

Klares Wasser und Futter mit EM-Zusatz lässt die sensiblen Edelkrebse gedeihen.

mit fliessendem Wasser, wie es z.B. für die Forellenzucht nötig ist, können auch mit EM-Technologie bewirtschaftet werden, obwohl viele der Mikroben wegen des Durchflusses wieder abwandern. Haferstroh in Jutesäcken (mit einem Stein beschwert) oder Zeolith bieten Nistplätze für die Effektiven Mikroben, sodass in den Aufzuchtbecken doch immer noch eine gewisse Menge der Mikroben verbleibt:

- Die Menge von 1 l EM auf 1.5 l pro 10 m³ Wasser erhöhen.

Vorstreckanlage: in EM-geimpftem Wasser gedeihen Brütlinge sehr gut. Mit EM reduziert sich der übliche Ausfall von 30% bis auf 10%. In der warmen Jahreszeit jede Woche

- 500 ml EM pro 1 m³ Wasser zuführen

Aufzuchtteiche: Das Wasser 2 Wochen vor Besatz mit EM vorbereiten:

- 200 ml EM pro m³ Wasser einrühren

Käsereien

Käse aus EM-Milch, im EM-fermentiertem Steinsalzbad getaucht und im Käsekeller mit EM besprüht, lässt einen unvergleichlich würzigen Geschmack reifen.

Käse aus Milch von EM-geführten Betrieben hat einen besonders guten, reinen Geschmack und ist überaus beliebt, sodass Käse aus Milch von dieser EM-Tierhaltung keine Absatzsorgen kennt.

Hygiene in der Käsefabrikation mit EM: In den Alpkäsereien ging es früher nicht sehr steril zu. Die Hygiene besorgte da die Molke, die wie EM reich an Milchsäurebakterien ist. So hielt man pathogene Keime in Schach. Heute ist laut gesetzlicher Vorschrift die Desinfizierung mit chemischen Mitteln vorgeschrieben. Aber es geht auch anders:

- In einigen Betrieben werden die Keimzahlen in den Abwassergullis mit EM weit unter derToleranzgrenze gehalten, nachdem konventionelle, chemische Mittel nicht mehr gegen die resistent gewordenen Keime ankamen.
- EM im Schmierkäsebereich: In Österreich ist es erlaubt, den Schmierkäsebereich mit EM zu reinigen.
- EML im Reifelager (Käsekeller, Käsespeicher): mit EML besprüht, verlieren Listerien ihren pathogenen Einfluss auf die reifenden Käselaibe.

In manchen Käsereien besinnt man sich wieder auf eine natürliche Fussbodenhygiene. EM hält krankheitserregende Keime in Schach.

Bierbrauerei

Wenn die Rohstoffe Hopfen, Gerste und Weizen mit EM-Pflege heranwachsen, dadurch weniger Pilzkrankheiten haben, keine chemischen Pestizide eingesetzt werden und die Ernteerträge höher und sicherer sind, wirkt sich das auch auf die Qualität des Endproduktes aus. Biobrauereien mit diesen Voraussetzungen können einen besseren Preis erzielen.

Hygiene: Werden in Brauereien die Fussböden mit EM-Putzwasser sauber gehalten, erfüllen sie die strengen Reinhaltevorschriften. Die Keimzahlen liegen unter den Grenzwerten. Andere Putzmittel sind nicht mehr nötig.

Das EM-Brot ist weit herum beliebt und kennt keine Absatzsorgen.

Produkte vom Hofladen werden immer beliebter. In diesen ansprechend gestalteten Räumen werden Produkte aus umliegenden EM-Betrieben angeboten, vom Frischfleisch über Gemüse bis hin zu Säften, Weinen und Schnäpsen.

Mehrere Betriebe haben sich zur Verkaufsgemeinschaft zusammengetan und bieten eine breite Palette feinster EM-Bioprodukte an.

Bäckerei: Mit EM und etwas vom speziell hergestellten Getreidebokashi wird ein sehr bekömmliches, geschmackvolles Brot gebacken, das ohne Konservierungsstoffe sehr lange frisch bleibt. Dieses Brot wollen Abnehmer auch aus weit entfernten Regionen nicht mehr missen.

Im Departement Drôme (F) wird in einem Seminarzentrum, die gesamte Anlage vom Garten über das Biotop, das Wasser und die Reinigung «gemanaged».

Gastronomie

Die vielseitigen EM sind überall zu gebrauchen:

- Flecken von Rotwein, Kaffee oder Schokolade in der Tischwäsche sind mit EM-Einsatz kein Problem mehr. Aber Achtung: bei hellen Stoffen das braune EM nur stark verdünnt verwenden. Es gibt im Handel auch helles EM
- der typische Gaststättenduft nach Biertheke und dickem Tabakqualm verschwindet, wenn in den Räumen täglich EML versprüht wird
- hartnäckige Nikotinniederschläge auf Vorhängen können mit EM-Zusatz in der Waschmaschine beseitigt werden.

Eine überraschendes Ergebnis: Das Frittieröl bleibt mit EM-Keramikeinlage lange stabil .

In der Küche bewährt sich die EM-Technologie auf mehrere Arten:

- der Fettabscheider muss mit EM-Einlage nur noch sporadisch statt alle 6 Wochen geputzt werden und stinkt nicht mehr
- Frittieröl mit EM-Keramikeinlage oxidiert nicht und muss seltener ausgewechselt werden
- Klimaschränke duften nach der Reinigung mit EM-Putzwasser wieder frisch, es setzt sich kaum noch Schimmel an. EM-Keramikpipes in die Fächer ausgelegt, verhindern Geruch aus abbauenden Prozessen und Frischwaren halten länger.

Ein Problem ist der tägliche Gemüseabfall, der leider noch allzu oft in die Grünabfuhr wandert. Stattdessen könnte ein wunderbarer EM-Kreislauf entstehen: Der Gemüseabfall könnte bokashiert und dem zuliefernden Gemüseanbauer als wertvolle organische Substanz für seine Erde wieder zurückgegeben werden, aus der wiederum frisches Gemüse für das Restaurant heranwüchse.

Die Hygiene in den Toiletten lässt sich mit EM ebenso einhalten. Die Ideenpalette könnte noch mit weiteren EM-Einsätzen ergänzt werden, wie sie im Kapitel «Haushalt», Seite 320, aufgezeigt sind. Es gibt bereits Hotelanlagen, die den ganzen Betriebsablauf mit EM managen.

Der Hochtemperaturkeramikchip in die Benzinleitung eingebaut, spart Kraftstoff von 5% bis zu 15%.

Auto, Autowaschanlagen und Ölabscheider

Die Effektiven Mikroorganismen fressen Schweröle und Fette weg. EM-Keramikpipes halten mit ihrer antioxidativen Wirkung Korrosionen auf, EM-Keramikpads verringern Elektrosmog. Diese Fähigkeiten werden auch in anderen Erwerbszweigen genutzt.

Auto: EM-Keramikpipes im Motorraum sorgen für eine bessere Verbrennung und weniger Verschleiss der Materialien. Der Motor läuft ruhiger. Der Innenraum, mit EM gepflegt, entspannt die elektrostatische Aufladung von Polsterungen und Verkleidungen aus Kunststoffen. Auf Armaturen setzt sich weniger Staub an. Es wurden Systeme mit EM entwickelt, die tatsächlich den Verschleiss an Motorteilen und den Benzinverbrauch sowie die Auspuffgase reduzieren. In Reifen eingespritztes EM-Redoxit macht die Reifen haltbarer, der Profil-Abrieb verringert sich, die Reifen laufen ruhiger. Das wird vor allem bei den geräuschvollen Winterreifen registriert, die nach der Behandlung mit besserer Haftung und wie mit Samtpfoten über den Asphalt laufen.

Die Waschanlage für grosse LKWs stinkt nicht mehr nach Chlor.

Autowaschanlage und Ölabscheider: Der Zusatz von Chlor im Abwasser belastet mit seinen Abgasungen die Mitarbeiter und führt zu ernsten Gesundheitsschäden. Mit EM und einer Wasserverwirbelungsanlage kann das Chlor ersetzt werden. Die Belastung durch die aggressiven Chlorgase entfällt.

Gebäudereinigung und Wasserschäden

EM lässt sich sehr gut in die Serie der alternativen Reinigungsmittel einreihen. Bauschäden durch Wasser können mit EM saniert werden. Modergeruch und Schimmelbildung werden auf biologische Weise unterbunden.

Professionelle Gebäudereinigung: Im Grunde genommen läuft die gewerbliche Gebäudereinigung wie im Privathaushalt ab, nur geschieht alles im grösseren Massstab. Allerdings wird hier sehr viel mehr mit Reinigungsgeräten statt von Hand gearbeitet. Das ist für die Effektiven Mikroorganismen nur dann ein Problem, wenn per Wasserdampf mit mehr als 3 Bar gearbeitet wird und dieser hohe Druck die Mikroben zerstört. Das Klima in Räumen, die mit EM-Zusatz gereinigt werden, strahlt eine angenehme Atmosphäre aus. Der scharfe Geruch frisch gereinigter Teppichböden und Polster ist Vergangenheit.

Wasserschäden an Gebäuden: Nach Überschwemmungen gleich welcher Art ist der Schaden gross. Modergeruch und Faulschlammgestank sind fast nicht auszurotten. Schimmelpilze und Salzausblühungen im Mauerwerk verschlimmern den Schaden. Sanierungsfirmen erreichen mit EM-Technologie, dass der belastende Geruch sofort weicht und Verpilzungen wirksam begegnet wird.

Schimmelpilz im Wohnraum verursacht ernste Erkrankungen bei Menschen und Tieren. Es muss nicht nur der sichtbare Befall in den Ecken der Räume beseitigt, sondern alles behandelt werden, auch die Kleidung. Bei der Sanierung Schutzkleidung und Gesichtsmasken tragen. Befallene Flächen mit hochprozentigem Alkohol abbürsten, dann mit EMa oder einem EM-Reiniger nochmals alles abschrubben und zusätzlich mit EMa aussprühen. Für neue Wandanstriche mineralisches Material oder Trasskalk wählen, dem EM zugesetzt wird. Nach Trocknung die Räume weiterhin regelmässig mit EM aussprühen und die Kleidung mit EM-Zusatz waschen.

Bauwesen

EM und EM-Keramik in Baumaterialien einzumischen und so den ökologischen Wert des Baus und die Lebensqualität der Bewohner zu erhöhen, ist erfolgreich ausprobiert worden. EM-Technologie kann dabei mit überraschend einfachen Lösungen aufwarten und die ganze Bauphase eines Gebäudes mit EM-Anwendungen begleiten. Die wohltuenden Energien und die antioxidativen Kräfte von

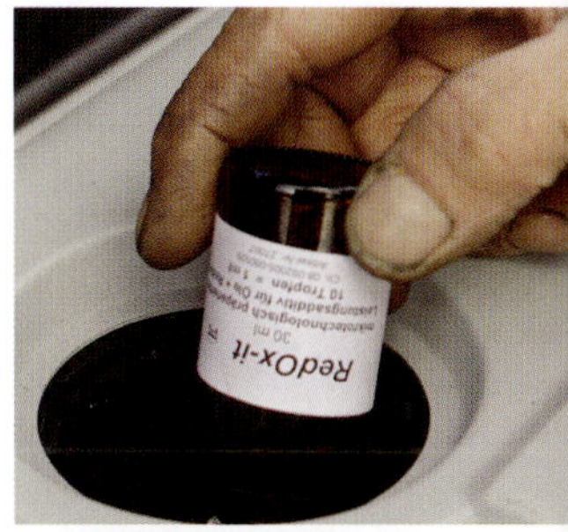

Redoxit ins Getriebeöl gegeben, wird die Schmierung verbessert. Das Öl braucht erst nach dreifacher Einsatzdauer erneuert zu werden.

Redoxit im Reifen verbessert den Grip um 25%, hat bis 35% weniger Abrieb und bis zu 6 dB weniger Abrollgeräusche.

Fauliger Schlamm und schimmelnde Wände sind die Folgen einer Überschwemmung. Hier kann EM bei der Gebäudesanierung besonders gute Resultate erzielen.

Von innen und aussen, von oben bis unten auf EM eingestellt, für Baugift freies Raumklima und weniger E-Smog.

EM können sich im ganzen Gebäude in verschiedensten Baumaterialien dauerhaft manifestieren. Bereits nach dem Aushub mit

- 10 ml EMa pro 10 l Wasser an 2 nacheinander folgenden Tagen morgens und abends die Baugrube aussprühen.

Bei allen plastischen bis flüssigen Baumaterialien wird eine kleine Menge der Gesamtmenge EMa und EM-Keramikpulver in einem Teil des benötigten Baumaterials vorweg «eingesumpft», weil sich dieser «Vorteig» nachher besser in die Gesamtmenge einmischen und sich gleichmässiger verteilen lässt.

Das EM-Keramikpulver «einsumpfen», dann sorgfältig in die gesamte Farbmenge einmischen.

Beton: Wegen der unterschiedlichen Reaktionen der Zemente können die Zusätze von EM-Keramikpulver variieren. Im industriellen Herstellungsverfahren muss die Dosierung vorab ausgetestet werden. Für die Bodenplatte, den Estrich oder den Mörtel gelten diese Richtwerte:

- 0,5% EMa und 0,2% bis 1% EM-Keramikpuler der Zementmenge für Beton oder Mörtel einmischen.

Statisch anspruchsvolle Bauten wie Brücken oder hohe Wände bleiben länger stabil, wenn dem Beton EM-Keramikpulver zugemischt wird. Soll der Beton besonders dicht sein und so wenig wie möglich Sauerstoff in den Poren verbleiben, damit Armierungseisen nicht so schnell verrosten, ist EM ein probates Mittel.

Die fertige Bodenplatte mit

- 10 ml EMa pro 10 l Wasser benetzen.

Naturbelassene Wände (ohne Verputz) mit

- 50 ml bis 100 ml EMa mehrmals besprühen.

Wandputze

Durch die Zugabe von EMa und EM-Keramikpulver trocknen Putze rasch aus und sind bei einem Auftrag von 2 cm Stärke schon nach 2 Tagen durchgetrocknet und bereit für den Farbanstrich.

Naturfarben für Wandputze und Anstriche leuchten mit EM-Keramikzusatz intensiver.

Für Schlaf- und Ruhepausen könnten die Werte der Resonanzschwingung von EM- Keramik zu hoch ausfallen und die Ruhe suchenden Menschen zu sehr aktivieren. Deshalb die Zugabe von EM-Keramikpulver in Putz und Farbe für Ruheräume auf 10 bis 30 ml pro Liter Trockenmasse reduzieren.

Für Verputze in aktiv genutzten Räumen der Trockenmasse

- je 500 ml bis 1 l EMa und EM-Keramik pro 10 l Trockenmasse untermischen.

In den Vergleichsproben zeigen die EM-Naturfarben nach mehreren Jahren Wind und Wetter keinerlei Verschleiss.

Lehmputze sind wunderschön, aber auch sehr stossempfindlich. Sie werden mit EM-Keramikzusatz stabiler.

Farben: Die ausgleichende Schwingung von EM wirkt sich auch auf das Raumklima aus. Die Oberflächenfeuchtigkeit bei Kalk- und Silikatfarben zeigt auf dem Feuchtemesser 0 Prozent an. Wände, die mit dem Zusatz von EM in der Farbe oder im Putz behandelt wurden, haben dagegen eine angenehme Feuchte von 30 bis 40 Prozent.

- Farben mit Zusatz von EM-Keramikpulver trocknen schneller aus

Tipp: EM-Keramikpulverportionen nicht mit einem Metalllöffel in die Farben geben. Metall könnte die Schwingung der EM-Keramik ableiten.

Hausanstrich: Schutz vor Verpilzung, Abwehr von E-Smog und gute Ausstrahlung durch Zusatz von EM.

Wandfarben mit

- 20 bis 50 ml EMa und 20 bis 200 ml EM-Keramikpulver pro10 l Farbe einmischen. (Bei Dispersionsfarben 200 ml EM-Keramikpulver nehmen.)

Bei hellen Farben wird das rosafarbene, feinkörnige EM Keramikpulver verwendet, weil mit dem grauen Keramikpulver in hellen Farben dunkle Pigmente erscheinen können. Bei Naturfarben können Zusätze von EM oder EMa die organischen Substanzen angreifen und die Farbzusammensetzung verändern oder schädigen.

Lasurfarben: pro Liter Farbe

- 50 ml EMa oder EM-Keramikpulver einmischen

Bei Lasurtechniken wird die Farbe mit der weichen Bürste in mehreren Schichten aufgetragen und verwischt. Hier ist die Beigabe von EM-Keramikpulver nicht so geeignet, weil die Farbe zu schnell auftrocknet.

Lehmfarben strahlen eine besondere Lebendigkeit und Vitalität aus. Mit EM-Einmischung, nach den Mondphasen ausgebracht, wird die wohltuende Ausstrahlung des Lehmes noch verstärkt.

Holzöle und Lasurfarben auf natürlicher Basis und mit EM-Zusatz schützen das Holz dauerhaft.

Kleinere Wandschäden im Gebäude: Ausbesserungen mit Moltofill trocknen schneller aus, wenn

- 2 bis 3 Prozent EM-Keramikpulver zugesetzt werden

Der Gips wird härter und stabiler als ohne EM-Zugabe.

Wasserflecken: Mit EM besprüht, verschwinden die Flecken.

Algen und Vermoosungen am Betonmauerwerk: Alles abbürsten und mit EM oder EMa übersprühen. Es dauert lange, bis sich wieder Begrünung ansetzt. Dann den Vorgang wiederholen.

Hartnäckige Ammoniakausblühungen im Mauerwerk fleissig mit EM-Lösung einsprühen, dann abbürsten.

Kontaktkleber: Aufgeklebte Bodenbeläge dünsten noch nach Monaten problematische Gase von Lösungsmitteln aus. Mit dem Zusatz von EMa trocknet der Kleber schnell auf, der Geruch bleibt weg. Es ist nicht ganz einfach, das wässerige EMa unter die zähe Klebemasse zu rühren.

Ammoniak-Ausblühungen: Als Erstes die Ursache beheben, das heisst, die Wand möglichst mit biologischen Isolierungsmitteln vor der eindringenden Feuchtigkeit abdämmen. Dann die Ausblühungen immer wieder mit EML abbürsten und befeuchten, bis sie verschwunden sind.

Holzverarbeitung

Holz wird oft veredelt oder verleimt und mit allerlei Zusätzen «haltbar» gemacht. So gibt das an sich natürliche und gesunde Baumaterial belastende Ausdünstungen ab.

Ein Beispiel ist die Verleimung von Mehrschichtplatten: Der Leim aus Knochenmehl riecht penetrant und unausstehlich und ist eine enorme Belastung für die Mitarbeiter. Wenn EMa in den Leim eingerührt wird, verschwindet der Geruch.

Die Heizleistung der Holzschnitzel wurde um unglaubliche 60% verbessert, weil durch EM-Besprühung keine Schimmelnester und Erhitzung des Schnitzellagers mehr auftrat.

Holzschnitzelheizung: Die Brennkammer mit EM eingesprüht, können Abgase wie Schwefel und Chlor um 25% reduziert werden.

Hackschnitzellager: Schimmel und die Erhitzung durch zu hohe Feuchtigkeit sind Probleme, die mit EM erfolgreich angegangen werden können. Das erhöht die Heizleistung und spart bis zu 60% Holzmaterial. Es laufen Versuche, bei denen schon bei der Holzschnitzel-Herstellung gegen Schimmelbefall EMa über das Häckselgut gesprüht wird. Eine weitere Idee ist, der Schamottauskleidung der Brennkammer schon bei der Herstellung EM-Keramikpulver beizumengen.

Töpferwaren

Viele Versuche waren nötig, bis die Rezeptur für den Ton mit EM-Zusatz stimmte.

Gefässe, die mit EM und EM-Keramikpulver in Ton und Glasur hergestellt werden, energetisieren und beleben das Wasser, wie die Biophotonenmessung* nach Prof. Popp bescheinigt. Aber auch als Raumschmuck kann EM-Keramik seine auf den Menschen positiv einwirkende Schwingung in den Raum abgeben. Der Schlicker*, mit dem Tonwaren geglättet und Einzelteile zusammengefügt werden, klebt wunderbar. Dieser Tonschlamm hält sich länger frisch und geht nicht so schnell in Fäulnis über. Auch die Engobe für Lasuren kann mit EM-Keramik angereichert werden. Das erfordert viele Brennmuster, bis die jeweilige Zusammensetzung weder Risse noch unerwünschte Farbveränderungen anzeigt.

Kommunale Einrichtungen

Es gibt Länder im ostasiatischen Raum, in denen die EM-Technologie von der Regierung unterstützt oder sogar verordnet wird. In Europa gilt die Gemeinde Sand in Taufers im Südtiroler Ahrntal als Vorzeigeprojekt, weil die ganze Kommune seit 2002 EM umfassend einsetzt. Die aufgeführten Beispiele aus diesem Ort können als Anregung und zur Nachahmung dienen:

Der Gemeindekompost aus der Grünabfuhr wurde von den Einwohnern kaum genutzt. Seit die Grünabfallmieten mit EMa bearbeitet und übersprüht werden, gibt es wegen des Geruchs keine Reklamationen mehr. Die Mieten vererden sehr schnell und brauchen in den warmen Monaten nur noch die halbe Zeit zur Reifung. Der bokashierte Kompost findet reissenden Absatz, weil die Einwohner realisierten, dass damit gedüngte Gemüse und Blumen einfach besser wachsen.

EMa für alle: Wer Grünabfälle bringt, bekommt dafür EMa. Das wird für die allgemeine Haushaltsreinigung verwendet und über die Gemüseabfälle gesprüht. Bereits so vorbehandelt, gelangt die Grünabfuhr zurück zur kommunalen Kompostierung.

Sport- und Grünanlagen werden mit EM-Giesswasser und Bokashi gepflegt.

Freischwimmbad: Die Gemeinde erstellte ein grosszügig angelegtes öffentliches Freibad (Schwimmteich mit Pflanzenklärung). Die Klärung reichte schon nach kurzer Zeit nicht aus. Mit EM-Keramikpipes im Zulauf und in der Pumpenkammer und mit EM-Zusatz in der bepflanzten Zone wurde das Wasser wieder klar und die Keimzahlen unter die Grenzwerte gesenkt.

Reinigung der öffentlichen Anlagen: Schulen: Klassenräume, sanitäre Anlagen und Sporthallen sind ideale Nährböden für abbauende Mikroben. Moder- und Schweissgeruch wird nur kurzfristig von den Duftstoffen der handelsüblichen Reiniger überlagert. Wird alles nur noch mit EM-Zusatz sauber gehalten, stellt sich eine angenehme Atmosphäre ein und üble Ausdünstungen verschwinden nach EM-Einsatz umgehend.

Kläranlagen und Müllabfuhr

In vielen Ländern der warmen Klimazonen werden Kläranlagen und Müllhalden mit der EM-Technologie bearbeitet. Die Umwesung geht dort sehr rasch vonstatten.

Auch in den gemässigten Zonen Europas ist es durchaus möglich, die EM-Technologie einzusetzen, wie Professor Higa in seinen Schriften immer wieder betont.

Die Grünabfuhr reift, mit EM aufbereitet, zu wertvollem Düngebokashi heran.

Herbstaspekt des Freibades.

Sickerwasserbecken des EM-Müllplatzes. Das Wasser «lebt», nirgends eine Spur von Geruch (Vietnam).

Die mit EM betriebene Kläranlage sorgt dafür, dass der «gekippte» Fluss wieder klares Wasser hat und ohne Gestank durch die Stadt fliesst. (Riad, Saudi Arabien).

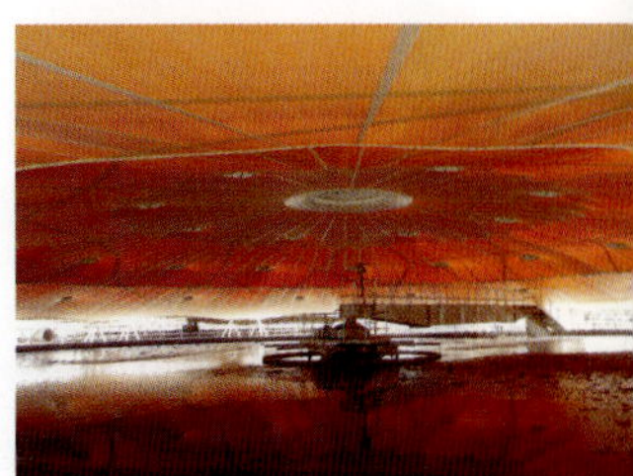

Je drei Weidenruten wurden zum Torbogen gesteckt und mit einer Prunkwinde (Ipomoea) bepflanzt. Eine Seite wurde mit EM, die andere ohne EM versorgt. Das Resultat nach zwei Monaten: Links: Ohne EM blieben die Ruten kahl und die Prunkwinde mager. Rechts: Mit EM trieben die Weidenruten frisches Grün, die Prunkwinde entwickelte sich prächtig.

Erfahrungen, Ideen, Tipps und EM

Menschen sind wie die Mikroben ein Teil der Schöpfung und sollten sich dem Zusammenwirken aller Teile widmen.

Was die Effektiven Mikroorganismen bewirken können, erscheint auf den ersten Blick einfach unmöglich und nicht sehr glaubhaft. Wer sich aber mit der EM-Technologie auseinandersetzt, merkt, dass diese Mikrobenmischung eben doch allerhand fertig bringt. Ganz schöne Erfahrungen, «Aha»-Erlebnisse und freudige Überraschungen kommen da zum Vorschein, wenn Anwender von ihren Arbeiten mit den Effektiven Mikroorganismen berichten oder Ideen ausprobierten.

Dieses Kapitel ist ein Auszug aus der Sammlung der EM-Erlebnisse bei Anwendern. Die Berichte wurden in Kurzform und ohne Namensnennung in Sachgruppen zusammengefasst. Sie sind vielleicht Anregung für weitere, neue Ideen in der EM-Anwendung.

Anwendungs-Hinweis
Abkürzungen für EM-Grundmengen: Sie gelten immer, **wenn nichts anderes vermerkt ist.** Sie sind auf der hinteren Buchumschlagsklappe aufgeführt.
Wenn nachfolgend nur «EM» genannt wird, ist auch der Einsatz mit EMa möglich.

Die riesigen Tanks für die Produktion eines der EM-Fermentationsgetränke (FGF) in Japan beeindrucken.

Körperpflege

Die Wirkung von EM liegt im Abbau der Freie Radikale, im Aufbau von Antioxidantien und in der durchgreifenden Verbesserung der Darmflora. Das bedeutet Unterstützung zur Gesundung des gesamten Organismus in vielen pathologischen Bereichen. EM-Keramikpipes und das EM-Salz unterstützen die aufbauenden Kräfte der Effektiven Mikroorganismen.

Viele Menschen nehmen die Grundmixtur EM oder die Vermehrung daraus (EMa) ein. Das tun sie auf eigene Verantwortung, denn diese EM-Formen sind nicht offiziell für den menschlichen Genuss zugelassen. In den nachfolgenden Berichten werden deshalb alle Anwendungen bei Menschen mit FG aufgeführt (das ist FGF oder FGM, siehe Seiten 196 und 197).

EM kann die Fusshygiene wirksam unterstützen.

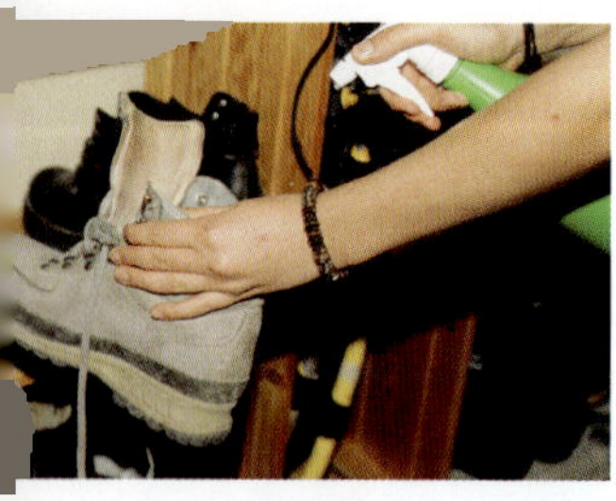

Wenn Schuhe innen mit EML eingesprüht werden, verschwindet der Schweissgeruch. Auch den ganzen Schuhschrank mit EML behandeln.

Für Erstklässler liebevoll hergerichtet und mit EM ausgesprüht.

Chemotherapien und Bestrahlungen sollen durch EM-Unterstützung stärker wirken und besser vertragen werden. FGF oder FGM, je nach Verträglichkeit, oder auch beide kombiniert in Wasser verdünnt einnehmen.

Darmprobleme: Viele Menschen berichten von sehr guten Erfolgen, wenn ein FGM nach Antibiotika-Einsatz mit all seinen negativen Folgen für den Wiederaufbau der zerstörten Darmflora eingesetzt wird.

Fusspilz: Gummistiefel mit EM bis auf Knöchelhöhe füllen und 3 bis 4 Stunden einwirken lassen. Dann ausleeren und ausspülen und nochmals EM 1 cm bis 2 cm hoch einfüllen. Diese vorbereiteten Gummistiefel mit nackten Füssen 1 bis 3 Stunden tragen. Die Hornhaut, unter der auch Pilzgeflecht nistet, das sonst nicht erreicht wird, lässt sich danach sehr gut ablösen. Weitere Vorbeugung: Schuhe innen immer wieder mit EML einsprühen.

Fussschweiss: Füsse in mit Wasser verdünntem EM (1:1) baden, Schuhwerk innen wiederholt mit EML einsprühen.

Haarerlebnis: Nach Einnahme eines FG wuchs im bereits ergrauten Haarschopf wieder das ursprünglich dunkle hervor, in neuer Fülle und Dicke und mit schönem Glanz.

Immunkräfte stärken: Ein FG eingenommen oder EM-Keramikpipes auf der Haut getragen, unterstützt die natürlichen Abwehrkräfte. Diese EM-Formen gleichen ein Übermass an Freie Radikale aus und fördern Antioxidantien.

Magen- und Darmverstimmungen kommen mit einem Schluck FGM pro Tag und Mahlzeit wieder ins Gleichgewicht.

Nagelbettentzündungen: Hier lindert EM, solange die Entzündung noch geschlossen ist. Bricht das entzündete Gewebe unter Eiterdruck auf, kann EM noch besser einwirken und die Heilung beschleunigen.

Psyche: EM wirkt ausgleichend und harmonisierend auf Räume, die stark mit Emotionen aufgeladen werden wie z.B. Klassenzimmer. Aggressionen der Schüler haben wesentlich abgenommen, seit die Schulräume in jeder grösseren Pause mit EML oder einem EM-Raumspray ausgesprüht werden. Der Unterricht verläuft geordneter und disziplinierter, die Schüler scheinen konzentrierter «bei der Sache zu sein». Es wurde mehrfach festgestellt, dass Menschen mit geistigen Behinderungen in Werkstätten durch EM-Raumpflege ihre Arbeitsleistung auf gleichmässig verlaufendem Niveau bringen, weil diese sehr empfindsamen Menschen das Klima in solchen Betrieben als angenehm und aufheiternd erleben.

Wadenkrämpfe: Bei nächtlichen Krämpfen in den Beinen, oder wenn die Beine oder Arme einschlafen, EM-Keramikarmbänder um Hand- oder Fussgelenk legen (muss ausprobiert werden).

Zahnersatz mit EM: Eine Allergikerin (MCS) reagierte auf Kunststoffe in ihren Zahnersätzen. Der Versuch, beim neuen Zahnersatz den Materialien etwas EM-Keramik einzumischen, glückte: Nach kurzer Probezeit waren ausser der Empfindlichkeit auf Kunststoff auch alle anderen Allergien weg.

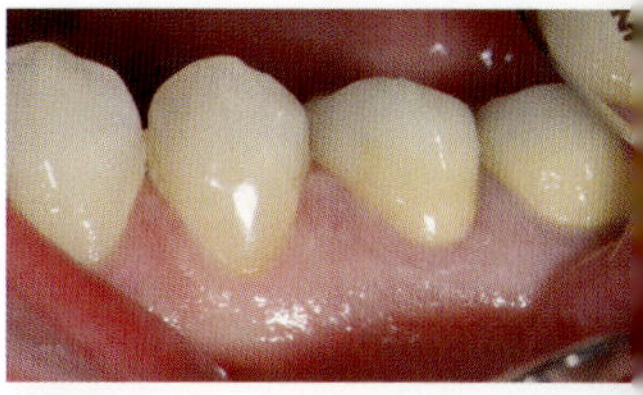

Die Zahntechnik entwickelt immer neue Zusammensetzungen mit EM, die Resultate sind sehr positiv.

Tierpflege

Hier scheinen die Effektiven Mikroorganismen genau die gleichen Wirkungen zu erzielen wie beim Menschen. Es gibt viele schöne «Gesundungsgeschichten». Wenn unsere Lieblinge erkrankt sind,

- etwas EM einflössen. Wenn das Tier EM im Trinkwasser ablehnt, mit etwas Apfelsaft verdünnen oder ein neutral schmeckendes FG geben
- oder anfangs einige kleine Futterbokashi-Portionen pro Tag ins Futter geben und allmählich bis auf 10 Portionen erhöhen.

Bei Pferden gibt es viele wunderbare EM-Erlebnisse.

Antibiotika: Seit EM-Einsatz im Stall und im Futter, kann auf Antibiotika verzichtet werden. Treten trotzdem mal Krankheiten auf, werden die Tiere mit Naturheilarznei oder homöopathischen Mitteln behandelt. Die Tierarztkosten konnten massiv gesenkt werden.

Augenentzündungen: Wenn Augen brennen und jucken, reibt sich das Tier ständig und verschlimmert die Situation. Fliegen werden lästig, weil sie von dem eitrigen Tränenfluss angelockt werden. Mit EM - Waschungen bleiben die Fliegen weg, der Juckreiz wird augenblicklich gestillt, die Entzündung heilt ab. Das Tier wird wieder ruhiger.

Wenn EM vom Tier anfangs abgelehnt wird, einfach etwas EM oder Futterbokashi ins» Menu» einmischen

Bienen: Nach der Sauerbrut und der Varroamilbe kommt nun das Problem mit den sterbenden Bienenvölkern, die zwar ausfliegen, aber keine Kraft mehr für den Rückflug haben und einfach verschwinden. Ursache: offiziell unbekannt oder eine Vielzahl von Ursachen, die sich kumulierten – so wird vermutet. Ganz extrem erlebte es eine Imkerin. Ihre Bienen suchten im Winter (bei fast sommerlichen Temperaturen) vergebens nach Blüten. Durch diesen Stress waren diese Völker nicht einmal mehr in der Lage, zur Obstblütezeit auszufliegen. Sie blieben ermattet im Stock und nahmen keine Fütterung mehr an. Der Bieneninspektor, Fachleute und Laboruntersuchungen konnten keinen Ausweg aufzeigen. In der Not wurde etwas vom FGF und EM-Keramikpipes in die Tränke gegeben und EML im Bienenstand gesprüht. Der grösste Teil der Völker erholte sich rasch, drei Völker brauchten etwas länger, überlebten aber doch noch. Es erstaunte, dass trotz verpasster Obstblüte eine grosse Menge Honig geerntet werden konnte. Danach ging es diesen Immen mit EM-Pflege wunderbar. Sie waren aktiv und fleissig und überstanden den darauf folgenden

Reiche Honigernte trotz verpasster Obstblüte.

«Wenn der Löwenzahn blüht, ist's Zeit für den Hochzeitsflug».

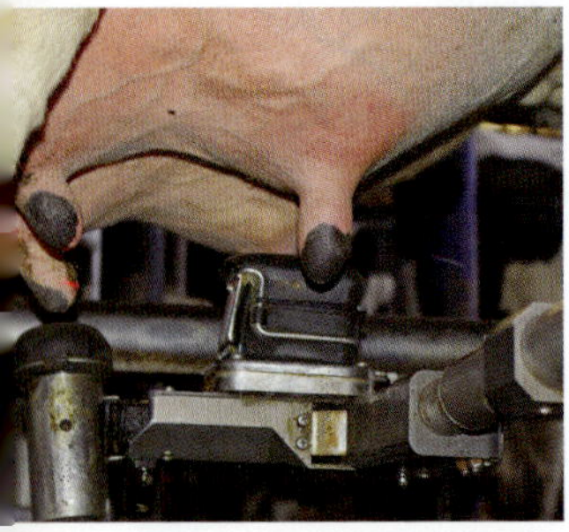

Die Kühe gehen gern zum Melkroboter: Ihre Euter werden vorher mit EMa-Lösung eingesprüht.

Ein Merkmal für Gesundheit ist beim Tier das glänzende Fell.

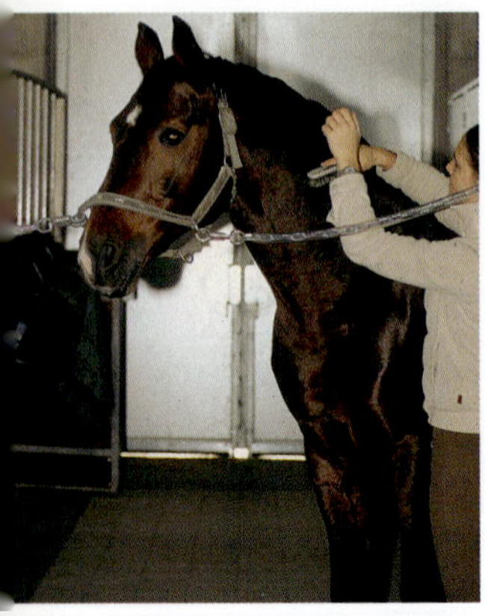

Winter – wieder mit Wärmeperioden und Bienenflug ohne Blüten – bestens.

Bienenschwarm lenken: Es gehörte seit Jahrzehnten dazu, dass sich die Bienenschwärme einer Imkerin immer auf den höchsten Obstbaum der Umgebung in den obersten Kronenteil niederliessen. Die Bergung des neuen Volkes gestaltete sich äusserst schwierig und war immer ein gefährliches Unternehmen. Ende Mai spritzte die Imkerin EML in die niederen, noch jungen Obsthalbstämme am Bienenhaus. Prompt setzten sich die Bienenköniginnen mit ihrem Volk dort ab. Die Schwärme konnten bequem abgenommen werden. Ein anderer Imker pflegt seinen kleinen Garten und die Blütenbäume darin mit EM. Ihm flogen in einem Jahr 18 fremde Bienenvölker aus der Umgebung zu. Der Imker wurde also im Handumdrehen um 18 Völker bereichert.

Tränke: Die energetische Ausstrahlung von EM muss wohl auf die Bienen unwiderstehliche Anziehungskraft ausüben. Es wurde beobachtet, dass die Bienen Tränkewasser mit EM lieber aufnehmen als Wasser aus Bach und Teich.

Blauzungenkrankheit: Diese durch «Gnitzen» (Stechmückenart) übertragene Viruskrankheit befällt vor allem Schafe, deren Immunkräfte abgesunken sind. Also müssten die Tiere in erster Linie so gestärkt werden, dass ein Virusangriff gar nicht zum Zuge kommt. Da kann EM einiges bewirken. Wird die Umgebung der Tiere mit EM gepflegt, halten sich auch die Stechmückenpopulationen in Grenzen und sind kaum eine Gefahr.

Eitrige Entzündungen: Das Euter bei Ziege und Kuh ist nach der Erstgeburt sehr anfällig für eitrige Entzündungen. Gute Erfahrungen wurden mit einer Paste aus Tannenharz und Schweinefett als Zugsalbe gemacht. Erst wenn sich die Eiterbeule öffnet und der Eiter abgeflossen ist zur Wundheilung EM aufsprühen.

Euterverletzungen: EM und EM-Keramikpulver zur Paste vermischt und aufgetragen. Die niederliegende Kuh stand nach 1,5 Stunden wieder auf.

Erkrankungen der Luftwege entstehen häufig durch Staub und Ammoniak-Ausdünstungen, vor allem Pferde sind sehr empfindlich. Im Stall den Luftraum, den Boden und die Wände immer wieder mit EML einsprühen. So können die Effektiven Mikroorganismen das giftige und stinkende Ammoniak in milde, ungiftige Aminosäure umarbeiten. Dadurch verschwindet eben auch die «typische Landluft».

Fellpflege wird einfacher, weil das Haar weniger stark verfilzt und es mit seidigem Schimmer gesund und stark nachwächst. Pelztierfarmen in Dänemark erzielen höchste Preise wegen der hervorragenden Pelzqualitäten mit wunderbarem Lüster auf dem Fell. Der Fellwechsel (Mauser) wird besser überwunden.

Gebärmutterspülungen mit EM nach Geburten bannen die Gefahr für «Kindbetterkrankungen» der Muttertiere.

Eine Kuh hatte nach der Niederkunft keine Nachgeburt, lag ermattet im Stall und wollte nichts fressen. Tabletten vom Tierarzt verätzten den Geburtskanal. Uterus-Spülungen mit EMa-Lösung und Futter mit Tannenreisbokashi (mit Bärlauch) stellten die Kuh wieder rasch auf die Beine.

Prächtige, EM-gepflegte Ziegen liefern feine Milch in grossen Mengen.

Hautparasiten, Entzündungen und Ekzeme: Befallene Stellen mit EM betupfen.

Milchleistung bei Ziegen: Bis zu 8 l pro Tag sind mit EM-Pflege Tatsache geworden. Für die sehr gesunde Ziegenmilch aus einem EM-Betrieb wird von Privatkunden ein höherer Preis bezahlt, weil sie feiner und fast ohne typischen Beigeschmack mundet.

Mineralstoffmangel: Das Federpicken bei den Hühnern oder in der Vogelzucht und der Kannibalismus bei den Schweinen hören auf, wenn EM dem Futter und der Tränke zugegeben und der Stall mit EM gereinigt wird. Offensichtlich werden Mineralien im Futter mit Hilfe der Effektiven Mikroorganismen besser aufgeschlossen.

Wenn Vögel «Federn lassen» deutet es auf einen Mineralstoffmangel hin.

Pferde: Die sehr sensiblen Tiere reagieren auf EM auffallend intensiv: Eine Berberstute hatte sehr schlechte Leberwerte, das Haarkleid wies grosse Lücken auf. Sie schien keine Lebenschance mehr zu haben. Ein spezieller Nahrungsplan, die innere wie äussere Behandlung mit EM und viel Zuwendung brachten das Pferd wieder soweit auf die Beine, dass die Leberwerte ein Jahr danach wieder im Normbereich lagen, das Fell sich gesund erneuert hat und die wertvolle Stute – quicklebendig und kraftvoll – zur Züchtung wieder eingesetzt werden kann.

Die schwer erkrankte Zuchtstute wurde durch Behandlung mit EM und Homöopathika wieder gesund und quicklebendig.

Koliken durch minderwertige oder nicht richtig eingeteilte Futterrationen führen oft zum Tod. Eine besonders dramatische Geschichte einer sehr wertvollen Zuchtstute: Sie hatte sich wegen einer heftigen Kolik stundenlang vor Schmerzen gewälzt, sich dabei Schultern, Hüften und Nasenbein bis auf die blanken Knochen aufgerieben. Das Tier war völlig erschöpft und konnte sich nicht mehr auf den Beinen halten. Es sollte vom Tierarzt von seiner Qual erlöst werden. Aus der Nachbarschaft kam Hilfe: Als allerletzte Hoffnung wurde dem todgeweihten Tier ein Liter FGM eingeflösst. Innerhalb einer Stunde stand die Stute wieder auf ihren Beinen und erholte sich sehr schnell. Die Wunden wurden mit EM gepflegt und schlossen

Gute Idee: Mit Kindern für die hungernden Vögel im Winter Bokashifutter herstellen.

Aus kleinen, putzigen Tigerbabies sind…

…mit EM-Pflege prächtige «Teenies» herangewachsen.

sich rasch: Nach ein paar Tagen wuchs bereits das Fell an den Scheuerstellen nach. Man merkte dem Tier die vorangegangene Strapaze nicht mehr an.

Hufrehe: Wenn im Frühjahr der Fruktangehalt* des Frischgrases sehr hoch ist und beim Weidegang zuviel Gras aufgenommen wird, kann das die sehr schmerzhafte und oft tödlich verlaufende «Grasrehe» verursachen. Mit EM im Futter und EM-Keramik in der Tränke wird die Konstitution der Pferde allgemein gestärkt und die Bereitschaft für Huferkrankungen herabgesetzt oder bei Erkrankung mit EM erfolgreich behandelt.

Tieraufzucht: Zwei Tigerbabies wurden von ihrer Mutter nicht angenommen, weil sie wohl von ihr als nicht lebensfähig eingestuft wurden, denn die Neugeborenen hatten erhebliche Darmprobleme und ein sehr geschwächtes Immunsystem. Ihre Tierpflegerin hat mit viel Einsatz und Liebe die Mutterrolle übernommen und die Tiere in ihrer Wohnung mit EM-Zusatz gross gezogen. Besucher wunderten sich, dass diese Wohnung keinerlei Raubtiergeruch hatte.

Verdauungsprobleme: Eine Hündin hatte von Geburt an Probleme mit Darm und Bauchspeicheldrüse. EM im Futter schmeckten ihr nicht. Bei einem Spaziergang zog sich das Tier eine schlimme Schnittwunde an der Pfote zu. Die Wunde wurde mit EM betupft und mit EM-Umschlägen verbunden. Die Hündin nagte am störenden Umschlag herum und kam auf diese Weise in den Genuss von EM. Kurz danach frass sie etwas Unverträgliches und musste spucken. Bei der nächsten EM-Behandlung für die Fussverletzung erbettelte sie sich regelrecht etwas EM zum Schlucken. Offenbar hatte die Hündin erkannt, dass die Effektiven Mikroorganismen, nicht nur äusserlich angewendet, eine wunderbare Sache sind.

Vogelgrippe in Thailand: Es ist bekannt, dass viele Hühnerfarmen ihren gesamten Geflügelbestand vernichten mussten. Keiner der Geflügelzuchtbetriebe, die mit EM arbeiten, war von dieser Aktion betroffen, weil bei ihnen die Vogelgrippe nie auftrat.

Winterfutter für Vögel mit Bokashi: So überstehen Vögel den Winter besser und gehen gestärkt ins Brutgeschäft: 1 kg Schmalz, 1 kg Sonnenblumenkernen und 1 kg Bokashi mit 100 ml EM oder EMa zusammen verkneten. Die Masse zu Meisenknödel formen oder Tonblumentöpfe damit füllen. Eine Schnurschlaufe zum Aufhängen mit einlegen.

Zoo, Gehegepflege: Der wunderschöne Säbelschnäbler kämmt im seichten Brackwasser seine Nahrung aus dem Sand. Im Zoo musste dieser «Strandsand» und das Wasser der künstlich erzeugten Flutwelle in der warmen Jahreszeit alle 2 Tage wegen des Koteintrags gewechselt werden. Das ist ein mehrstündiger, arbeitsintensiver Aufwand und bedeutet auch für die Vögel viel Stress, vor allem in der Brutzeit. Der mit EM behandelte Sand und auch das Wasser bleiben jetzt durch die Mikrobenaktivität lange sauber und müssen erst nach mehreren Wochen, statt wöchentlich, erneuert werden. Das erspart Arbeit und tut auch den Vögeln sehr gut. Ein Zeichen für das Wohlgefühl ist auch, dass seit EM-Einsatz viel mehr Nachwuchs des vom Aussterben bedrohten Stelzenvogels ausgebrütet wird als vorher.

Tierfreunde: Beide lieben die EM-Dusche bei der Gehegepflege.

Wasser

Den Effektiven Mikroorganismen ist es im feuchten Milieu wohl. So sind Sanierungen mit EM auch in Wasserbiotopen sehr wirksam.

① Die Algen haben einen undurchdringlichen Teppich gebildet.

② Ein paar Tage nach der EM-Impfung fingen die Algen an zu schäumen und verbräunten zusehends.

③ Im Herbst, nach 3 Monaten, war das Wasser wie gewünscht – klar.

Das «klassische» Wasserbecken war mit einem Algenteppich bedeckt, es halfen keine üblichen Mittel. Der Einsatz mit EM brachte endlich «klare Verhältnisse» auch auf Dauer. Die Mikrobenbesetzung des Wassers wird von Zeit zu Zeit mit einem Quantum EMa aufgefrischt.

Teich mit natürlichem Zufluss: Das Wasser enthielt vom Jaucheeintrag aus der umliegenden Landwirtschaft viel Stickstoff. Goldfische und Koi, Schleie und Moderlieschen im Teich trugen ihren Anteil dazu bei, dass sich durch dieses Stickstoffüberangebot ein dicker Algenteppich ausbreiten konnte, der sich auch nicht verkleinerte, wenn täglich ganze Schubkarren voll abgefischt wurden. Alle bisher möglichen Massnahmen halfen nicht. Erst als der Landwirt in der Nachbarschaft sein Abwasserproblem sanierte und Naturschwämme als Ankerplatz für die Mikroben im Teich abgesenkt wurden, (vollgesaugt mit EM und mit Steinen beschwert), verschwanden die Algen. Ein grosser Teil der Mikroben wird durch den natürlichen Ablauf zum Bach wieder weggeschwemmt.

Das Wasser bleibt aber klar, wenn – je nach Bedarf – immer wieder EM nachgegossen wird.

Wasser mit Fischbesatz: Die Ausscheidungen der Fische sorgen für viel Nährstoff, das Wasser ist in den meisten Fällen trübe Suppe. Mit EM-Behandlung geht die Trübung zurück und wird der Nährstoff-Überhang auf normale Werte abgesenkt.

Mit EM bleibt das Wasser klar und werden die Farben der Koi intensiver.

Die Bewirtschaftung mit EM stabilisiert den Boden. Er wird elastischer, das Gras wächst nach dem Weidegang rascher nach.

Biogasanlagen werfen wegen der Umweltbelastungen noch Fragen auf. EM geht einen umweltfreundlicheren Weg, es bindet im Bach den Stickstoff im Boden.

Bokashi nicht nur für den Eigenbedarf, sondern auch für benachbarte Höfe.

Landwirtschaft

Alpweidewirtschaft: Im EM-Kreislauf Kuh-Gülle-Weide-Kuh wird der Boden der Weiden elastischer und stabiler. Der Schnee schmilzt im Frühling durch die Mikrobenaktivität rasant weg. Die Weiden sind mit Regenwurmhäufchen übersät. Das Gras grünt schneller als auf Flächen ohne EM-Behandlung.

Biogas mit Fragezeichen: Die Fermentierung von Jauche zu Biogas geschieht über Fäulnis und ist ein abbauender Vorgang. Es werden hochgiftige Gase gebildet, vor allem die Umweltgifte Methan und Butolinumtoxin. Das Restmaterial aus der Biogasanlage darf wegen der hochgiftigen Rückstände nicht auf Weide- oder Ackerland ausgebracht werden. Die Entsorgung auf die Sonderdeponie kostet. Weil der Bau von Biogasanlagen sehr teuer ist, stimmt weder die ökologische noch die ökonomische Bilanz. Eine Fermentierung mit EM ist dagegen eine Gärung mit aufbauenden Mikroben. Das organische Material wird dadurch pflanzenverfügbar, ohne Nährstoffverlust aufbereitet und kann auf Landwirtschaftsflächen als biologisch hochwertiger Dünger ohne gesetzliche Einschränkung ausgebracht werden – fast zum Nulltarif.

Bokashi-Herstellung für benachbarte Höfe: Mehr als 20 Landwirte übernehmen Futterbokashi aus der Produktion eines Landwirts. Damit werden 1000 GVE mit EM versorgt. Das ist gelebte Nachbarschaftshilfe.

Dieselöltank: Ein grosser EM-Keramikring im Tank nimmt den aufdringlichen Dieselgeruch. Die Motorgeräte stinken nicht mehr. Der Russpartikelausstoss sinkt erheblich, weil der Kraftstoff besser verbrennt.

Düngung: Die Preise für Handelsdünger sind allein im Jahr 2007 um 30% bis 40% gestiegen. Da lohnt sich die Aufbereitung des eigenen Hofdüngers mit EM, denn Jauche und Mist sind durch die Fermentierung als hochwertiger organischer Nährstoff für Ackerfrucht und Weideflächen einzustufen. Bisherige Mengen an Handelsdüngergaben können so auf ein Minimum reduziert oder ganz ersetzt werden.

Getreideanbau: Der Durchschnittsertrag bei Weizen im konventionellen Anbau liegt bei 78–80 kg/hl, Spitzenerträge in sehr guten Jahren liegen bei 84–86 kg/hl. Biobetriebe erreichen bei Weizen mit EM-Saatgutbeize und mit EM-gepflegtem Hofdünger 86 kg/hl.
Trockenheitsverträglichkeit: Es hat sich gezeigt, dass Trockenperioden vom Korn mit EM-Behandlung besser überstanden werden. Die gleichen Beobachtungen wurden auch bei anderen Feldfrüchten gemacht.

Gründüngung: Eine Kleeeinsaat in breiten Reihen liefert viel organische Masse. Der Klee wird mehrmals mit kleinen Rasenmähern – an einem Anbaurahmen in einer Reihe nebeneinander montiert – gemäht und mit EMa übersprüht. Dieses Mähgut wird sehr schnell abgebaut und steht dem Boden und dem Getreide als Nährstoff wieder zur Verfügung. Aus magerem, sandigem Boden wird so fruchtbare Erde, die sehr gut Wasser halten kann und nicht verdichtet ist.

Heuernte: Das Heu wird bei der Bergung mit EMa besprüht. Trotz der Feuchtigkeitszufuhr erhitzt es sich nicht. Ebenso wird beim Eingrasen mit EM behandelt. Das Ergebnis der Dürrfutteranalyse fällt mit besten Werten auf.

Gras, das mit EM-Gülle gedüngt wurde, zeigt hohe Werte in der Dürrfutteranalyse auf.

EM-Wirkung sichtbar gemacht: Tagetes und Dahlien im Vergleich: Links ohne EM, rechts mit EM.

Einen Sommer lang Zinnienblüten auf Brusthöhe schneiden.

Garten

EM kann soviel bewirken, und die Palette seiner Anwendungsmöglichkeiten ist bunt.

Blumen: Zinnien und Astern bekommen schnell Mehltau und andere Pilzerkrankungen. Schnecken lieben junge Zinnientriebe. Mit Bokashi im Boden und mit EM gegossen, gibt es kaum noch Ausfall. Mittelgrosse Zinnien (bis 80 cm hoch) wuchsen bis auf 1,30 Meter heran.

Bewurzelung: In die Pflanzerde wurde abgelagertes Bokashi untergemischt, Die Anwenderin ist auf die starke Bewurzelung ihrer Bellissämlinge stolz.

Mäuse vergraulen: Weil sich Mäuse sehr gern im Kartoffelacker (mit Bokashigaben) aufhielten, kam einem EM-Anwender die Idee, in die Erde Fichtennadeln zu verteilen. Das meiden die kleinen Nager, weil die Nadeln pieksen. Weitergedacht, reicherte er sein nächstes Bokashi mit gehäckseltem Fichtenreis an, damit ein Arbeitsgang erspart wird. Die Mäuse kamen nicht mehr zu Besuch.

Krautfäule: Tomaten wurden vorbeugend jede Woche mit EM5 bzw. mit EM/FPE (25 ml pro 5 bis 10 l Wasser) gespritzt. Die jedes Jahr auftretende Krautfäule an den Tomaten verschwand.

Erde, die mit Bokashi angereichert wurde, regt die Wurzelbildung an.

Auch eine Idee: Ein prachtvoller Zuckerhutsalat wird zum besonderen Geschenk.

Paradiesäpfel, verführerisch und durch EM richtig gesund.

Kartoffelkäfer: Die Larven haben in den letzten Sommern manches Feld kahl gefressen, so massiv trat dieser Käfer auf. Der Kartoffelacker eines EM-Landwirtes blieb verschont, trotz des schweren Befalls eines angrenzenden Feldes mit konventionellem Kartoffelanbau.

Tipp: Saatkartoffeln vor dem Pflanzen mit EM+U eingestäubt, reduziert die Anfälligkeit für Pilzerkrankung und Schädlinge. Noch bessere Resultate erzielte ein Landwirt, der seine Saatkartoffeln bereits nach der Ernte mit EM+U einstäubte.

Tomaten: Sorten, die besonders aromatisch schmecken, sind oft für Krankheiten und Schädlinge anfälliger. Wir müssen trotzdem nicht auf diese Delikatessen verzichten, weil hier EM die Widerstandskraft der «Paradiesäpfel» stärkt. Es treten kaum noch Weisse Fliegen auf. Die Tomaten platzen bei extremen Wetterschwankungen zwischen heissen, trockenen und kalten, nassen Perioden nicht mehr so schnell auf.

In Ungarn reifen in grossen EM-Plantagen Nektarinen mit gesundem Laub und aromatischen Früchten.

(Un)krautprobleme: Tritt ein Beikraut in Massen auf, ist der Boden nicht im Gleichgewicht. Abhilfe: Eine Jauche von dem Kraut machen, das verschwinden soll. Nach drei Wochen Gärprozess mit EM-Zusatz die Jauche auf das Beet spritzen, auf dem vorher dieses Beikraut stand. Die Masseninvasion des Krautes geht zurück, weil der Erde das zurückgegeben wird, was sie dringend für ihren Ausgleich braucht. Dabei unterstützen die Effektiven Mikroorganismen diesen Vorgang mit ihrer Umwandlungsarbeit. Ein EM-Biolandwirt machte die Beobachtung, dass Problemkräuter keine Rolle spielen, auch wenn sie im Frühjahr auf den Feldflächen den noch dünnen Halmbestand von Getreide bedrängen. Im Laufe des Sommers gewinnt das stabil heranreifende EM-Getreide die Oberhand, die Kräuter verschwinden von selbst.

Obst- und Beerenbau

Der Anbau mit EM bewirkt, dass das Aroma der Früchte intensiviert und die Lagerfähigkeit deutlich erhöht werden. Pilzbefall und Bakterienkrankheiten, aber auch Schadinsekten, wie die Mittelmeerfliege in den Oliven, werden erfolgreich gemindert, wenn die Bäume mit EM gepflegt werden und ihre angeschlagenen Immunkräfte sich wieder aufbauen können.

Gehaltvoll: Der Saft aus diesen EM-Äpfeln kann mehrfach verdünnt werden und schmeckt dann immer noch herrlich.

Äpfel: EM hilft, die Wasseraufnahmefähigkeit des Bodens zu steigern. Im Frühling beginnt ein Landwirt und Obstanbauer mit EM-Behandlung und spritzt bis in den Sommer regelmässig EMa. Er versorgt den Boden aussserdem mit Bokashi und bedeckt ihn mit Grasmulch. Im Sommer trocknet der Boden nicht so rasch aus. Dafür steigt die Trockensubstanz der Äpfel; denn «Tiere und Menschen brauchen ja nicht Wasser vom Feld (gemeint ist aufgeblähtes, wässriges Obst), sondern Stärke und Eiweiss.» Der Obstsaft ist so gehaltvoll und süss, dass er – fast sirupartig – gut verdünnt werden kann und bei den Verbrauchern sehr begehrt ist.

Erdbeeren: Bei Neupflanzungen den Wurzelballen mit EM anfeuchten. Nach Pflanzung mit EMa giessen. Alles wächst gut heran. Bothritis* ist kein Thema mehr.

Selbst bei nassem Wetter in der Erntezeit reifen aromatische Beeren ohne Pilzerkrankungen.

Pflanzenproduktion/Gärtnereien

Bei Jungpflanzen, die nur für eine kurze Zeit im Betrieb stehen, bevor sie in Handelsgärtnereien bis zum Verkauf weiter kultiviert werden, ist die Wirkung von EM sicher gut, aber optisch nicht so ersichtlich. Aber in Kulturen, die länger als eine Vegetationsperiode im Betrieb sind, hat sich EM etabliert.

Gärtnerei: Der Betrieb hält seine Kulturen mit Biplantol und EM gesund. Es wird auf seinen 3000m2 grossen Flächen keine Chemie mehr angewendet. Drei Wochen vor Pflanzung werden EMa (3%ig) gegossen. Dann alle 4 Wochen EML (1%ig) mit einer Zugabe Dolomitkalk gegossen. Bei Pilzbefall wie Mehltau wird EMa (1%ig) + Biplantol (1%ig) + Knoblauch (3%ig) gespritzt.

Oberhalb der abgestorbenen Wurzeln treibt die Christrose nach EM-Behandlung wieder mit frischem Trieb und neuen Wurzeln.

Gardenien: Eine Spezialgärtnerei in Dänemark hat ein Pilotprojekt mit EM trotz der etwas heiklen Kultur konsequent und sehr erfolgreich durchgezogen.

Christrosen: In einem bekannten Zuchtbetrieb werden die Mutterpflanzen der beliebten Winterblüher mit EM kultiviert. Die Anfälligkeit für Schädlinge und Wurzelpilze konnten auf ein Minimum reduziert werden, die Pflanzen sind sehr gesund, erfreuen mit kräftigem Aufbau und üppiger Blüte. Das könnte auch andere Pflanzenproduktionsbetriebe ermutigen.

Riesenkürbis, bis zum Herbst ohne Mehltau.

Kräuteranbau: Normalerweise lässt Basilikum schon nach wenigen Schnitten in der Wuchsleistung nach. Nicht so bei Einsatz mit EM: Da ist die Ernte vom Frühling bis zum Herbst möglich und die Pflanzen standen selbst im September noch voller Kraft und ohne Pilzbefall da.

Kürbiszucht: Die Züchtung von Riesenkürbis setzt gesundes Ausgangsmaterial voraus. Nach EM-Einsatz blieben die Blätter der Samenträgerpflanzen bis in den Herbst gesund und vital und ohne den üblichen Mehltaubefall.

Der Zuckerhutsalat, kaum angepflanzt, zeigt in makellosen Reihen zügiges, gesundes Wachstum.

Salatanbau: Das hat überzeugt: Im kalten Mai wurde Salat gepflanzt und ein Teil mit, ein Teil ohne EML angegossen. Der Teil ohne EM faulte und musste untergepflügt werden. Der Teil mit EML stand stramm da: Ein Zeichen dafür, dass EM-Pflanzen Kälte besser ertragen.

EM-Keramikpipes im Gemüsefach oder in Plastikbehältern halten den Inhalt sehr lange frisch.

Bodenverdichtung und Staunässe: Im Folienhaus einer Gemüseproduktion war seit Jahren eine Fläche, auf der alle Pflanzen vergilbten. Nichts half und man nahm es so hin. Nach EM-Einsatz wuchs auch an dieser Stelle die Endivie wie überall im Haus, sodass 99 Prozent der Salate geerntet werden konnten, statt bisher nur 70 Prozent.

Hagelschlag: Der gesamte EM-Anbau mit Salat und Zucchini wurde zerstört. Der Versuch, die Pflanzen sofort mit EML zu spritzen, wurde belohnt. Salate und Zucchini trieben sofort wieder durch und brachten noch eine akzeptable Ernte ein, weil die Pflanzen genug Kraft aus dem Boden ziehen konnten und die schlimmen Wunden an den Pflanzen nicht wie üblich faulten, sondern rasch verheilten. Die Nachbarfelder ohne EM-Pflege mussten alle geräumt werden, weil die Pflanzen keine Chance hatten, sich zu erholen.

EM-Keramikpipes im Ölfilter oder auch aussen herum um die Zuleitung gebunden, verringern den CO_2-Ausstoss.

Haushalt

Haltbarkeit von Frischkost erhöhen: Käse und Wurstwaren, Früchte und Gemüse, Speisereste und vorbereitete Speisen bleiben im Kühlschrank länger frisch, wenn in ihrer Umgebung EM-Keramikpipes ausliegen, am besten als Kette aufgefädelt.

Heizöl sparen: In Ölheizungsanlagen können EM-Keramikpipes im Ölfilter eingelegt werden. Der CO_2-Ausstoss wird deutlich heruntergesetzt.

Holzpelletsöfen: Um den Brennertopf einen Ring aus Keramikpipes legen, auf Draht gefädelt. Den Brennerraum mit EM aussprühen. Russablagerungen verschwinden, der Wirkungsgrad der Verbrennungsleistung erhöht sich.

Obstfliegen: Gesammelte Gemüseabfälle, die nicht gleich bokashiert werden, sofort mit EM übersprühen, damit sie nicht in Fäulnis übergehen und dadurch die Fliegen anziehen würden.

Teppichboden: Mit Zusatz von EMa oder einem EM-Reiniger wird der Teppich nicht nur sauber. Die Farben leuchten wieder wie neu, Motten und Milben bleiben weg.

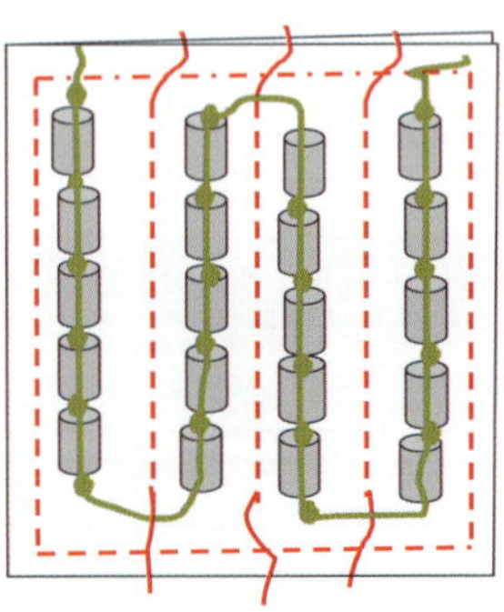

Wäsche und EM: EM-Keramikpipes lose in einem Socken oder in einem Säckchen eingebunden zerbröseln mit der Zeit. Auch der Stoff verschleisst durch die scharfen Pipekanten schnell, wenn die Pipes im Waschgang ständig durcheinander gewirbelt werden. Pipekrümel können beim Abpumpen in die Pumpe geraten und sie beschädigen.

Tipp: Ein Pipe-Kissen schont die Wäsche, die Waschmaschine und die EM-Keramikpipes. Weil durch die Zwischenknoten die Pole der Pipes getrennt sind, kann die EM-Keramik ihre volle Wirkung entfalten:

1. Ein Stück helles Baumwollfrotté auf 10x18 cm zuschneiden.
2. 20 EM-Keramikpipes auf eine Schnur mit Zwischenknoten, wie abgebildet, auffädeln (grüne Linie).
3. Die Pipekette auf einer Hälfte des Stoffstückes platzieren (feststecken). Die zweite Hälfte des Stoffstückes über die Pipes klappen.
4. Mit der Nähmaschine eine Naht zwischen jede Pipereihe steppen (rote Linie). Obere und untere Stoffhälfte (mit den aufgenähten Pipes) um geschlossenes «Pipekissen» zusammennähen (rote Linie), aussen herum.

Die Waschmaschine braucht pro Hauptwaschgang ca. 40 l Wasser und somit auch 40 EM-Keramikpipes, deshalb zwei Stoffkissen anfertigen.

Wohngifte: Mit Behandlungen für die Haltbarkeit ausgerüstet, geben neue Wohnutensilien wie Möbel, Ledersofas oder Teppiche viel Wohngifte ab. Den Raum und das Mobiliar immer wieder mit verdünnter EM-Lösung einsprayen.

Weniger Dieselverbrauch, weniger Motorgeräusch und seltener ein Ölwechsel nötig: das wird mit spezieller EM-Keramik erreicht.

Vorsicht bei hellen Ledersofas, Teppichen oder anderen Materialien: EM kann wegen der braunen Farbe Flecken hinterlassen.

Gewerbe

In den letzten Jahren haben sich die Effektiven Mikroorganismen in vielen Bereichen von Industrie und Gewerbe einen Platz erobert.

Auto, Land- und Baumaschinen: EM-Keramik vollbringt keine Wunder. Aber es kann mit seinen antioxidativen Kräften Verschleiss aufhalten, die Menge der giftigen Auspuffgase reduzieren, die Motorleistung erhöhen und Kraftstoff durch die effizientere Verbrennung sparen. Die Fahrgeräusche werden abgesenkt, der Fahrer ermüdet nicht so schnell. Dazu wurde ein spezieller Chip entwickelt, der vom Fachmann eingebaut wird.

Mit EM ist eine umweltfreundliche Autopflege möglich.

Autowaschanlagen: Mit Zuführung von EMa ins Waschwasser kann die Dosierung von Reinigungsmitteln und Pflegewachs reduziert werden. Das entlastet die Umwelt. Trotzdem glänzen die Autolacke und bleiben lange sauber. Die Reinigungsbürsten der Anlagen wetzen sich nicht mehr so schnell ab.

Industriefette: Photosynthesebakterien bevorzugen Schweröle und Fette und bauen diese ab. Auch in Fleischverarbeitungsbetrieben oder bei Ölpressungen (Oliven, Sonnenblumenöl) ist die Entsorgung der öl- und fetthaltigen Abfälle mit einer EMa-Behandlung weniger problematisch.

Mitten im Wohngebiet war vor dem Einsatz mit EM die Geruchsbelastung so stark, dass hier keiner mehr wohnen wollte. Weil es jetzt nicht mehr stinkt, sind die Wohnungen wieder begehrt. Fast alle Haushalte dieser Gegend verwenden EM, sodass das Abwasser bereits mit EM geimpft in die Becken gelangt (Thailand).

Kläranlagen: Die Wasserreinigungskraft der Effektiven Mikroorganismen ist enorm und wird in verschiedensten Bereichen bereits genutzt. Erstaunlich ist, dass in den Berichten betont wird, wie schnell und effizient die Klärung mit EM möglich ist. In den Becken sinkt der Klärschlammanteil von 100 auf bis zu 10 Prozent. Da die Kosten für die Entsorgung des belasteten Sediments sehr hoch sind, wirkt sich die geringere Sedimentmenge auch auf die Finanzen günstig aus. In warmen Klimazonen läuft die Wasserklärung sehr rasch ab. In den Mitteleuropäischen Ländern geht es wegen der niedrigeren Temperaturen nicht so rasant, aber es funktioniert auch hier.

Mit EM-Keramikpipes im Frittenöl muss das Öl weniger oft gewechselt werden.

Nährmittelindustrie: Sorgfältige Hygiene ist auch gesetzlich vorgeschrieben und bisher nur mit chemischen Mitteln möglich gewesen.
Brauerei: Ein beispielhafter, umweltbewusster Betrieb setzt EM für die keimfreie Sauberkeit mit grossem Erfolg ein. Das ist möglich, weil die Effektiven Mikroorganismen aufbauend wirkende «Platzhalter» sind und sich die abbauenden Keime gar nicht erst etablieren können, weil ihnen das passende Umfeld fehlt.
Käserei: Die Keimzahlen waren ständig zu hoch, weil pathogene Bakterien aus dem Abwasserkanal aufstiegen und sich durch die Nässe im Umfeld der Kanaldeckelgitter immer wieder stark vermehren konnten. Kein Mittel half dauerhaft. Seit die Fussböden und der Abfluss mit EMa sauber gehalten werden, gibt es keine Probleme mit zu hohen Keimzahlen mehr.
Es gibt Käsereien, die EMa für ihre Milchlieferanten zum Selbstkostenpreis zur Verfügung stellen, damit die Landwirte Weiden und Tiere mit EM versorgen können. Diese Kühe und Ziegen sind gesund, liefern mehr Milch in hoher Qualität ab. In einem der Betriebe wird bei der Käseherstellung natürliches Lab und unraffiniertes, mit EM fermentiertes Steinsalz verwendet. Die Luftfeuchtigkeit im Käselager wird automatisch mit einer Sprinkleranlage geregelt, deren Wasser EM beigefügt ist. Aus einer Milch ohne «Stallgeruch» entsteht so ein wundervoll schmackhafter Käse. Er hält sich lange und ist sehr bekömmlich. Dass diese Käseprodukte in der ganzen Gegend bekannt sind und reissenden Absatz finden, auch in Gourmetläden und Restaurants mit auserlesenem Speiseangebot, ist klar.

Hier wird das Reifungslager mit EM ausgesprüht.

Restaurant- und Grossküchen: EM-Keramikpipes halten das Frittieröl länger frisch. Esswaren in Klimaschränken oder Torten in gekühlten Vitrinen bleiben mit EM-Keramikpipe-Einlagen länger haltbar.
Pelztierfarmen: Diese Farmen liegen ausserhalb von Wohngebieten, weil die Geruchsbelästigung für Anwohner nicht zumutbar ist. Seit der Umstellung auf Tierhaltung mit EM stinkt es nicht mehr

«zum Himmel». Der «Lüster» des Felles fällt mit aussergewöhnlich brillantem Glanz auf.

Professionelle Teppichreinigung: Grossen Erfolg hat eine Wiener Teppichreinigungsfirma, die statt mit bisher chemischen Mitteln nun ganz auf EM umstellte. Weil bei dieser Reinigungsmethode keine Seifenreste in den Teppichfasern zurückbleiben, nimmt der Flor auch weniger schnell Schmutz auf. Somit müssen Teppichböden nicht mehr extra imprägniert werden. Die Raumluft ist nach Reinigung im Gegensatz zu anderen Methoden verträglich und angenehm. Das hat dem Unternehmen im Jahr 2007 den Umweltpreis «Energy Globe Austria» eingebracht.

Die häusliche wie die gewerbliche Teppichreinigung ist mit EM und ohne Chemie möglich.

Elementarschäden

EM verhindert Fäulnis und weckt neue Lebenskräfte, wie man es nach einem Hagelunwetter auf eindrucksvolle Weise erleben kann (siehe Seite 234). Aber auch bei anderen Schäden durch Naturgewalten ist der EM-Einsatz eine grosse Hilfe für die Regeneration und Schadensbehebung.

Brand: Verbranntes, vor allem von synthetischem Material und Kunststoffen, riecht extrem beissend. Die aus dem Kunststoff frei gesetzten Gase sind hochgiftig und verharren noch lange vor Ort. Der Russgeruch scheint im Gemäuer und in Gegenständen dauerhaft «eingebrannt» zu sein. Nach einem Wohnungsbrand wurde mit etlichen, viel versprechenden Mitteln versucht, den Gestank zu vertreiben. Erst mit dem Besprühen einer EM-Lösung verschwanden die belastenden, giftigen und stinkenden Emissionen aus den angesengten Materialien. Kleidungsstücke müssen wegen des überall gegenwärtigen, penetranten Brandgeruchs nicht mehr entsorgt werden, wenn sie vor dem Waschen für ein paar Stunden in eine EM-Lösung eingelegt werden. So kann manches «unersetzliches Lieblingsstück» doch noch gerettet werden.

Hochwasser: Ausser den Zerstörungen und Verschlammungen ist auch durchnässtes Mauerwerk und ausgelaufenes Heizöl ein grosses Problem. Beissender Ölgeruch und Schimmelpilze an den Wänden bleiben, auch wenn alles andere aufgeräumt ist. Hier hat EM seine enormen reinigenden Kräfte gezeigt: Bei den Erstanwendungen wurde EMa mit Wasser zu gleichen Teilen (1:1) 2 bis 3 Wochen lang versprüht, danach mit 50 Milliliter EMa pro Liter Wasser gespritzt. Nach weiteren 2 Wochen wurden nur noch 20 Milliliter EMa pro Liter Wasser ausgebracht. Der Schimmel- und Modergeruch hörte schon nach kurzer Zeit auf. Es gab keine Schimmelbildungen. Die ölgetränkten Fussböden und Wände rochen nicht mehr nach Öl. Die Photosynthesebakterien im EM hatten den Ölschlamm weg gefressen.

Nach der Flut sind für die Aufräumarbeiten viele Helfer nötig. Ganz fleissig sind die Effektiven Mikroorganismen, wenn sie zur Hilfe herbeigeholt werden.

Mit Effektiven Mikroorganismen grünt die Landschaft bis in den Herbst und bringt wunderbare Ernten mit hohen äusseren wie inneren Qualitäten.

Erfahrungen in mediterranen Regionen, Tessin und Südtirol

«Krankheiten und schlechte Wachstumsbedingungen im Ackerbau sind die Folgen eines zunehmend gestörten Gleichgewichtes im landwirtschaftlichen Ökosystem. Die Lösung für die verschiedenen Pflanzenpathologien und Mangelerträge muss deshalb über die Wiederherstellung des gestörten Gleichgewichts zwischen der Pflanze und ihrer Umwelt gesucht werden».[1]

Weil es viele Menschen gibt, die aus dem deutschsprachigen Raum in die wärmeren Mittelmeerländer umsiedelten und dort «auf dem Land» leben, sollen die bereits gemachten Erfahrungen mit EM in

1 E. Marocco. È nata una nuova agricoltura «Esperienze».

diesen Regionen als Anregung für eigene Ideen sein, denn wie in anderen Ländern hat EM auch im mediterranen Raum auf vielen Ebenen Fuss gefasst. Auch dort engagieren sich immer mehr Menschen für eine verträgliche, freundliche Umwelt und integrieren die Anwendungsmöglichkeiten der Effektiven Mikroorganismen in ihren Alltag. Sie kümmern sich darum, ihren Mitmenschen mit praktischen Beispielen auf die Möglichkeiten für eine Genesung unserer Erde aufmerksam zu machen. EM-Berater tragen mit Idealismus ihren Teil dazu bei. Ein Beispiel von vielen ist «Teams 4 Nature» auf der Insel Elba. Diese Gruppe hat es sich zur Aufgabe gemacht, mit den Fischern, Winzern, Olivenbauern und anderen Fachkräften auf persönliche, erlebnisorientierte Weise in Seminaren und Workshops die traditionelle Natur und Kultur auf dieser Insel zu pflegen und die Entwicklung ganzheitlichen Denkens und umweltfreundliche Wirtschaftspraktiken zu fördern. Seit mehr als 2 Jahren wird dort EM in den verschiedensten Bereichen eingesetzt.

Durch die Klimaerwärmung müssen sich mediterrane Regionen allgemein auf noch drastischere Trockenperioden einstellen. Wasser ist knapp geworden. Eine grosse Hilfe bietet hier die EM-Technologie, den Trockenstress der Pflanzen besser zu überstehen, die Wasserspeicherfähigkeit im Boden zu erhöhen und die Bepflanzungen in einem stabilen Zustand zu erhalten. Der durch Meeresnähe verursachte salzige Eintrag ins Giesswasser belastet den Anbau. Die nachfolgend aufgeführten Erfahrungen von EM-Anwendern sollen Beispiele für Lösungen in verschiedensten Problemstellungen sein.

Links: Mit EM-Gülle gedüngt wachsen starke Halme und kräftige Wurzelballen. Rechts Anbau mit Kunstdünger, ohne EM: schwache Halme und mageres Wurzelwerk.

Die Bewurzelung von Gemüse-Jungpflanzen oben ohne, unten mit EM-Gaben.

Ackerbau

Getreide und Reis wachsen mit EM-Technologie gleichmässig und gesund heran. Sie sind mit kräftigen Halmen sehr standfest und reifen bis zu 14 Tagen früher aus. Der Boden bekommt eine gut durchlüftete, stabile Krümelstruktur und hält die Feuchtigkeit besser. Chemische Spritzmittel sind nach mehreren Vegetationsperioden nicht mehr nötig.

Gemüseanbau

Südlich von Rom gibt es riesige Bio-Gemüseanbauflächen, die mit EM und anderen Zusatzstoffen gepflegt werden. Auch in Frankreich und Spanien nehmen die EM-Anbauflächen zu.

Salat: In Küstennähe hemmte das salzige Giesswasser auf sandigem Boden das Wachstum, der Salat vergilbte zusehends. Zwei Wochen nach EM-Einsatz standen die Pflanzen auf den Beeten vital, mit gutem Zuwachs und ohne Ausfall da.

Die EM-Aprikosenanlage im Vordergrund blieb lange grün, die benachbarte Aprikosenplantage (im Hintergrund, ohne EM-Pflege) ist bereits herbstlich bunt.

Intensiv gefärbte Äpfel und ebenso intensiv ist der Geschmack.

Uralte Baumgestalten, die sicher viele schöne Geschichten erzählen könnten…

EM Spritzungen stärken die Rebstöcke. Sie reduzieren den Befallsdruck von Pilzen und Schädlingen aus konventionell geführten Nachbarschaften.

Blattsalat: Mit EM wuchsen die Jungpflanzen prächtig heran. Ein besonderer Hinweis: Es gab weniger Pflegearbeiten, weil das Unkraut ausblieb, denn diese Kulturflächen wurden ausser mit EM auch mit nährstoffreichem Oliventrester versorgt, der anscheinend die Keimung der unerwünschten Kräuter hemmt. Das gleiche Phänomen wurde ebenso beim Sommeranbau von Kirschtomaten beobachtet.

Tomaten: Im Herbstanbau wurde EM erst sehr spät (in der Reifungsphase) eingesetzt. Es erstaunte, dass EM selbst in dieser letzten Kulturzeit noch Resultate brachte, denn die Tomaten färbten für diese Jahreszeit sehr gut und gleichmässig aus und bildeten feste Früchte wie im Sommer.

Zucchini: Wenige Tage nach Pflanzung erschlafften die Blätter und lagen am Boden flach. Ursache war der starke Befall von Wurzelnematoden. Ohne chemische Mittel, aber mit EM-Einsatz, kamen die Jungpflanzen wieder schnell «auf die Beine» und brachten eine ganz normale Ernte.

Obstbau

Die Trockenheit der letzten Jahre setzt dem Obst sehr zu, wenn keine Bewässerungen möglich sind. EM-Anwendungen sind ohne die erforderliche Grundfeuchtigkeit nicht so wirksam. Eine Lanzendüngung mit EM wäre hier angebracht, weil das weniger Wasser verbraucht. Das ist aber bei grossen Obstanlagen wegen des immensen Arbeitseinsatzes oft zu aufwendig.

Äpfel: EM-Einsatz verbessert den Austrieb, auch nach scharfem Rückschnitt bis ins alte Holz. Bei grösseren Schnittwunden wird das Baumwachs vor dem Auftragen für den besseren und rascheren Wundverschluss mit EM-Keramikpulver verknetet.

Aprikosen werden oft von Monilia (Zweigspitzendürre) befallen. Gute Erfahrungen wurden mit Blütenspritzungen mit EMa oder EM/FPE gemacht. Durch die Bodenpflege mit bokashiertem Kompost blieb das Laub gesund und viel länger grün, während die unbehandelten Bäume der Nachbarplantagen schon früh mit der Herbstfärbung einsetzten und das Laub abwarfen.

Oliven: Sie überstehen die Trockenperioden besser, wenn der Boden mit EM geimpft wird und so nicht nur die tief greifenden Wurzeln aktiv bleiben, sondern auch solche, die nahe unter der Bodenoberfläche wachsen. Mit EM-Lanzendüngung erhöhte sich die Ölernte von 220 Bäumen von bisher 500 l auf 700 l.

Ölmühle: Das Abwasser eines Olivenöl-Herstellers war in der Kategorie des Verschmutzungsgrades hoch eingestuft und konnte um 2 ganze Werte auf «leichte Verschmutzung» verbessert wer-

den, nachdem der ölige Trester* nach Pressung bokashiert wurde. Das reduziert die Kosten für die Entsorgung ganz erheblich. Dieses Tresterbokashi erweist sich als hochwertiger Dünger.
Wein: EM-Behandlung des Bodens ist auch bei Wein am wirksamsten, um die Abwehrkräfte zu stärken und die Reben vor allerlei Befall zu bewahren. Interessant zu beobachten ist, wenn eine Hälfte der Reben mit EM gepflegt wird, die andere nicht. Die unbehandelten sind deutlich schwächer im Wuchs und in der allgemeinen Konstitution. Ein Winzer hat so viel Wein von 4 ha EM-Flächen geerntet wie von seinen 6 ha unbehandelten Rebenquartieren. Ein anderer produzierte trotz eines kalten und ungünstigen Sommers im Piemont dank EM und ohne Chemie als einziger aus seiner Region einen Wein mit höchster Auszeichnung.
Flavenza dorata: Diese durch die Zikade Scaphoides titanus verbreitete Viruserkrankung der Reben bringt viele Winzer in Existenznot, denn es wurden bereits grosse Rebenanlagen vernichtet. Die vom Gesetz vorgeschriebenen Spritzungen zur Vorbeugung räumen zwar die Zikade aus, schaden aber auch allen nützlichen Kleinlebewesen und den Effektiven Mikroorganismen. Um die Immunkräfte der Reben trotzdem aufrecht zu erhalten und zu stärken, wird EM erst einige Tage nach den Zikaden-Spritzungen ausgebracht.

Ein besonders delikater Genuss: Die Salami aus dem Fleisch eines EM-Schweinezuchtbetriebes findet wie alle anderen Produkte aus EM-Pflege reissenden Absatz.

In der Aalzucht ist das Abwasser durch Medikamenten-Rückstände und Fischkot ein grosses Problem, das mit EM erfolgreich behoben wurde.

Viehzucht

In Italien bleiben die Effektiven Mikroorganismen immer aktiv, weil es hier im Gegensatz zu Nordeuropa auch in den Wintermonaten warm genug ist, und sie ohne Unterbruch wirksam sein können. Ob in der Geflügelhaltung, beim Grossvieh oder in Fischkulturen, EM bringt in der Lebenshaltung dieser Tiere immer eine ersichtliche Steigerung in Qualität und Quantität.
Aalzucht: Fische in Massenhaltung reagieren sehr heftig auf alle Eingriffe in ihr sensibles System. Das Abwasser, oft mit Antibiotika und anderen Mitteln beimpft, verursacht hohe Entsorgungskosten. EM setzt hier neue Massstäbe, weil diese Probleme gar nicht mehr auftreten.
Schweinemast: Ein eindrückliches Beispiel für erfolgreichen EM-Einsatz zeigt ein Schweinezuchtbetrieb in der Lombardei. Die Ställe der 6000 bis 7000 Tiere werden über eine Sprinkler-Anlage mit EMa-Lösung vernebelt. Das setzt die Ammoniakbelastungen enorm herunter. Hier stinkt es nicht mehr. Die Tiere sind gesund und munter unterwegs. Die mit EM beimpfte Gülle wird in riesigen offenen Zisternen gesammelt. Es bilden sich keine Schwemm-

EM-Vermehrung zu EMa für die Versorgung von 7000 Mastschweinen.

In diesem Neubau für Seminare wurden im Verputz und in den Farben EM-Keramikpulver für eine aufbauende und ausgleichende Energie-Ausstrahlung eingemischt.

decken (siehe Bild). EM wandelt die flüchtigen Gase durch ihren Stoffwechsel in organischen Stickstoff um. So gelangen keine belastenden Emissionen in die Umwelt. Trotz der offenen Zisternen wird keinerlei Geruch wahrgenommen. Das Fleisch dieser Tiere ist sehr begehrt, schmeckt ausgezeichnet und hat eine feste Konsistenz. Die Salami ist unübertroffen köstlich und immer rasch ausverkauft.

Hier stinkt es nicht mehr, denn EM wirkt im gesamten Stoffwechselkreislauf:
① Der Weizen wächst stark und liefert den Tieren Futter mit hohem innerem Wert.
② Der Stall wird mit EM vernebelt, die Schweine rennen bei jeder EM-Dusche unter die Düse und geniessen die wohltuende Frische.
③ Die hochwertige Schweinejauche düngt die Weizenfelder.

Hochgiftige Gerbstoffe belasten die Kläranlagen nicht mehr, wenn EM hinzugefügt wird.

Industrie und kommunale Anlagen

In der Industrie sorgt EM für unproblematische Abwässer, selbst bei so hochgradigen Giftbelastungen, wie sie in der Lederverarbeitung vorkommen.
Das ganzheitliche EM-Engagement der Kommune Sand in Taufers in Südtirol wurde schon im Kapitel «Wasser» auf Seite 345 geschildert. Aber auch in Süditalien sind schon gut funktionierende Kläranlagen in Betrieb.

Baubiologie: EM und EM-Keramik in Baumaterialien, z.B. im Beton, in Verputzen und Farben oder als Holzschutz, sorgt dafür, dass die Materialien nicht so schnell altern, weil durch die starke Antioxidanz Korrosionsprozesse verhindert werden.

Mit den Effektiven Mikroorganismen und der EM-Technologie werden sicher auch in Zukunft noch viele bemerkenswerte Erfahrungen und Entdeckungen gemacht.

Danke

Mein Dank geht zuallererst an die Mikroorganismen, welche die Arbeit an diesem Buch so effizient unterstützten. Sie haben es geschafft, dass alle besuchten Anwender unwahrscheinlich offen waren und spontan so manchen Tipp aus ihrem EM-Erfahrungsschatzkästlein hervorzauberten. Auf diese Weise konnte dem Buch viel kostbares Wissen anvertraut werden. Ich hoffe, dass die Leserschaft diese Kenntnisse auf unkomplizierte Weise in ihren Alltag mit hinein nehmen kann.

Während dieser «Buchgeschichte» begegnete ich wunderbaren Menschen, die auf ihre uneigennützige Weise das Projekt begleiteten. Ihnen ein ganz herzliches Danke

- für die viele Stunden selbstlosen Einsatzes
- für die Vermittlung von Adressen, wo ich auf meine Fragen kompetente Antworten erhielt
- für die zahllosen inspirierenden Ideen, die im Gespräch oft nur so heraussprudelten
- für die grosse Geduld der «Models», bis die Fotoserien auf den Film gebannt waren und dabei keine Mühe scheuten.

Mein besonderer Dank richtet sich an die mitarbeitenden Berater, die sich ganz in den Dienst der Mikroorganismen gestellt haben,

- für ihre mitreissende Begeisterung und Freude
- für ihre kritischen Überlegungen
- für die konstruktiven Gespräche, die uns gegenseitig beflügelten und motivierten und unsere Arbeit befruchtete.

Ein herzliches «Vergelts Gott» an Prof. Dr. Manfred Hoffmann, der die wissenschaftlichen Studien zusammengetragen und beschrieben hat. Ebenso richtet sich dieser Dank auch an **Prof. Dr. Monika Krüger** (Universität Leipzig) für ihre grossartige Mithilfe. Skeptiker finden in diesen Abhandlungen viele Argumente für EM.

Als eine besondere Zeit wird allen Beteiligten die spannende Gestaltungsperiode des Buches in Erinnerung bleiben:

- da war kein Weg zu weit, mancher Abend sehr lang und die Qual der Wahl wegen der zahlreichen Gestaltungsvarianten gross.

Mein Dank richtet sich nicht zuletzt an die vielen Helfer, die den Text mit Argusaugen durchleuchteten und einige «Freizeitstunden» dafür opferten.

Im Dienste der Effektiven Mikroorganismen – Anne Lorch

Den Leitgedanken von Adolf Daenecke möchte ich an alle, auch an die Leserin und den Leser, weitergeben:

«Wir haben die Chance, alles wieder in die richtigen Bahnen zu lenken.»

Literaturverzeichnis

Autoren, die über EM geschrieben haben oder EM erwähnen, sind mit einem *Stern bezeichnet.

Andreoli, Inacio Fuchs, Richard (Hrsg.)	2007, Die Saat des Bösen, emu-Verlags- und Vertriebs-GmbH, D-56112 Lahnstein, ISBN 3-89189-152-0
Berner, Hans-Günter	1999, An vollen Töpfen verhungern, Promedico Verlag, D-22359 Hamburg ISBN 3-9325-1605-2
Coats, Callum	1996, Naturenergien verstehen und nutzen (V. Schauberger), Omega Verlag D-52080 Aachen, ISBN 3-930243-14-8
*Clahsen, Melany	2009, Gesunde Pferde, Verlag Eifelkrone Musik & Buch, D-54570 Neroth, ISBN 978-3-937640-72-3
Daenecke, Adolf	2004, Praktischer Einsatz von EM, www.emater.de
Engdahl, F. William	2006, Saat der Zerstörung, Kopp Verlag, D-72108 Rottenburg
Emoto, Masaro/ Fliege, Jürgen	2004, Die Heilkraft des Wassers, KOHA-Verlag GmbH A-84424 Burgrain (A), ISBN 3-93682-48-6
Francé-Harrar, Annie	1957, Humus, Bodenleben und Fruchtbarkeit, Bayr. Landwirtschaftsverlag D-8000 München
Fukuoka, Masanobu	1985, Rückkehr zur Natur, Pala Verlag, D-64283 Darmstadt ISBN 3-923-176-46-5
Fukuoka, Masanobu	1988, In Harmonie mit der Natur, pala-Verlag, D-64283 Darmstadt ISBN 3-923-176-47-3
Grössler, Manfred	2005, Gefahr Gentechnik, Concord Verlag, A-8820 Neumarkt, ISBN 3-95001887-1-1
*Gruno, Sigemar	2009, EM-Pflanzenschutz, Eigenverlag Domusica, D-73453 Abtsgmünd, ISBN-13: 978-3-9800704-9-2
Hendel, Dr. Barbara/ Ferreira, Peter	2004, Wasser und Salz, Ina Verlag AG, CH-6340 Baar
Hennig, Erhard	1983, Humus-Broschüre, Verlag Marc Tell, D-8000 München, ISBN 3-88015-069-9
*Higa, Professor Teruo	1994, Eine Revolution zur Rettung der Erde, Emiko, D-53913 Swisttal-Heimerzheim, Bestell-Nr. 622
*Higa, Professor Teruo	2000, Die wiedergewonnene Zukunft, Organischer Landbau Verlag D-47624 Kevelaer, ISBN 3-922201-42-3
*Higa, Professor Teruo	2005, Effektive Mikroorganismen, Organischer Landbau Verlag D-47624 Kevelaer, ISBN 3-922201-49-0
*Higa, Teruo/ Chinen, Ruyichi	2004, EM-Salz, Wilhelm Goldmann Verlag, D-8000 München ISBN3-442-21696-6
*Hoffmann, Prof. Dr. Manfred	2007, Lebensmittelqualität und Gesundheit, baerens & fuss, D-19055 Schwerin, ISBN 978-3-935046-05-3
Howard, Sir Albert	1943, Mein landwirtschaftliches Testament, Organischer Landbau Verlag D-47624 Kevelaer, ISBN 3 922201-01-6
Keyes, Ken jr.	1984, «The Hundreth Monkey», Devorss & Co, ISBN 09 4202401x
King, F. H.	2004, 4000 Jahre Landbau in China, Korea und Japan, Organischer Landbau Verlag D-47624 Kevelaer, ISBN3-922201-05-9
Konemann, Professor	2002, Am anderen Ende des Mikroskops, Elmer W., Spektrum Akademischer Verlag GmbH, D-69126 Heidelberg und D-1000 Berlin, ISBN 3-8274-1459-8
Koepf, Prof. Dr. Herbert/ Pettersson, Lic. agr. Bo D./ Schaumann, Dr. med. vet. Wolfgang	1974/1980, Biologisch-Dynamische Landwirtschaft, Verlag Eugen Ulmer D-7000 Stuttgart, ISBN 3-8001-3046-7

Popp, Professor, Fritz A.	www.biophotonen-online.de
Pommeresche, Herwig	2004, Humussphäre, Organischer Landbau Verlag, D-47624 Kevelaer ISBN 3-922201-50-4
Rusch, Dr. Hans Peter	2004, Bodenfruchtbarkeit, Organischer Landbau Verlag, D-47624 Kevelaer ISBN 3-922201-45-8
Rusch, Dr. Volker	1999, Bakterien, Freunde oder Feinde? Urania Verlag, D-70506 Stuttgart
Rusch, Kerstin/ Rusch, Dr. Volker	2001, Mikrobiologische Therapie, Haug-Fachbuch Verlag D-69117 Heidelberg
Schauberger, Viktor	1936, TAU Nr. 146, Aufsätze und Schriften 1933-1958, J. Schauberger Verlag, A-4820 Bad Ischl
Sheldrake, Dr. Rupert	1999, Der siebte Sinn der Tiere, Scherz Verlag, D-8000 München ISBN 3-502-15681-6
Shiva, Vandana	2004, Geraubte Ernte, Rotpunktverlag, CH-8026 Zürich, ISBN 3-8569-284-0
Shiva, Vandana	2006, Erd-Demokratie, Rotpunktverlag, CH-8026 Zürich, ISBN 3-8569-284-0
*Schneider, Gunther- Wolfgang	2007, Ausbruch aus dem geistigen Gefängnis, Eigenverlag, www.biotop-mensch.com
*Schneider, Gunther- Wolfgang	2008, Biotop Mensch, Eigenverlag, www.biotop-mensch.com
*Tanaka, Dr. Shigeru	1998, EM-X, Organischer Landbau Verlag, D-47624 Kevelaer, ISBN 3-922201-41-5
Tompkins, Peter/ Bird, Christopher	1989, Die Geheimnisse der guten Erde, Omega Verlag, D-52080 Aachen ISBN 3-930243-10-5
Ulmer, Günter-Albert	Krebs unser Schicksal, Günter Albert Ulmer Verlag, D-78609 Tuningen
Voitl, Helmut/ Guggenberger, Elisabeth/Willi, Josef	1980, Das grosse Buch vom Biologischen Land- und Gartenbau Verlag ORAC, A-1010 Wien, ISBN 385-368-864-0
Vollborn, Marita Vlad D. Georgescu	2006, Die Joghurtlüge, Campus Verlag, D-60486 Frankfurt a.M., ISBN -13: 978-3-593-37958-6
Zerluth, Josef/ Gienger, Michael	2004, Gutes Wasser, Neue Erde Verlag, D-66111 Saarbrücken ISBN 3-89060-071-9

Weitere Literatur über EM: Ausser dem vorliegenden umfassenden Werk «EM Eine Chance für unsere Erde» gibt es inzwischen eine ganze Reihe Bücher und Broschüren, die aus der Fülle der Anwendungsmöglichkeiten Schwerpunktthemen zu EM herausgreifen: Einige sind bereits in der Literaturliste mit *Stern aufgeführt.

Hammes, Ernst	2006, EM und der Kreislauf des Lebens, Eifelkrone-Verlag, D-54570 Neroth, ISBN 978-3-937640-32-7 und weitere zum Thema Garten, Wasser, Pferde, Gesundheit,
Kuroda, Tatsuo	2007, EM im Garten, Goldmann Arkana, D-81673 München, ISBN 978-3-442-33780-4
Mau, Franz-Peter	2002, EM, Goldmann-Verlag, D-81673 München, ISBN 3-442-14227-X
Petersen, Kurt, Rothenbühler, Ueli, Mundwiler, Werner	2008, EM, (kleine grüne Broschüre), IG-EM Schweiz, CH-8833 Samstagern
Salmannsperger, Heinrich	Vita Biosa, Natur Pur Verlag, D-53347 Alfter, ISBN 0-9736099-0-7
Tanaka, , Dr. Shigeru	2009, Vertrauen in Dr. Higas EMX, Emiko, D-53913 Swisttal-Heimerzheim, Bestell-Nr. 621

Glossar

A

AAEM: American Academy of Emergency Medicin
Actinomyceten: Strahlenpilze, Teil der Bodenflora.
Aerobe Bakterien: mit Sauerstoff lebende, abbauende, oxidierende Bakterien.
Aminosäuren sind «Bausteine» des Lebens und bilden Proteine.
Ammoniak: NH3, farbloses, stechend riechendes Reizgas entsteht, wenn Eiweiss und Harnstoff aus Exkrementen der Nutztiere zersetzt wird.
Ammonuim: NH4 entsteht, wenn sich Ammoniak zersetzt.
Anaerobe Bakterien: ohne Sauerstoff lebende, aufbauende, antioxidative Bakterien.
Anorganischer Dünger: Mineraldünger, synthetisch hergestellt.
Antikörper: Eiweisse aus der Klasse der Globuline
Antiseptisch: keimtötend, keimvernichtend
Artesische Quelle: Wasser, das aus eigener Kraft aus der Erde aufsteigt.
Authentische Technologie darf nur positive Ergebnisse bringen, muss aus sich selbst heraus negative Elemente ausschalten und darf nicht zu teuer sein.
Azot: lebloses Gas (griech.), lässt kein Leben zu, erstickt alles (Stickstoff).
Azotobakter binden aus der Luft jährlich pro Quadratmeter 0,5 Kilogramm Aminosäure.

B

Bentonit: Lehm, der Kalk bindet.
Biophotonenmessung: Biophotonen = Bausteine des Lichtes lebendiger Zellen. Je mehr dieses Licht in Lebensmitteln leuchtet, desto «lebendiger» und frischer ist es.
Biosphäre: Der gesamte Lebensraum unseres Planeten gliedert sich in die Atmosphäre (Luftraum), Hydrosphäre (Wasser), Humussphäre (Boden).
Biotechindustrie: ist eine interdisziplinäre Wissenschaft, die sich mit der Nutzung von Enzymen, Zellen und ganzen Organismen in technischen Anwendungen beschäftigt.
Biozide = gegen das Leben gerichtete Chemikalien. Oberbegriff für Pestizide, Herbizide, Wuchshemmmittel, Wuchshormone.
Bodenfauna: aktive Bodenwühler wie Regenwurm, Springschwanz, Milbe, Protozoen, Nematoden, Vielfüssler, Asseln, Insekten.
Bodenflora: Bakterien, Actinomyceten, Pilze, Algen, Flechten.
Bothrytis: Grauschimmel.
BT-176: Genmanipulierte Maissorte von Syngenta mit einem Gift produzierenden Eiweiss, das vom Bacillus thuringiensis stammt und gegen den Maiszünsler wirksam ist. Dieser Mais ist resistent gegen Round-up und gegen das Antibiotikum Ampillicin.

C

CDN: Kanada
Chelat (griech) = Klaue, Krebsschere. Chelate sind Verbindungen zwischen einem Mineral und einer Aminosäure (oder einem anderen Stoff)
Chelation: ein chemischer Mechanismus bei der Bildung von Bodenfruchtbarkeit.
Chlorophyll: Das grüne Blut der Pflanzen wird aus Eiweiss gebildet.
Cluster: Zusammenballung, Büschel, Traube, Haufen, Menge, Gruppe.

D

Darmzotten: winzige, zapfenförmige Ausstülpungen der Dünndarmschleimhaut.
DDT: Dichloritdiphenyltrichloräthan ist ein Pflanzenschutzmittel.
Diabas: ein Basalt des Erdaltertums. Urgesteinsmehl, fast so fein wie Puder.
Dioxine: Sammelbegriff für verschiedene Unkrautvernichtungsmittel.

E

Edaphon: Das «Plankton» der Erde. Gesamtheit der Bodenorganismen, in Bodenflora und Bodenfauna unterteilt.
Eiweiss: Hauptbestandteil ist Stickstoff, als Protoplasma in die Zelle eingebaut.
Endosymbionten-Theorie: Lebendstoff-Theorie.

Endozytose: Einverleibung von Molekülen aller Grössen, auch Viren, Bakterien durch das Einbuchten der Zellwand nach innen und Abschnüren von Transportbläschen, in denen das Protoplasma eingeschlossen ist. Pflanzen können über Haarwurzeln von kleinsten NPK-Ionen über Aminosäuremoleküle bis zu den grössten Proteinbausteinen organischer Substanzen als Nahrung aufnehmen. Beweist, dass Pflanzen Substanzen aus der Umwelt aufnehmen.
Entropie: zunehmende Unordnung, Abbau, Oxidation, Tod.
Enzym: Eiweiss, das Stoffwechselvorgänge steuert.
Ernährungsbiotechnologie: ursprünglich stand die Fermentation von Lebensmitteln im Mittelpunkt. Dann kam die Entwicklung der Zusatzstoffe wie Enzyme, Genusssäuren, Farbstoffe und Aromen hinzu. Ein neueres Forschungsfeld sind die gentechnisch veränderten Mikroorganismen.
ETH Zürich: Eidgenössische Technische Hochschulen Zürich, Technische Universität.
Eutrophierung: übermässige Nährstoffanreicherung eines Wassers.

F

FDA: Food and Drug Administration ist die Behördliche Lebensmittelüberwachung und die Arzneimittelzulassungsbehörde der Vereinigten Staaten.
Fliessgleichgewicht: Zustand, den alle lebendigen Systeme anstreben, um in der Ordnung zu bleiben, ein labiler Gleichgewichtszustand.
Freie Radikale: radikal = an die Wurzel gehend, gründlich. Freie Radikale schädigen komplexe Verbindungen wie Eiweisse.
Frankenstein-Food: in England eingebürgerter Begriff für Nahrungsmittel mit gentechnisch veränderten Anteilen.
Fruktane: Energieträger mit wasserlöslichen Zuckermolekülen, die sich vor allem im Frühjahr tagsüber bei Sonnenschein in grossen Mengen im frischen Gras befinden. Werden vom Pferd über das Futter zu viele Fruktane aufgenommen, regen sie Gram-positive Bakterien an. Diese schädigen die Dickdarmwandung und geraten in die Blutbahn und können so die «Grasrehe» – eine Form der Hufrehe – auslösen.
Fungizid: Pflanzenschutzmittel gegen Pilzerkrankungen.
Fusarien: Getreideschimmelpilze, nahe verwandt mit dem Hausschimmel.

G

Gärspund: Mit Wasser gefülltes Ventil (Luftabschluss), das CO2 hinauslässt, aber keinen Sauerstoff hereinlässt
Gletschermilch: Schmelzwasser vom Gletscher, das vom feinen Abrieb des Urgesteins weiss-grau getrübt ist.
Globuline sind Proteinreservestoffe von Pflanzen und Proteine des Blutplasmas.
GVO: Gentechnisch veränderter Organismus.

H

Herbizide: Unkrautvernichtungsmittel.
Huminsäure: Säure, die sich aus Reststoffen von Lebewesen bildet.
Hybriden: Nicht reinerbige Nachkommen aus Kreuzungen verschiedener Elternpflanzen einer Art.

I

Indigene Völker verstehen sich als eigenständige Volksgruppen.
Insektizid: Schädlingsvernichtungsmittel.

K

Kadmium: silbrig-weiss glänzendes Schwermetall, giftig und krebserregend.
Koexistenz: friedliches, jedoch unabhängiges Nebeneinander.
Koi: Japanischer sehr farbenfroher Zierbarsch.
Kolloide Tonminerale: feinste Tonteilchen, im Wasser nicht ganz aufgelöst.
Kolloide: winzige Partikel eines Stoffes, die kleiner als ein Nanometer sind (0,000 001 mm). Sie sinken in einer Flüssigkeit nicht ab, sondern schweben im Medium (z.B. Blut, Milch), ohne sich zu verändern (griech. Kolla = Leim).
Kolostralmilch: die erste Milch nach der Geburt, enthält viele Schutzstoffe.
Koprosperität: friedliches Miteinander ohne Konkurrenzverhalten.
Korallenalgenmehl: führt dem Boden Kalk zu.

L

Lackmuspapier: Indikator, färbt sich je nach Säure- oder Basengehalt.
Lactat: Ein Molekül, z.B. Na (Natrium) wird von einer bestimmten Aminosäure sternförmig umlagert, umhüllt.
Lebendverbauung: Kleinlebewesen verkitten Bodenteilchen zur stabilen Krümelstruktur.
Leguminosen: Schmetterlingsblütler, deren Wurzeln Knöllchenbakterien sammeln.
Lithobionten: die sich vom Stein ernährenden Mikroorganismen.
Löss: fruchtbarster Boden (Ablagerung von Windverfrachtung oder Überflutungen).
Mitochondrien werden auch «Kraftwerke der Zelle» genannt.Sie gewinnen und speichern Energie aus Traubenzucker, Fetten und Aminosäuren. Je stärker der Stoffwechsel, desto mehr Mitochondrien.
Magnetismus: positive und negative Ladung zieht sich gegenseitig an, ein unerklärbares Muster, aber beobachtbare Tatsache.
Makromoleküle: Zusammensetzung verschiedener Grundstoffe zu grossen Molekülhaufen z.B. Eiweiss, Mehrfachzucker.
Markergene «markieren» erfolgreich transformierte Zellen und dienen damit der Identifikation und Selektion derjenigen Zellen, bei denen der gewünschte Gentransfer funktioniert hat.
Methan: farb- und geruchloses, brennbares, explosives Gas, entsteht bei der Zersetzung organischer Pflanzenstoffe.
Mineralstofftheorie: Sie besagt, dass Pflanzen sich aus den 93 Grundstoffen ihre Nahrung selber aufbauen. Sie können nur anorganische Substanzen und wasserlösliche Salzionen aufnehmen, die durch Photosynthese in Eiweiss umgebaut werden. Diese Theorie konnte widerlegt werden.
Molekularbiologie: Stammzellenforschung.
Morphogenetisches Feld: Begriff für die Form gebenden Kräfte geistiger Natur. Morphe = Gestalt, Genesis = Zeugung, Schöpfung.
Mutation: sprunghafte und zufällige Veränderung der Erbanlage.

N

Nitrate sind Salze der Salpetersäure, werden im Boden durch Mikroorganismen gebildet und sind Hauptnahrungsstoff der Pflanzen.
Nitride: Metall-Stickstoffverbindung, z.B. Magnesiumnitrid (Mg3N2).
NPK-Dünger: Kombination Stickstoff-Phosphor-Kalium in synthetischer Form.

O

Oliventrester: der ölige Fruchtrückstand nach der Pressung.
Organischer Dünger: Abfälle aus natürlichen Lebensprozessen (z.B. Hornmehl).
Oxalsäure: kommt in vielen Pflanzen vor (z.B. im Rhabarber).
Oxidativ: eine Verbindung mit Sauerstoff, herbeiführend oder erzwingend. Rost an Eisen ist das Produkt einer Oxidation.
Ozon: Gas, das «Duftende», der strenge Geruch von Sauerstoffbindungen.

P

Pathogen: krank machend, Leid verursachend.
PCB: Polychloride Biphenyle in Bioziden und Bestandteil von Kunststofffolien.
Pestizide: Insektenvernichtungsmittel.
Phosphate: Salze aus der Phosphorsäure, verbunden mit anderen Stoffen.
Photosynthese: Ausnützung des Lichts durch die grüne Pflanze für die Umwandlung von CO2 und Kohlehydrate.
Photosynthesebakterien, nützliche Mikroorganismen, Sie verhindern Fäulnis, reduzieren die molekulare Struktur organischer Substanzen und erleichtern Absorption. Ihre Ausscheidungen enthalten grosse Mengen Nährstoffe wie Aminosäuren, organische Säuren, Polysaccharide und Vitamine.
Plasmide sind kleine, sich selbständig replizierende DNA-Moleküle in Bakterien und können mehrere Gene enthalten. die z. B. eine Antibiotikaresistenz vermitteln können.
Poinsettien: Weihnachtsstern, beliebte Topfblume mit roten Hochblättern zur Weihnachtszeit.
Polysaccharide: Mehrfachzuckerarten aus Kohlenstoff und Wasser (Kohlehydrate).
Probiotisch: für das Leben.
Proteine sind Eiweissstoffe aus organischer Substanz.
Protoplasma: Träger aller Lebenserscheinungen.

R

Redoxpotenzial: gibt Auskunft darüber, ob sich ein Element oxidierend oder reduzierend verhält. Böden, die mit EM versorgt werden, haben ein niedriges Redoxpotenzial, sind also reduzierend (wegen der grossen Anzahl an Antioxidantien).

Resistenz: Widerstandsfähigkeit gegenüber Schädlingen und Krankheiten.

S

Salzionen: In unverstörter Erde gibt es so gut wie gar keine, weil sie als grosse organische Bauelemente (Moleküle) wie Proteine in Form von lebender Nahrung weiter gegeben und lebendig zu neuen Zellorganisationen umgewest werden.

Säuremoleküle aus negativ geladenen Säurerestionen und positiv geladenen Wasserstoffionen.

SARS: Schweres akutes Atemwegssyndrom, eine Infektionskrankheit, eine atypische Lungenentzündung.

Saprophyten sind Organismen, die einen Wirt besiedeln und dort von totem oder abgestossenem organischem Material leben,

Schlicker: Ein flüssiges Gemisch aus Ton und Wasser, mit dem getöpferte Gegenstände glatt gestrichen oder einzelne Teile zusammengefügt werden.

Schwad: gemähtes Gras, zum Walm in Reihen zusammengenommen.

Sedimente: Ablagerungen von Feststoffen auf dem Grund von Gewässern.

Sekundäre Pflanzenstoffe: von Pflanzen gebildete Schutz- und Abwehrstoffe, Lock- oder Duftstoffe. Über die Nahrung aufgenommen, stärken sie beim Menschen u.a. die Immunkräfte, schützen vor Freie Radikale.

Selen: lebensnotwendiges Spurenelement.

Spurenstoffe: Mineralien, die nur in geringen Mengen vorkommen. Es sind wichtige Bestandteile von Enzymen, Hormonen und Metalleiweissen.

Stapelmisthaufen: Jede Schicht wird verdichtet. Dieser Mist fermentiert, ist also eine Rotte ohne Sauerstoff.

Stickstoff: N = Nitrogenium ist Hauptnährstoff aller Organismen. Der Name «Stickstoff» erinnert daran, dass er in reiner Form Flammen und alles Leben erstickt.

Stickstoffbindung: der gasförmige Stickstoff aus der Luft wird durch Mikroorganismen und elektrische Entladungen (Gewitter) in Salpetersäure NO9 und Ammoniak Nh3 umgewandelt.

Sulfide: Schwefelverbindung eines Metalls, z.B. Natriumsulfid Na2S.

Symbiose: Lebensgemeinschaft, die sich gegenseitig erhält.

Synthetisch: künstlich hergestellt, in der Natur nicht vorkommend.

Syntropie: Gegenbegriff zu Entropie. Syn aus dem Wort Synthese, -tropie aus Entropie.

Synthesis = Zusammensetzung, bedeutet Aufbau.

T

Talmud: Jüdische Bibel.

Totstofflich: anorganisch, z.B. chemische Grundstoffe im periodischen System.

W

WTO: World-Trade-Organisation (Welthandels-Organisation)

Z

Zeolith: kristallisierte Silikate, die viel Flüssigkeit aufnehmen und abgeben können.

Zymogene: Ezymbildner, Fermentbakterien.

Stichwortverzeichnis

Index zu verschiedenen Formen von EM-Produkten

EM (Effektive Mikroorganismen
Die Grundmixtur kommt aus Okinawa (Japan) und ist Ausgangsform für viele Folgeprodukte.

FGF
Fermentationsgetränke, aus denen die Effektiven Mikroorganismen herausgefiltert wurden. Sie weisen eine starke Resonanzschwingung und einen hohen Anteil Antioxidanzen auf. Sie sind auch für Diabetiker geeignet (gelbe Seiten 196 und 197).

EM-X Gold = neu entwickelte Fermentationsgetränk von transparenter, hellgelber Farbe und mit neutralem Geschmack. Herkunft: EMRO, Okinawa (Japan).
Manju = entspricht dem bisherigen EM-X. Ein transparentes, goldgelbes Fermentationsgetränk mit neutralem Geschmack. Herkunft: Nago, Okinawa (Japan).

FGM
Fermentationsgetränke mit Mikroorganismen, die aus der Grundmixtur EM entstanden sind. Ihre bräunliche Farbe kommt von der Zuckerrohrmelasse, die von den Effektiven Mikroorganismen vollständig umgewandelt wurde. Der hohe Anteil an Milchsäurebakterien unterstützt die Darmflora. Für Diabetiker geeignet (gelbe Seiten 196 und 197).

EMa (aktiviertes EM)
Aus der Grundmixtur EM ist über die aktivierte Vermehrung EMa eine Vielzahl von Spezialprodukten entstanden.

EM⁺ = ein fermentiertes Ergänzungsfuttermittel mit Kräuterzusätzen. Es fördert die Fresslust der Tiere.

Futterbokashi⁺ = fermentierte, organische Materialien (z.B. Weizenkleie), mit Kräutern und weiteren Zutaten für Tiere.

Düngebokashi⁺ = ein Getreidekleie-Bokashi, das mit organischen, stickstoffhaltigen Zusätzen wie Hühnermist, Guano oder Sojamehl angereichert wird.

EM-Vereine

Die Vereine bieten Informationen und Vorträge zu Spezial-Themen.

Sie organisieren Veranstaltungen und Exkursionen zu EM-Anwendungen. In Ortsgruppen wird der Erfahrungsaustausch in Zusammenkünften (EM-Stammtisch) gepflegt.

Die Vereinsjournale mit interessanten Berichten und aktuellen Nachrichten werden 4x pro Jahr an die Mitglieder versendet.

EMeV Deutschland
E-Mail: info@EMeV.info
www.emev.de

IG EM Schweiz
E-Mail: info@ig-em.ch
www.ig-em.ch

EMeV Österreich
E-Mail: info@em-verein.at
www.multikraft.com

EM-Produktepalette, Übersicht

EM hat die Kreativität der EM-Anwender geweckt und es ist eine Vielzahl an wunderbaren Produkten entstanden. Damit sich LeserInnen in dem breiten Angebot zurechtfinden, sind Hersteller und ihre Produkte nach Ländern geordnet aufgeführt. Anschliessend werden ergänzende, mit EM veredelte Produkte genannt, die im deutschen Sprachraum angeboten werden. Diese Auflistung ist nicht vollständig. Das Angebot von EM-Produkten wird sich zudem noch erweitern. Unter dem Begriff «Effektive Mikroorganismen» finden sich viele Internetadressen und weitere Informationen.

A

EM-Urlösung-Produktion
Multikraft Produktions- und HandelsgmbH
Sulzbach 17
A-4632 Pichl bei Wels
Tel +43 7147 50 250 0 (Vermittlung)
Tel +43 7247 50 250 100 (Beratung, Bestellung)
Fax +43 7247 50 250 900
office@multikraft.at
www.multikraft.com

EM Urlösung
FGF: Manju und Varianten
MK Multisil
MK5
eMC Reiniger mit Varianten
Bokashi Spezialpulver und Varianten
TOPDRESS für Pferde
eMB Urlösung (Wassersanierung) mit Varianten
und viele ergänzende, mit EM veredelte Produkte

CH

EM1-Produktion
EM Schweiz AG
Titlisstrasse 11
CH 6020 Emmenbrücke LU
Tel +41 (0)41 260 44 74
Fax +41 (0)41 260 44 92
E-Mail Info@em-schweiz.ch
www.em-schweiz.ch

EM1, Das Original
FGF EM-X Gold und Varianten
FGM EM-Orangedrink*1
Bodenfit (EMa)
EM-Aqua
EM Reiniger
Gesamtes EM1-Sortiment und Zubehör

EMa-Produktion
Futterwerk Niederhäuser AG
Station West 3
CH-6023 Rothenburg
Telefon: +41 (0) 41 282 30 28
Telefax: +41 (0) 41 282 30 21
E-Mail: h.fayed@niederhaeuser.com
www.em-produkte.ch

EMa
FGF: Manju und Varianten
Urosil
Urosan
Bokashi und Varianten
Aqua bal
Grosses Sortiment EM-Produkte und Zubehör

D

EM1-Produktion
EMIKO Handelsgesellschaft mbH
Unterer Dützhof –
Vorgebirgsstrasse 99
D-53913 Swisttal-Heimerzheim
Telefon: +49 (0) 2222 9395-0
Telefax: +49 (0) 2222 9395-20
E-Mail: shop@emiko.de
www.emiko.de

EM1, Das Original
FGF: EM-X Gold und Varianten
FGM EMIKOsan
EMIKO-Salz
EM Silo und Varianten
EMIKO Care
EMIKO H_2O
EMIKO Reiniger
Gesamtes EM1-Sortiment

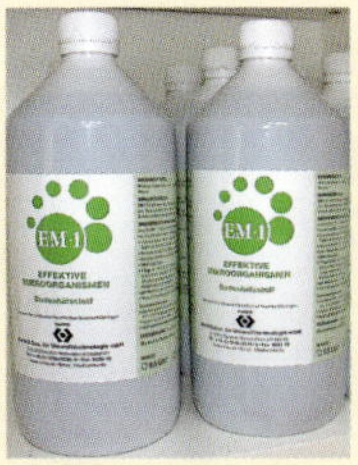

EM-Farming-Produktion
Mikroveda Handelsgesellschaft mbH
Gut Neuenhof, Im Kuckucksfeld 1
47624 Kevelaer
Telefon: +49 2832 97278-10
Telefax: +49 2832 97278-69
E-Mail: info@mikroveda.de
www.mikroveda.de

EM-Farming
FGM: EM-Life
Pro Milieu Terra
Pro Milieu Bokashi
Pro Milieu Clean
EMVet
und viele ergänzende Produkte

EMa-Produktion und Ergänzungen
EM-Chiemgau,
Christoph Fischer GmbH
Hochgernstrasse 4
D-83139 Söchtenau/Haid
Tel +49 (o)8055 91 28
Fax +49 (0)8055 9127
E-Mail info@em-chiemgau.de
www.em-chiemgau.de

FGM: Multi Impuls
Multivital (Greengold)
Kin-Mineral
EM-Kin-Wasserstäbe
Wolke 7
EM-Probien
EM-Zubehör
viele ergänzende EM-Produkte

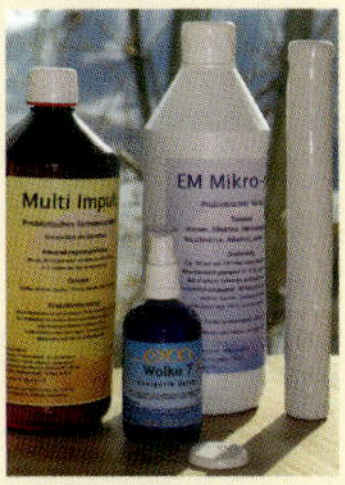

EMa-Produktion und Ergänzungen
Aminocomp
EM-Technologiezentrum
Baden-Württemberg
Hauptstrasse 59-61,
D-77794 Lautenbach
Tel: 07802/70445-14,
Fax: 07802/70445-60, E-Mail:
rolf.zimmermann@amino-comp.de
www.osiba-vitalsystem.de

«Darmfit»
FGM: Darmfit
OSIBA-Vitalsysteme
EM1-Sortiment
und viele ergänzende Produkte
EM-Wassersanierungen
EM-Beratungen, Vorträge
EM-Workshops

DK

Produkte aus dem Hause Biosa
Biosa Dänemark ApS
Sonnerupvej 41
DK-3300 Frederiksvaerk
Tel 4777 2270
Fax 4777 4011
E-Mail biosa@biosa.dk
www.biosa.dk
www.biosa.de

FGM: Vita Biosa Pro Biotec
Terra Biosa
Biosa Balance
Animal Biosa und Varianten
Biosa Compost
Biosa Lotion
und viele ergänzende,
veredelte Produkte
und Zubehör

Mit EM veredelte Produkte und Ergänzungen

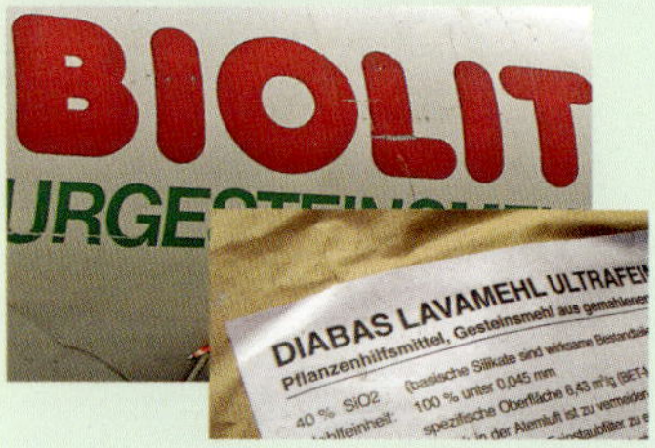

Biolit Urgesteinsmehl mit EM
www.hwk.at

Tria Terra (Terra-Preta-Fertigprodukt)
Marko Heckel, www.triaterra.de

Greengold
www.forschung.oekolandbau.de

Ergänzungen zu EM-Anwendungen:

Biplantol
www.biplantol.ch
Grüne Glaskugel
www.em-schweiz.ch

Bioemsan, biologisch hergestelltes Kosmetik- und Körperpflegeprogramm (Multikraft)
www.bioemsan.at

EMSana-Kosmetik und Körperpflege, Raumspray mit Edelsteinessenzen und Bachblüten (Phytodor)
www.emsana.ch

EMIKO
www.emiko.de

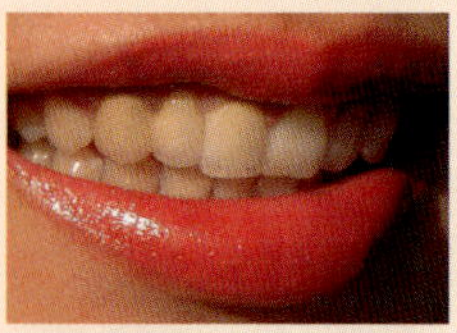

www.carat-zahntechnik.de
www.primadenta.de
E-Mail: MARX-DENTAL@t-online.de

www.schaedler-keramik.com
www.em-x-keramik.de

Phytodor
www.emvet.ch

Eine Gruppe EM-Reinigungsmittel, aus dem Angebot der Produzenten.

EM-Naturfarben-Programm «Diolin»
www.diolin.ch

HTKC, Hochtemperaturkeramikchip Energieoptimierung (Wasser, Heizung, Auto) www.htkc.de